第**12**版

風險管理 理論與實務
Risk Management

鄭燦堂 著

五南圖書出版公司 印行

十二版序

回顧過去數年，全球所面臨的風險挑戰層出不窮，從新冠疫情的全球大流行、極端氣候事件頻仍，到地緣政治緊張局勢升溫、網路攻擊威脅日益嚴峻，無一不彰顯了風險管理的重要性。面對如此複雜多變的風險環境，我們必須不斷更新知識，以應對新的挑戰。

隨著災難的發生頻率大幅增加，如同無數黑天鵝降臨成為常態，我們必須做好準備，迎接這個黑天鵝與灰犀牛共舞的時代。

生成式人工智慧（GAI）的崛起，無疑是近年來最引人注目的科技發展之一。GAI在風險管理領域的應用日益廣泛，從風險預測、決策支持到自動化流程，GAI都扮演著愈來愈重要的角色。然而，GAI的發展也帶來新的風險，例如：深偽資訊、算法偏見等。我們必須在享受GAI帶來的便利的同時，也要正視其潛在的風險。

氣候變遷已成為全球最嚴峻的挑戰之一。極端天氣事件、海平面上升、生物多樣性喪失等問題，不僅威脅著人類的生存，也對經濟社會造成巨大的衝擊。企業必須將氣候風險納入風險管理的考量範圍，並積極參與低碳轉型。

地緣政治緊張局勢的升級，加劇了全球供應鏈的不穩定性，也增加了企業經營的風險。同時，全球化進程也使得風險的傳播速度更快、影響範圍更廣。企業必須建立更強韌的供應鏈，並密切關注地緣政治動態。

數位轉型的加速推動，使得企業對網路的依賴程度愈來愈高。然而，網路攻擊事件也隨之增加，勒索軟體、物聯網安全、元宇宙安全等新興風險層出不窮。企業必須加強網路安全防護，保護敏感資訊。

在此動盪時代，雖然有許多我們無法控制或完全理解的風險，但我們可以專注於那些清晰可辨的灰犀牛風險，從而降低已知風險與未知黑天鵝風險同時發生的機率。

為避免「黑天鵝」與「灰犀牛」風險失控，與其憂心忡忡地尋找下一隻黑天鵝，不如直接面對我們一再迴避的眼前灰犀牛，並設法做出改變。

因此，「風險」已成為這個時代的生活背景，人類正進入一個與風險共生、與災難並存的新階段。

本書此次修訂，不僅更新了案例與資料，還在每一章前新增「風險角落」專文，深入探討全球最新的風險事件，特別是生成式人工智慧（GAI）和地緣政治風險對世界各國與企業的影響與應對策略。本次修訂亦強調「黑天鵝」與「灰犀牛」相互影響的觀念，並提出了前瞻性的風險管理思維。

本書旨在為讀者提供全面性、系統性的風險管理知識。我們通過豐富的案例分析，深入淺出地闡述了各種風險的成因、影響和應對措施，為讀者呈現了風險管理領域的基本學識。

感謝各位專家學者對本書的指導和幫助。感謝讀者長期以來對本書的支持。我們將繼續努力，為讀者提供更優質的風險管理學習資源。

鄭燦堂

2024年10月10日

目　錄

第一章

風險與風險管理

本章閱讀後,您應能夠:

1. 清楚黑天鵝與灰犀牛效應。

2. 瞭解風險社會的威脅。

3. 正視生成式人工智慧的崛起和挑戰。

4. 深入瞭解地緣政治風險與風險管理。

5. 明白現代風險社會的特色與面臨的風險。

6. 敘述風險的定義。

7. 闡明風險的特性。

8. 描述風險四要素。

9. 界定風險的分類。

10. 解釋風險的相關名詞。

11. 描述風險的要件及性質。

12. 說明風險為何需要管理。

13. 確認風險的成本。

14. 瞭解新奇風險發生的肇因與回應。

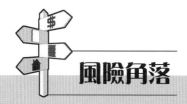
風險角落

新冠病毒Omicorn變異株

新冠病毒Omicorn變異株持續在全球肆虐，臺灣也面臨嚴峻挑戰，從2020年3月爆發迄2022年3月初，已造成全球4.5億人確診，600萬人死亡，而且疫情仍未被控制，持續在世界各國蔓延，迄今不得安寧。

這隻史無前例的新冠病毒超級黑天鵝，是人類近百年來未曾遇過的病毒：傳染力如此之高，死亡率絲毫不低；我們也無法接受這樣的事實與諷刺：軍事愈強盛的國家，愈無法處理疫情；經濟愈富裕的國家，愈無法用金錢買回生命。槍砲、核武打不死病毒，航母、飛彈求不活人類。從此，翻天覆地的疫情、防疫、封城、封國，陸續在全球炸開；生活、工作、旅遊、學校、店舖一一停擺。這個世界，變得沒有喜劇，只剩悲劇和鬧劇。

在這場全球疫情浩劫中，人類必須在生活中重新做調整，除了生活習慣、工作方式、價值觀改變外，經濟體系也深受影響。

疫情很可能完全改變人類社會的流動模式，尤其在經濟、政治、社會留下不可磨滅的痕跡，我們的生活方式與思維，很可能會發生變化，需要保持警惕，以瞭解疫情為新常態。

1962年，美國環境倫理學家瑞秋‧卡森（Rachel Carson）出版《寂靜的春天》一書，揭露了人類濫用殺蟲劑造成鳥類噤聲、生物滅絕。「……我們對榆樹噴灑了農藥，知更鳥就不會在春天啼唱。行經我們熟悉的榆樹葉—蚯蚓—知更鳥這般的循環周期，它們反映的生命和死亡，科學家們稱之為生態網絡。……」《寂靜的春天》促使美國於1972年禁止將DDT用於農業上。

今日，因新冠病毒的蔓延，世界自此再也不同，這個一度凍結全球的世紀災難，也給了我們一段閉關自省的寧靜時刻。只不過，當街道再一次又充滿人潮時，人類還會記得這2020年春天的「空城記」嗎？

資料來源：2020年6～8月網路新聞及2020年5月《經典雜誌》。

第 一 節　黑天鵝與灰犀牛效應

　　對全世界來說，2021年遇到的最大黑天鵝非新冠病毒Omicorn變異株莫屬。因為新冠病毒自2020年初大流行以來，人類自囚家中，城市空蕩，機場成了停機坪，觀光景點變成不可及的明信片，平日車水馬龍的街道上，人跡杳然……，世界成了一個超現實的寧靜劇場，從高空中照見空無一人的街景建築好似樂高模型，死寂靜美，情勢嚴峻。（註①）

　　17世紀之前的歐洲人認為，所有天鵝都是白色的。因為歐洲人從沒看過黑天鵝，所以沒有人會懷疑「所有的天鵝都是白色的」這件事。直到有一天人們在澳洲發現了黑天鵝，歐洲人的想法才有極大的轉變。這種大翻轉帶給人們極為劇烈的震盪。因為「所有天鵝都是白色的」這個事實，有數萬隻的白天鵝支持它，但只出現一隻黑天鵝，就足以推翻它。它的意義在於，人們深信不疑的觀念，不一定正確。有些事物正因為我們從未懷疑過「它可能是錯的」，在完全沒有防備的情況下，一旦錯誤發生，將造成極大的傷害，就如同只看過白天鵝的歐洲人，自然認為「所有的天鵝都是白色的」，「黑色天鵝」則是想都沒想過的事，心中的衝擊可想而知，這就是「黑天鵝效應」（Black Swan Theory）。

　　根據紐約大學教授納西姆・尼可拉斯・塔雷伯（Nassim Nicholas Taleb）的定義，「黑天鵝效應」就是指那些「對全球影響極大，卻總在事前被人們忽略的突發事件。但事後看來，這些意外卻非偶然」。例如：鐵達尼號沉船事件、911事件、金融海嘯、歐元危機……。塔雷伯認為「黑天鵝」之所以不斷出現，是因為無論個人、企業或政府，總習慣將眼前的太平景象，視為理所當然，而忽略背後隱藏的結構性風險。

　　人類進入21世紀，才短短的20年間，南亞大海嘯、911紐約世貿大樓恐怖攻擊、東日本311大地震以及2020年的新冠病毒等重大天災人禍就像黑天鵝，不但是絕大多數人從未想過會發生的事，損失程度更超出我們認知的範圍。但隨著重大天災的發生頻率大幅增加，有如上百萬隻黑天鵝降臨般成為常態時，我們更應做好準備，面對如影隨形的黑天鵝時代之風險社會（Risk Society）的來臨。

　　塔雷伯教授認為，在現代風險社會中，保持謙卑的態度肯定是受歡迎的，因為在「太平」時期，我們似乎過度信任科技的模型計算與預測能力。其實，風險社會可以透過某些機制與措施，變得更穩健。換句話說，我們可能透過風險管理，創造一個「隔絕或減少黑天鵝的風險社會」。

　　新冠病毒Omicorn變異株持續全球肆虐，臺灣也面臨嚴峻挑戰，該如何在此時勢中迴避風險？化險為夷？

　　曾經提出震撼世界的「灰犀牛」概念、美國風險顧問米歇爾‧渥克（Michele Wucker），在最新著作《找出生活中的灰犀牛》（You Are What You Risk）中，引領讀者重新看待「風險」對人類生存的重要性。

　　我們正處於一個動盪的時代，有許多我們無法控制、也不完全理解的事正在發生。但你能專注於那些眼前清晰可辨的風險，就能降低這些已知風險與其他未知風險同時發生的機率。

　　米歇爾‧沃克在2016年的著作《灰犀牛》（The Gray Rhino）中指出，那些就在眼前、清晰可辨的風險，與難以預測、也難以防範的「黑天鵝」不同，「灰犀牛」是那些極可能發生、也有機會避免的風險事件，卻時常受到忽視。這個具體化的比喻很快地在全球受到注目。

　　為避免「黑天鵝」與「灰犀牛」同時失控的下場，與其憂心忡忡尋找下一隻黑天鵝何時會到來，不如正視自己一再迴避面對眼前灰犀牛的原因，並設法做出改變。

　　彼得‧杜拉克：「風險來自於你不知道你在做什麼。」為什麼有些人盡一切所能避免風險、保守謹慎？為什麼有些人寧可承擔可能失敗的風險，也不願錯失良機？依據米歇爾‧沃克著作《You Are What You Risk》提出解答：答案全都與「風險指紋」有關。

　　「風險指紋」，指的是每個人獨有的風險性格（Risk Personality），它源自基本人格特質，形塑個人在面對風險時的慣性思考與行為決策，但也會隨著人生經歷的累積而改變，影響我們看待與評估風險的方式。

　　因此，每個人眼中的灰犀牛都不盡相同，除了天生的個性、後天經驗與環境條件，也都會影響一個人的「風險指紋」。將這概念擴大到團隊、企業以至國家，也有助於我們理解這場2020年以來爆發的全球性疫情，為什麼在各國帶來不同的命運，以及未來可能的發展。（註②）在這發展過程中，各式風險其實

也愈堆愈高，有的是「看得見，但常被視而不見」的灰犀牛；有的是「突如其來，無法事先預測」的黑天鵝。但不論是哪種風險，在事件發生後，究竟有跡可循，也應釐清脈絡，從經驗中學習。（註③）

第 二 節　風險社會

　　在1980年代全球化與資訊科技的快速推動與發達以來，由於科技的影響力從過去一個國家、一個地區，擴展到全球性的時候（例如：蘋果電腦、Google、微軟等資訊科技公司對於全球的影響力），或是基因改造、核能科技、奈米科技等科技高速發展，再加上美國、英國主導推動的經濟全球化，所造成的全球人力、資源的快速流動，結果就是風險問題不再侷限於過去的一時一地，影響人類生活環境的影響範圍愈來愈大、愈來愈深，產生頻率更高、影響時間愈久的風險問題。這些如黑天鵝般的風險事故屢屢出現在我們的眼前，證明我們原本以為有的風險管理措施，其效果卻離我們的期待非常遠，也讓我們開始深思到底何種措施才能夠真正地降低這些風險。

　　1990年代後期以來，全球政經社會領域即出現一個關鍵詞——「風險」（Risk）。這個詞開始進入歷史的日程表，主要乃是拜德國思想家烏爾利希・貝克（Ulrich Beck）教授於1986年創發的「風險社會」（Risk Society）學說（註④）之賜。

　　貝克教授指出，在這個全球化的資本主義晚期時代，儘管人類的互動與福祉增加，但連動所造成的風險也同樣大增。例如：若在國際政治上太過跋扈，就會有無法預測的恐怖反擊；全球持續掠奪自然資源，氣候異變、風雨暴雪等自然災害的頻率與規模增大；由於各國經濟連動增加，所謂的「蝴蝶效應」就會形成；人類對自然的擾動增多，大規模的流行疫病就更容易爆發。

　　這也就是說，「風險」已成了目前這個時代的生活背景，人類已進入了一個與風險共生、與災難並存的新階段。

　　在這個風險時代，人類必須重新去面對許多以前疏忽掉的問題，長期的如既有文明的走向、國際政經社會的重新規範、重大風險的共同管理等；而在短、中期方面，則是每個企業、社會與政府，都必須成為新型態的「警戒式單

位」——它必須有足夠的警覺心，有掌握及研判風險的能力，還要有本領對各類風險作出有效的動員，以及能有足夠的風險研究。

自從貝克教授提出「風險社會」的學說後，人們已愈來愈清楚地理解到，將面臨自然災害、流行疫病、恐怖組織攻擊及人類對地球生態破壞，可能引發全球暖化的天災、人禍等風險所帶來的不安全和不確定性。現代風險社會的焦慮與不安，已嚴重威脅著每個國家社會、每個行業與每一個人。因此，在這「風險社會」的時代，人們無論在決策與運作上，必須用另一種更高規格的邏輯，才能趨吉避凶，減少牽累與受害。

第 三 節　生成式人工智慧的崛起和挑戰

一、生成式人工智慧的崛起帶來巨大的變革與挑戰

生成式人工智慧（Generative artificial intelligence, GAI，簡稱生成式AI）橫空出世，在人類社會捲起千堆雪，也為人類開展出美麗新世界，擁抱AI成了顯學。

但當大家興奮於AI會創造新的工作機會的同時，也恐懼於AI將毀滅部分工作，如何擁抱它而不受傷，成為新的課題。

生成式人工智慧（Generative AI）的到來無疑將成為人類歷史上一個重要的里程碑。它的發展不僅將影響各個領域的工作方式和生活模式，並有可能引發第五次工業革命。

首先，生成式AI的核心在於其強大的創造性和想像力。相比於傳統的程序式AI，生成式AI能夠根據輸入的資訊，自動生成各種形式的新內容，包括文字、圖像、音樂、視頻等。這一能力將徹底改變人類的創作過程。我們可以預見，未來的作家、藝術家、設計師等專業人士，將大量利用生成式AI來輔助和提升創作效率。這種效率提升不僅會顯著提高生產力，同時也將推動各行業的創新與發展。

其次，生成式AI在模擬和生成方面的能力也將影響到人類生活的各個角

落。比如在教育領域，生成式AI可以根據學生的學習情況，自動生成個性化的教學內容和評測系統，大幅提升教學效果。在醫療領域，生成式AI可以通過分析大量病歷數據，生成專業的診斷建議和治療方案，幫助醫生提高工作效率。在商業領域，生成式AI可以根據市場需求，自動生成個性化的產品設計、廣告創意等，實現精準行銷。生成式AI將成為人類社會各領域不可或缺的重要工具。

基於以上種種革命性的應用前景，生成式AI有望引發第五次工業革命。第一次工業革命是蒸汽機的發明，第二次是電力的應用，第三次是計算機和互聯網的出現，第四次是大數據和人工智慧的興起。而生成式AI的興起，將進一步推動人機協作，實現前所未有的生產效率和創新能力，這無疑將成為人類社會發展的新引擎。（註⑤）

然而，我們也必須清楚地認知，生成式AI的發展也將帶來一系列潛在的風險和挑戰。首先是在倫理和安全方面的風險。生成式AI可能被用於製造虛假資訊、侵犯個人隱私，甚至用於犯罪活動。為此，制定相關的法律法規，建立健全的監管機制，是非常必要的。其次是在就業方面的影響，生產效率的大幅提升，勢必會導致一些工作職位的自動化和人工智能化，引發就業結構的重大變革。為此，政府和企業需要制定相關的培訓和轉職政策，維護就業市場的穩定。再次是在社會公平方面的挑戰，如果生成式AI的應用過於集中在少數企業或個人手中，可能會加劇社會的不平等。因此，需要建立相應的公平競爭機制，確保AI技術的普及和共享。

總之，生成式人工智慧（GAI）的到來無疑是一場革命，它將給人類社會帶來巨大的變革。我們必須謹慎地正視其潛在的風險和挑戰，制定有效的風險管理措施，充分發揮它的積極作用，引領人類社會邁向更加美好的未來。這不僅需要政府、企業的共同努力，也需要全社會的理解和支持。我相信只要我們齊心協力，生成式AI必將成為第五次工業革命的重要推手，為人類帶來前所未有的發展機遇。

GAI的崛起將帶來巨大的變革與挑戰，只有通過有效的風險管理，才能充分發揮其潛力，推動人類進入新的工業革命。生成式人工智慧的應用前景精彩可期，但我們需要謹慎管理風險，以確保安全且負責任地使用這項技術。

二、生成式人工智慧的潛在風險與風險管理

生成式人工智慧（GAI）的出現，無疑為社會和各行各業帶來了革命性的改變，然而，也引發了若干值得我們重視的潛在風險。這些風險涉及工作取代、偏見與歧視、內容的著作權問題、虛假訊息的擴散、社會影響與操控，以及數位落差加劇等方面。針對這些風險，我們必須仔細分析，並尋求合適的管理措施，確保GAI技術能夠造福社會，而非成為威脅。

首先，GAI的強大功能可能取代許多傳統工作。特別是在寫作、翻譯、設計等領域，GAI可以生成高質量的內容，這將導致部分從事這些工作的專業人員失業。例如：過去需要人工進行的翻譯工作，如今可以由GAI高效完成，這不僅提升了效率，也壓縮了對人力的需求。

其次，GAI生成的內容可能反映出訓練數據中的偏見，進而導致對特定文化、族群或性別的歧視性表達。這不僅會加深社會不平等，還可能引發更多的社會矛盾。例如：如果GAI被用來生成招聘廣告，而這些廣告中隱含了性別或種族偏見，將對弱勢群體造成不公平的對待。

在內容著作權方面，GAI生成的作品其歸屬權存在爭議。如何界定創作者與AI之間的著作權，是法律界需要解決的難題。例如：一篇由GAI生成的文章，其版權究竟屬於使用者還是開發者，這需要立法來明確界定。

此外，GAI能夠生成高質量的文本，使得虛假訊息、假新聞的生成與傳播變得更加容易，這對社會信任構成威脅。例如：某些不法分子可能利用GAI生成偽造的新聞報導，誘導公眾誤判事件真相，進而引發恐慌或社會動盪。

GAI的表達能力還可能被用於操控輿論或製造社會分裂，對民主制度和社會穩定構成潛在威脅。例如：某些組織可能利用GAI生成的內容來操控選民情緒，影響選舉結果，這將對民主制度造成嚴重損害。

最後，GAI的普及可能使得擁有技術資源的群體獲得更多優勢，進一步擴大數位落差，影響社會公平。例如：在教育領域，那些有資源的學校可以利用GAI技術提升教學質量，而資源匱乏的學校則可能無法跟上這一技術潮流，導致教育不平等加劇。

面對這些潛在風險，我們需要採取一系列措施來管理和應對。首先，建立倫理規範，確保GAI的使用符合社會價值觀，並對可能的偏見進行監控。其次，

透過立法來明確GAI生成內容的著作權問題，建立相應的法律框架來管理其使用。此外，建立有效的監管機制，防範虛假訊息和仇恨言論的傳播，確保網路環境的健康。政府和企業還應共同推動數位素養教育，幫助民眾理解和使用GAI技術，縮小數位落差。持續對GAI的影響進行深入研究，特別是在就業、社會公平等方面，並根據研究結果調整相關政策。最後，鼓勵公民參與對GAI的討論與決策，確保各方聲音都能被聽見，形成共識。

　　總結而言，生成式人工智慧的發展帶來了許多機遇與挑戰。我們必須認識到其潛在風險，並採取有效的管理措施，以確保GAI能夠為社會帶來正面的影響，而不是成為潛在的危害。只有通過合作與創新，我們才能迎接GAI時代的挑戰，創造一個更美好的未來。（註⑥）

第 四 節　地緣政治風險與風險管理

　　地緣政治（Geopolitics）是一門研究地理因素如何形塑政治與國際關係的學科。它探討國家、組織或團體，因為空間分布等的地理因素，經營政治的手段及方法。簡單來說，就是研究地理位置、資源、人口、歷史文化等因素如何影響一個國家的政治決策、外交關係以及在國際舞台上的地位。

　　地緣政治的核心觀點是，一個國家的地理位置、資源稟賦、周邊環境等因素，會對其國家安全、經濟發展、外交政策產生深遠的影響。例如：一個擁有豐富能源資源的國家，其外交政策可能更傾向於保障能源供應的穩定；而一個地處戰略要地的國家，則可能面臨來自周邊國家的軍事威脅。

一、地緣政治風險

　　地緣政治風險（Geopolitics Risk）係指由於地緣政治因素所引發的不確定性，可能對經濟、社會、政治等方面造成負面影響。這些風險包括：（註⑦）

　　1.軍事衝突風險：國與國之間的領土爭端、意識形態對立等，可能引發武裝衝突，導致經濟損失、人道危機。

　　2.地緣政治緊張局勢：國與國之間的關係緊張，可能導致貿易摩擦、投資

減少、金融市場動盪。

3.政局不穩定風險：一個國家的政治體制不穩定，可能導致政府更迭、社會動盪，影響外國企業的投資和經營。

4.資源爭奪風險：對關鍵資源的爭奪，可能引發地區衝突，影響全球供應鏈的穩定。

二、地緣政治風險管理

管理地緣政治風險是一項複雜的系統工程，需要政府、企業、國際組織等多方共同努力。以下是一些常見的管理策略：

1.強化外交關係：加強與其他國家的外交交流，建立互信合作關係，緩解地緣政治緊張局勢。

2.多元化供應鏈：避免過度依賴單一供應商或市場，降低地緣政治風險對企業經營的影響。

3.風險評估與預警：定期對地緣政治風險進行評估，建立預警機制，及時應對突發事件。

4.危機管理：制定完善的危機應對計畫，在危機發生時能夠迅速做出反應，減少損失。

5.國際合作：加強與國際組織的合作，共同應對全球性地緣政治挑戰。

三、實例說明

㈠俄烏戰爭

俄羅斯入侵烏克蘭引發了嚴重的地緣政治危機，導致能源價格飆升、全球供應鏈受阻、金融市場動盪。這是一個典型的地緣政治風險引發的全球性危機。

㈡中美貿易戰

中美兩大經濟體之間的貿易摩擦，不僅對兩國經濟產生了負面影響，也波及了全球經濟。這表明，大國之間的地緣政治競爭可能對全球貿易產生深遠的

影響。

㈢新冠疫情

新冠疫情暴發後，各國採取了不同的防疫措施，導致全球供應鏈斷裂，經濟活動受到嚴重影響。這表明，全球化的背景下，地緣政治因素可能放大傳染病等全球性事件的影響。

㈣中東以哈戰爭

是一個長期存在的地緣政治衝突，其根源深植於中東地區複雜的歷史、宗教和領土爭端。這場衝突不僅對當事雙方產生深遠影響，更對整個中東地區乃至全球地緣政治格局帶來重大挑戰。

四、總結

地緣政治風險是當今世界面臨的重要挑戰之一。為了更好地應對這些風險，我們需要深入瞭解地緣政治的複雜性，採取多種措施來降低風險，並加強國際合作，共同維護一個和平穩定的國際環境。

地緣政治是一個非常複雜且不斷變化的領域，具體情況需要根據實際情況進行分析。

第 五 節　現代風險社會的特色與面臨的風險

一、現代風險社會的特色

我們習以為常的世界，正以驚人的速度走入全新的局面。隨著各種高科技逐漸普及，傳統面臨瓦解，創新帶來商機，道德倫理決策以及氣候變遷所帶來的衝擊，依據2030年世界未來報告書所提到，這些改變，都將在10年內發生。(註⑧)

㈠人類的連結性增加

因為手機和網路的普及，全球將近一半的人口會從現在開始的4〜6年內連結在一起，也將產生龐大的工作數量與市場。連結在一起的全球人口將不再需要仲介，可以直接使用安全的區塊鏈平臺親自執行所有交易。2020年，全世界預計將會有超過200億個連接裝置與1兆個以上的感測器；而到了2030年，將會有5,000億個連接裝置與100兆個感測器將我們連接起來。例如：日常生活中的機器，包括紅綠燈、公車等大眾運輸工具，以及城市的基礎建設將變得更有智慧、更加相互連結。另外，自駕車會增加更多我們無法想像的數據連接，到時候所有轉彎、停止、加速都需要使用數據傳輸。現在，已經有一部分的車輛可以進行25GB以上的數據傳輸了，汽車數據預計將在這10年創造出7,500億美元的收益。

㈡人類的能力擴張

我們將能夠自由地存取一切數據，即時式教育（Just-In-Time Education）會普及化。在人工智慧與VR的結合下，我們有需求時，就可以隨時透過5G獲得最新資訊。此外，現在許多公司正在投入大量資金進行「意識上傳」的研發，也就是大腦與雲端連接的研究。

第四次工業革命將帶來火、電與運算的衝擊，而雲端運算比前二項更強猛深遠，因為它可以思考、可以連結，它爆發的運算力可釋放大量能量，增強機器的能力、意念流。使機器有人的感官知覺、能思考、能辨識，成為「超人」。加上速度流轉超強擴展，只要人人相連、物物相通，可無所不能完成的事，到了令人咋舌的地步，人類的能力將進一步地擴張。

㈢人類的生活成本減少

因能源生產成本減少，我們即將迎來豐盛低成本的時代。隨著太陽能的生產成本急速下滑、電能儲存容量逐漸提高、幾乎每週都會出現新的太陽能技術等發展效率的持續提高，未來也許不需要整個屋頂，只要一小部分就能產生足夠的電力。在不久後的將來，太陽能發電就可能以每度1美分（cents/kWh）產生電力。如果太陽成為了替代能源，海水淡化將更便宜，也將不再需要用水庫

來進行水力發電，人類的生活成本將減少。

㈣人類的壽命延長

另一個最重要、必須依靠人工智慧與機器人來解決的問題就是人類壽命的延長。人類平均壽命馬上就要超越100歲，即將迎來120歲、150歲的百歲世代。多虧了基因剪輯、DNA定序、幹細胞治療等新技術的問世，人類將能克服疑難雜症、健康地活得更久，壽命也更加延長。

㈤人類的未來是無限可能

大規模市場正在成形，不過這些創新技術在大眾接受它們之前，仍須經過一段很長的熟成時間。歷史上充滿了許多具有破壞性的創新思想的重大改變與發明。有人拿出勇氣接受了改變歷史的構想而致富，有人則視而不見，而晚了一步，悔不當初。其中最有名的例子，就是貝爾在1876年正式得到電話專利之後，許多公司都將電話視為不合時宜或不重要的產品，只有西聯匯款公司（Western Union）買下了這項專利。另外，當汽車初次登場時也有許多人認為只是一時的流行，還說「汽車只是富翁們的奢侈品，無法像腳踏車一樣被普及」。

這些情事現在聽起來大概很不可思議，但到了2050年左右，在未來的人眼中，2020年時認為「自駕車與送貨機器人在道路上行駛、人工智慧將人與東西全都連結在一起、人類與機器無限連接又無病痛的世界不可能來臨」的我們，就跟那些早年說著「電話不合時宜」、「汽車時代不會到來」的人們一樣好笑也說不定。因此希望我們能體認「人類的未來是無限可能」這個事實。

㈥人類的人口將再增加

目前約77億的全球人口將在2050年時再增加20億。這將促成城市地區規模會在2030年時增長三倍，而近郊農業地區會消失。如果降低嬰兒死亡率、強化與改善家庭計畫相互產生加乘作用的話，人口增加的規模就有可能小於這個預估值。根據聯合國糧食及農業組織（FAO）的預測顯示，假設全球人口在2050年達到91億的話，那麼糧食生產必須增加70%，而開發中國家更是必須增加兩倍才行。

　　另外，嬰兒的預期壽命在1950年時是46歲，2010年上升到67歲，2019年則是73歲。2017年，有9億6,200萬的人超過60歲，聯合國預估在2050年時，會上升到了22億人。那時65歲以上的人口會比未滿15歲的多，退休的定義也會和現在不同。退休年齡會比現在更晚，人們上了年紀還會繼續工作，並制訂各種形式的遠距工作、工時制度、職位輪調，減少年輕世代的經濟負擔，讓大家可以維持自己的生活品質。

㈦人類的水資源缺乏危機

　　1990年時，全球約有76%的人口可以使用「水質改善過的飲用水」（這裡指的是藉由自然或人為積極介入下，阻斷外部汙染，尤其是糞便汙染的水），而現在這比例超過了90%。可是，全球仍然有10%的人無法喝到乾淨的飲用水。目前，全世界仍有三分之一的人連符合衛生的廁所或簡易廁所都沒得使用，而其中還有8億9,200萬人在野外上廁所。

　　人類使用的水當中，有70%用於農業、20%用於工業、10%為家庭用水。但是，已開發國家用於工業的水就占了50～80%。此外，開發中國家的工業與農業規模會不斷擴大，人口也會成長，估計隨著人均GDP上升，人均用水量也會增加。

　　根據聯合國推測，如果想避免未來缺乏水資源，從現在開始到2030年為止，每年預估需要花上500～600億美元來預防。為此，全球領袖們簽署了2030年時實現「任何人都能享有安全的水和衛生環境」，以及其他聯合國永續經營發展相關的目標。

㈧人類的資訊安全日益重要

　　今日的世界更趨複雜，資訊多得讓人無法吸收、密切得讓人無法單獨處理，以及快得讓人無法跟上變化的步調，複雜的程度確實是空前的。

　　全球的網路使用人數，目前約占了總人口的51%，也就是38億人；而全球擁有行動電話的人約占了三分之二，其中有一半以上是智慧型手機。隨著智慧型手機程式的不斷發展與普及，許多先進的人工智慧系統也陸續被開發出來，例如：DeepMind的AlphaGo、Google的人工智慧助理等。為了讓所有人都能使用大數據與人工智慧，各種網路競爭仍在持續進行中。

隨著第四次工業革命不斷發展，估計未來構成產業的所有要素都將與人工智慧連結。漸漸地，會有愈來愈多的公司更換成集體智慧系統，而財務服務等一部分的產業可能會被軟體程式取代。

網路與手機的暴增也帶來了黑暗面，那就是惡意軟體的攻擊正在持續增加中；而影音、AR／VR、物聯網的使用量快速增加，人們也愈來愈擔心網路頻寬是否承受得了未來的大量需求；另一方面，隨著物聯網、可穿戴式電腦、自駕車、手機介面不斷發展，網路安全愈來愈重要，數據加密也必須達到同一水準才行。

現在，我們必須學會對應未來的資訊戰，否則人們將會變得不相信網路上的資訊。

㈨人類面對極端的氣候危機

在世界經濟論壇（WEF）2022年發布的《全球風險報告》中，未來10年全球最可能發生與後果最嚴重的十大風險，前五大都與環境有關，位居首位的就是「氣候政策錯誤」，第二名則是「極端氣候」。

其實，這些氣候危機都已經是現在進行式了。從10幾年前摧毀小林村的莫拉克颱風、2019年10月造成日本千葉縣大淹水的博羅伊颱風，乃至2019年6、7月間在法國許多地區都測得攝氏40幾度的破紀錄高溫，及2020年6月大陸洪災與西伯利亞發生永凍層融化，釀北極圈最大漏洞事故，都是明證。

在197國參與並於2016年11月生效的《巴黎協定》中，要求各國必須努力維持全球平均溫度升幅控制在工業革命以前的1.5度水準之上，雖然在2019年6月有185國批准了這項協定，但是至今累積的二氧化碳還是持續為地球加溫，再加上美國政府退出協定，也造成其他國家必須要更努力去達成新的減碳目標。

氣候變遷是人類大量開採地球資源來發展經濟所造成的結果，同時也排放了愈來愈多二氧化碳，使地球溫度持續升高所致。因此，解決地球暖化所造成的極端氣候危機，就要從源頭抑制碳排放，從政府、企業到個人一起採取行動減碳，以減少極端氣候引發的危機，降低衝擊全球的人類生活環境。

氣候變遷意謂著極端氣候，更極端的熱浪，更極端的颱風，更極端的洪災及更極端的森林野火。

㈩人類的倫理決策待解決

目前依靠人工智慧進行決策有增加的趨勢，這讓科學技術正快速成長到超越我們傳統的道德判斷。因為演算法的決策沒有倫理上的中立性，所以未來會增加監督軟體內部倫理決策的設定，這樣的方法也可以抑制連接人工智慧的物聯網其遠端監視可能帶來的非倫理決策。

還有很多相關倫理問題也正在發生中，像是複製人或透過合成生物學所發明的新生物而衍生的倫理道德問題及在沒有考量適當的安全與控制下發明新形式的機器人等等，這些問題大部分和個人、機關、政府可以使用的技術愈來愈強大有關。

企業的社會責任計畫、行銷倫理、慈善投資相關倫理問題也逐漸在增加中。所以企業經營的倫理標準必須被全世界接受並定期審查。試圖藉由聯合國與企業間的合作關係達成全球經濟永續發展的「聯合國全球契約」（UN Global Compact）強化了企業決策中的倫理道德，目前全球共有160個國家、約14,000多個會員（包含1萬多個企業會員）參加。世界人權宣言不只是持續促進全球倫理與正義的對話，更跨越了倫理、宗教與意識形態的隔閡，影響了所有人的決策過程。

因為世俗主義的成長，許多人不太相信決策者做出決策時的倫理原則。如果想要樹立更好的倫理觀與整合決策，我們需要跨越國家、機關、宗教、理念的差距，並擁有願意共同合作、解決全球倫理問題的道德決心。

二、現代風險社會面臨的風險

工業革命後，由於人類大量使用石化燃料排放二氧化碳，全球溫室效應已日趨嚴重。根據世界氣象組織（WMO）發布的《2008年溫室氣體公報》，工業革命以前，大氣中二氧化碳含量幾乎不曾變化，但工業革命後，每年卻以平均2ppm的速度迅速增加。科學家預測，若不採取任何防治措施，2100年時，地表溫度將較目前增加1～3.5°C。值得注意的是，過去1萬年中，地球平均溫度也不過上升2°C。

人類在短短200多年之中，已經為地球帶來相當大的風險。科學家研究，溫室效應對地球帶來的風險，主要可分為四點：

㈠生態破壞

氣溫增高使水氣蒸發加速，讓熱帶地區產生乾旱，其他地區雨量大增，造成動植物生存環境改變。

㈡海面上升

氣溫增高使南北極及冰層加速融化，造成海面上升，大量農田及城市有被淹滅的疑慮。全世界約三分之一的沿海人口，將居無定所。

㈢疾病蔓延

氣溫增高會傷害人體的抗病能力，若再加上全球氣候變遷引發動物大遷徙，屆時將促使腦炎、狂犬病、登革熱及黃熱病大規模蔓延。

㈣氣候變遷

極端氣候已是人類不可忽視的問題，英國慈善團體基督教援助協會（Christian Aid）於2021年12月27日發布報告統計，2021年全球最具破壞力的十大氣候災害，造成1,700億美元的經濟損失。

2021年全球災損超過1,700億美元（新臺幣47兆元），相較於2020年多出了200億美元，增幅達到13%，這上升趨勢，反映出氣候變遷日益嚴峻，再加上疫情影響，導致國際糧食價格攀上10年新高。聯合國糧食及農業組織（FAO）指出，亞太地區飢餓人口相較2020年，增加1.5億人，5歲以下兒童發育遲緩比例已經過高。（註⑨）

三、世界經濟論壇2024年全球風險報告

目前景氣雖然正趨好轉，當今世界面臨的風險卻也日益加劇。從貧富不均惡化、政府債務纏身，到溫室氣體排放不斷增加等問題，對人類造成的威脅程度，愈來愈高。

世界經濟論壇（World Economic Forum, WEF）公布的《2024年全球風險報告》，（註⑩）便針對未來10年的主要風險進行分析，共調查近千位專家、行業領袖，歸納出人類未來會面臨的主要風險。

㈠最可能發生的五大風險

從發生機率來看，未來10年，最可能發生的前五大全球風險，分別是
- 氣候變遷相關風險
- 生物多樣性損失和生態系統崩潰
- 數位不安全和網路攻擊
- 自然資源短缺
- 社會凝聚力侵蝕和民粹主義崛起

㈡後果可能最嚴重的五大風險

從衝擊程度來看，未來10年，最可能造成最嚴重後果的前五大全球風險，分別是
- 氣候變遷影響
- 生物多樣性損失
- 核戰爭和大規模殺傷性武器
- 系統性金融危險
- 大規模移民危機

（資料來源：世界經濟論壇2024）

世界經濟論壇的《2024年全球風險報告》描繪了一幅令人擔憂的全球前景。報告強調，如果各國未能採取果斷行動應對這些風險，後果將是災難性的。因此加強國際合作、促進可持續發展和建立更有韌性的社會經濟系統對於應對這些挑戰至關重要。

四、氣候變遷的風險管理

2014年初以來，因極地漩渦現象，使美東地區遭逢罕見的強烈暴風雪侵襲，估計經濟損失已達數百億美元，彷彿災難電影「明天過後」中狂風暴雪襲擊紐約的場景重現；然而同時期，美國加州卻出現百年以來最嚴重的旱災。

深受其害的美國，一改過去面對氣候議題的消極態度，2013年由歐巴馬高調宣示，要成為全球抗暖化的領頭羊，2014年再由國務卿凱瑞（John Kerry）接

棒，將氣候變遷提升為最重要的外交議題之一。「氣候變遷，可能是全球最可怕的大規模毀滅性武器。」2014年2月中旬，凱瑞在印尼雅加達演說時，直接把氣候變遷的威脅，拿來與核武擴散相比。他警告，「我們還有時間應對這個危機，但機會之窗正在關閉中。」

氣候異常事件不利美國經濟成長率，更可能影響美國聯準會（Fed）的量化寬鬆（QE）退場政策，可見氣候異常事件，除了造成企業損失，對於國家金融政策，乃至於全球經濟體的間接影響，其實至深且鉅，以下議題值得我們加以探討。（註①）

(一)水、電資源

2013年印度及澳洲等亞洲地區皆發生嚴重乾旱，試想若此嚴重乾旱未來亦發生於臺灣，對於水、電用量相當高之科學園區而言，我們是否已做好充分準備？

(二)供應鏈

2012年泰國洪災造成眾多汽車及硬碟製造業者位於泰國的生產線停擺，導致全球產業供應鏈被迫中斷，臺灣廠商亦受影響，類似事件將考驗我國產業的風險應變能力。

(三)營運成本與財務管理

美國經濟學者Jeff Lazo研究指出，共計十一種天氣敏感產業，將因天氣因素使其營運有重大影響。臺灣各產業對於類似經驗是否已有深刻認知，而將氣候變化對企業營運的負面影響降至最低？

(四)節能減碳

企業應於企業社會責任報告書（CSR）揭露綠色環保的具體落實計畫，包括石化業者是否響應政府廣為造林減碳計畫？電子產品製造商是否研發低耗能、低汙染製程，以及將環保材質融入產品設計中？

氣候風險對企業亦可能產生不同面向的影響，例如：中國安徽省2013年適逢酷暑，導致冷氣空調設備租賃的需求，短期內暴增，業者因此大發利市；美

商硬碟大廠Seagate因泰國廠區地勢高，未受洪水波及，致使該季出貨量全球第一。

因此是否能趨吉避凶，端視企業是否能分析營運模式與各種氣候風險的關聯性，採取適當的財務規劃，進而妥善運用分散生產、異地備援、物料管理等風險管理方法。我們提供以下建議及實務作法：

(一)風險辨識、評估與排序

實務上可運用歷史資料分析、作業分析、SWOT分析或情境模擬等方式，辨識各種風險及影響範圍、幅度，預先擬定因應策略。

例如：交通部公路總局採用氣象預報資訊，作為蘇花公路於颱風期間是否封路的決策參考，近3年來已達成零死亡率的目標。

(二)風險應對

企業確認曝險程度與極端天氣事件的關係後，即應積極應對。例如：遊樂園業者在預測天候不佳時，可增加室內表演節目；反之，則可事前規劃多種購票通路（網路）及交通管制計畫，疏導遊客人潮，減少等待時間。

(三)風險移轉

企業可透過火災保險、工程保險或活動事件保險，將氣候風險及營運中斷風險等轉嫁予保險公司，並評估最大可能損失（PML）及企業風險承擔能力，設定風險自留與轉嫁幅度，適度提高自負額度或設立賠償限額等保險條件，穩定經營成本。

(四)營運持續

擬定企業營運持續管理（BCM）規劃應變計畫。例如：高科技產業透過分散式供應鏈，減少營運中斷風險。

2016年2月6日，高雄美濃芮氏規模6.4淺層大地震，造成臺灣地區117人死亡，臺南科學園區高科技廠商高達新臺幣100億元以上的營業中斷損失，我們應反思綢繆之道，在下一個地震來襲前，預作充分準備，進而善用企業風險管理的方法，提升產業競爭力。

五、新興風險的影響時程與潛在衝擊

根據瑞士再保險公司SONAR研究報告指出，2015年有多項重大發展趨勢，包括長壽和慢性病、革命性的醫療創新、地理政治的不安和分歧、氣候變遷、大數據分析、物聯網、電子銷售（e-distribution）成為主要銷售通路等，從中列舉二十一項新興風險，並提供專業的洞察剖析。

瑞士再保險公司風控長Patrick Raaflaub表示，這些風險雖不一定立即變成重大風險並造成巨大損失，然而其潛在威脅卻是不容忽視，如果我們能愈早因應，就愈能降低損失的可能，愈能做更好的準備。新興風險是指新近發展或變化的風險，這些風險難以量化，對業務的潛在影響尚未得到充分考量。

在諸多新興風險中，涵蓋去全球化、重大貨幣試驗、物聯網、能源轉型的挑戰、超級自然災害、不斷上升的流行疾病風險、基因工程、抗生素的反作用、城市下沉、老化的公共建設等議題，可能帶來衝擊的時間和程度不一（見表1-1）。茲選擇其中八項具高度與中度潛在衝擊的新興風險，並說明如下：(註⑫)

㈠去全球化

去全球化又稱為逆全球化，即是全球化過程的反義，指一個將世界各國和

表1-1　二十一項新興風險的影響時程與潛在衝擊分析表

潛在衝擊	新興風險	
高度	◎去全球化 ◎重大的貨幣試驗 ◎超級自然災害	◎物聯網的挑戰
中度	◎巴西旱災 ◎生活機能藥物 ◎預見性維護 ◎不斷上升的流行疾病風險 ◎毀滅性的大火災 ◎城市下沉	◎基因工程 ◎能源轉型的挑戰 ◎抗生素的反作用 ◎公共建設老化 ◎水力裂解流體
低度	◎化石燃料的管理不當 ◎LED燈的危險性	◎未來的辦公室 ◎空中交通阻塞 ◎環境中的化學品 ◎原物料的缺乏
影響時程	3年內	3年後

資料來源：瑞士再保險公司SONAR, May 2015。

地區因為全球化而導致相互依賴及整合，予以回退的過程。目前去全球化研究，大多與國際經濟相關。

近年來，包含東歐、中東和東亞等地區的政治衝突日益強烈，所採取的制裁和其他干預政策，可能阻遏資金、商品及人力的流動。同時，經濟的壓力也將加深國家保護主義的威脅。以歐洲為例，這不僅可能引發領土分離主義，如蘇格蘭（Scotland）欲脫離英國或加泰隆尼亞（Catalonia）欲脫離西班牙，最終也將破壞歐盟及歐元區的整合。

2020年新型冠狀病毒大流行使我們經濟依賴性暴露無遺，然後，2022年的俄烏戰爭使原料市場發生顛覆性的影響。它有可能造成去全球化的轉折點，並重塑這個世界。

㈡重大的貨幣試驗

中國經濟成長減緩、日本持續掙扎於低成長，還有歐元區的債務危機仍徘徊不去，全球經濟存在很多結構性的缺失。傳統的政策措施，如擴張的財務政策、貨幣寬鬆，在債務負擔沉重或接近極限，加上市場利率幾近於零的狀況下，恐已很難奏效。

然而，極端寬鬆的貨幣政策持續甚至強化，造成貨幣競相貶值。債務負擔如何降低至更可支撐的程度，至今仍混沌不明。

持續的低利率將強烈衝擊保守且擁有大規模資產的公司，特別是人身保險業，其商業模式、長期獲利率及存活能力，將遭受根本的挑戰。低成長也會影響保險業的發展前景。一旦發生通貨膨脹，保險業也可能面臨加速擴大的理賠通膨。

㈢超級自然災害

超級自然災害，對經濟和社會構成重大威脅，並帶來龐大損失，卻未受到足夠的重視，大氣河流和火山爆發事件，即是其中的例子。

大氣河流事件可能導致大面積的洪水氾濫，並造成大規模的財產損失及營業中斷。火山爆發則可能造成重大的財產損失、營業中斷，並可能對整體經濟系統帶來更深遠的影響，使全球旅行和供應鏈中斷，更嚴重的甚至會影響全球氣候型態。

㈣物聯網的挑戰

物聯網（Internet of Things, IoT）是一個以網際網路、傳統電信網等為資訊承載體，讓所有能夠被獨立尋址的普通物理對象實現互聯互通的網絡，將徹底改變消費經驗和行為，以及組織和社會的管理方式。

據估計，在2025年，一個四口之家將會有100個連結裝置，而個人每天可能接觸3,000～5,000個連結物品。然而，物聯網的興起，將衍生網路和資料安全、恢復力、長期保養和軟體更新等問題。系統故障、駭客和犯罪的惡意攻擊，都會帶來損失。

物聯網極具挑戰保險產業的潛力。由於可取得額外的數據，風險管理能夠做得更好，因而有更多避開損失的方法。不過，現實世界變得較為安全，數位世界卻產生其他風險。此外，大規模的科技公司，也可能考慮投入保險市場，將大量數據資料變成資本。

新的資料流，可能造成保險人和消費者之間的資訊不對稱；駭客攻擊和故障，可能對提供網路攻擊保障的保險，以及財產保險、人身保險的網路商品，造成重大衝擊。

㈤不斷上升的流行疾病風險

從SARS、伊波拉病毒到最近疫情持續升溫的新冠病毒變異株Omicorn，凸顯病毒不斷適應、改變的特性。病毒適應新環境的能力極強，而且不停產生變異，就是為了躲避受感染宿主的免疫系統。全球人口和家畜數量的增加，提供新病毒更多寄宿的機會，也提高全球流行疾病的風險。

另外，針對已知且可控制的病原體，有愈來愈多人拒絕接受疫苗注射，因而增加流行病，甚或全國流行疾病的風險。從2014年美國在耶誕節及2015年初在德國爆發的麻疹，可看出未注射疫苗的孩童，明顯擴大了流行病的傳染力。

在日本、北美、歐洲等壽險滲透度高的地區，由於醫療處置或人身保險的花費，壽命和健康保障將會明顯受到影響；如果民眾因為誤診而受到感染，將會牽涉一般責任理賠問題；一旦疾病或死亡可歸責於醫療處置失當，專業責任險可能要承擔驚人的賠款；若因醫療場所疏忽而造成醫護人員感染，雇主責任和員工賠償也必須啟動。

如果演變為全球流行疾病，將會影響供應鏈，最後也可能衝擊金融市場。

㈥城市下沉

大型的海岸和三角洲城市正在下沉，主要因為地下水的管理不當，或過度抽取石油和沼氣。比起海平面的上升，土壤消失的速度要快上10倍。印尼首都雅加達（Jakarta），在全球百萬人口以上城市中的下沉速度最快，預估於2025年其北部將會下沉將近4公尺。

氣候變遷造成海平面上升，有較充分的宣傳和估算，但土壤的消失卻經常受到忽略，也可能還無法列入自然災害模型的考量因素，以及財產保險的商品規劃。土壤消失和海平面上升也常同時發生，因而提高沿海發生洪水的風險。

城市下沉，可能對建物、地基、公共建設、地下工程如汙水和瓦斯管線等造成損害，導致水資源管理的瓦解，沿海洪水則會增加鹽水的侵入。地下水的管理不當是幾十年來的老問題，其可能造成的財損和傷亡，可能是極大的代價，而釐清責任歸屬也是一大挑戰。

㈦能源轉型的挑戰

2015年3月發生日蝕，歐洲的太陽能供應突然大量削減，可見當前能源網絡的敏感脆弱。所有的再生能源，其實都面臨同樣的問題，只是受影響的程度不同罷了。以風力渦輪的產出為例，通常會隨著風的頻率、範圍和速度而產生波動；又如水力發電，也會因為長期乾旱而減少供應，因此，穩定供應是替代能源的最大挑戰。

增加能源儲存的容量，並適用於各種能源生產形式，以及實施適合的能源傳輸途徑，都是相當重要的課題，也需要進一步的創新發展。在此過程中，保險業有很多協助分攤風險的機會。如果能源轉型的挑戰無法克服，傳統能源極可能捲土重來。

能源過渡的潛在衝擊，包括支持能源過渡的必要創新，可能開啟商業機會，而若能源過渡的不確定性持續，化石燃料及再生能源能否分割，未來恐怕仍是未定之數。

㈧公共建設老化

在許多國家，重要的公共建設均處於老化的狀況，並可能造成巨大的損

失。所有的公共建設都難以倖免，譬如能源、公用事業、交通、食物安全、社會服務及健康照顧等設施。若要確保持續安全的運作，大量投資是必要的作法。

瓦斯管線、水壩等設施是因為設備老化、管理維護不佳和投資延遲而造成危險，但除此之外，針對水電、通信等重要建設而言，網路攻擊也是日益引發關切的課題。

基於上述情況，財損和傷亡保障的理賠頻率與嚴重程度將會持續增加，老化的管線和其他腐朽的公共建設，也會對環境造成破壞，而對公共建設投入資金的要求日益強烈，將提供投資者和保險業嶄新的商業契機。

每天都可能產生新的風險，我們必須持續面對新的挑戰。從社會、經濟、政治、科技到自然環境，當改變成為唯一的不變時，唯有及早掌握這些重要的改變，才能為未來的風險做好準備。

六、資訊安全的風險管理

2018年8月3日晚間，我國晶圓代工龍頭台積電遭到病毒攻擊事件，這是該公司史上最嚴重的資安事件，這個網路攻擊事件令各大企業和政府機關再次敲響資安警鐘。根據世界經濟論壇（WEF），未來5年全球網路犯罪為企業帶來的損失，可能將上看8兆美元（約245.65兆元臺幣）。

歐盟一般資料保護規則（General Data Protection Regulation, GDPR）已於2018年5月25日起生效，GDPR被稱為史上最嚴格的個人資料保護法，對於違法的企業，歐盟將依照情節輕重有不同之裁罰標準，最高可能處以兩千萬歐元或全球營業額百分之四（以高者為準）之罰款，GDPR施行後將如何影響我國，值得我國企業加以關心。

良好的風險管理對於企業取得長期穩定的成功至關重要，尤其是駭客入侵、社交工程、網頁掛馬、電腦病毒、資料外洩等資安威脅與日劇增。風險管理可以協助企業避免資源浪費與損失，防止組織商譽或形象遭受損害，甚至可改進營運作業流程，提高作業效能並達到績效衡量管理等效益。

第 六 節　風險的定義

　　由於現代風險社會活動甚為複雜，每個人及各行各業的財產與活動，每天皆有各種不同的風險必須面對；但是，對於風險之定義至目前為止，國內、外學術界眾說紛紜，尚未發展出一個簡易明瞭、大家一致認同的看法。經濟學家、行為科學家、風險理論學家、統計學家以及精算師，均有其自己的風險觀念（Concept of Risk）。一般來說，風險之定義，主要可分為下列兩種：

一、事故發生的不確定性（Uncertainty）

　　是一種主觀的看法，著重於個人及心理狀況。由於企業經營對未來事件的發生難以預測，在企業的經營活動中，常會遭遇到許多的不確定性，但不確定性並非全是風險，亦有充滿希望的一面，如下所示：

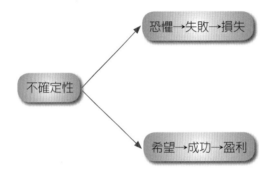

　　因為不確定性常給企業經營者帶來恐懼、憂慮，使得企業經營的績效減低；但不確定性亦帶給企業經營者希望、光明、邁向成功，獲致盈利。因此，從主觀觀點而言，風險乃指在一定情況下的不確定性，此不確定性意指：（註⑬）

　　1.發生與否不確定（Whether）。

　　2.發生的時間不確定（When）。

　　3.發生的狀況不確定（Circumstance）。

　　4.發生的後果嚴重性程度不確定（Uncertainty as to Extent of Consequence）。

二、事故發生遭受損失的機會（Chance of Loss）

是一種客觀的看法，著重於整體及數量的狀況，認為在企業經營的各種活動中發生損失的可能性，亦即企業在某一特定期間內的經營活動，例如1年，遭受損失的或然率（Probability of Loss），此或然率介於0與1之間。若或然率為0，即表示該企業的經營活動不會遭受損失；若或然率為1，則該企業的經營活動必定會發生損失；若該企業在經營活動中，發生火災損失的或然率為0.50，即表示該企業遭受火災損失的風險可能在未來的2年中發生一次。因此，企業經營活動損失的或然率愈大時，風險亦愈大。

第 七 節　風險的特性

風險具有以下五種特性：

一、風險具有客觀性

風險是不以人的意識為轉移，而是獨立於人的意識之外的客觀存在。人們只能採取風險管理辦法，降低風險發生的頻率和損失幅度，而不能徹底消除風險。

二、風險具有普遍性

在現代風險社會，人類面臨著各式各樣的風險：自然災害、疾病、意外傷害等。同時，隨著科學技術的發展和生產力的提高，還會不斷產生新的風險，且風險事故造成的損失也愈來愈大。例如：核能技術的運用，產生了核子輻射、核子汙染的風險；航空技術的運用，產生了巨災損失的風險。

三、風險具有損失性

只要風險存在，就一定有發生損失的可能。如果風險發生之後不會有損失，那麼就沒有必要研究風險了。風險的存在，不僅會造成人員傷亡，而且

會造成生產力的破壞、社會財富的損失和經濟價值的減少，最終使人類處於擔心、憂慮中，因此才使得人們尋求分擔、轉嫁風險的方法。

四、風險具有必然性

個別風險事故的發生是偶然的，然而透過對大量風險事故的觀察，人們發現風險呈現出明顯的規律性。因此在一定條件下，對大量獨立的風險損失事件的統計處理，其結果可以比較準確地反映風險的規律性，從而使人們得以利用機率和數理統計方法，去計算其發生的機率和損失幅度。

總體上必然性和個體上偶然性的統一，構成了風險的隨機性。例如：一個地區，1年中必然有火災發生，是總體上的必然性，但究竟哪一幢房屋著火是偶然的，是無法預知的，即個體上的偶然性。

五、風險具有可變性

風險的可變性是指在一定條件下，風險可轉化的特性。世界上任何事物之間互相聯繫、互相依存、互相制約。而任何事物都處於變動之中、變化之中，這些變化必然會引起風險的變化。例如：科學之發明、文明之進步，可使風險因素發生變動；醫藥的發明與醫術之進步，使死亡率降低，改變人的壽命；汽車與飛機的發明，使人有因車禍或空難導致之死亡風險。

第八節 風險四要素

在瞭解風險社會與風險定義之風險特性後，我們可進一步深入瞭解風險構成的四要素。(註⑭)

風險係由風險標的、風險因素、風險事故和損失共同構成。

一、風險標的（Exposure）

風險標的係指暴露在風險之下的有形或無形標的。有形風險標的，如

汽車、建築物、生產設備或商品存貨皆是；無形風險標的，如因侵權行為（Torts）所致依法應負的賠償責任，或對他人債務的擔保行為皆是。

二、風險因素（Hazard）

風險因素係指足以引起或增加風險事故發生機會，或足以擴大損失程度之因素。例如：汽車維護不善、屋內堆積易燃品、衛生情形不良等，即為風險因素。

三、風險事故（Peril）

風險事故係指造成損失發生之直接原因。例如：造成建築物焚毀之火災、造成乘客傷亡之車禍等屬之。

風險事故多係某些風險因素（Hazard）之存在所致。

風險事故亦指可能造成風險標的物，產生經濟盈虧結果的原因或事件。

1.有源於自然因素者，如火山爆發、地震、颱風或雷擊等皆是。

2.有源於人為因素者，如火災、車禍、中共對臺灣實施導彈演習、中央銀行降低存款準備率等皆是。

3.有源於物之本質者，如煤之自燃、穀倉塵爆等皆是。

四、損失（Loss）

損失係指財產經濟價值之非故意（Unintentional）減少或滅失。例如：房屋因火災焚毀。

損失通常包括直接損失（Direct Loss）與間接損失（Indirect Loss）兩種型態。

損失是指非故意的、非計畫的和非預期的經濟價值的減少。這一定義包含兩個重要的因素：一是「非故意的、非計畫的、非預期的」；二是「經濟價值的減少」，兩者缺一不可，否則就不構成損失。例如：惡意行為、折舊以及面對正在受損失的物資可以搶救而不搶救等造成的後果，因分別屬於故意的、計畫的和預期的，因而不能稱為損失；再如記憶力的衰退，雖然滿足第一個因

素，但不滿足第二個因素，因而也不是損失，但是，車禍使受害人喪失一條胳膊，便是損失，因為車禍的發生滿足第一個要素，而人的胳膊雖不能以經濟價值來衡量，即不能以貨幣來度量，但喪失胳膊後所需的醫療費以及因殘廢而導致的收入減少，卻可以用金錢來衡量，所以車禍的結果滿足了第二個要素。

風險因素、風險事故與風險損失三者之間存在著因果關係，即風險因素引發風險事故，而風險事故導致損失。如果將這種關係連接起來，便得到對風險的直觀解釋。如圖1-1所示。

例如：一部汽車因未定期保養維護，導致在駕駛時發生車禍，造成汽車損壞，修理費用需5萬元。

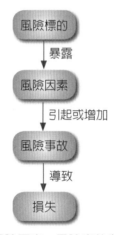

圖1-1　風險標的、風險因素、風險事故與損失四者之間的關係

就此例而言，「這輛汽車」為風險標的；「未定期保養」為風險因素；「車禍」為風險事故；「修理費用5萬元」為損失。

第 九 節　風險的分類

為了使個人、家庭、企業等經濟單位明瞭其本身之風險，而需要加以風險分類（Classification of Risks）。國內、外學術界把風險按不同的區分方式，分為不同的種類，茲說明如下：

一、按風險的來源區分

按風險的來源，風險可區分為：(註⑮)

㈠靜態風險（Static Risk）

係指不可預期或不可抗拒的事件，或人為上的錯誤、惡行所致的風險，此風險為任何靜態環境所不可避免者：

1.財產遭遇火災、天災等所致的實質性、直接性損失的風險。

2.因本身財產直接性損失或其他直接性損失，而導致營運中斷之間接損失的風險。

3.因本身財產直接性損失或其他直接性損失，而導致營運費用增加的間接性損失之風險。

4.企業經營過程中，因法律責任或契約行為，所致損失的風險。

5.詐欺、犯罪、暴行，所致損失的風險。

6.因公司重要人員或所有權人死亡或喪失工作能力，所致損失的風險。

㈡動態風險（Dynamic Risk）

動態風險是由於人類需求的改變、機器事物或制度的改進，以及政治、社會、經濟、科技等環境變遷所引起者：

1.管理上的風險

⑴生產上的風險

生產上的風險起源於生產與製造過程中所遭遇到的風險，例如：生產作業流程設計失當的風險、採購偏差的風險等。

⑵行銷上的風險

行銷風險係指與行銷體系、同業競爭、產品擴展、市場開拓等有關的行銷活動風險，其風險主要有對市場情況不明的投資風險、對未來供給（競爭）與需求（消費者）評估錯誤的風險、產品滯銷的風險、同業競爭的風險等。

⑶財務上的風險

財務上的風險為企業在財務處理活動中所面臨的任何風險；美國中小企業列舉十四項企業常見的財務風險：(註⑯)

①創業時資本不足。

②成長或擴充時資本不足。

③過分依賴負債。

④不足的財務計畫。

⑤不當的現金管理。

⑥過分重視銷售量而忽略淨利潤。

⑦忽略風險與報酬之間的關係。

⑧業主自企業取款太多，動搖財務根基。

⑨現金與淨利混淆不清。

⑩銀行關係不佳。

⑪不當的信用政策。

⑫帳簿制度不佳。

⑬不適當地處理應付帳款。

⑭不良的會計制度。

在多國籍企業中，財務風險更包括國際匯兌的風險、國外稅制和其變動風險、國際性商業執照的風險，因營業中斷或完全終止，而仍須支付其國外員工之津貼或離職的風險。（註⑰）

(4)人事上的風險

人是企業的一項最重要資源，人事風險包括員工流動風險、員工工作效率的風險、勞資關係良窳的風險等。

2.政治上的風險

自1970年代初期，政治風險已開始為企業所重視，尤其是多國籍企業。伊朗及薩爾瓦多政治動亂之後，已更進一步地提高了企業界對政治風險的關注。

國際貨幣基金（International Monetary Fund, IMF）2022年3月15日表示，2022年2月俄羅斯入侵烏克蘭戰爭，將導致成長放緩並推高通貨膨脹，對全球經濟產生影響，長期而言，更可能從根本上重塑全球的經濟和政治秩序。（註⑱）

政治風險通常包括下列項目：

(1)國外公司的資產和設備，被所在國國有化及沒收、充公。

(2)因革命、內戰、暴動、綁架及謀殺所造成財產與人體的損傷。

(3)國外政府對私人條約的侵犯或干擾。

(4)國外債務匯款支付禁令。

⑸法令及稅制上的歧視待遇。

3.創新上的風險

企業由於競爭激烈及產品生命週期更加縮短，致使企業若欲求生存與發展，唯有創新。熊彼得（J. Schumpeter）的創新理論（Innovation Theory）指出，在動態社會中，企業經營者若欲追求利潤，必須推動創新活動，如下所列：

⑴新產品的開發。

⑵新生產方法的應用。

⑶新市場的開拓。

⑷新的原料供給地的發現。

⑸對生產因素新組合的應用。

除上述技術創新外，並應重視管理上的創新來相互配合。當企業從事於創新時，可能因研究發展經費、人才、資訊、設備、觀念等因素，而使其工作不能達到預期之目標而發生創新的風險。例如：事前對配銷者及消費者調查或測試錯誤的風險、產品設計錯誤的風險、管理方面失當的風險、包裝錯誤的風險、使用說明書不當的風險等。

靜態風險與動態風險的區別：

1.發生特點不同

靜態風險在一定的條件下，具有一定的規律性，變化比較規則，可以透過大數法則加以測算，對風險發生的頻率作統計、估計、推斷；動態風險的變化卻往往不規則，無規律可循，難以用大數法則進行測算。

2.風險性質不同

靜態風險一般均為純損風險，無論是對於個體還是對於社會來說，靜態風險都只有損失機會，而無獲利的可能；而動態風險則既包含純損風險，也包含投機風險。換句話說，某一動態風險對於一部分個體可能有損失，但對另一部分個體則可能獲利，從社會總體上看也不一定有損失，甚至受益。如消費者偏好的轉移，會引起舊產品失去銷路，增加對新產品的需求。

3.影響範圍不同

靜態風險通常只影響少數個體；而動態風險的影響則比較廣泛，往往會帶來連鎖反應。

二、按風險的性質區分

按風險的性質，風險可區分為：

㈠純損風險（Pure Risk）

係指事件發生的結果，只有損失或沒有損失的風險；亦即風險發生時，企業只有損失的機會而無獲利的機會。純損風險總是不幸的，對企業，甚至整個社會而言，純損風險不可能造成任何獲利的贏家；（註⑲）因此，企業經營的最佳決策，應儘量避免純損風險的發生。由於純損風險在相同的情況下，會經常重複發生，企業若能藉著過去發生損失的資料，而計算出其損失頻率和損失幅度，再加上統計之大數法則的應用，往往可以預測未來純損風險發生的可能性。例如：某企業在過去5年中，發生過幾次大小火災，損失金額從數千元到數百萬元不等，企業可應用此項資料，去預測該企業在未來1年中，發生火災的可能性。因此，企業經營上的純損風險，可藉著日新月異的風險管理技術，加以避免、減少，甚至消除。

㈡投機風險（Speculative Risk）

投機風險係指事件發生的結果，除了損失與沒有損失的機會外，尚有獲利機會。（註⑳）

投機風險較不易或不可能在相同情況下，重複發生，因此企業很難由過去的資料，預測未來投機風險獲利或虧損的可能性之大小。例如：企業僅憑過去的資料，很難預測新產品開發或新投資的成功與否。雖然企業有時考慮穩健保守的經營原則，而不願去承擔投機風險的損失；但是投機風險具有誘惑性，使得企業為了賺取更多的利潤而甘冒虧損的風險。投機風險對企業而言，將會造成有些公司獲利而有些公司虧損的局面，但對整個社會而言，往往是有利的，因為獲利往往高於失去的損失。例如：科技的進步，可能創造了一個新行業，而摧毀了另一行業，但是兩者權衡之下，畢竟是造福了消費者，所以就整個社會而言，往往便成了投機風險的獲利者。（註㉑）

雖然風險可劃分為純損風險和投機風險，但這兩類風險並非完全排斥，有時這兩類風險可同時並存。例如：企業增建一座新廠房，企業便面臨廠房遭受

火災、地震、颱風、洪水、爆炸、竊盜等的純損風險。同時，企業亦面臨由於通貨膨脹或其他經濟因素，致使廠房增值或貶值的投機風險，企業亦因擴充生產設備而面臨產品在市場上占有率大小、利潤增減等的投機風險。

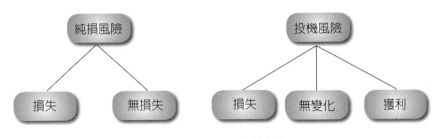

圖1-2　不同風險結果

三、按承擔風險的主體分類

按承擔風險的經濟主體不同，風險可以分為個人與家庭風險、團體風險和政府風險等。

㈠個人與家庭風險 (Individual and Family, Risk)

個人與家庭風險主要是指以個人與家庭作為承擔風險主體的風險。個人與家庭面臨的風險，主要有人身風險、財產風險、責任風險和信用風險等。

㈡團體風險 (Groups Risk)

團體風險主要是指以企業或社會團體，作為承擔風險主體的風險。企業或社會團體面臨的風險，主要有企業或社會團體的員工人身風險、財產風險、信用風險和責任風險等。

㈢政府風險 (Government Risk)

政府風險主要是指以政府作為承擔風險主體的風險。

四、按風險程度是否受個人認知區分

按風險程度是否受個人認知影響，風險可區分為：（註②）

(一)客觀風險（Objective Risk）

客觀風險是指實際損失經驗與預期損失經驗的可能變量（Variation），此種風險通常可以觀察，也可以衡量。例如：現實世界中可以觀察一個地區（如臺灣地區）一段期間（如5年）一定房屋棟數（如1,000,000棟）發生火災之次數，即可發現每1年平均發生多少次火災（如5,000次），成為一種預期損失經驗，一般係以百分比表示。不過，在經驗期間內，每1年發生火災的實際次數，一定有高低之分，有些較高（如5,500次）、有些較低（如4,500次），此種情況之下，相對上有差異（即1,000次），就是所謂的客觀風險。由於該等數據是經過實際統計而來，所以稱其客觀。同樣情況亦可用於其他特定社會事故，例如：竊盜案件。保險公司承保火災保險或汽車保險，長期觀察火災賠償案或汽車竊盜賠償案，亦可應用客觀風險的觀念。

(二)主觀風險（Subjective Risk）

主觀風險是基於個人的心理狀況或精神狀況而產生的不確定性，一般而言，對某一特定事件的一種疑惑或是憂慮，常因個人的心理狀況或精神狀況而有所不同；所以同樣一件事，有些人可能過於保守而感到悲觀，有些人則反而是樂觀。因此，每個人對同一件事之決策有所不同。在人類的社會中，不同的族群有不同的喝酒文化、賭博文化乃至於開車文化，其實可由主觀風險加以解釋。

五、按風險潛在損失標的區分

按風險的潛在損失標的，風險可區分為：

(一)財產風險（Property Risks）

係指家庭或企業對其自有、使用或保管的財產，因不可預期或不可抗拒的事件，或人為的疏忽、錯誤所致的毀損與滅失。例如：

1.財產遭遇火災、天災（地震、颱風等）所致實質性、直接性損失的風險。

2.因本身財產直接性損失或其他直接性損失，而導致營業中斷之間接損失的風險。

3.因本身財產直接性損失或其他直接性損失，而導致營運費用增加之淨收入損失風險。

(二)人身風險 (Personnel Risks)

係指企業重要人員、所有權人死亡或喪失工作能力所致損失的風險，或家庭中之任何成員因生、老、病、死等原因，而遭致損失的風險。

(三)責任風險 (Liability Risks)

係指對於他人所遭受的財產損失或身體傷害，依法應負賠償責任的風險。例如：酗酒開車撞傷路人或撞壞他人之財物，此種責任風險一般稱為「法律責任」風險（Legal Liability Risk）。另外尚有因契約行為所致的責任風險，一般稱為「契約責任」風險（Contractual Liability Risk）。例如：航空公司以契約承受飛機製造人之產品責任。

(四)淨利風險 (Net Income Risks)

企業因財產、人身及責任損失，導致營運失常或中斷，而使淨利（Net Income）減少的損失風險。

六、按風險發生損失的對象區分

按風險發生的損失對象，風險可區分為：

(一)企業風險 (Business Risks) (註㉓)

係指企業之經營活動所導致企業財產、人身、責任與淨利損失的風險。由表1-2可說明企業風險與可能損失之相互關係。

(二)家庭（個人）風險 (Family & Individual Risks) (註㉔)

係指家庭（個人）之活動行為，所導致家庭（個人）財產、人身、責任損失的風險。由表1-3可說明家庭（個人）風險與可能損失之相互關係。

表1-2 企業風險與可能損失關係表

風險	風險標的	事　故	可　能　損　失
財產	建築物、設備	毀損或滅失	資產、收入、額外費用
	商業機密	偷竊	收入
	存貨	毀損或滅失	資產、收入
人身	員工	傷殘或疾病	收入、服務、額外費用
	員工	死亡	收入、服務、額外費用
	員工	老年	收入、服務、額外費用
責任	營運	產品責任	資產、收入、額外費用
	營運	汙染責任	資產、額外費用
	財產	一般責任	資產、額外費用
淨利	財產	毀損或滅失	資產、收入、額外費用
	人身	病殘或死亡	收入、服務、額外費用
	責任	刑事或民事	資產、收入、額外費用

表1-3 家庭（個人）風險與可能損失關係表

風險	風險標的	事　故	可　能　損　失
財產	住宅	毀損或滅失	財產和額外費用
	汽車	毀損或滅失	財產和額外費用
	其他財產	毀損或滅失	財產和額外費用
人身	主要收入者	傷殘或疾病	收入、服務、額外費用
	配偶（有工作者）	傷殘或疾病	收入、服務、額外費用
	配偶（無工作者）	傷殘或疾病	服務、額外費用
	小孩	傷殘或疾病	額外費用
	主要收入者	死亡	收入、服務、額外費用
	配偶（有工作者）	死亡	收入、服務、額外費用
	配偶（無工作者）	死亡	服務、額外費用
	小孩	死亡	額外費用
責任	相關活動	責任	財產、額外費用
	相關財產	責任	財產、額外費用

(三)社會風險（Social Risks）

　　係指社會、經濟結構之變遷，生產技術之改革，導致各種動態風險不斷出現，例如：經濟制度之失衡，引起就業、所得、物價等變動之風險；生產技術或設計之錯誤，導致產品不良與工業傷害等事故之風險，對於公共福利及社會安定皆有密切關係。此等社會風險，通常雖可由社會團體或政府行政力量予以

處理，但在處理技術上，仍有一定限制，因此不免常有重大經濟損失之發生，其影響所及，既深且廣。

七、按風險是否可管理區分

風險依其是否可加以有效管理，分為可管理風險與不可管理風險兩類：

㈠可管理風險（Manageable Risks）

可管理風險係以人類之智慧、知識、科技，可採有效方法予以管理之風險。凡可藉任何風險管理方法減低或排除其不利影響之風險，皆稱為可管理風險，例如：火災、竊盜、投資等均屬之。

㈡不可管理風險（Unmanageable Risks）

不可管理風險係指以人類目前之智慧、知識及科技水準，均無法以任何有效措施予以管理之風險。凡無法以任何方法減低或排除其不利影響之風險，均屬不可管理風險。

八、按風險是否可保險區分

依商業保險立場而言，風險可區分為：

㈠可保風險（Insurable Risks）

係指可用商業保險方式加以管理之風險，可保風險主要可分為下列三種：

1.財產風險（Property Risks）

在財產方面，由於下列事故所引起之損失：

⑴財產上之直接損失。

⑵因本身財產直接性損失或其他直接性損失，而導致之間接損失風險。

⑶因本身財產直接性損失或其他直接性損失，而導致淨利損失風險。

2.人身風險（Personnel Risks）

係指人的生命或身體方面，由於下列事故所引起之損失：

⑴早年死亡。

(2)身體喪失工作能力（傷害或疾病）。

(3)老年。

(4)失業。

3.責任風險（Liability Risks）

在下列各種情形中，由於法律責任或契約責任所致第三人身體或財物之損害，依法應負賠償責任所引起之損失：

(1)使用汽車或其他運輸工具。

(2)使用建築物。

(3)僱傭關係。

(4)製造產品。

(5)執行業務之過失行為、錯誤或疏漏（Negligent Acts, Errors and Omissions）。

(二)不可保風險（Uninsurable Risks）

係指不可用商業保險方式加以管理之風險，不可保風險主要可分為下列幾種：

1.行銷風險（Marketing Risks）

由下列各種因素所致之損失：

(1)季節性或循環性之價格波動。

(2)消費者偏好之改變。

(3)流行之變化。

(4)新產品之競爭。

2.政治風險（Political Risks）

由下列各種情形所致之損失：

(1)戰爭、革命或內亂。

(2)對自由貿易之限制。

(3)國外稅制和其變動。

(4)外匯法令變動與管制。

3.生產風險（Production Risks）

由下列各種情形所致之損失：

(1)機器設備不能有效使用。

⑵技術問題不能解決。

⑶原料資源之缺乏。

⑷罷工、怠工及勞力供給之不穩定。

‧可保風險係指能用保險加以管理之風險，因此它是一種可管理之風險。

‧不可保風險則不一定為不可管理之風險，因不可保僅指用保險無法處理的風險之故。

㈢可保風險的要求 (Requisites of Insurable Risks)

商業保險公司在正常情況下，只承保純損風險。然而，不是所有的純損風險都是可保的。純損風險在被保險公司承保之前，必須滿足一定的要求。以保險公司的角度來看，可保風險需要滿足下列六個要求：(註⑤)

1.大量的風險單位 (Large Number of Exposure Units)

可保風險的第一個要求是：要有大量的風險單位。在理想情況下，應當存在大量由相同風險或風險集合所引起的大致相似，但不必完全相同的風險單位。例如：可以透過集合一個城市的大多數住宅，來為住宅提供財產保險。

2.意外造成的損失 (Accidental and Unintentional Loss)

可保風險的第二個要求是：損失應該是意外造成的。理想情況下，損失應該是偶然的，並且在被保險人控制範圍之外。因此，如果個人故意造成損失，不應該得到賠償。

3.可確定和衡量的損失 (Determinable and Measurable Loss)

可保風險的第三個要求是：損失應該是可確定和衡量的。這意味著損失的原因、時間、地點和數量應該是明確的。在大多數情況下，人壽保險可以很容易地滿足這個條件。死亡原因和時間在大多數情況下，很容易被確定。如果一個人買了人壽保險，那麼人壽保單的面值，就是保險公司對它所支付的數額。

4.非巨災性損失 (No Catastrophic Loss)

可保風險的第四個要求是：理想情況下，損失不應該是巨災性的。這意味著大部分的風險單位不應該同時遭到損失。正如我們前面所提到的，保險的本質是損失分攤。如果某種風險單位的大部分或全部都遭到損失，那麼這種分離機制就會崩潰，變得不能運作。在這種情況下，保險費必然提高到令大多數人不敢問津的水準，並且保險機制也因為無法把少數人的損失在整個群體裡分

攤，而變得不再是一種可行的安排。

5.可計算的損失機會 (Calculable Chance of Loss)

可保風險的第五個要求是：損失的機會是可計算的。保險公司必須能夠在一定精確程度上，預測未來損失出現的頻率和幅度。這個要求是必要的，以便使保險公司能夠收取合適的保險費，在保單有效期內，足夠支付所有的索賠和費用開支，並獲得利潤。

然而，由於無法準確估計某些損失的機率，也由於存在潛在的巨災性損失，保險公司很難承保這些損失。例如：洪水、戰爭和週期性的失業，都是不定期發生的，預測它們發生的頻率和幅度都很困難。因此，如果沒有政府的支持，商業保險很難承保這些損失。

6.經濟可行的保險費 (Economically Feasible Premium)

可保風險的第六個要求是：保險費必須是經濟可行的。投保人必須能夠支付保險費。另外，為了使保險產品能夠引起人們的購買慾望，支出的保險費必須顯著低於保單的面值。

九、按風險影響的對象區分

按風險影響的對象，風險可區分為：

㈠單獨風險 (Individual Risk)

係指其發生多為個別原因，而其結果僅能影響某一或若干個體或較小範圍之社會群體，基本上較易控制。諸如財產遭受火災、碰撞、竊盜所致毀損滅失，或因使用財產不慎導致第三人傷亡，或財損依法應負之賠償責任等風險。

㈡基本風險 (Fundamental Risk)

係指其發生非因任何個人之錯誤行為所致，而其結果對於整個經濟社會群體中之任何個體（包括個人、家庭及企業）皆有影響，同時基本上亦非任何個體所能防止，諸如經濟景氣變化、售價波動、社會政治動亂、戰爭及天然災變等風險。

綜上所述，認為以經濟主體作為基礎之風險分類較佳，而與其他風險分類法均互有相關性，如圖1-3所示。

十、企業在經營過程中發生的風險損失態樣區分

可能遭遇到的風險，可區分為：

㈠企業純損風險

乃是在社會、經濟、政治等環境沒有發生變化而存在之風險，即指自然力的不規則變動或人為的錯誤所導致之風險。這種風險將使企業在經營過程中，遭遇事故發生的結果，只有損失的機會而無獲利的機會。通常會使企業發生財產上、人身上、責任上及淨利上的損失。

例如：企業在營運過程中，勢必面臨建築物遭受火災損失的風險，萬一發生了火災，則建築物的毀損代表企業的損失；假如火災沒有發生，而企業財務與經濟情況並沒有改善，亦無獲利之機會。企業靜態（純損）風險所導致財產、人身、責任損失的風險，可分為下列六種：

1.財產損失風險。

2.員工傷亡損失風險。

3.所有權人或高階主管變動損失風險。

4.法律責任或契約行為損失風險。

5.員工犯罪損失風險。

6.間接損失風險。

㈡企業投機風險

乃是由於社會、經濟、政治等環境及人類需求、技術、組織等變動而產生的風險，這種風險將使企業在經營過程中，遭遇事故發生的結果，除了有損失的機會，尚有獲利的機會。

例如：企業拓展新產品的市場，消費者可能沒有購買此種新產品的慾望，致使新產品滯銷，因而使企業在此新產品上的投資，成為一種損失的機會；但是此新產品亦可能廣受消費者之熱愛，紛紛購買，而使企業在此種新產品的投資上得到獲利的機會。

企業動態（投機）風險可分為下列八種：

1.生產風險。

2.行銷風險。

3.財務風險。

4.人事風險。

5.創新風險。

6.財經政策風險。

7.法律政治風險

8.國際情勢風險。

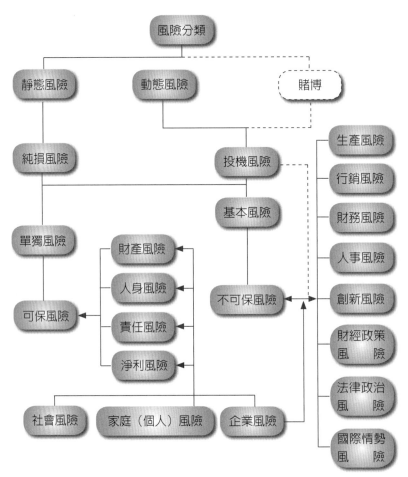

圖1-3 風險的分類

第 十 節　風險的相關名詞

一、風險因素（Hazard）

風險因素又稱災源，係指足以引起或增加風險事故發生機會，或足以擴大損失程度之因素。風險因素與風險事故不同，例如：車禍、火災、疾病等為風險事故，係指造成損失之直接原因（Immediate Cause of a Loss）；而汽車維護不善、屋內堆積易燃品、衛生情形不良等，則為風險因素。風險因素通常有下列三種不同之類型：

㈠實質風險因素（Physical Hazard）

實質風險因素係指某一標的所具有足以引起或增加損失發生機會，或影響損失程度之實質條件。

實質風險因素與「人」之意願或管理無關，而係指標的物本身所具有之固有特質，如房屋之建築材料、所在地、使用性質及消防設施等，皆為導致或增加火災損失之實質風險因素。

㈡道德風險因素（Moral Hazard）

道德風險因素係指足以引起或增加風險事故（Peril）發生，或足以擴大損失程度之因素。此項因素多係被保險人，或其代理人、受僱人因環境或其本性所誘發之疏忽或不誠實心態所致。例如：故意縱火以詐領保險金。

㈢怠忽風險因素（Morale Hazard）

怠忽風險因素係指被保險人由於憑恃保險契約之保障，對保險標的之損失預防與防護消極不作為或怠忽，致使風險事故發生之機會或損失之程度增加之情況。例如：投保火災保險之被保險人，一旦火災發生，故意怠忽不去搶救。

怠忽風險因素又稱心理風險因素，係道德風險因素之一種型態。

二、風險事故（Peril）

風險事故又稱災因，係指造成損失發生之直接原因。例如：造成建築物焚毀之火災、造成乘客傷亡之車禍等屬之。

風險事故多係某些風險因素（Hazard）之存在所致。

通常風險事故可分為下列兩種類型：

㈠一般類型

依其成因可整理歸納為下列三類：

1.自然風險事故（Natural Perils）

如地震、颱風等天災及鏽蝕、腐蝕、發霉等。

2.人為風險事故（Human Perils）

如火災、環境汙染、建築物倒塌等人為所致之風險事故。

3.經濟風險事故（Economic Perils）

如景氣衰退、通貨膨脹、技術的改變及消費品味的改變等。

㈡保險類型

1.可保風險事故（Insurable Perils）

如火災、竊盜等充分符合可保條件之風險事故。

2.不易投保之風險事故（Difficult-to-Insure Perils）

係指原為不可保，但基於特殊原因而由政府機構承保者，例如：我國輸出入銀行辦理之各項輸出保險等業務即屬之。

3.不可保風險事故（Uninsurable Perils）

如戰爭、核子輻射、放射性汙染等非為商業保險所能處理之風險事故。

三、損失（Loss）

損失係指財產經濟價值之非故意（Unintentional）減少或滅失。例如：房屋因火災焚毀。

損失通常包括直接損失（Direct Loss）與間接損失（Indirect Loss）兩種型態。

　　例如：在2001年發生於美國的「911」恐怖攻擊事件中，直接損失主要是世貿中心被毀、樓內財產損失、人員傷亡等，保險公司的保險賠償達到400億美元；而間接損失包括對美國經濟，乃至全球經濟的負面影響、航空業旅客減少、美國簽證拒簽率提高、防止恐怖活動較過去高得多的安全保障成本等，間接損失通常幾倍、十幾倍於直接損失。

四、損失機會（Chance of Loss）

　　損失機會亦稱損失頻率。

五、損失頻率（Frequency of Loss）

　　損失頻率係指在特定期間內，特定數量之風險標的單位（Risk Unit）所可能遭受損失之次數，以損失次數與風險標的單位總數之百分比表示之。用公式表示如下：

$$\text{Frequency of Loss（損失頻率）} = \frac{\text{\#Losses（損失次數）}}{\text{Exposure Units (Risks Units)（風險標的單位或風險單位）}} \times 100\%$$

六、損失幅度（Severity of Loss）

　　損失幅度係指在一定期間內，特定數量之風險標的單位（Risk Unit）所可能遭受損失之程度，以損失金額與損失次數之百分比表示之。用公式表示如下：

$$\text{Severity of Loss（損失幅度）} = \frac{\text{\$Losses（損失金額）}}{\text{\#Losses（損失次數）}} \times 100\%$$

七、風險數理值（Mathematical Value of a Risk）

　　風險數理值係指一個風險單位所應負擔之代價，即其風險性之大小，取決

於損失頻率與損失幅度；當風險單位之數量愈多，則每一單位所負擔之代價愈少。用公式表示如下：

Mathematical Value of a Risk（風險數理值）

= Frequency of Loss（損失頻率）× Severity of Loss（損失幅度）

$$= \frac{\$Losses}{\#Risks\ Units} = \text{Expected Loss（預期損失或純保險費）}$$

八、風險程度（Degree of Risk）

風險程度，有客觀風險程度與主觀風險程度之分。主觀風險程度是指個人心理層面上的不確定性，損失發生的次數是以個人心理狀態所衍生之主觀認定或感覺來判定。而客觀風險程度，是指實際損失次數與預期損失次數之相對變量（Relative Variation），其風險程度衡量的公式如下：

$$風險程度值 = \frac{（實際損失次數 - 預期損失次數）}{預期損失次數}$$

上開公式可為衡量風險的工具之一種。

以臺北、高雄兩城市之住宅火災損失機率為例。假設臺北、高雄各有住宅100,000戶，平均每年每一個城市有100戶住宅發生火災損失事故。從住宅城市歷史資料看，統計人員能估計出臺北明年的實際住宅火災事故，將可能在95～105起範圍內波動；而高雄將在80～120起之間波動，則兩城市住宅火災損失的風險程度分別為10%（臺北）和40%（高雄）。

$$風險程度_{臺北} = \frac{105 - 95}{100} = 10\%$$

$$風險程度_{高雄} = \frac{120 - 80}{100} = 40\%$$

可見，儘管臺北、高雄住宅火災損失機會相同（100÷100,000），但高雄的風險程度是臺北的四倍。

九、不確定性（Uncertainty）

偶然事件（Contingent Event）發生之可能性。

十、一次事故（Per Occurrence）

事故係指造成財損或體傷之一種連續或不斷重複出現之意外事件。

2001年美國911恐怖攻擊事件之後，引發了世貿雙塔（World Trade Center，以下簡稱WTC）承租人與保險公司間之爭訟，該案究竟屬一次事故或是二次事故？（註⑥）

經紀人Willis所提供的保單格式對「Occurrence」有明確定義（definition）：

"all losses or damage that are attributable directly or indirectly to one cause or to one series of similar causes."

這樣的定義比較完整。

但另一再保險人Allianz's的保單定義如下：

1. The word 'occurrence' shall mean any one loss, disaster or casualty, or series of losses, disasters or casualties arising out of one event.

2. When the word applies to loss or losses from the perils of tornado, cyclone, hurricane, windstorm, hail, flood, earthquake, volcanic eruption, riot attending a strike, civil commotion and vandalism and malicious mischief one event shall be construed to be all losses arising during a continuous period of seventy-two (72) hours...

這樣的定義，並未將損失的原因和直接、間接損失做連結，所以較模糊。

2004年5月3日，陪審團作出裁定：

1. Willis所提供的保單，「Occurrence」定義已經被陪審團判定911恐怖攻擊事故為一個事故，保險公司只有賠償一個承保責任額35億美元，而非兩個；被保險人也只付一個自負額損失。

2. Allianz's的保單，因「Occurrence」定義不清楚，初步被判決為兩個事故。

由上述的判決結果，似乎對一次事故（Per Occurrence）的定義做了一次很好的見證，也說明了一次事故其定義的重要性。

十一、風險標的（Exposure）

風險標的又稱暴露情況或暴露風險，係指因受周遭環境之影響，而有潛在風險損失可能之對象，如住宅、汽車等就為財產風險標的（Exposure of Property）；風險標的常為風險管理人評估與衡量遭受損失可能程度之主要依據。

十二、損失風險標的（Loss Exposure）

有損失之虞之風險標的，即稱為損失風險標的。

十三、影響（Consequence）

一個事件的結果，以定量或定性來表示，可能是損失、傷害、賠錢或獲利及形象與聲譽的影響。一個事件有許多不同的可能結果。例如：依據氣象局之統計發現，每次襲臺之颱風約造成財物損失達2億元，並造成5人死亡。（註㉗）

十四、事件（Event）

一個特定時期內，在一個特定地點所發生的事態。例如：南投921大地震。（註㉘）

十五、整合性風險管理（Integrated Risk Management）

由組織或企業整體觀點以持續的、主動的與系統化的方法，進行風險的認知、管理與溝通。（註㉙）

十六、企業風險管理（Enterprise Risk Management, ERM）

或稱整合性風險管理（Integrated Risk Management），係指企業面對當前快速變化的環境，公司整體管理風險的一套方法。雖然風險管理技術在許多企業行諸多年，但ERM在21世紀以來，才獲得企業界與學術界廣泛的注意，現在逐漸變成一種新的紀律（Discipline），或稱教養。（註㉚）

美國COSO委員會對ERM所下的定義是：「企業風險管理係一遍及企業各層面之過程，該過程受企業的董事會、管理階層或其他人士而影響，用以制定策略、辨認可能影響企業之潛在事項、管理企業之風險，使其不超出該企業之風險胃納，以合理擔保其目標之達成。」

十七、風險智能企業(Risk Intelligent Enterprise)

金融海嘯讓許多公司措手不及，經理人必須學習風險管理能力，應付未來可能出現的傷害。一般而言，具備企業風險管理（Enterprise Risk Management, ERM）能力，才能避開各種風暴，做好ERM的企業可稱之為「風險智能企業」（Risk Intelligent Enterprise）。

近年來，金融及能源業者被普遍認為是高度風險管理的模範生，但次貸危機與美國卡崔娜颶風事件，卻讓金融業與能源業損失慘重，可見企業的風險管理必須不斷修正。「報酬尾隨著風險」是資本主義的老話，卻應該被不斷鼓吹，而追求成功的企業經營，必須更加有技巧地成為風險智能企業。（註㉛）

十八、新興風險（New Emerging Risk）

新興風險是指新近發展或變化的風險，這些風險難以量化，對業務的潛在影響未得到充分考量。（註㉜）

十九、巨災（Catastrophe）

依據2016年瑞士再保險公司出版的Sigma雜誌定義，巨災指造成下列災情之一的事件：1.經濟損失超過9,900萬美元，2.海上保險賠款超過1,990萬美元，3.航空保險賠款超過3,980萬美元，4.其他保險賠款超過4,950萬美元，5.死亡或失蹤20人以上，6.受傷50人以上，7.無家可歸2,000人以上。

二十、新奇風險（Novel Risk）

一個經營完善的企業，會為它們面對的風險做準備。然而，即使是世界級的風險管理系統，也無法讓企業做好萬全準備。有些風險過於遙遠，因此任何個別的經理人或一群經理人，根本都無法想像得到那些風險。即使企業預見到

久遠的風險，也會因為它看似極不可能成真，而不願意投資建立因應風險所需的能力和資源。這種遙遠的威脅，我們稱為「新奇風險」（Novel Risk）。（註㉝）

二一、風險指紋（Risk Fingerprint）

風險指紋源自一個人人格特質、人生經歷和社會脈絡的組合，形塑個人在面對風險時的慣性思考與行為決定，但也會隨著人生經歷的累積而改變，影響我們看待與評估風險的方式。（註㉞）

若個人、企業、國家能意識到風險是和性格、文化、環境有關，也能找出「風險指紋」，那麼在個人生活、企業決策，甚至國家政策，都會有更精確的考量了。

二二、地緣政治風險（Geopolitics Risk）

地緣政治風險指的是因國際、地區或國內的政治因素而導致的不確定性或風險。這些風險可能對企業、投資者和經濟體系產生影響，並涵蓋一系列事件，如：戰爭、恐怖攻擊、政權更替、經濟制裁、外交衝突等。地緣政治風險會改變市場環境，影響供應鏈穩定、資金流動、原物料價格，甚至國際貿易的基本結構。（註㉟）

第 十一 節　風險的要件及性質

一、風險的要件

風險構成的要件有三：

㈠須為不確定

所謂不確定，係指風險事故（Peril）發生與否？何時發生？以及發生以後會產生怎樣之結果均不一定。如風險事故必然發生或可預知何時發生，甚至發

生結果為何均已確定，則雖對人類會造成損失，亦不稱為風險。例如：企業機器設備之折舊，屬必然發生之風險事故，且隨時均在發生，其發生之結果亦可預先確定，雖其發生對企業會造成損失，但此為正常耗損，故不稱為風險。

(二)須有損失發生

有損失才會構成風險，若風險事故發生之結果並沒有損失，則不構成風險。例如：爆竹爆炸，如未造成火災，則無風險；如造成火災，則屬風險。故在正常情況下，使用爆竹增添觀眾氣氛，並非風險。惟如使用不當，則有導致火災之風險。

(三)須屬於將來

風險事故如已發生，損失已造成，不再是風險。唯獨對未來不可預料之風險事故是否發生損失產生疑慮，方構成風險。

二、風險的性質

風險的性質有二：

(一)依據大數法則

個別風險單位之不確定性較高，而總體風險單位之不確定性較低，且風險單位數愈多，風險之不確定性愈能預測，風險也就隨之減少。

(二)風險具有可變性

其變動可能係受下列因素之影響：

1.科學文明之影響

科學之發明、文明之進步，可使風險因素（Hazard）發生變動。例如：醫藥的發明及醫療設備之改進，使人類死亡率降低；飛機的發明，使人有因空難而死亡的風險。

2.經濟情況之影響

當經濟景氣時，失業率降低，國民所得提高，社會安定，故道德性風險較

少。反之，當經濟不景氣時，失業率提高，國民所得降低，社會風氣敗壞，容易引發道德性風險。

3.社會情況之影響

諸如民情、風俗、政治輿論，均會影響風險因素的變動。例如：國家發生動亂或戰爭，則風險情況增加；一國之環境保護法公布以後，工廠即增加汙染環境之責任風險。

第十二節　風險的管理

風險之所以需要管理，乃基於下列三大因素：

1.人類與生俱來的安全需求。

2.風險之經濟耗費。

3.各種法令之要求。

茲就此三大因素，說明如下：

一、人類與生俱來的安全需求

風險是與世俱存。在人類悠久的文化發展過程中，個人或團體無論是從事於經濟或社會活動，都面臨著風險，而風險又基於對未來的未知。因此，風險的存在，直接或間接地威脅到人類生存的安全（身體及生命的、心理的、經濟的或社會的）；而追求現在及未來的安全，又是人類與生俱來的願望。因此，在追求安全的過程中，就必須努力去減除對未來的未知，而期盼能克服風險所帶來的威脅，進而管理未來的風險，庶可趨吉避凶，福利萬全。

為了處理未來的未知及進而管理風險，以減低或消弭對於個人、家庭及社會經濟活動所產生的不利後果，乃利用現代最新的科學方法，這就是「風險管理」。

二、風險之經濟耗費

所謂「風險之經濟耗費」（Economic Costs of Risk），[註36] 係指因純損風險之發生而導致經濟上之直接損失，或因風險（不確定性）之存在而引起經濟

上之浪費或不利影響，茲分別說明如下：

(一)意外事故之直接損失

無論企業或家庭，平日皆可能因純損風險事故之發生而遭受損失，例如：工廠鍋爐發生爆炸而損壞；倉庫發生火災而被毀；汽車發生車禍而車損人傷；廠商因產品缺陷而被訴求賠償等，此類損失多為「經濟社會」（Economy Society）之淨損失，構成國民生產毛額（Gross National Product，簡寫為GNP）之減項。

(二)不確定性之間接損失

因不確定性之存在而引起經濟上之浪費或不利影響，計有下列三點：

1.阻礙資本形成，減少經濟福利

由於不確定性之存在，而使人對於未來深感憂慮與恐懼，不願作長期投資（例如：不願擴建廠房、更新機器，不購置必須之運輸工具而以租用代替），阻礙資本形成，降低經濟社會之生產量，從而減少社會之經濟福利。

2.資源分配不當之浪費

由於不確定性之存在，而使資源（即生產因素——土地、勞動、資本及技術知識）大多流向於安全性較高之產業，而少用於風險較高之產業，結果造成資源配置不當之浪費。因為依據邊際報酬遞減定律，在其他條件不變之情況下，一定量之生產資源在各產業中之「邊際生產力」（Marginal Productivity）將因使用量增加而遞減，亦即使用量不斷增加以後，生產效率因而降低，報酬遞減。此種情況最後導致安全性較高的產業之產品供給過多而價格下降，風險較高產業之產品供給太少而價格上漲。

3.準備資金之損失

由於不確定性之存在，企業或家庭須經常保存大量現金或貨幣性資產，以準備填補未來可能發生之損失，使資金不能作有效之運用以增加收益，造成另一種經濟耗費。

由上觀之，純損風險之發生，僅能造成各種經濟耗費而不產生利益，因此吾人對於此類風險須加以有效控制管理，以維持經濟生活之安全與進步。

三、各種法令之要求

最近幾年,世界各國企業經營環境面臨了相當大的衝擊和變化。尤其是在法律方面變化最大,各種新的法令相繼完成立法。

例如:

1.政府基於社會安定,保障人民生命財產安全,制定勞動基準法,要求雇主有義務保障勞工,免除工作環境中所有之風險。

2.政府基於保護消費者應有的權利,已制定有關消費者安全的商品檢驗法、藥物藥商管理法、食品衛生管理法、醫藥法等,現已立法制定消費者保護法,以免除社會大眾於消費活動中所面臨之風險,保障社會大眾之權益。

3.政府基於保障社會大眾生活環境之品質,已陸續制定都市計畫法、水利法、自來水法、飲水管理規則、水源汙染管理防止規則、噪音管制法、空氣汙染管制法、處理汙水管理法、廢棄物處理規則等環境保護有關之法規,這些法令之要求,目的是提升我國國民生活品質,改善生存環境,免除社會大眾生活環境受汙染的風險。

以上這些法令之要求,是為風險需要加以管理之強制性原因。

 風險的成本

一、風險成本

所謂風險的成本(Cost of Risk),簡稱風險成本,乃因純損風險所致之經濟耗費。

風險管理是純損風險最佳的對策,而風險管理最主要的功能,就在降低風險成本。風險成本是近幾年來風險管理的一種新觀念,最早係由美國Massey Ferguson Ltd.的風險經理人道格拉斯(Douglas A. Barlow)於1982年在其一篇發表的論文所揭示。(註㉚)這種風險成本的觀念,即是用風險成本來衡量企業內部對純損風險所花費的直接代價;同時,以風險成本的大小,來評估風險管理者對安排及處理風險工作的績效。由於風險成本的大小,隨企業規模而不同,較

難作同行業的比較，因此，風險管理又引出以風險成本對營業收入與資產的比率作指標，來衡量企業經營與同業間的比較。

一般而言，若風險成本對營業收入與資產的比率指標，超過了同一行業的平均指標，則可意味著該公司對於風險的預防、控制、保險或自己承擔之安排尚不盡理想，因而有加以重新評估與檢討之必要。

所謂風險成本，依美國目前最受歡迎且被廣泛接受並使用之風險管理手冊（Risk Management Manual）上，載明如下：

㈠保險費（Insurance Premium）

即公司每年對於投保的風險，所須繳付的保險費。

㈡自己必須承擔的損失（Losses not Paid by Others）

即公司對於尚未投保的風險或採用自己承擔方案的風險，萬一發生損失時，所須自己承擔的損失金額。

㈢風險和保險管理行政費用（Risk and Insurance Management Administrative Charges）

即為與風險和保險管理有關的行政事務費用；例如：風險和保險部門的行政事務費用。

㈣風險控制成本（Risk Control Costs）

當公司採行風險管理措施時，對實施風險預防或控制須支付的費用。例如：查勘服務費用、消防設備費用、安全訓練費用等。

㈤殘餘物和其他的補償或救濟（Salvage and Other Recoveries）

即公司發生損失之殘餘物尚有殘餘價值，或發生損失後，政府的救濟或減徵稅捐等。例如：前幾年的象神颱風與1999年的921大地震，造成臺灣北、中部工廠大災害，除了政府的補助重建外，尚可減繳各種稅捐。

上述第1項至第4項之和減去第5項，即可計算出一個企業或公司之淨風險成本。

一個公司「淨」風險成本可以根據上述方法衡量出來，並可事先編列預算

而加以控制;因為一個公司風險成本的減少,相對地可增加其利潤。

二、影響風險成本的因素

影響一個企業風險成本的因素與如何降低風險成本有下列幾項:

(一)外部環境

1.經濟週期:經濟衰退會導致需求減少,企業利潤下滑,增加風險成本。

2.政策變動:政府政策變化如稅收、法規或貿易政策,會增加企業的運營成本或限制市場機會。

3.自然災害:如地震、颱風等自然災害,可能破壞生產設施和供應鏈,導致重大損失。

4.地緣政治:戰爭、制裁等事件會中斷市場、影響供應鏈、增加營運成本。

(二)產業特性

1.行業競爭強度:在競爭激烈的行業,企業需要更多資源維持市場地位,增加成本。

2.技術變革速度:快速技術變革可能淘汰過時產品,企業需要不斷創新以應對風險。

3.產品週期:短產品週期行業(如電子產品)需要頻繁更新產品,否則可能失去市場份額。

(三)公司內部因素

1.公司治理:良好的公司治理減少內部風險,如防範欺詐和確保決策透明。

2.風險管理能力:完善的風險管理體系能幫助企業更有效應對外部衝擊,降低風險成本。

3.財務狀況:財務穩健的企業能更好應對突發風險,而財務狀況不佳的企業可能陷入困境。

　　簡言之，這些因素會共同影響企業的風險成本，企業應針對不同的因素制定相應策略，以有效管理風險。

三、各行業的風險成本

　　美國風險暨保險管理學會（The Risk and Insurance Management Society, RIMS）於2022年，針對北美地區14種行業，1,000多家企業單位，作風險成本的綜合調查（註38），而歸納出北美地區各行業風險成本（每千美元收益）與主要風險因素之分析，如表1-4。

表1-4　北美地區各行業2022年的風險成本與主要風險因素分析

行業	風險成本（每千美元收益）	主要風險因素
金融業	$10	信用風險、市場風險、操作風險
非必需性消費行業	$7	經濟週期、消費者信心、時尚趨勢
必需性消費行業	$5	商品價格波動、競爭、消費者支出
教育機構	$7	政府補助、競爭、技術變革
能源業	$20	油價波動、環境風險、地緣政治風險
運輸業	$13	運輸成本、基礎設施問題、法規
健康醫療業	$9	法規變動、給付率、醫療疏失風險
工業	$12	供應鏈中斷、原材料成本、資本支出
資訊科技服務業	$16	網路安全威脅、人才招募、競爭
製造業	$11	供應鏈中斷、勞動成本、商品價格
休閒與餐飲業	$9	經濟週期、消費者信心、旅遊限制
零售業	$8	消費者支出、競爭、電子商務
通訊服務業	$14	技術變革、競爭、法規
公用事業	$6	法規變動、基礎設施成本、天氣事件

資料來源：Gemini，2024年8月3日。

附註：

1. 非必需性消費行業係指汽車業、化妝品業、旅館業及餐廳業等。

2. 必需性消費行業係指食品業、醫藥業、飲料業及香菸業等。

3. 上述數據為估算值，實際風險成本可能因公司規模、經營模式、地區等因素而有所差異。影響風險成本的因素眾多，除了表格中列出的因素外，還有許多其他因素需要考慮。不同行業的風險成本具有相對性，不能一概而論。

四、各行業的風險成本對企業的長期發展產生重大影響

各行業的風險成本會對企業的長期發展產生重大影響，如下所述。因此，企業需要密切關注所處行業的風險狀況，制定適當的風險管理策略，提高抗風險能力。同時，政府也應該制定相關政策，為企業創造更加有利的經營環境，促進各行業的健康發展。(註㉚)

㈠行業風險高，企業面臨的經營風險也高

風險成本高的行業，如能源、農業、旅遊業等，企業需要投入更多資源來管控風險，這會增加企業的整體成本負擔，影響利潤水平和競爭力。

㈡行業風險高，企業融資成本也高

風險成本高的行業，企業獲得外部融資的難度更大，融資成本更高。這限制了企業的資金來源和投資能力，不利於長期發展。

㈢行業風險高，企業吸引人才的能力下降

風險成本高的行業，企業難以吸引和留住優秀人才。人才是企業發展的根本，人才流失會嚴重影響企業的創新能力和競爭力。

㈣行業風險高，企業的投資決策更加謹慎

風險成本高的行業，企業在進行投資決策時會更加審慎和保守，可能放棄一些具有潛力的投資機會。這會限制企業的成長空間和發展速度。

第 五 節　新奇風險發生的肇因與回應

難以預測又茲事體大的風險，被稱為「新奇風險」（Novel Risk），往往給企業帶來毀滅性的災難與苦果。企業領導人該如何辨識醞釀危機的異常徵兆，降低危機爆發的風險，並在危機不幸發生時亡羊補牢？迎戰無法預見的新奇風險。

　　哈佛商業評論Harvard Business Review（HBR）2020年11-12版刊載有關「迎戰無法預見的風險」（The Risks You Can't Foresee）一文中，詳細述明新奇風險發生的肇因及如何回應它，並以精彩的案例解說新奇風險發生的原因與處理過程及因應的方式。茲簡要說明其發生的肇因與回應如下：（註⑩）

一、新奇風險發生的肇因

　　新奇風險不同於企業那些較熟悉、規律的風險，難以用機率式衝擊來量化呈現新奇風險。它們通常會出現在以下三種情況中的一種：

㈠難以想像掌握的風險

　　突發事件不在風險承擔者的想像或經驗範圍之內，或是發生在遙遠的地點。這些類型的事件，有時候被稱為「黑天鵝」，但它們在本質上並非無法預測的。例如：2008年的全球金融危機，經常被描述成黑天鵝事件，因為從事房貸抵押證券投資與交易的銀行，大多數都沒有看到它們投資組合內隱含的風險。他們沒有預見房地產價格會普遍跌落。然而，有一小群熟悉房地產和金融市場的投資人和銀行，確實預期到房貸市場會崩潰，靠著做空房貸抵押證券，賺進豐厚的獲利。

㈡多重慣性失靈的風險

　　多重慣性故障結合起來，而觸發重大失靈。大規模、相互關聯的科技、系統和組織，可能導致一種情況，那就是許多可以分別管理的事件，卻因緣巧合共同創造出「完美風暴」。造成複合性的失控崩塌（Runaway Collapse）。

　　在787飛機推出後，機上鋰電池在幾次航行時引發火災，導致主管當局禁飛所有的787飛機好幾個月。波音告訴路透社：「我們同時做了太多改變，包括新技術、新設計工具，還有供應鏈的變動，因此，超出了我們有效管理變動的能力範圍。」

㈢突如其來的重大風險

　　風險出現得非常迅速，而且規模龐大。組織會訓練人員、設計設備，並籌畫回應措施，以處理可預見的風險，但組織卻認定，針對超過特定規模的事件

做準備，是不切實際或不經濟的舉動。此外，有些事件非常重大，因此即使是最佳的成本效益分析都沒有用，而且，有些事件發生的速度太快，連規劃好的回應方案都無法應付。我們稱這類風險為「海嘯級風險」，取名自日本福島核電廠災難這個典型例子。

二、如何回應新奇風險

㈠成立多元敏捷應變小組

部署重大事故管理團隊。成立負責監督回應作法的中央團隊，是因應新奇風險的標準方法，在事件的影響廣泛，但不需要完整而立即的解決方案時，這種方法最有效。

這個團隊的成員，應包括來自公司內部不同職能和層級的員工、具備相關專業的外部人士，還有利害關係人與合作伙伴的代表。例如：要因應像新冠疫情大流行這樣的新奇事件，公司的重大事故團隊需要擁有醫療、公衛和公共政策專業的人才，而公司內部可能沒有這些人才。要處理大規模產品開發延誤的後果，例如：新飛機，這個團隊就應該與它的供應商密切合作。隨著時間過去，情況改變、新資訊出現，團隊成員的人選可能也要改變。

㈡授權第一線員工處理危機

有些新奇風險沒辦法等到重大事故團隊出手解決。時間極為重要，而且，情況的細節難以傳達到遠離威脅出現地點的企業總部。在這些情況下，必須交由最接近事件的人員做出回應。

無論是由集中式團隊或在地員工做出最初的決策，都有猜測的成分，因為在不確定而動態的環境裡，可以得到的資訊很少。「完全正確」不能拿來當做績效標準。事後來看，任何回應措施可能都不是最理想的。但這種授權給最接近事件的第一線人員的公司沒有其他選擇，只能迅速做出「大概很接近正確的」決定、從中學習、取得新資訊，並一再採取行動，以保持領先於事件發展的速度行動。

62

(三)迅速應變反覆改進並心懷謙卑

　　風險形形色色。企業可以應付他們知道和預料得到的風險。但完全出乎意料之外的新奇風險，成因可能是一些看似平常事件的複雜結合，或者是空前龐大的事件。企業必須偵測新奇風險，然後啟動不同於平常風險標準管理方法的回應行動。回應新奇風險必須迅速、臨機應變、反覆改進，並心懷謙卑，因為不是每個行動都能發揮預期的效果。

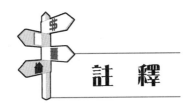

註　釋

① 參閱2020年5月，經典雜誌。

② 參閱2022年2月，遠見雜誌，p. 42。

③ 參閱2024年8月8日，中國時報A10版。

④ 參閱2009年9月6日，非凡新聞週刊，p. 16。

⑤ 參閱2024年7月19日，ChatBot。

⑥ 參閱2024年8月6日，ChatGPT。

⑦ 參閱2024年8月8日，Gemini。

⑧ 參閱2020年4月，「全球未來研究智庫千禧年計畫」，「2030世界未來報告書」。

⑨ 參閱2022年1月7日，*The News Lens*關鍵評論。

⑩ 參閱2024年1月，世界經濟論壇（*WEF*），2024年全球風險報告。

⑪ 楊清榮，「企業面對氣候變遷之風險管理」，經濟日報，2014年4月7日，A4版。

⑫ 取材自Swiss Re SONAR: new emerging risk insights for 2015，參閱2015年7月，現代保險。

⑬ 段開齡，「風險管理專題演講」，產險季刊第*40*期，1990年9月，p. 9。

⑭ 參閱荊濤，保險學，對外經濟貿易大學出版社，2003年3月，pp. 12-15。

⑮ 凌氤寶，「企業經營風險」，華僑產物保險公司雙月刊，1983年7月15日出版，pp. 24-26。

⑯ Moustafa H. Abdelsmad, Guy J. De Genoro & Robley D. Wood, Jr. 14 Financial Pitfalls for Small Business *S. A. M. Advanced Management Journal*, Spring 1977, pp. 15-23。

⑰Kailin Tuan, *Multinational Corporate Risk Management Prospect and Problems*, A Papar Presented at 50th Anniversary Meeting, Aug. 17, 1982。

⑱同註⑩及參閱中央廣播電台國際新聞網路版，2022年3月16日。

⑲參閱2015年12月23日～2016年1月5日，天下雜誌，p. 25。

⑳參閱2015年12月23日～2016年1月5日，天下雜誌，p. 26。

㉑參閱2015年12月23日～2016年1月5日，天下雜誌，p. 26。

㉒鄭鎮樑，保險學原理，五南圖書出版公司，2005年3月，p. 6。

㉓James L. Atheam, S. Travis Pritchett, *Risk and Insurance*, West Publishing Company, 1984, p. 34。

㉔參閱2015年12月23日～2016年1月5日，天下雜誌，p. 24。

㉕George E. Rejda, *Principles of Risk Management and Insurance*, Addison Wesley Longman, Inc. 2005, pp. 21-23。

㉖參閱楊清榮，「企業經營風險應如何評估」，保險大道，45期，2005年12月，pp. 35-36。

㉗風險管理作業手冊，第2版，行政院研考會出版，2006年11月，p. 4。

㉘同註㉓，p. 3。

㉙同註㉓，p. 3。

㉚林永和，「ERM的理論架構」，*Risk and Insurance*（風險與保險）雜誌，No. 11，2006年10月15日，p. 14。

㉛參閱Deloitte Development LLC., "Risk Intelligence White Paper," "Putting risk in the comfort zone-nine principles for building the Risk Intelligent Enterprise," 2009。

㉜參閱Swiss Re SONAR: new emerging risk insights for 2015。

㉝參閱周宜芳譯"The Risks You Can't Foresee," HBR, November-December 2020，哈佛商業評論，新版第171期，2020年11月號，p. 60。

㉞參閱米歇爾‧渥克，「找出生活中的灰犀牛」（You Are What You Risk），遠見天下文化，2022年1月24日。

㉟參閱2024年10月25日，ChatGPT。

㊱Williams & Heins, *Risk Management and Insurance*, 2005, McGraw-Hill Book Company, p. 14。

㊲Federic C. Church, Jr. *Avoiding Surprises*, Boston, MA, Murray Printing Company, 1982, p. 13。

㊳參閱2024年5月13日，ChatGPT。

㊴參閱2024年8月3日，Perplexity。

㊵同註㉝，pp. 63-64。

第二章

風險管理的基本內容

本章閱讀後，您應能夠：

1. 明白風險管理的起源。

2. 瞭解風險管理的發展。

3. 清楚風險管理受重視的原因。

4. 敘述風險管理的意義與重要性。

5. 說明風險管理的特質。

6. 認清風險管理的目標。

7. 界定風險管理的範圍。

8. 解釋風險管理的原則。

9. 區別風險管理與其他管理的差異。

10. 說出風險管理的貢獻。

11. 分辨風險管理的實施步驟。

風險角落

長賜輪擱淺之賠償金額

2021年3月23日，長榮海運超大型貨櫃輪長賜號（Ever Given）行經埃及蘇伊士運河因強風擱淺，堵住河道，阻擋無數船隻往返通行，歷經6天搶救終於脫困。由於造成營運中斷，損失甚鉅，蘇伊士運河管理局（SCA）對長賜號提出5.5億美元的賠償要求。這個堪稱海運史上最大災難及天價賠償金事件，最後結果如何？賠償金又該由誰負擔？

依據國立高雄科技大學航運管理系教授曾文瑞在一場有關「長賜輪擱淺賠償計算方式」專題演講會中表示，當船隻在航行過程遭遇嚴重意外，便需啟動海難救助。所謂海難救助是海事法特有制度，如同使用者付費的概念，採No Cure, No Pay（無效果，無報酬）原則。長賜號在擱淺期間，便出動挖泥船、拖曳船跟怪手展開救援，除了救援行動本身，救助的危險性也會一併考量算入救助費用。

若船隻因風災造成自己的損失，屬於單獨海損；反之，若牽涉到共同安全或共同利益則屬共同海損。長賜號擱淺之後，不僅船頭受損、影響船上1萬多個貨櫃的運行時程，也完全阻擋其他船隻通行，影響層面巨大，因此船東迅速宣告進行共同海損協議，由長賜號的主要當事人共同承擔損失，包含日本船東正榮汽船、論時租船人長榮海運、貨櫃所有權人及貨主們。

長賜號在搶救6日脫困之後，又歷經三個多月才跟SCA達成協議，在7月7日放行，最後由日本船東和其保險公司英國UK P&I Club，根據1976年海事求償責任限制公約由英國高等法院裁定成立限責基金，提出1.15億美元的賠償金額，包含擱淺造成運河邊損壞的修復費、SCA求償的營運中斷損失等等。

曾文瑞教授說明，雖然這場意外牽涉層面極廣，光是天價賠償金就讓人無法想像，但透過海事求償責任限制公約規定的責任限額，即使談判過程費時，卻能明確核定賠償金額上限；也就是說，長賜號不論最後怎麼談判，最多就是賠1.15億美元。

資料來源：參閱2021年11月，《現代保險雜誌》及網路新聞。

第 一 節　風險管理的回顧

「風險管理」一詞，係譯自英文「Risk Management」，國人亦有譯為「危險管理」者。根據文獻記載，風險管理的起源大致可以分為兩個系統：一是歐洲系統，以德國為溯源地；一是北美系統，以美國為發源地。以下分別概述德國與美國風險管理的起源：（註①）

德國的風險管理源自於第一次世界大戰後的「風險政策」（Risikopolitik）論。第一次世界大戰，德國戰敗，德國國內通貨膨脹極劇，企業為求生存，紛紛開始研究因應之道，在通貨膨脹高漲下，如何生存為企業之首要問題。而風險對策咸認為是經營上重要之課題，其因應的方法，就是所謂的「風險政策」，內容包括：風險控制、風險分散、風險補償、風險防止、風險隔離、風險抑減等。

美國的風險管理，則可以追溯至1930年代的美國經濟大蕭條（Great Panic）。1931年，美國經營者協會（American Management Association, AMA）設置保險部（Insurance Division），以協助其會員如何在不景氣下生存。簡單地說，美國的風險管理係發自不景氣下的費用管理，即以費用管理作為經營合理化的一種手段。

美國風險管理之建立，雖於1931年由美國經營者協會（AMA）的保險部門所提倡，但直至1957年，美國保險管理學會（The American Society of Insurance Management）才開始重視風險管理的觀念，並成立教育委員會，協助美國各大學推廣風險管理教育。為了因應風險管理的發展，美國保險管理學會復於1975年改名為「風險暨保險管理學會」（The Risk and Insurance Management Society, RIMS）。此學會目前擁有多國籍企業的美國一流工商各界保險負責人為會員，而使得風險管理的領域，由單國性業務跨入了多國籍企業。

綜觀兩國之風險管理的發展背景，德國係來自於通貨膨脹；美國則源自於景氣蕭條。相較之下，我國風險管理之開展尚稱幸運，係承受國外成果，先由學術界引進，再設法落實於企業界應用，其意義非凡。

1967年，逢甲大學銀行保險學系首開Risk Management的課程，在60年代的風險管理，幾乎可以說僅流傳於學術界，說得更具體些，可說僅存在於保險學

系、保險研究所的課堂講演而已。這樣的開始，使得風險管理在我國的推展，顯得相當吃力。

自70年代以後，陸續有財政部官員、保險業主管等發表文章介紹鼓吹。1983年，教育部首度將「危險管理概要」納入銀保科系的基本課程，對於我國風險管理教育產生重大影響。現在，全國有二十所大學以及超過二十所以上的專科學校，開授「危險管理」或「風險管理」的課程。80年代有數本風險管理的書籍問世，供教學之用。1998年，國立政治大學保險學系，更名為「風險管理與保險學系」（Risk Management and Insurance Department），推展風險管理理念於學術與社會大眾，為風險管理之於學術界的里程碑。

第 二 節　風險管理的發展

雖然我國風險管理教育早在60年代即已萌芽，但是其成效卻僅止於保險系的學生或企業界的基層職員或中級幹部。很不幸地，不論是在歐美或是我國，企業高層經理人對「風險」的重視，大多源於巨災事件的刺激。

在美國，由於1953年通用汽車公司（General Motor, GM）的「1億元火災」（$100 million fire）的教訓，促使美國企業界加速對風險管理的重視。在我國，則為1985年7月7日，臺灣電力公司恆春核能三廠火災及其巨額損失，促使經濟部通令其所屬的事業機構，研究及注重企業內的風險管理與保險，該事件也才引起國人對風險管理的重視。可惜當時臺灣電力公司並未設置風險管理的專責機構，僅在財務處下，設置專人負責風險管理與保險的工作，否則以臺電為全國規模最大企業，以及其為公營事業的雙重背景利基下，必可帶動企業界推行風險管理的熱潮，也許可使我國風險管理之發展，向前推進10年。

雖然自臺電核電廠火災之後，「風險管理」開始為企業界所注意，但是普及速度卻相當緩慢。主要原因可能是因為我國的經濟及企業結構是以中小企業為主軸，中小企業限於人力及財力而力有未逮。如同美國風險管理發展歷程，我國第一家風險管理顧問公司於1987年始出現，可知新興服務業的開始，若要獲得社會各界，特別是中小企業界的重視，是需要時間的。現在幾家國際性的保險經紀人公司，都已提供類似服務。

國內第一家成立「風險管理」部門的企業，首推長榮集團（EVERGREEN Group）。長榮集團在1992年成立「風險管理部」，負責長榮集團內部，包括：海運、空運、旅館、建設、營造及其他事業部門的風險管理相關事宜。長榮集團如今已有自己的專屬保險公司（Captive Insurance Company），負責長榮集團各事業部的保險與再保險事宜。「風險管理部」的成立，為長榮至少每年節省新臺幣5,000萬元以上的保險費。

1992年，中華民國風險管理學會成立，是我國第一個以研究、推展風險管理理念與實務為宗旨的非營利團體。目前擁有個人會員300餘人，40家團體會員。規模雖不算大，但卻是網羅了國內學術界、保險業以及有志於風險管理之人士。此外，亦先後加入「國際風險管理暨保險聯合會」（International Federal Risk and Insurance Management Association, IFRIMA）及「亞太及非洲風險管理組織」（Federation of Asian Pacific and African Risk Management Organizations, FAPARMO）為會員，且更進一步獲選為此兩組織理事（Director），為我國風險管理在國際間爭取一席之地。值得一提的是，風險管理學會每年所主辦的「風險管理師」考試，為目前國內企業甄選風險管理專業人才的唯一管道，希望能對風險管理未來在企業內生根發展有所貢獻，尤其是對於中小企業。

風險管理引進臺灣已30餘年，如果從1985年臺電核電廠火災算起，風險管理之發展實際上不過約30餘年。在這30年間，我們很慶幸國內已有幾家大型企業像長榮、台積電等，皆標榜落實風險管理為其最重視的工作。但是，這期間各種天災、工安、飛安事件，亦頻頻打擊著我們的生命與財產，國內企業經營不善或周轉不靈，相繼出現，顯示出風險管理亟待加強。也就是說，風險管理之重要性，在此時正為各界所強調，隱然形成風險管理發展的重要契機，促使我國未來風險管理的發展。

1997年，亞洲金融風暴發生，短短幾個月，造成東亞國家發生貨幣貶值競賽，泰銖、印尼盾貶幅超過50%以上；在利率方面，香港更創下隔日拆款利率400%的紀錄；日本多家知名證券公司及人壽保險公司倒閉；韓國則幾乎宣告破產。這些種種不利現象，促使我國財政部當局不得不重視金融機構的風險管理，並通令要求銀行設置風險管理部門，以確實做好各銀行的資產管理。臺灣銀行亦於2004年設立臺灣銀行界第一個風險管理部門。

隨著全球氣候異常、科技快速發展、國際間交流往來頻繁、媒體發達及人

民對政府期許提高等自然與人文環境變遷，導致社會充滿不確定性，政府施政所面臨的挑戰因此倍增。為確保民眾權益，降低風險發生可能性與衝擊，行政院特於2005年8月8日函頒「行政機關風險管理推動方案」，其具體目的為「為培養行政院所屬各機關風險管理意識，促使各部會清楚瞭解與管理施政之主要風險，以形塑風險管理文化，提升風險管理能量，有效降低風險發生之可能性，並減少或避免風險之衝擊，以助達成組織目標，提升施政績效與民眾滿意度」。期望透過教育訓練、溝通與分享學習，形塑風險管理文化與營造支持性的環境，發展出得以長期有效運作的風險管理機制，提升政府施政績效。（註②）

我國衛生福利部食品藥物管理署依衛生福利部組織法第五條第二款規定成立，其組織法於2013年5月31日經立法院三讀通過，2013年6月19日總統令公布。依據其組織法，該署下設有七個業務組，其中包括「風險管理組」，綜理我國食品、藥物、化粧品有關之風險管理事項，這顯示政府機關已逐漸重視風險管理機制之運作，以降低各種不確定的風險事故之發生，確保社會大眾的安全與福祉。

第 三 節　風險管理受重視的原因

在人類的發展過程中，即不斷在尋求安全保障。如今，企業對風險管理之所以如此重視，主要係基於下列兩點理由之考慮：（註③）

一、損失發生成本（Cost of Risk by Happen）

對企業而言，財務上之損失，小至引起不便，大至危及生存，其受害程度之深淺，端視損失之大小及企業承擔損失之能力而定。例如：損失100萬元可能使小型企業因之倒閉，但對大型企業而言，只會降低其盈餘。

然而不論損失大小，企業有無承擔能力，總會造成企業不利影響，故須予以管理。

二、損失憂慮成本（Cost of Risk by Fear and Worry）

不論個人或企業，都希望度過一個高枕無憂的一夜（A Quiet Night's Sleep），但損失之發生是不論何時、何地、何人。換言之，雖然發生損失可能僅限於少數企業，但因每一企業均有遭受損失之可能，故有人人自危之憂慮，此種憂慮損失會發生而產生之成本，稱為損失憂慮成本。

此一損失成本又可分為兩類：

㈠肉體和精神之緊張損失

由於每一企業害怕損失發生，故負責人在心理上有不安全感，此種不安全感會變成憂慮及煩惱，造成心理上之不平和，有時會影響身體之健康。

㈡資源未充分使用之損失

由於企業對損失之發生產生憂慮，致使資源不能充分使用，此種情形有四：

1.為避免損失發生，致無法從事某種活動。例如：為避免火災發生，而寧可不自購廠房；醫生為避免誤診責任，而改經營其他行業等。

2.由於未來之不確定，企業只能從事短期計畫。例如：企業為怕受到損失之威脅，而將所有資金運用在利潤較低之短期投資上，或不敢從事中、長期投資而喪失遠景等。

3.為填補意外損失之急需，企業必須將部分具有生產性之資產轉變為流動性之非生產資產。例如：企業將原可作為擴充設備之生產資金，改存低利之準備存款。

4.由於未來之不確定性，與企業有關之顧客、貨品原料供給者、信用機構等，亦會裹足不前。

最近幾年，我國因環保意識的抬頭及勞工運動的盛行，使國內經濟社會環境變遷太多，這意味企業的潛在經營風險將擴大。雖然這些風險可透過產物保險的功能轉嫁，但就國家整體資源有效運用的觀點，防止出險，才是因應之道，而加強風險管理，可降低出險機率。

　　或許有部分業者已感受到這項營運風險，並利用購買保單方式轉嫁該風險，其理念完全符合保險原則，對該企業而言，所發生的損失，將可獲得合理的賠償。

　　但對國家整體資源的運用觀點，出險即是一項無可彌補的損失，這項損失將由全體國民來分擔。可見防阻災害的發生，遠比損害的補償，更有其正面的意義。其實，出險後因有保險獲得理賠，對企業有形的損失將大幅減少，但對企業形象的建立，則將是負面的影響。

　　若從當前環保意識抬頭及勞工運動盛行的原因進行探討，不難發現以往企業主在災害防阻措施投入太少，應是主要原因之一。諸如防制汙染做得不夠，使附近居民受到長期的環境汙染，以及勞工的權益未受到應有的保障等。

　　此外，經濟發展步入工業國家的水準，有關專利權、產品責任等法律糾紛案件亦將增多，這些屬於經營潛在風險，若未事前評估及防患未然，其帶來的後遺症，將危害企業的健全經營，企業加強風險管理，已不容再蹉跎了。

第 四 節　風險管理的意義及其重要性

　　「風險管理」（Risk Management）之原則適用於個人、家庭及企業單位或團體，惟一般乃企業單位對於各種潛在純損風險之認知、衡量，進而選擇適當處理方法加以控制、處理，期以最低之「風險成本」（Cost of Risk），達成保障企業經營安全之目標。換言之，即企業單位採取各種可行方法以認知、發現各種可能存在之風險，並衡量其可能發生之損失頻率與幅度，而於事先採取適當方法加以預防、控制。若已盡力預防控制仍難免發生損失時，則於事後採取財務填補措施以恢復原狀，以保持企業之生存與發展。

　　由於純損風險實際產生之各種意外損失，可能造成企業之虧損或業務之中斷，甚至威脅企業之生存；再加上不確定性之存在，對未來可能發生損失之憂慮，使企業單位畏縮不前，經營活動受到限制，而阻礙企業發展。風險管理之目的即在排除此種憂慮、威脅與阻礙，使企業單位無後顧之憂，以積極從事有利之經營活動。因此，現代企業經營者至為重視風險管理問題，使風險管理成為企業管理重要之一環。於是各大企業組織有專業性之風險管理部（Risk

Management Dept.）之設置，或於一般管理部門之下，設有風險管理單位，其主要職能，為對企業所面臨之各種純損風險，作客觀與科學之衡量分析，並決定採取適當處理方法，以獲得最大經濟效益。同時風險管理經理（Risk Manager）或管理人員之職責亦漸受重視，其在企業組織中之地位亦日益提高。至於中小企業無風險管理單位或管理人員編制者，則可聘請專業風險管理顧問公司或保險公司、保險經紀公司之專業人員，以協助其風險管理工作。（註④）

第五節　風險管理的特質

近年來，國內企業對於風險管理開始產生興趣，各公民營企業的保險承辦人員，除了安排企業的各種保險外，也逐漸考慮在保險之外，如何為該企業建立一套完整可行的風險管理制度。

但是風險管理工作，所含括的範圍，並非僅限於如何認知與分析風險、如何做好損害防阻的工作，以及如何購買適當的保險以保障企業的生存。風險管理應該是一個明確的公司政策，有系統地說明風險管理的決策程序、企業希望藉此明確的計畫達成何種目標、安排更完整的保險內容、更精簡的費用且提供更完美無缺的產品，以提升企業的社會形象、履行企業的社會責任。同時企業對於各種有關損失的資訊，亦必須依一定的程序提報，並進而建立完整的紀錄，對於企業的損失加以分析研究，隨時提出改進方案。

風險管理正如企業經營中的生產管理、財務管理、行銷管理等功能一樣，是一門獨立的學科。基本上，風險管理具備了下列特質：（註⑤）

一、風險管理本質上是事先的預測與展望，而非事後的反應

風險管理的基本工作是找出企業可能面臨的各種不同種類、不同性質的風險，並且分析各種風險可能造成企業損失的頻率及幅度，然後再尋找解決的方法。所以風險管理人必須防患損失於未然，預見將來可能發生的損失，而事先予以防止，或預期將來事故發生後可能造成的影響，而事先擬妥解決的方法。亦即對於未來不確定的損失，以過去的損失經驗為依據，利用機率統計方法，

預測未來的情形，並且擬妥對策，一旦事故發生時，不致因措手不及而影響企業的運作，這便是風險管理工作的主要內容。因此，風險管理工作是一項事前準備的工作，而非事後彌補的工作。將未來不確定的損失，合理地化為較明確的經營成本，使企業經營能夠依經營者所預期的方式穩定成長，這才是風險管理所追求的目標。

二、風險管理必須有一套完整的書面計畫作為執行的依據

企業從事風險管理工作，必須訂定一套風險管理政策（Risk Management Policy），以作為工作的指導原則。風險管理政策的內容，必須說明企業風險管理的主要目標為求生存、提高經營效率及促進企業成長、免除憂慮或履行社會責任。規定企業內部各部門於執行風險管理工作時的權利、責任、有關的協調事項、企業風險管理部門的組織、職責，以及執行的預算成本。

企業制定風險管理政策時，必須考慮的因素很多，基本上可歸納為：

1.企業內部的條件，如財務狀況、經營者對風險的主觀心態、員工對安全問題的訓練及警覺性等。

2.企業經營的外在環境，如政府的法令和政策、社會對企業的期望、國際經濟影響等。

3.產業的結構，如顧客、競爭者、供應商等彼此間的關係等。

4.保險市場的狀況，如保險業的承保能力、保險價格、保險公司的服務品質等。

企業如果沒有一套完整可行的風險管理政策，則管理的目標將不明確，將來無法客觀評估其執行的成效，而且容易造成各部門互相推諉責任。最後，更會形成政策失去連貫性與一致性，而達不到預期的目的。

三、風險管理本身便是一套風險資訊管理系統

任何決策者都不希望決策擬定錯誤，但是事實證明，造成許多決策錯誤或失敗，最主要的原因在於做決策當時，有關的資訊不足，而風險管理的決策程序與一般企業管理完全相同，資訊不足也必將造成決策失誤。所以風險管理本身，必須建立一套完備的風險資訊管理系統。例如：在企業財產損失方面，風

險管理人員必須隨時瞭解企業有哪些財產、放置於何處、何時購置、價值多少等資料。企業也必須蒐集財產的損失資料，予以分類、儲存，並隨時更新。對於處理風險管理的費用多寡、如何分配等，亦應記錄分析。所有相關的資訊經過電腦處理後，可以協助風險管理人員隨時掌握企業的財產與活動情形，並且配合企業的活動，適時安排最妥善的損害防阻措施，以及安全保障。

四、風險管理是以企業財務安全為重心

　　風險管理的主要目的，是協助企業增加利潤及提升其經營效率。在消極方面，是減少企業因意外事故造成的財務損失；在積極方面，則是協助企業克服風險、開創新機會、增加收入。不論是節流或開源，均是以企業的財務能力為其最重要的考慮因素。同時，風險管理強調以最低的成本，使企業獲得最大的保障，亦即以最小的代價，減少企業發生意外事故的機會，而一旦意外事故發生，亦能夠將損失控制在最低的程度，並且能夠儘速取得企業的重建資金，使企業很快恢復原狀。因此，風險管理是以財務安全為重心，著重於財務的管理，其決策的程序，基本上亦是由財務主管負責。

五、風險管理是集中管理、分散執行的組織行為

　　企業風險管理的成敗責任，並非僅由少數從事風險管理的人員負責，而應由企業內部每一位成員共同承擔。因為從風險的認知分析開始，風險管理人員必須得到其他部門同仁的配合及提供資料，才能全盤瞭解企業所有的潛在風險。而企業決定採取風險控制及風險理財的方法時，則必須由風險管理人員依據企業的經營目的、內在因素、外在環境，綜合考慮後做成決策，並由風險管理人員統一集中處理。企業風險管理決策完成後，各種方案的執行則有賴企業各部門分工合作、全力配合才能達到最佳的成效。例如：企業決定以降低員工在工作時間內所發生的意外傷害，作為其風險管理方案之一時，為了達成此項目標，風險管理人員首先必須蒐集、分析各種意外傷害發生的原因。除了淘汰老舊的機器外，並訂定加強維護保養的規定。而執行此項工作計畫者，乃是全體實際操作機器的員工，風險管理人員僅能制定維護保養的方案，但這個方案的實際執行，則有賴全體工作人員的配合。因此風險管理必須集中管理，以發

揮決策效率，而分散執行、分工合作，才能使風險管理的工作獲得最佳成效。

六、風險管理人員必須熟悉保險市場

　　保險雖是風險管理的工具之一，但卻是最重要的一種方法。任何風險管理方案，均無法僅藉風險控制的方式而達成其目標。因此保險市場的發展狀況，對於風險管理工作有極大的影響。一個風險管理人員，必須隨時掌握保險市場的情況，如保險公司的家數、各保險公司的承保能量及服務品質、市場的競爭情形、市場變動的趨勢等。唯有精通保險市場的發展，才能夠以最低的成本為企業安排最大的保障，並獲得最好的服務。

七、風險管理是以寬容有彈性的策略，容納各種對企業有利的服務管道

　　風險管理是以處理不確定發生的意外損失為其目的，故其所面對的是千變萬化的風險，企業經營中的任何變動，都可能因此造成新的風險，進而需要新的處理方式。例如：企業新購進一套機器、新增聘一些員工、跨入一個新的行業、保險市場發生變動、政府頒布新法令等。企業風險管理的環境是複雜而且多變的，因此任何新方法、新觀念，只要能夠改善風險、節省企業的成本、增加經營的效率，均是風險管理人員所歡迎的。同時風險管理人員也必須善於利用外在的服務資源，如顧問公司、管理專家、律師、會計師、公證人、保險經紀人等各種保險專業人才，均是風險管理人員諮詢的對象。由各種不同的專業領域獲得服務，以加強風險管理的功能，是風險管理另一個重要的特質。

八、風險管理需要由專門的管理人員擔任

　　風險管理是利用一般企業管理的計畫、組織、用人、指導及控制的方法去管理企業的資源及活動，期以最低的成本，使企業因意外損失所可能導致的財務影響減至最低的程度。風險管理人員本身不一定必須是個專門技術人員，但必須是善於溝通協調的管理人。風險管理人對於任何風險變動，必須有敏銳的反應，能夠隨時掌握企業資源與活動的變動，同時亦必須瞭解其所負責的工

作是企業的整體管理，而不僅是個別的部門管理工作。他必須是個喜歡到處走動、發掘問題，有寬闊的胸襟，隨時接受不同建議與批評的管理人員。

　　任何企業可以沒有風險管理人員，卻不能不從事風險管理工作。小企業也許僅是盡可能將各種可能意外損失，以購買保險的方式，將風險轉嫁於保險公司；大企業也許有一個組織完整、功能複雜的風險管理部門，不斷地研究在各種可能的風險理財組合中，尋求該企業最大的利益與保障。不同的企業規模，有不同的風險管理方案，而重要的是，企業從事風險管理之初，應對風險管理有正確的認識。未能深入瞭解風險管理的本質，僅是採行幾項風險管理的方法，雖然也可以達到部分效果，卻總無法發揮風險管理對企業應有的最大貢獻。

第 六 節　風險管理的目標

　　風險管理就如同所有的管理機能（Management Functions）一樣，是一種達成目標的手段，風險管理所欲達成的目標是什麼呢？大多數人皆同意Robert I. Mehr與Bob A. Hedges二人在其*Risk Management Concept and Application*一書中所指出，風險管理的目標為「於損失前作經濟的保證，而於損失後有一令人滿意的復原」。

　　因此，風險管理的目標可分為：⑴損失預防目標（Pre-Loss Objectives）；⑵損失善後目標（Post-Loss Objectives）。（註⑥）

一、損失預防目標（Pre-Loss Objectives）

　　由於損失事故可能會發生，企業通常有下列四個損失預防目標，以達成經濟性的保證，並減少不安：

㈠經濟性保證（Economy）

　　係指企業如何以最經濟之成本，來準備應付損失之發生。換言之，為保證損失預防目標之迅速達成，企業願意支付某些費用，如安全措施、保險費等，

以減少損失之危害。

㈡減少焦慮 (Reduction in Anxiety)

此一目標又稱為「高枕無憂目標」（A Quiet Night's Sleep Goal）。（註⑦）如前所述，任何人面對不確定之未來，均會產生憂慮。故避免這些憂慮，乃企業甚為重要之損失預防目標之一。

㈢履行外在的強制性義務 (Meeting Externally Imposed Obligations)

風險管理亦像企業其他管理功能一樣，必須符合外界環境之要求。例如：勞工法規定企業必須裝置安全設備，以保護員工安全。又環境保護法（Environmental Protection Law）規定，企業必須裝設廢水、廢氣、廢物處理設備，以避免造成環境汙染。

㈣履行社會責任 (Social Responsibility)

以風險管理的立場而言，企業之安全與社會之安定密不可分，企業遭受損失，社會亦遭受損失，故企業經營人員及風險管理人員，應將減少社會損失之責任視為其經營目標之一。

二、損失善後目標 (Post-Loss Objectives)

損失善後的目標包括五個目標，這五個目標主要是如何使企業在損失後，能完全地、迅速地復原：

㈠生存 (Survival)

求生存目標是企業在損失發生後之最重要目標，如果此一目標未能達成，則奢談其他目標。至於企業怎樣才能達到求生存之目標，其決定因素至為困難且複雜，端視個別企業情況而定，一般生存目標之共同要素包括：

1.法律義務之履行

企業欲求生存，第一個條件是：必須能夠支付法律或契約上之債務。蓋企

業沒有能力清償負債，即可能走向倒閉之途。

2.足夠資產

企業欲求生存之第二個條件是：必須有足夠之資產可資運用，以繼續營運。惟該項資產非但必須考慮數量，亦須注重品質。換言之，此項資產之使用效率必須與損失發生前相同。尤其必須特別注意的是，很多資產並非能以現金購得。

3.健全之企業組織

除了上述兩種要素以外，企業要求生存之另一條件是：要有健全之企業組織。該組織除上述之足夠資產以外，尚須有健全之制度及具經驗之技術人員，尤其重要的是，企業內部全體人員必須同心協力，共同為企業效命。

4.公眾之接受性

企業於遭受損失以後，如何維持原有外界形象和信譽，使一般大眾願意接受，與內部之整頓同樣重要，但也至為困難。首先，顧客可能因無法繼續購得產品而轉向他人購買；再者，原料商或供應商可能無法取信而停止供應。最嚴重的要屬產品責任風險，一旦消費者遭受一次使用產品之損失以後，對該企業所提供之任何產品即不再有信心，此一影響至深且遠，非經一段很長時間無法恢復。

(二)繼續營業 (Continuity of Operations)

繼續營業係企業求生存之必須要件，也是損失發生後所欲追求之第二個目標，蓋企業如無法繼續營業，即無法生存下去。同時，企業如能於損失發生後繼續營業，則可將過去之損失恢復過來。

(三)穩定利潤 (Earnings Stability)

企業之第三個損失善後目標係穩定利潤。穩定利潤之方法有二：(1)避免或減少獲利能力之中斷；(2)提存意外準備金以支應不可避免之利潤減少或中斷。此一目標或許有人會認為與繼續營業並無差別，實則企業只要繼續營業，其目標即已達成，而無視營業成本是否因之提高；而穩定利潤之目標則必須在營業收益隨營業成本同時增加時，才算達成。故穩定利潤之目標比繼續營業之目標較難以達成。尤以準備金之提存，會有下列困擾：(1)準備金之機會成本也許高於彌補損失；(2)稅捐機關將會提出異議，而將之視為收益予以課稅。

㈣持續成長（Continued Growth）

保持獲利且繼續成長，為企業在發生損失善後所追求之第四個目標，此一目標較前一目標執行起來更難。

保持成長之方法有二：⑴透過收購其他企業或與其他企業合併；⑵透過新產品或新市場之拓展。以第一種方法保持成長，企業須有很強之流動力，並維持很高之獲利力。以第二種方法保持成長，企業則須支付一筆龐大之研究發展與拓銷費用，以使市場瞭解新產品。

此一目標受到繼續營業目標之影響甚大，蓋企業於損失發生後，未能繼續維持營業，則企業喪失信譽，更奢談成長。

㈤履行社會責任（Social Responsibility）

履行社會責任既是企業之損失預防目標，也是企業之損失善後目標。站在政府管理及維護一般社會大眾對企業形象之立場而言，企業必須時時刻刻成為一個好公民（Good Citizenship）。企業履行社會責任之方法：在消極方面，應遵守法律秩序，作好損失預防及維護等安全措施，以保障員工、投資者以及一般大眾之安全；在積極方面，應抱著「取之於社會，用之於社會」之信念，參與社會建設之各種活動，以繁榮社會，造福社會。

以上各種風險管理目標，很難同時達成，蓋每一目標之間即有衝突之處。例如：損失善後目標之達成頗費成本，此即與損失預防之經濟目標背道而馳，即使在預防或善後目標之間，亦會有先後緩急之別。例如：企業在面臨存亡之際，自然以求生存為第一考慮要件，此時，即不可能同時達到成長之目標。

儘管如此，上述各種目標乃企業風險管理人必須追求之理想，至於如何選定適當目標，端視風險管理之巧妙運用及學識經驗而定。圖2-1可說明風險管理目標與管理目標之相互關係。（註⑧）

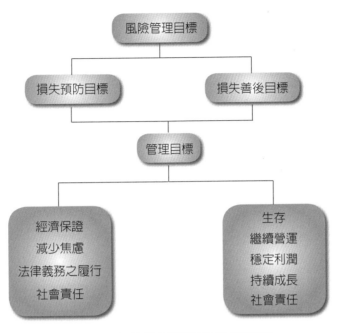

圖2-1　風險管理目標與管理目標關係圖

第七節　風險管理的範圍

風險管理的範圍可分為最廣義、狹義及最狹義三種：(註⑨)

一、最廣義 (Broadest Sense) 的風險管理範圍

乃指企業所可能面臨的所有風險而言；換言之，它不但對企業之靜態（純損）風險予以管理，而且對企業之動態（投機）風險亦加以管理。其詳細之風險項目，詳見圖1-3風險的分類中所列。最廣義的風險管理範圍，即為一般所稱「風險管理」的處理對象。

二、狹義 (Narrower Sense) 的風險管理範圍

乃指針對企業之靜態（純損）風險，藉著風險管理的方法，使企業的可能損失減少至最低的程度。其詳細之風險項目，詳見圖1-3風險的分類中所列。狹

義風險管理範圍，即為目前一般所稱「危險管理」的處理對象。

三、最狹義（Narrowest Sense）的風險管理範圍

乃指針對可保險之風險予以管理，而此種風險管理，通常只是以保險的方式來管理風險。其詳細之風險項目，詳見圖1-3風險的分類中所列。最狹義的風險管理範圍，即為目前一般所稱「保險管理」的處理對象。

迄目前為止，一般所稱之風險管理範圍，係指狹義的風險管理而言，即僅對企業的靜態（純損）風險加以管理。然而隨著管理科學及統計方法的發展與進步，再加上電子計算機和系統方法之應用，風險管理的範圍亦逐漸擴大到動態（投機）的風險。例如：財務風險中之投資風險，已發展出一些可靠的方法，能事先予以預測而加以管理。

第 八 節 風險管理的原則

大多數組織使用風險流程，但是卻不瞭解其所隱含的有效風險管理原則。然而有哪些原則呢？一個我們可以找到指引的地方，是國際風險標準ISO 31000：2009風險管理——原則與指引，其中包含了一套原則供我們參考。每一個原則都告訴我們一個風險管理的重點，同時也替想要好好管理風險的組織，設定一個挑戰目標。

ISO 31000：2009中列出了十一項風險原則，有些是明顯的，有些則需要些解釋。這些原則包括：（註⑩）

一、風險管理創造並保護價值

當我們達成目標時，價值即被創造出來，而風險管理協助我們使其效能最佳化。它也經由使負面風險的影響最小化，避免浪費資源以保護價值。

二、風險管理是整合於所有組織流程中的一部分

風險管理不是一種獨立的作為，它應該是「植入的而非附加的」。我們做所有事都應該考慮風險。

三、風險管理是決策的一部分

當我們面對包含不確定性的重要狀況時，我們的決策必須是考慮風險下所做成的。

四、風險管理明確地處置不確定性

所有不確定的來源與形式都需要考慮，不是僅有「風險事件」，這包括含糊不清、變異、複雜以及改變等。

五、風險管理是系統化、結構化且及時的

風險管理流程應該以有紀律的方式執行，以使效能與效率最佳化。

六、風險管理依據最佳的可用資訊

我們永遠不會有完美資訊，但是我們總是要能確保使用了所有來源，且瞭解其限制所在。

七、風險管理是經過裁示的

沒有「放之四海而皆準」的方法適用於所有人，我們需要調整流程，以適應所面臨的特定風險挑戰。

八、風險管理將人性與文化納入考量

風險由人、而非流程或技術管理，我們必須要認知到，存在著不同的風險觀點與風險態度。

九、風險管理是透明且內含的

我們必須與我們的利害關係人與決策者誠實溝通，即使某些訊息可能對某些人是不中聽的。

十、風險管理是動態的、遞迴的且可回應改變的

風險會持續改變，故風險流程需要保持最新的狀態，不斷檢討現有風險及辨識新風險。

十一、風險管理有助於組織的持續改善

當我們從過去學得教訓後，我們的風險管理應該隨時改善，以利未來。

這些原則每一個都可以使我們的風險管理更好且更有效，只要我們把它們轉換成我們在實務工作中實際做的事。如果我們對組織中，目前風險管理運作的方式是滿意的，則也許我們可以忽略這些原則，但如果我們想改進這個重要領域的績效，ISO 31000：2009原則提供了一個好的起始點。

第 九 節　風險管理與其他管理的比較

風險管理與其他管理有其差異，茲簡要比較如下：（註⑪）

一、風險管理與一般管理不同

兩者主要不同點，在於處理風險之範圍不同，前者處理純損風險，後者則處理所有風險，包括純損風險與投機性風險。又前者在使經濟單位之損失極小化，後者則在追求利潤極大化。

二、風險管理與保險管理不同

風險管理同時在管理可保之純損風險與不可保之純損風險，前者如天然災害，後者主要是指非意外性之風險。保險管理專注於可保之純損風險，因此，前者之範圍較後者為大。

三、風險管理與安全管理不同

安全管理之重點在於各種預防措施（Prevention）或防護措施（Protection）之使用，基本上該等措施必須運用專業知識為之，蓋專業人員分析損失發生之原因後，方可進一步規劃採用何種損失預防措施。惟由上亦可知，其範圍較風險管理為小，蓋風險管理包括風險控制與風險理財，所以安全管理可視為風險管理領域中的風險控制之技術層面。有別於風險控制，在風險管理中，同時考慮財務層面。

四、風險管理與財務管理不同

財務管理範圍較風險管理為小。一般之財務管理是在較確定之情況下，追求利潤最大化，風險管理所採用之財務管理觀念，是在不確定或未知之情況下，使企業之純損風險成本達到最小。

五、風險管理與危機管理不同

危機管理範圍較風險管理範圍為小，危機管理通常稱為緊急應變計畫，較偏向於損失預防。

茲就風險管理、一般管理、保險管理及其他管理等，比較如表2-1。

風險管理 理論與實務

表2-1　一般管理、風險管理、保險管理、安全管理、財務管理、危機管理比較表

項目 ＼ 類別	一般管理	風險管理	保險管理	安全管理	財務管理	危機管理
處理風險範圍大小	最大	次之	獨特	獨特	獨特	獨特
處理風險種類	純損風險與投機性風險兼而有之	可保之純損風險與不可保之純損風險	可保之純損風險	純損風險	投機性風險	原則上為純損風險
目的	創造最大利潤	損失極小化	降低損失與補償	預防損失	創造最大利潤	化解危機
採用策略	所有的方法	風險控制與風險理財	保險組合	損失預防為主	各種金融工具	緊急應變計畫（尤其是損失控制）
所處環境	確定或不確定	不確定	不確定	不確定	較確定	不確定

資料來源：鄭鎮樑，《保險學原理》，五南圖書出版公司，2004年3月，增訂二版，p. 23。

第 十 節　風險管理的貢獻

一、風險管理對企業的貢獻

計有下列五點：（註⑫）

㈠維持企業生存

企業遭遇巨大意外損失時，可能瀕臨破產邊緣，此時如有適當之風險管理措施，則可自破產邊緣挽回而維持企業生存。

㈡直接增加企業利潤

企業利潤之增加，可來自收益之增加或損失與費用之減少，風險管理既可經由預防、抑制或移轉而減少損失或費用，自可增加企業利潤。

86

⊜間接增加企業利潤

風險管理可經由下列六點而間接增加企業利潤：

1.對於純損風險加以成功有效之管理，可使企業經營者獲得心理上之安定，並增進拓展業務之信心。

2.企業經營者於決定從事拓展某種新業務時，如能對其伴隨而來之純損風險加以謹慎管理，當可改善決策之品質。

3.一旦決定從事某種新業務，如能對純損風險作適當之處理，自可使企業對於投機風險作明智而有效之處理。例如：倘對產品缺陷可能引起之賠償責任已作適當之保障，則可積極拓銷該產品。

4.風險管理可維持每年利潤及現金流量之穩定，此項穩定可使投資者有穩定收入而樂於投資。

5.經由事先準備，不致因發生損失而使業務中斷，可保持原有顧客或供應商。

6.對純損風險有妥善管理而獲得安全保障，則債權人、顧客及供應商無不樂於往來，進行交易，員工亦樂於為此企業服務。

⊜對於純損風險有健全管理而獲致之心理平安，可促進管理當局及業主之身心健康，成為企業無價之非經濟資產。

⊜由於風險管理計畫對於員工及社會均有助益，因此風險管理可促進企業之社會責任感及良好之社會形象。

二、風險管理對家庭的貢獻

計有下列三點：

㈠可節省家庭之保險費支出，而其保障並未減少。

㈡家庭中負擔生計者因獲得保障，而可努力於創業或投資，使生活水準提升。

㈢可使家庭免於巨災損失之影響，使其家庭仍能維持一定之生活水準。

三、風險管理對社會的貢獻

計有下列兩點：

㈠家庭或企業能從風險管理受益，當然也使社會中每一分子受益。

㈡家庭或企業於受損後，能藉風險管理得以迅速恢復，亦使整個社會成本（Social Cost）支出降低因而增進經濟效益，提升整個社會之福利水準。

第 十 節　風險管理的實施步驟

風險管理過程計有四個實施步驟（The Processes of Risk Management），即⑴風險之辨認或認知；⑵風險之衡量；⑶風險管理策略之選擇；⑷策略之執行與評估。

茲分別說明如下：

一、風險之辨認（Risk Identification）或認知

風險辨認或認知係風險管理之第一步驟，亦為風險管理人員最困難之工作。因為要知如何對風險作適當之管理，首先必須認知企業潛在之各種純損風險。

二、風險之衡量（Risk Measurement）

風險認知以後，次一重要步驟即是對於這些風險作適當衡量，衡量內容包括：

1.損失發生之頻率。

2.如果發生損失，對企業財務之影響如何？

三、風險管理策略之選擇（Selection of Risk Management Strategies）

風險經辨認與衡量以後，即應選擇適當之策略，以達成風險管理之目標。

風險管理之策略可分為兩大類：一為控制策略（Control Strategies），另一為理財策略（Financing Strategies）。每一策略又可細分為多種。在此一步驟中，乃是就各種不同之策略依風險之大小，在成本和效益之比較分析下，選擇

最佳之策略或組合。故此步驟可說是風險管理核心之所在。

四、策略之執行與評估（Implementation & Evaluation）

　　風險管理策略經選擇採行以後，風險管理人員必須切實執行決策，並須加以評估檢討，以瞭解原有決策是否明智可行，以及是否需對未來不同狀況加以修正改善。

　　茲以圖2-2與圖2-3，說明風險管理之四項實施步驟之流程與完整風險管理程序之流程。

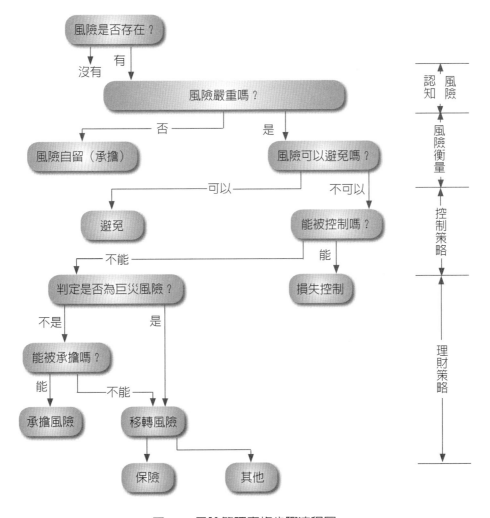

圖2-2　風險管理實施步驟流程圖

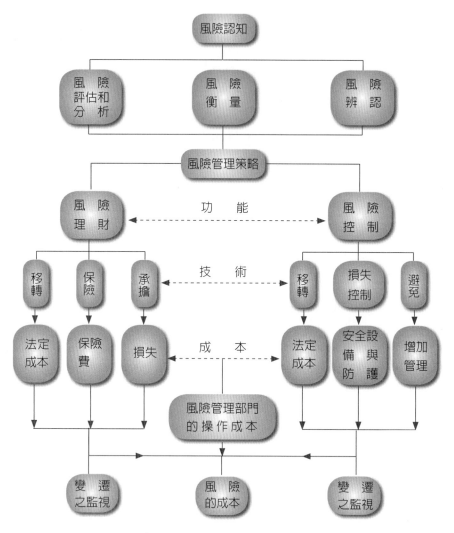

圖2-3　完整風險管理程序流程圖

資料來源：Joe E. Bridges, *New Risk Manager Industry Session Presentation Risk Management Manuals*, 20th Annual Risk Management Conference, Washington, D. C., April 19, 1982。

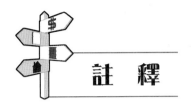

註　釋

①陳繼堯，「風險管理的回顧與將來」，風險管理雜誌第2期，1999年8月，pp. 9-12。

②風險管理作業手冊，前言，行政院研考會，2006年11月，p. 1。

③鄒政下，「危險管理導論」，保險事業發展中心危險管理研討班講義，1988年8月19日，
p. 10。

④楊誠對，意外保險，三民書局，2005年6月，pp. 7-8。

⑤陳燦煌，「企業管理新知——風險管理的特質」，現代保險，1989年7月1日，pp. 29-32。

⑥C. Arthur Williams, Jr. and George L. Head, *Principles of Risk Management and Insurance*, Volume I,
Pennsylvania, American Institute for P/L Underwriters, 1997, pp. 18-21.

⑦Robert I. Mehr and Bob A. Hedges, *Risk Management Concepts and Applications*, Richard D. Irasin,
Inc., Homewood, Illinois, 1974, p. 6.

⑧石名坂邦昭，ソスク・マエジント，白桃書房，1981年，p. 18。

⑨李浩祺，我國石化原料業對危險管理應用之研究，臺大商學研究所未出版之碩士論文，1983
年6月。

⑩David Hillson，「風險管理最佳實務與未來實務」，專案經理雜誌特刊，2013年6月。

⑪鄭鎮樑，保險學原理，五南圖書出版公司，2004年3月，增訂二版，pp. 22-23。

⑫Williams and Heins, *Risk Management and Insurance*, McGraw-Hill Book Company, 2000, pp. 17-
20.

第三章

風險管理實施
的步驟㈠
——認知與分析損失風險

本章閱讀後，您應能夠：

1. 分辨風險管理的管理面與決策面。

2. 說出風險管理實施的步驟。

3. 明白認知與分析損失風險，為風險管理第一實施步驟。

風險角落

新型傳染病的風險認知

在我們學習風險管理的過程中,對風險的認知,大家比較陌生也容易忽略的,要數此時正掀起全球巨浪的新冠病毒這種傳染病風險。而在2017年瑞士再保的SONAR報告所預估的五項新興風險中,其中一個就是「新型傳染病」。該報告並表示,傳染病風險主要來自兩種可能,一是哺乳類動物身上超過三十二萬種未知的病毒,另一則是北半球永久凍土隨著溫室效應融化,也可能解放出未知的細菌及病原體。如今,新冠肺炎病毒的爆發,應證了這項觀察。

法國巴黎法院於2020年6月的一起判決,引起國際關注,安盛保險(AXA)被判須理賠某餐廳業者因新冠病毒造成的2個月收入損失。

這項保險理賠訴訟之所以引起全球關注,在於導致投保人營業中斷造成利潤損失的主因是新冠病毒,這與一般造成營業中斷的事故非常不同,因此安盛保險主張保單內容不含衛生危機造成的生意中斷,原本安盛打算提出上訴,但集團執行長布伯爾(Thomas Buberl)同時也表態尋求和睦解決,打算受理合約內容「有模糊地帶」的餐廳業者,所提出的大部分索賠要求。

5年前,世人聽不進科技巨人比爾·蓋茲的警告:「如果有任何東西能讓上千萬人死亡,不是戰爭,而是新型傳染性的病毒。」

即使現在,世人也聽不進史學作者哈拉瑞(Yuval Noah Harari)提醒:「這場新冠病毒的戰場,其實是在人類內部。」

資料來源:參閱2020年4月,《現代保險雜誌》及網路新聞。

第 一 節　風險管理的管理面與決策面

風險管理乃一般管理範疇中的一個專業領域。誠如我們所知，管理的定義為策劃、組織、用人、指導及控制組織之資源與活動，以便有效達成目標的過程。（註①）

任何組織都有許多不同的目標：如利潤目標、成長目標及服務大眾的目標等。為了達成這些目標，則組織必須首先達成其最基本的目標，那就是，在面對潛在的意外損失時，仍然能繼續生存下去。當然，若組織已能做到此點，則自會進一步防止或抑減任何會干擾其營運或阻礙其成長或減低其利潤的意外損失。

風險管理今天會在管理領域中有其「一席之地」，乃因其目的在於使事故損失的不利影響能減至最小。故就此而言，風險管理可從管理的角度定義為以合理的成本，來策劃、組織、用人、指導及控制組織的活動，以便使意外損失的不利影響能減至最小的過程，此一定義強調的是，風險管理的管理程序過程（Managerial or Administrative Process）。

風險管理也可以依決策程序過程（Decision-Making Process）來加以定義，因此，風險管理乃是如下的決策過程：⑴認知與分析會危及組織之基本目標的意外損失風險；⑵檢視可以處理這些風險的風險管理策略；⑶選定最好的風險管理策略；⑷將此一策略付諸執行；⑸監視執行的結果，以確保風險管理計畫切實有效。

顯然，此一定義所著重的是風險管理的決策面，是故，從管理的立場而言，完整的風險管理定義應是：「風險管理乃是制定及執行決策，能使意外損失之不利影響減至最小的過程。其中，制定決策需要採取五個決策程序，而執行決策，則需要執行五個管理程序。」

表3-1　風險管理矩陣（管理面與決策面）

決策面＼管理面	(1)策劃	(2)組織	(3)用人	(4)指導	(5)控制
1.認知與分析風險					
2.檢視各可行策略					
3.選定最佳之策略					
4.執行選定之策略					
5.監視結果與改進					

　　表3-1的風險管理矩陣，乃是風險管理定義的具體表徵，由此表可看出風險管理之決策面與管理面的關聯性。（註②）茲說明其實務運作如下：

　　1.(1)認知與分析損失風險之策劃

　　　　．決定所需資訊的態樣與格式。

　　　　．認知內部或外部資訊之來源。

　　　　．決定資訊多久應更新。

　　　　．評估獲取資訊之成本及所需之預算。

　　　(2)認知與分析損失風險之組織

　　　　．獲得蒐集資訊的授權。

　　　　．蒐集資訊的程序和指導。

　　　(3)認知與分析損失風險之用人

　　　　．訓練與教育蒐集資訊相關人員。

　　　　．指定蒐集資訊之相關人員。

　　　(4)認知與分析損失風險之指導

　　　　．獲得部門經理的支持並提供資訊。

　　　　．獲得提供資訊者之指導。

　　　　．對已獲得之資訊予以追蹤。

　　　(5)認知與分析損失風險之控制

　　　　．建立獲取資訊之品質與時效的標準。

　　　　．比較已獲得資訊與所建立之標準。

　　　　．修正或改善不佳之資訊，獎勵已獲得之好的資訊。

2.⑴檢視各種可行策略之策劃

- ・決定所考慮之各種可行策略之範圍與界限。
- ・制定標準以檢視每一種可行策略。
- ・決定誰將檢視各種可行策略。
- ・決定多久檢視各種可行策略。

⑵檢視各種可行策略之組織

- ・建立獲取和評估各種可行策略資訊之處理程序。
- ・維持與提供各種可行策略者間之溝通。

⑶檢視各種可行策略之用人

- ・指定檢視各種可行策略之人。
- ・檢視各種可行策略之人之績效考核。

⑷檢視各種可行策略之指導

- ・主持決策者間之會議。
- ・提供決策者所需之額外資訊。

⑸檢視各種可行策略之控制

- ・建立檢視各種可行策略處理程序之活動標準。
- ・召開檢視各種可行策略之同仁間之溝通會議。

3.⑴選定最佳策略之策劃

- ・決定可行策略的標準。
- ・安排相關單位代表之溝通會議。
- ・安排決策者之會議。

⑵選定最佳策略之組織

- ・彙整決策者之資訊。
- ・安排決策者間之溝通會議。
- ・告知高階主管作抉擇。

⑶選定最佳策略之用人

- ・指派負責提供必須資訊予決策者之同仁與負責人。
- ・指派負責與決策者溝通之同仁與負責人。

⑷選定最佳策略之指導

- ・主持決策者間之會議。

·準備提供決策者所需之額外資訊。

⑸選定最佳策略之控制

·提供高階主管選擇可行策略的標準。

·建立選擇程序之規範。

·增進高階主管瞭解選擇特定可行策略之理由。

4.⑴執行選定策略之策劃

·決定哪位經理人將被賦予策略之執行。

·安排具有影響力的經理人，召開會議說明所作之決策。

⑵執行選定策略之組織

·安排相關部門人員之訓練或溝通會議。

·決定執行所選擇可行策略所需之資源與時間表。

⑶執行選定策略之用人

·指派執行選定策略之同仁與負責人。

·指派負責與相關部門同仁溝通之同仁與負責人。

⑷執行選定策略之指導

·執行與相關部門之訓練會議。

·訓練相關部門之經理人。

·確認所選擇之可行策略為相關人員瞭解與接受。

⑸執行選定策略之控制

·建立有效執行可行策略之標準時間表。

·建立執行可行策略之作業表。

·確信相關人員均能依要求執行其職責。

·告知高階主管執行可行策略之進度。

5.⑴監視結果與改進之策劃

·決定監視之頻率。

·決定如何獲取監視所需之資訊。

·告知相關經理人如何執行其監視工作。

⑵監視結果與改進之組織

·選擇和訓練相關人員獲取監視之資訊。

·告知高階主管如何從監視報告得知結果。

⑶**監視結果與改進之用人**
- ‧指派負責訓練相關同仁獲取監視資訊之同仁或負責人。
- ‧指派將監視結果告知高階主管之同仁或負責人。

⑷**監視結果與改進指導**
- ‧教育訓練相關人員。
- ‧召開已有監視結果之經理人會議。

⑸**監視結果與改進之控制**
- ‧建立完整結果之標準作業程序。
- ‧比較確實監視程序與所建立之標準。
- ‧修正不佳之監視結果，獎勵優良之監視結果。

　　風險管理決策過程乃是一種重複且自我增強的過程，因過去所選用的風險管理策略，必須依照組織活動變遷而來的損失風險，不斷地加以重新評估，同時也必須參照各風險管理策略之相對成本的改善，以及法律要求的變更暨組織基本目標的改善，予以不斷的重新評估；再者，決策本身的功能，也會促使決策人員，為了因應情況的變化而修正決策。換句話說，若相對的風險管理成本，或法令的要求及組織的目標有所改變時，則整個決策過程必須重新調整。（註③）

第 二 節　風險管理實施的步驟

　　企業在面對風險、採取對策之前，必須對風險的性質有所認知與分析，始能瞭解可能發生的損失及採行有效的對策，因此，企業若欲有完美的風險因應策略，就必須先對風險的性質有完全的認知，這一系列活動，我們稱為風險管理實施之步驟（The Process of Risk Management）。（註④）
　　以下各節所欲探討的是，表3-1之風險管理矩陣左邊那五個風險管理實施步驟，但為了能更清楚地表達，特在圖3-1中，列出此五個決策過程實施步驟之架構。（註⑤）

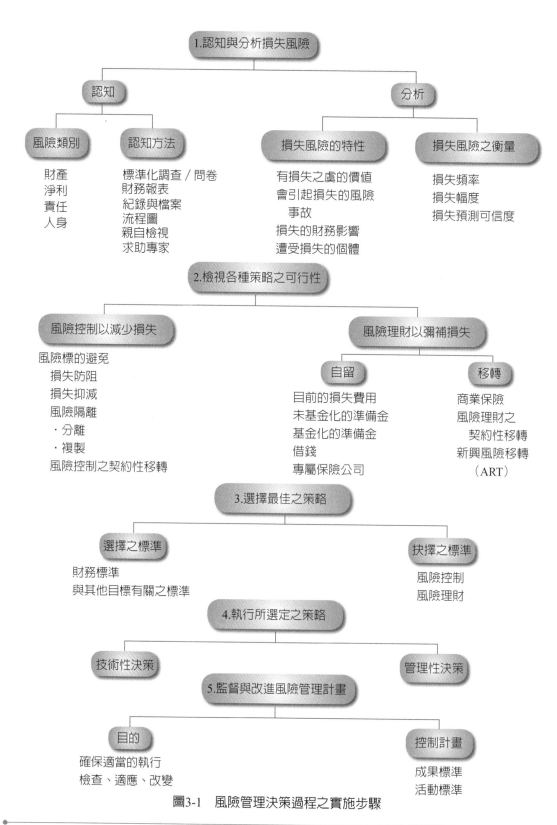

圖3-1　風險管理決策過程之實施步驟

第 三 節　風險管理實施步驟一：
　　　　　認知與分析損失風險

一、認知損失風險

　　一般而言，對組織有嚴重影響的損失，是指那些會阻礙公司達成其目標者，風險管理人為了要認知這種損失風險，就必須能：⑴運用邏輯的分類方法，來認知所有各種可能的損失風險的類別；⑵使用合適認知損失風險的方法，來認知組織於特定時間，所可能會遭遇的特定損失風險。圖3-2左邊即說明認知損失風險之兩大主軸：⑴認知風險類別；⑵認知損失風險之方法。茲說明如下：

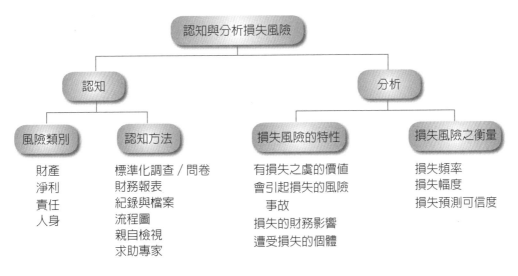

圖3-2　認知與分析損失風險

　　表3-2所闡述的例子，正是如何認知損失風險，以及如何執行風險管理的其他步驟。雖然此係示範性的例子，但凡是目睹過火車事故的人，以及必須設法處理此類事故的人，都會認為此一事例相當真實。（註⑥）

表3-2　致命的出軌

　　某日下午3點，一列ABC火車公司所擁有並經營的貨運火車，駛經XYZ醫院之後山的途中，竟意外地出軌翻覆，結果，有三節車廂灑出其所裝載之有毒且具有腐蝕性與刺激性的化學液體，這些化學液體即順著山坡流下來，不但流過XYZ醫院的停車場，而且也腐蝕了不少輛的汽車及醫院的門牆。

　　ABC火車公司的救援工作小組花了兩天的時間，才把出事的現場清理完畢，但XYZ醫院的維修人員卻花了兩個禮拜的時間，才把其停車場與醫院的門牆清理及整建完畢。因此，儘管火車公司的救援工作小組很賣力地在進行善後的清理工作，但在XYZ醫院之維修人員把其停車場及醫院門牆給清理及整建完畢前，此一路線將一直封閉，該醫院的員工及其訪客，每天都必須另找地方停車。

㈠損失風險類別

　　損失風險是指一個特定之組織或個人，因特定之風險事故損害特定之有價物而致有財務損失之可能性。就此定義而言，任何損失風險都必須具備如下四層面的特質：⑴損失的價值類型；⑵引起損失的風險事故；⑶遭受損失的個體；⑷潛在財務損失的程度。

　　因此，若欲詳細說明某一特定的損失風險，則需要說明上述這四個層面，並且需「因事而制宜」的來變通其細節。例如：為了說明火車出軌對醫院所可能造成的損失風險，就必須說明此一損失的價值將是整棟醫療大樓；而引起損失的風險事故則是發生侵蝕；至於受害的個體則為醫院本身及該棟醫院的所有權人；而潛在的財務損失則為整棟大樓的全部價值及其使用所得的收益。

　　有關損失風險的四個層面，將在本章中予以詳細的分類與探討。在此，我們只要知道損失風險，一般均是以其第一個層面來分類就夠了，亦即，損失風險一般均是以損失之價值的本質（或會有損失之虞的價值的本質）來作為分類的依據。因此，除了純精神價值損失（或精神上的損害）外，所有與風險管理有關的財務損失，都可以分成如下四大類：⑴財產損失；⑵淨利損失；⑶責任損失；⑷人身損失。像前述火車出軌例子所造成的損失，就包含有這四類的損失，以下我們就來說明這四類的損失。

1.財產損失（Property Loss）

　　就前述火車出軌的例子來說，醫院在此事件中所遭受的財產損失，為其建築物及其停車場被化學藥劑所侵蝕及破壞，而火車公司所遭受的財產損失，則

為列車出軌損壞。除此之外,尚有其他個體也在此事件中遭受了財產損失,例如:化學藥劑的所有權人兼供應人,因出軌事件而損失了預定要交運給買主的部分化學藥劑。當然,其可視實際的情況,循法律途徑要求火車公司對此一財產損失負起法律責任。不過,應注意的是,在此事件中所傾洩出來的化學藥劑,並非是火車公司的財產損失,因此批化學藥劑的所有權並不屬於火車公司,又醫院停車場上之眾車主,亦因此次事件而遭受了程度不一的財產損失,如車子須重新噴漆及換新輪胎等。

2.淨利損失 (Net Income Loss)

損失風險的第二個類型就是淨利損失風險。由於淨利係指在某一段會計期間的收入減去費用後的餘額而言,因此,淨利損失就包括因事故而致的收入減少或費用的增加在內。又意外事故也可能會造成財產、責任及人身的損失。例如:在前述火車出軌例子中,XYZ醫院於事件發生後的數週內,可能會因有意就醫的病人鑑於交通不便或安全上的考慮,而延後就醫的時間或轉往其他「較安全」的醫院就醫,而致使該院的收入大幅減少。又該院的一些住院病患,特別是那些呼吸系統有病的患者,也會在主治醫師的命令下,轉移至他家醫院繼續住院療養。此外,該院也會因不眠不休的把人力投入善後的處理工作,及闢建臨時的停車場而增加了頗多的額外費用。結果,其整個淨利在這段時間內就會遽減。

火車公司在此事件中,也同樣會有收入減少而費用額外增加的情況。由於在出事後,火車必須繞道行駛而需增加額外的運輸成本與費用,而且在整修期間內,該路段的運輸生意收入也會跟著損失。

3.責任損失 (Liability Loss)

雖然前述火車出軌的例子,可能錯不在火車公司及XYZ醫院,但兩者都得面對責任損失的風險。一般說來,只要有人向法院控訴該企業,且讓企業不論此控訴的是非曲直,均至少須在庭上為自己辯護,則此時企業就有責任損失之虞與責任損失風險存在。因此,醫院可能會被某些住院病患控訴,因沒有採取適當的行動或預防措施,以處理緊急事故或保護病患,免受可預見之意外事故之損害。

此外,凡在此次事件中受傷或因洩出之化學藥劑而致病的醫院員工,也均會向院方訴請賠償。

醫院也會控告火車公司，應對該院所被要求的賠償及其本身所受的損害負起責任。又火車公司也須對化學藥劑的損失負起責任，身為運送人的火車公司，本應有義務把其所承運的貨物安全的送達目的地。由此可知，只要事故中有人遭受損失，則其他有關的人或個體，便會有潛在的責任風險存在。

4.人身損失（Personnel Loss）

第四類的損失風險 —— 人身損失，係起因於死亡、殘障、退休、辭職或失業等。對個人或家庭而言，人身損失會使家庭的收入減少或使家庭的費用增加（因前者會使負擔家計生活者，遭受收入減少損失的命運，而後者則因需要就醫或僱人來做家事而致使費用增加）。

對企業或組織而言，如果擁有無法或很難被取代之專技或知識的人，一旦死亡、退休、辭職或失業，則其人身風險的損失便會發生。例如：在前述火車出軌例子中，醫院及火車公司都有可能會遭受人身的損失。申言之，若該列火車係由火車公司最有經驗且最資深的駕駛員駕駛，且其在此事件中也受了傷；同時，醫院的重要主管或技術員亦被所傾洩之化學藥劑所傷而致生病不能來上班，則此時，此兩組織都會蒙受人身的損失。（然應注意的是，雇主的責任與員工的賠償請求權，均被劃歸為責任損失，因雇主對此種損失的支付是一種法定之義務；而重要人物之勞務損失 —— 即人身損失 —— 對雇主而言，則是另一種截然不同的損失風險。）

以上乃是簡要說明四種基本的損失風險 —— 即財產損失、淨利損失、責任損失及人身損失。

(二)認知損失風險的方法

風險管理專家通常都是使用下列中的一種或數種方法，來認知組織所面臨的特定損失風險，這些方法是：(註⑦)

1.調查／問卷法。

2.財務報表分析法。

3.檢視組織的其他紀錄及文件法。

4.流程圖法。

5.親自檢視法。

6.請教專家法。

這些方法的目的，均是在認知損失風險，亦即在分析未來損失的可能性，而不是在研究過去的損失。雖然過去的損失紀錄，有時能有助於預測未來的損失，但分析的重點，卻不在於過去而在未來。

1.調查／問卷法

調查／問卷通常為標準化的格式，而且適用於每一種組織，而其所列的問題則涵蓋了所有的風險管理問題，如有關組織之不動產的風險問題、其設備的風險問題、其他動產的風險問題、其他財產的風險問題、產品的風險問題、重要客戶的風險問題、鄰近地區之財產的風險問題、營運的風險問題，以及其他可能之損失的風險問題等。這種標準化的調查／問卷，不但可促使風險管理人去注意重大或顯著的損失風險，而且其問題的邏輯順序，也有助於風險管理人去拓展與其組織有關的損失風險資訊。

例如：有關緊鄰XYZ醫院之財產的調查問卷，應能促使該醫院的風險管理人，去注意火車行經該院之上方軌道時的潛在損失風險。又問卷上有關顧客的問題，也能促使火車公司的風險管理人去認清其託運人之一，乃是一家產品具有危險性的化學公司。雖然沒有任何一種一般性或綜合性的問卷，能一針見血地指出該醫院之後方的鐵軌支線，可能潛伏著什麼樣的損失風險，但一張好的調查／問卷卻能促使好的風險管理人，去探究問卷上的每一個與其組織有關的問題。

2.財務報表分析法

認知損失風險的第二個方法，就是分析該組織的財務報表（包括資產負債表、損益表及現金流量表等在內），因資產項目能指出發生損失時的財產價值或有損失之虞的財產價值，而負債項目則會顯示因故倒閉時，所必須履行的義務；又從損益表可知，營運中斷後，不但收入會損失，而且費用會繼續發生；而現金流量表則能表明有多少現金數額會受損失所影響，或可用來履行持續的義務。因此，仔細分析這些報表上的項目，必能看出有哪些潛在的損失風險，值得進一步予以分析。

對XYZ醫院的風險管理人來說，分析該院的收入支出表，可讓其估計出若該院因事故而被迫關閉一週、一個月或更長的時間時，則其將會損失多少收入。

又火車公司的風險管理人，也可經由分析收入去瞭解其因一部火車不能使用而每天會損失多少收入。雖然依據平常每天的營收，所估算出來的平均數

字，不見得能適用此一特殊的火車出軌場合，但其卻能表明一般的出軌收入損失風險。又此種分析也能顯示，火車公司願意花多少錢來整修火車以便恢復營運。

3.檢視組織的其他紀錄及文件法

一組織的財務報表及其會計紀錄，乃是其活動及其損失風險資訊的唯一大來源，而且也是較廣泛的來源。因其涵蓋了整個組織的所有紀錄與文件，而不僅是財務紀錄與文件而已。其實，任何組織的文件，不但能告知我們有關該組織的某些重要訊息（如契約內容、往來信件的內容、會議的內容以及內部備忘錄等），而且還能告知我們有關該組織之損失風險的一些蛛絲馬跡。例如：火車公司的承攬契約及其與工會的談判紀錄，就能告知我們一些其貨物及人員所可能碰到的風險。又XYZ醫院的病人醫療紀錄也能告知我們，該院所可能會碰到的醫療糾紛問題，及其所可能採取的預防之道。

4.流程圖法

理論上，以流程圖來分析損失風險，乃是把組織看作是一個價值流通的單位或機器，亦即，價值流入這個單位或機器，經過處理後會增值，然後再流出這個單位或機器；是故，就此看法來說，事故就是「阻流」或流量的「切斷物」，而且「阻流」的程度愈大且時間愈長，則因之所引起的損失就愈嚴重。準此，組織營運的流程圖可顯示其每一產品的製程細節，其人員及物料的搬運移轉細節，以及其原料及其製成品之流通細節。而由這些細節，則可看出其整個產銷活動可能會發生「阻流」的地方，而且只要一有「阻流」發生，則不管其程度的輕重，都一定會阻礙組織營運的進行，從而會減少營運所能產生的價值。

對火車公司的風險管理人來說，一張詳載各路線之載運細節的流程圖，可讓其避免去使用經過XYZ醫院的那條繁忙路線，從而也就不會有這次的意外損失 —— 不但損失了復工前的所有運貨收入，而且也還需承擔繞道運輸所增加的額外費用（此一流程圖也就讓其瞭解，若使用較不常使用的路線來運輸，則就算發生意外，其損失也將會較小）。

對醫院的風險管理人來說，一張詳載其醫院之日常營運流程圖，也可讓其瞭解，任何會使其醫院辦公室或大樓不能使用的事故，將使該院原可從新病患身上賺得的收入遭致損失，或延宕可向目前病患或出院病患收取的收入；此

外，也能從流程圖看出，若某些重要的部門或設施發生事故，則將會影響其他作業的進行。

5.親自檢視法

某些損失風險，只有靠親自實際去檢視才能看得出來，此乃因其他的方法可能無法發掘潛在的損失風險之故。例如：就以前述的火車出軌為例，則上述這些發掘損失風險的方法，可能無法讓那些未實際看管醫院財產的人，瞭解其醫院後山之火車出軌的可能性。同理，除非火車公司的風險管理人，親自到醫院附近的支線去勘查過，否則絕不會想到「可能會有那麼一天」，醫院的病患會向該公司請求責任賠償。對於這種風險，除了由心思敏銳且富有想像力的專業人士親自去查勘與評估外，無法認知出其潛在的損失風險。

6.請教專家法

組織的風險管理人，應努力使自己成為精通各種損失風險的通才，是故，其應不斷由組織內、外的各專家身上，吸取各種專業的損失風險知識。

例如：XYZ醫院的風險管理人，應廣泛地瞭解行經其後山之列車所載的貨物，對該院之設施所具有的各種威脅。如所載的化學藥劑可能具有毒性或易燃性，而所載的農產品或動物，則可能帶有病菌或病媒，又所載的某些貨物可能是屬於易爆性的物體。而為了進一步探究這些風險的可能性，該院的風險管理人就須親自向火車公司查詢，行經該院之後山的列車所載的貨物類型，而若得知該列車所常裝載的是化學藥劑，則該風險管理人就應向該院的生化專家或鐵路運輸專家請教，該批被裝運之化學藥劑的危險特性及萬一出事時的因應之道。而為了與內、外專家密切合作，風險管理人首先必須確切地瞭解專家在說些什麼，然後再從中去洞悉其「弦外之音」──即其話中所隱含的風險管理意義。

二、分析損失風險

圖3-2右邊即說明分析損失風險的兩大主軸：(1)分析損失風險的特性；(2)分析損失風險之衡量。茲說明如下：

㈠損失風險的特性

儘管企業過去的實際損失，是未來損失風險的最佳指標，但損失風險是指

未來的可能損失，而不是指已發生的損失。任何一個損失風險，都具有四個要素：⑴有損失之虞的價值；⑵會引起損失的風險事故；⑶損失的財務影響；⑷遭受損失的個體。一般說來，只要這四個要素中的任一個發生變動，則整個損失風險也會跟著改變，以下分別說明這四個要素：（註⑧）

1.有損失之虞的價值

所有有損失之虞的經濟價值，可以分成如下的四大類：財產價值、淨利價值、免除法律責任的價值，以及重要人員的勞務價值。又本要素亦最常用來作為企業損失風險分類的依據。

⑴財產價值

①財產的種類

一般而言，財產可以分成兩大類，即有形與無形的財產。其中，有形的財產又分成兩類，即動產與不動產。不動產係指土地及永久附著於土地的有價物（如建築物、植物）；而動產則是指不動產以外之所有有形的財產。

例如：ABC火車公司的土地與鐵路，為該公司的不動產，而其火車頭、列車廂及貨物則為其動產。然其有權在指定路線承載貨物的執照，則是它的無形財產。

又應收帳款亦為一項無形財產──代表有向顧客收取到期帳款的「權力」。然應注意的是，無形財產的有形單據，對其價值極為重要，是故，若一筆應收帳款的單據遺失或毀損滅失，則該筆應收帳款的價值就有「損失」之虞。

又有不少的無形財產，其本質上是法律權利而不是事物。例如：翻印權或專利權，賦予其持有人出版翻印品或製售專利品的獨占權利；同理，執照也是一項法律權利，蓋其賦予持有人執行執照所許可之活動的權利；又租賃也是一項法律權利，因其賦予承租人使用出租人之財產的權利。

一般說來，有形的財產，不論是動產或不動產，都會受實體的損壞及使用不當所影響；而無形的財產，則通常都不會受實體的損壞所影響，因其根本就沒有什麼實體物可以損壞。不過，無形的財產卻也會受使用不當所影響，例如：商業機密被商業間諜所盜，即是最好的例子。此外，無形財產的價值，也會因事故而大大地減低，例如：儘管ABC火車公司取得新

路線的獨占載貨權，然若該新路線之某段路面的土質不佳，甚或無法鋪設
鐵軌，則此一新路權的價值，將會大大地降低。

②財產價值遭受之損失

　　當財產毀損滅失或使用不當時，則其所有人或使用人所損失的，可能
不只是該財產的價值而已，且使用此財產所能得到的收入或其他利益，也
會跟著損失掉。而由於使用損失，是一種很重要的風險，因此，應將之當
作是淨利損失風險的一部分，予以個別處理。不過，財產的損失風險，除
了使用損失風險外，尚包括有其他損失價值，須予以深思與評估，這些價
值計有：A.財產毀損滅失或使用不當的損失價值；B.殘存之財產處置的損
失價值；C.處理毀損財產之費用的損失價值；D.未受損財產處理的損失價
值（因此項財產須與被毀損的那個財產連在一起，才能使用——亦即少了
其中的一個，則整組財產就不能使用，故於其中的一個被毀損後，另一個
自然須予以拆除）；E.所增加之建築成本的損失價值；F.成對或成套之財產
的損失價值；G.「繼續營運」的損失價值。

　　A.財產毀損滅失或使用不當的損失價值：一般說來，有形的財產，易
受各種風險事故或災害所影響；同時，有形與無形的財產常會被偷竊或使
用不當。是故，當有這些事故發生，且造成財產之全損或部分損失時，則
復建的工作，就為風險管理人與組織的首要工作。

　　B.殘存之財產處置的損失價值：所謂殘存之財產，係指位於損失之現
場的殘破動產或不動產而言，殘存之財產的處置或拆除成本，係一筆大的
費用，而且此種處置或拆除，常會造成財產的損壞。儘管如此，拆除殘存
的財產，仍為復建之首要工作。

　　C.處理毀損財產之費用的損失價值：一般說來，在不動產發生損失事
故後，仍會有一大部分已受損，但卻未至殘壞地步的結構物留在原地。對
於此種受損的結構物，建築法規特別予以規定：凡受損超過其價值的某
一百分比時，則應予拆除。因此，此種受損結構物的拆除成本，必然會大
於正常殘存財產的拆除成本，而像這種因法令規定而致「多出」的拆除成
本，自然是一種費用的損失。

　　D.未受損財產處理的損失價值：在某些情況下，未受損之財產的價
值，會因其他財產的毀損滅失而減少，或變得沒有用處。例如：一座工廠

失火而只燒毀其數棟建築物中的一棟，則基於建築法規的考慮，或生產技術改變的考慮，或行業或整體經濟不景氣的考慮，該廠可能會決定不重建那棟被燒毀的建築物，而決定把該廠的整個營運作業遷移到另一座工廠來做，而讓原來的那座工廠空在那裡。因此，其未被燒毀之建築物的價值，也就跟著減小，甚或沒什麼價值可言。

E.所增加之建築成本的損失價值：建築成本之所以會增加，乃因建築法規的修改使然。由於現代之建築物日益龐大，但其安全卻每每經不起事故的考驗，因此，每當有大樓或工廠發生事故時，則其各種安全措施上的缺點，便都暴露出來，而立法當局就根據這些缺點來修正建築安全法規，尤其是特別著重於安全設施的加強。為此，損失後的重建，為符合新法規安全上的要求，當然會使建築成本較以前為高。

F.成對或成套之財產的損失價值：一般說來，凡是成對或成套的財產，只要有其中一個受損，則整對或整套的財產便不能再使用，而且未受損的那一個其價值的減少，絕非只是原來整對或整套價值的一半，甚至可能變得一文不值。例如：一雙鞋若穿破了其中的一隻，則另一隻也就沒什麼價值可言；同理，一盒象棋若失去其中的一顆，則整盒棋也就沒什麼價值可言。

再如，若一汽車製造商，係在一座工廠打造車身，而在另一座工廠裝配引擎，則萬一引擎裝配廠因事故災害而必須關閉一陣子，那麼將會面對堆積如山的車身而束手無策，因沒有引擎的車子又有什麼價值與用處呢？

又成衣製造商也會有這種風險，因成衣的製造，也是分數個廠來同時進行，譬如第一個廠專做衣身，第二個廠則專做鈕扣與拉鍊，至於裝配則在第三個廠進行，因此，若其中的一個廠出問題，則其餘的廠所做出來的東西，也就沒什麼價值可言（當然，若那些半成品能獨自出售，則又另當別論）。

G.繼續營運的損失價值：若在遭受嚴重損失後，企業之資產必須予以個別出售，而不是當作一個整體予以出售，則此時就會有資產之「繼續營運價值」的損失發生。蓋資產的價值，係來自其能產生收入，而今既然出售，則其能產生收入的價值或功能，也就跟著損失掉。

一般說來，某些資產，特別是機器與大生產設施，在生產中或製程中

的價值，比其個別存在的價值要大多了。因此，若其嚴重受損，會使整個生產作業或營運「停頓」，則企業只好被迫把其餘未受損的資產，予以一一拋售，並另起爐灶或關門歇業。而這些未受損的資產，只要一被拋售，便會損失或失去其繼續營運的價值。蓋其拋售所得的錢，一定小於其以前擺在生產或製程中所具有的價值。而此兩者的差額，就是繼續營運的損失價值。

⑵淨利價值

企業在一既定期間內所賺得的淨利，係等於其在這段期間內的收入減去其費用，關於這一點，可以美帝禮品公司的損益表（請見表3-3）來說明。（又美帝禮品公司，乃是一家專賣禮品與鮮花的商店，該店就設在XYZ醫院內。）由該表可看出，該公司在20××年度共賺進了$924,000的收入，而其在該年內的各項費用總額則為$670,000，因此，其該年度的淨利就為$254,000（＝收入總額$924,000－費用總額$670,000）。（註⑨）

表3-3　美帝公司損益表　20××年12月31日

收入：		
銷貨收入	$900,000	
利息收入	24,000	
收入總額		$924,000
費用：		
商品成本	$450,000	
薪資	100,000	
租金	40,000	
其他費用	80,000	
費用總額		670,000
淨利：		$254,000

然為了在下一年度賺進與今年相近的淨利，該公司就必須繼續租用該店面，並擁有可供出售的禮品與鮮花存貨，同時也必須有足夠的人手來管理店面。不過，卻也有不少事件可能會阻礙該公司達成其預期淨利的理想，例如：整棟醫院可能會因事故而受損，因此店面就不能再租用；或者是醫院的護士來一場罷工，而嚴禁探病的訪客進入醫院；或者是該公司的供應商，因失火或其他事故而致關門歇業等，均會使該公司無法達成預期的淨利目標。

　　像這種淨利損失風險，若不是會使收入減少，便是會使費用增加，其中收入的減少，可以分成五類：①營業中斷損失；②連帶的營業中斷損失；③完成品之預期利潤的損失；④應收帳款之收現的減少；⑤租金收入的減少。而費用的增加則可分成兩類：⑥營運費用的增加；⑦租金費用與拆建成本的增加。以下我們就一一予以詳述。

①營業中斷損失

　　一般說來，最常見的營業中斷原因，就是企業的建築物（或建築物暨土地）遭受損害，此種損害常會造成「營業中斷」的損失。營業中斷的損失係等於：A.利潤的減少再加上B.營業中斷期間內會持續的必要費用。而損失的期間，則從企業半歇業或完全歇業以迄其重新開業，並回復至正常的營運量（或生意量）時為止。一般說來，企業在重新開業後，必須經過一段時間，才能恢復其以前正常的營運量（或生意量），蓋其以前的一些顧客，通常不會馬上回來光顧。

　　而開在XYZ醫院對面的百得利餐館，正有這種營業中斷的風險。雖然在XYZ醫院附近尚有數家餐館，但百得利餐館卻是XYZ醫院員工最喜歡用餐的地方，而若百得利餐館因失火而致須歇業一陣子，則其收入將會中斷，但其某些費用（如租金、稅金、保險費及有關人員薪水等）卻仍舊要支付。而在其修護重整的這段期間內，XYZ醫院的員工，只好去別家餐館用餐。是故，當百得利餐館重新開幕時，生意並不會很好，而必須等到其以前的顧客都回來惠顧時，生意才會恢復往昔的盛況。

②連帶的營業中斷損失

　　大體而言，會引起營業中斷損失的事件，就是企業之建築物的受損，如上述百得利餐館的失火，就是最好的例子。不過，若會造成營業中斷的意外事件或事故，係發生在遠離企業之建築物的地方，但其卻依然會使企業的收入中斷，則這種損失就謂之連帶的營業中斷（Contingent Business Interruption）損失。連帶之營業中斷損失，其計算方式與營業中斷損失的計算方式一樣，即損失額等於所減少的利潤，再加上持續的必需費用。

　　例如：若企業的原料供應商或一位大客戶，因意外災害事故而致必須歇業，則企業的正常生產，勢必會受到干擾甚或中斷，並因此造成收入的減少。蓋沒有足夠的原料，則生產將無以為繼，而少了一位大客戶，則銷

量將無法維持，結果，收入將會減少，甚或必須暫時歇業。

一般說來，引起連帶營業中斷的風險，係來自於供應商的意外事故損失，則此種風險就謂之「供應商」風險；而若係來自於客戶的意外事故損失，就謂之「顧客」風險。此外，「吸引力」的損失，也會造成連帶的營業中斷風險，例如：在熱鬧的商業區裡，小商店的銷貨量，大體須視大百貨公司或超級市場之吸引人潮的能力而定，若大百貨公司或超級市場對民眾的吸引力滑落或遽降，則小商店就會連帶受池魚之殃。易言之，大百貨公司或超級市場的「吸引力」損失，會引發小商店之連帶營業中斷的風險。

此外，還有不少意外事故，會造成營業中斷損失與連帶之營業中斷損失，但其並沒有損及企業本身的建築物，與供應商或顧客的建築物。例如：警方為保護企業、供應商或顧客，而禁止任何人接近上述這些組織的建築物，或基於公共安全的理由，全面封鎖街道，或工會罷工及雇主的抵制，或全區全市停電等，均會造成企業或其供應商或其客戶的營運中斷。又遠方發電廠的受損，或本地變電所的受損，或電線的損壞等，均會使企業的電力來源中斷，從而迫使它減產或停產。同理，宵禁或設路障、修馬路也會使企業損失應賺得的利潤。是故，我們實不難得知，上述這些事件都確能引起直接的營業中斷損失，或連帶的營業中斷損失。

又企業易於遭受意外淨利損失的程度，端視下列的情況或條件而定：其對單一供應商或客戶的依賴程度、其所依賴或使用之基本設施的性質，以及其繼續營運所依賴之個體的財產損失頻率與幅度。

③完成品之預期利潤的損失

當商品或完成品存貨遭受毀損滅失時，則商家或製造商，會同時蒙受財產損失與淨利損失。其中，財產損失係商品存貨的重置成本。詳言之，對製造商而言，此項財產損失為其生產成本；而對商家而言，則此項財產損失，為其受損之商品的購入成本。至於淨利的損失，則指受損之商品或完成品未受損而所能賺得的利潤而言。詳言之，對商家或零售商而言，此項利潤損失，係等於售價與購入成本之間的差額；而對製造商而言，此項利潤損失係等於售價與生產成本之間的差額。由於這些預期的利潤，皆因商品或完成品存貨的受損而致無法實現，故謂之利潤損失（或稱淨利損失——蓋這些預期利潤，係淨利的一部分）。

④應收帳款之收現的減少

應收帳款之紀錄的毀損滅失，常使企業所能收取的帳款收入減少，此時無法精確地核算出顧客的欠帳金額。而在此情況下，有些顧客仍然會誠實地付帳結清帳款，但有些顧客則會死拖活賴，直到企業提出有力的欠帳證據後，始會付款結帳。然更有些顧客則會以各種困境作藉口來賴帳，而使企業收不到錢。像這種超過一般正常壞帳的收款減少，就是淨利的損失。

又在帳款收現減少的情況下，企業的現金流入將無法應付其繼續營運所需的資金，而因此會迫使它往外舉借「額外」的資金，從而須承擔「額外」的利息費用，故這種「額外」的利息費用，也是一種淨利損失。然應注意的是，上述這兩種淨利損失，與受損之應收帳款紀錄的重建成本，係屬截然不同的兩回事，蓋後者並非是淨利損失，而是財產損失。

⑤租金收入的減少

出租給他人的動產或不動產若受損，則將使出租人的租金收入減少，若受損經常發生或一再發生，則必成為承租人止付租金的藉口。不過並非所有的損害，均會使出租人的租金收入減少或引發淨利的損失。例如：A.受損的那部分財產沒租出去，且在修護期間也沒租出去；B.受損的部分很小而不會減少租金收入；C.租賃契約規定（或其適用的法規規定）承租人不能以承租之財產損壞為藉口而拒付租金。則在上述這些情況下，出租人將沒有什麼損失可言。

⑥營運費用的增加

一般說來，凡建築物受損的企業，大多會暫時歇業或減低營運規模與範圍，並因此而使收入減少或中斷。但有些企業基於某些理由或考慮，於建築物受損後，設法維持正常的營運，因而須承擔「額外」的費用。至於其繼續營運的地點，則可能選在受損的舊址或臨時的新址。例如：報業、鮮乳業、銀行業及其他特殊的行業，於建築物受損後，通常會選擇繼續營運而不會歇業，蓋彼等係必須繼續營運，始能生存的特殊個體。申言之，由於彼等所提供的產品與勞務，係具有連續性與生活必需性的產品與勞務，故其絕不能全面性的歇業，而必須繼續營運下去。

在此，我們不妨以工商銀行為例，說明營運費用增加的影響。工商銀行在XYZ醫院附近設有一分行，以服務該地區的工商行號。若該分行遭人丟炸彈，而致其建築及行內設施部分受損壞，則該分行仍可繼續營業，不

會因此而有什麼收入損失。

　　至於其應怎樣繼續營運，則端視損害的嚴重性而定，例如：若損害只需短時間就能修復好，則該分行可把其客戶暫時移給另一分行來服務，這在今日金融發達的時代，實不難辦到，且其對客戶所造成的不便很小。而若修復需要數月的時間，則其可在停車場設立一個臨時分行來繼續為客戶服務（這種情形，就像以巡迴服務車來為民眾服務一樣）。但這種作法卻會增加額外費用：如服務車的成本、電腦連線的成本、為加強安全而新增人手與設備，以及額外的服務時間等。而若經過仔細分析後，認為此一臨時分行方案切實可行，則該分行就可繼續為客戶服務，而不會損失收入，但其淨利卻會因上述這些「額外」的費用而減低。

⑦租金費用與拆建成本的增加

　　有兩個額外的費用值得在此一提，那就是於建築物受損後，臨時租用新址所引發的額外租金成本與拆建成本。由於臨時租用的租金，常高於一般水準（此乃是與長期租用的租金相比較而言），因此，企業就須承擔額外的租金費用。此外，為加速舊址的復建，企業必須承擔額外的趕工成本、運輸成本，以及員工的額外通勤交通費（尤其是以前在舊址的活動，現在必須分散在兩個以上的地點來做時，這些額外的成本更是驚人），而這些額外的成本，就謂之拆建成本。又上述這些因在緊急情況下繼續營業而發生的額外費用，亦視之為一項淨利的損失。

⑶免除法律責任的價值

　　由於法律責任會給企業帶來重大的負擔，甚或破產的命運，因此，免除對他人的法律責任，乃是一項應予保護的重要價值。一般說來，每當有下列的情況發生時，則企業便須承擔法律損失責任：①被控以因違反法律責任而致對他人造成傷害；②因契約而致負有賠償他人之損失的義務。就第一種情況而言，企業的損失係包括賠償傷害所付的任何現金給付，再加上所承擔的調查或辯護費用。就第二種情況而言，則企業的損失，就是為履行使他人受損財物回復原狀之義務而作的給付。然應注意的是，企業並不見得須犯法才需承擔法律的損失責任，亦即，其責任損失並不一定全來自於違法行為，或以犯法為先決條件。而為免除被控訴的威脅，向法律專家（如律師）請教所花費的金錢，亦為一種責任損失。

　　一般說來，企業的潛在法律責任，可以以所有責任損失風險所具有的兩個特徵來予以分類。這兩個特徵分別為：責任個體與責任的法律來源。因此，若以責任個體來分類，則企業的法律責任可以分為刑事責任與民事責任；而若以責任的法律來源來分類，則企業的法律責任可以來自成文法或不成文法。是故，唯有對這些責任個體與法律來源有透澈的認識與瞭解，才能使企業得以免除其法律責任，並預防其責任損失風險。

⑷重要人員的勞務價值

　　一般說來，企業會因其人員的辭職、受傷、退休及死亡，而失去這些人員繼續為其奉獻的心力與勞務。而若這些人員為企業所奉獻之勞務的價值，大於企業所付給他們的薪酬（即這些勞務對企業的價值，大於企業對之所付的酬賞），則此時這些人員的勞務損失，對企業而言，便是一種經濟損失。其中尤以失去重要人員的損失，更是一項重大的經濟損失，因其「才能」關係著企業的繼續順利營運，而少了這些人，則企業的損失，不可謂不大，甚至會造成一蹶不振的局面。

　　除了勞務的價值外，其受傷、死亡或退休，也會給企業帶來額外的成本負擔，蓋此時企業必須提供某些福利給他。申言之，為了吸引及留住「人才」，企業必須提供健康醫療、受傷給付及退休金等福利措施，而這些福利措施一旦生效，則必然會增加企業的成本負擔。

　　是故，員工福利的成本，通常會加重企業的人身損失負擔。此外，員工福利措施也常會給雇主帶來兩個重要的責任風險：第一個是提供已承諾之福利的契約責任；第二個則是違反（或牴觸）政府福利法規的刑事責任與民事責任。

　　在此，我們不妨舉個例子來說明一下重要人員的損失風險：某高科技公司的創立人，同時也是該公司科技發展的幕後推動人，在花了數年的時間後，為該公司創造出了一種「空前」的電子產品。由於其推銷得法，再加以該個人電子產品確為劃時代的產品，因此，其公司遂成為2000年代成長最快速的公司之一。然成長所帶來的壓力與喜悅，卻也逐漸迫使該公司跨向其生命中的新里程碑——走向大眾化（即股票公開上市）。蓋股票公開上市，可同時實現該公司的幾個重要目標，例如：一旦公開上市，則其創立人及其他所有權人，馬上可以因拋售部分其個人所持的股權而「賺進」大把的鈔票，一夕之間成為「暴發戶」；其次，公開上市所得的資金，可以融通該公司進一步的擴充，而不需

要再向銀行借錢來融資。然很不幸的是，就在預定公開上市的前一天晚上，該創立人卻被汽車撞死了，結果，整個公開上市的計畫也就跟著無限期的擱置下去，而該公司在該創立人遽亡後，能否繼續存活下去，實在大有問題。由此可知，重要人員的損失風險，實不容忽視。

任何損失風險的第一個要素，就是有損失之虞的價值。而為協助風險管理人認知這些價值，特把所有有損失之虞的價值，予以分成四大類，即財產價值、淨利價值、免除法律責任的價值，以及重要人員之勞務價值。雖然這種分類有助於認知風險，但我們實不應認定任一事故（或事件）只會引起單單一類的價值損失。事實上，大多數的事故（或事件）均會同時引起數類的價值損失。

例如：設若XYZ醫院的主管，已經注意到該院所使用的蒸汽鍋爐有問題，但卻因一連好幾個禮拜均「很忙」，而致沒有下達修復的命令，結果若萬一鍋爐不幸發生爆炸，則這不僅會造成財產的損失（如建築物受損、動產毀損以及電腦損壞等），而且也會造成該院收入的減少（蓋醫療設施已經受損而不能使用）。同時，該院還須承擔「額外」的異常費用，如拆遷及修護費用，以及臨時租用設施的費用。此外，該院還可能會因該主管的疏忽，而引起違反工業衛生安全法的官司。然更糟的是，若有任何人（不管是該院的員工或病人或一般民眾）因此鍋爐爆炸而受傷害，就對該院擁有法律賠償請求權。而若該院之全球聞名的心臟科醫師在此事件中死亡或殘障，則該院的聲譽與收入，將會因此而一蹶不振。

2.會引起損失的風險事故

任何損失風險的第二個要素，就是有會引起損失的風險事故（Peril）。風險事故可以依據其來源，分成自然風險事故、人為風險事故及經濟風險事故。其中，自然風險事故包括暴風、暴雪（或暴冰雹）、洪水、蟲害、獸害、疾病及腐敗等，這些自然風險事故大體非人力所能控制（不過，人類卻可採取有效的損失減除措施，來控制自然風險事故所引起的損失幅度）。

而人為的風險事故，則包括集體或個人的偷竊、凶殺、無知或惡意的破壞行為、疏忽的行為、無能或蓄意不履行契約等。由這些人為風險事故所引起的損失，其頻率與幅度，在某一程度內，可以以人為的力量（如小心行事或挑選謹慎的人來做事等）來予以控制。

至於經濟風險事故，則主要來自於大多數人的行為或政府的行為，如罷工、戒嚴、戰爭、技術的改變或消費品味的改變等。由於經濟風險事故，通常

會引發遠非風險管理計畫所能控制的損失，故常為風險管理人所忽視。不過，由經濟風險事故所引起的某些損失——如失業損失、激烈罷工所致的損害、機器因經濟衰退而致閒置過久所發生的損壞，以及戰爭對海外產業所造成的損壞等，都是風險管理人必須予以處理與解決的事件。

儘管上述這種風險事故的分類，在分析潛在的損失原因時很有幫助，但這種分類，卻也有其不可避免的「重疊」或重複的缺陷，例如：火災可以是自然風險事故（如為閃電擊中所引起的），或是人為風險事故（如人為的疏忽所引起的）。又如，凶殺案泰半係為個人的行為，但在戰爭中被殺死的士兵，則可說是死於戰爭之人為風險事故。然這種重疊，並不會損及上述風險事故分類在分析上的價值。（註⑩）

3.損失的財務影響

任何損失風險的第三個要素，就是實際發生之損失的財務影響。在此所謂的損失，係指實際損失而言，而不像前兩個要素中的損失，係指可能會發生的事件（或事故）而言。

然應注意的是，損失的財務影響與實際損失的大小，係為截然不同的兩回事，儘管會造成重大人員傷亡與財產損失的事故，在財務上的影響，遠比事故對實體之影響嚴重多了，但損失的財務影響與損失之實際程度間，卻無必然的關係存在著。例如：即使電腦磁碟的最輕微裂痕，或磁性干擾沒超過半英寸，也會使整座電腦化的煉油設備「當機」好幾個禮拜或好幾個月，並使業主及員工損失利潤與薪資，同時也會使該煉油商之客戶的汽油供應整個中斷。而另一種極端例子則是，一場大火燒毀了幾條街上無人居住的建築物，然這幾條街道已劃定為都市更新區，則這場大火，不但不會帶給這些建築物的所有權人損失，反而帶來好處——可以省下拆除成本。是故，風險管理人應著重損失的財務影響，而不是實際損失的程度。

來自於某一特定風險損失的財務影響，須視該風險引發損失的頻率（或次數），及其每次所產生的損失幅度（或金額）而定。若說得更具體一點，則來自於某一特定風險之損失的財務影響，會隨如下情況的增加而增加：

　⑴該風險毀壞特定之有價物的損失頻率（即機率或相對次數）。

　⑵該風險毀壞特定之有價物的損失幅度（即每次損失的金額）。

然應注意的是，來自於「意外」損失風險的損失頻率與幅度，均無法很確

定的予以預測，也因此，這些損失才會是「意外」的損失。然就任一風險而言，其所引發之任一損失，或所有損失的頻率與幅度，在一段既定的時間內，還是會有很大的變動範圍。

　　一個不需要使用到數學，但卻直接可瞭解損失之頻率與幅度之組合的方法，就是Prouty方法，（註⑪）此一方法可用來認知由四大類之損失頻率，與三大類之損失幅度（註⑫）所構成的組合（關於這一點，請見表3-4）；其中，四大類的損失頻率如下：

　　⑴幾乎不可能 —— 即極不可能發生或其發生的可能性幾乎為零。

　　⑵輕度 —— 即可能會發生，但卻不一定會發生。

　　⑶適度 —— 即偶爾發生。

　　⑷一定（或確定）—— 即經常（或定期）發生。

　　三大類的損失幅度如下：

　　⑴輕微 —— 即企業能立即自留或承擔每一個損失。

　　⑵重大 —— 即企業無法自留或承擔每一個損失，而必須把其中的一部分予以移轉出去。

　　⑶嚴重 —— 即企業幾乎須把其所有的損失予以移轉出去，否則便會危及其生存。

　　雖然上述這些分類，並不具有數學上的精確性，但卻容易為風險管理人，以及其他能直覺推定或判定損失之財務影響的主管所瞭解。當然，若欲用數量分析來估計平均（或預期）的損失頻率與幅度，以及最大的可能損失頻率與幅度，則這自是再好不過的事，但這並不屬於本章的探討範圍。

表3-4　以Prouty法來分析損失風險之重要性

損失頻率 ＼ 損失幅度	輕　　微	重　　大	嚴　　重
幾 乎 不 可 能			
輕　　　　　度			
適　　　　　度			
一 定 （ 或 確 定 ）			

　　一般說來，損失頻率與其幅度，與風險呈相反的關係，而這幾乎已是一般的管理常識或自然法則。準此，凡損失幅度愈嚴重者，則其頻率就愈少發生；而凡損失愈常發生者，則其幅度就愈不嚴重。是故，凡輕微但幾乎一定會發生的損失（如建築物在使用一段時間後，至少會有某種程度的損壞），乃是風險管理人或經營者必須編列預算（如透過折舊準備）來予以處理的例行風險（或經常風險）。而另一種極端的情形就是，把通常會產生嚴重損失的活動予以避免掉──例如：好的風險管理人會認為某個活動「風險過高」而不予採行。是故，風險管理人的決策，大多是著重於可能會發生，或幾乎不會發生，但其嚴重性卻產生重大損失的風險。

　　一損失風險在一段既定期間內的整體財務影響，乃是其在這段期間內之損失頻率與損失幅度的乘積。而一既定之損失風險，其所以會產生嚴重的財務損失後果，乃因其具有高度的個別嚴重性損失，或具有整體總結果很重大的小損失之故。易言之，只要一既定損失風險，具有上述這兩個條件（或原因）之一，就會對企業產生嚴重的財務損失後果。為此，風險管理人及其經營者，才會把整個組織的風險管理力量，集中在突發且「驚人」的意外損失上，如大火、大爆炸或重大的責任理賠。

　　然應注意的是，再怎麼小的損失，只要其經常發生，則在經過一段時間後，必會釀成比單一劇烈事件還可怕的損失。例如：百貨公司（或零售店）每天所發生的「順手牽羊」或失竊的損失，日積月累下來，絕對比其每5年或10年發生一次火災的損失還大；同理，飯店、旅館每天所發生的顧客或員工順手帶走餐具，或房間用品的損失，日積月累下來，也絕對會比其遭受一次水災或風災的損失還大。是故，這些平常雖小，但累積起來卻令風險管理人「頭大」的損失，實值得風險管理人及其經營者，將之與偶爾發生的大損失「等量齊觀」。然更重要的是，要設法使這兩者的整體不利財務影響減至最小的程度。

4.遭受損失的個體

　　任何風險的第四個要素，就是有遭受損失之虞的人、組織或其他個體。此一要素儘管很重要，但卻常被忽視，例如：設若XYZ醫院的一側，被閃電擊中而起火燒毀（這是一個沒人會有法律責任的事件），則因此一事件可能計有如下的損失：

　　⑴建築物的毀損──此為XYZ醫院的財產損失。

⑵一些病患之動產的毀損 ── 此為這些病人的財產損失。

⑶以前在此側進行的一些醫療活動，此時必須停止（或無法繼續）── 此為XYZ醫院的淨利損失。

⑷XYZ醫院的最高主管受傷殘廢 ── 此為XYZ醫院的人身損失，同時也是該主管之家庭的人身損失。

⑸該院內之美帝禮品公司的顧客人潮減少 ── 此為該店的淨利損失。

⑹在該側工作的員工，此時因無工作可做而失業 ── 此為這些員工之家庭的人身損失。

⑺市政府之消防人員受傷 ── 此為市政府的責任損失。

上述這些損失，均只落在幾個個體的身上，即XYZ醫院、其病患、其員工、設於該院內的美帝禮品公司及市政府。此一事實對風險管理人有一個重要的意義，那就是，風險管理人為處理每一個損失風險，而在事前與事後所採取的行動，須視其所服務的個體而定。準此，XYZ醫院之風險管理人所面臨此場可能之大火的挑戰，就比美帝禮品公司之風險管理人，或市政府之風險管理人，所面臨的還多。事實上，從「各方面」（或各個體）來說，來自於此場大火的（各）事件應是相同的，但來自於這些事件的損失風險，卻因每個個體的看法不同而不同（即這些事件的損失風險，在每個個體的心目中並不相同）。例如：若被燒毀的醫院那側，早已預定將予拆除，以便供擴充與設施現代化之用，則我們可以毫無問題地認定，這場大火並不會使該醫院遭受什麼財產損失（但其餘上述的各損失及其他各個體的損失，則仍將會存在）。

決定哪一個個體有損失之虞，通常是一個很迫切且很實際的風險管理問題，例如：當運送的貨物受損時，則商事法或託運人與搬運人及受貨人所簽定的契約，會決定貨物的所有權在運送中的哪一點，由託運人手中移至搬運人的手中，然後再於哪一點，由搬運人的手中移至受貨人的手中，以便決定誰應對貨物的受損負責。又如，當抵押的財產遭受損壞時，則借款抵押人與貸款承受抵押人，都會蒙受損失，其中，借款人會失去其對此財產的權益與使用權，而貸款人（即出借人）則會失去該筆貸款之償還的保障。然不論是上述的哪一種情況，每個個體的損失風險並不盡相同（甚至可說是差異很大），這完全須視風險管理人所保護的個體而定。

㈡損失風險之衡量

1.風險衡量之意義及其原則 ^(註⑬)

風險管理人在認知企業所面臨之各種「潛在損失風險標的」（Exposure to Potential Loss）以後，應即對各種風險標的可能引起之損失加以衡量，以決定其「相對重要性」（Relative Importance），始可進而選擇適當之風險管理工具，作有效之處理。因此，風險衡量之目的，主要乃在測定各種潛在損失風險標的，在一定期間內，可能發生之機率及其可能導致之損失幅度，以及此類損失對企業財務之影響。

在評估一個「潛在損失風險標的」之「相對重要性」時，首先須有「損失頻率」（Loss Frequency）及「損失幅度」（Loss Severity）之資料，而損失幅度尤較損失頻率重要。一個潛在巨大災害損失，雖不常發生，但一旦發生，其嚴重性必遠較時常發生之小損失為大。例如：每年發生損失10萬元，10年合計損失100萬元，與10年僅發生一次損失100萬元兩種情況比較，後者對企業財務與營運影響，自較前者為大。惟在另一方面，對於損失頻率亦不能忽視，如有兩個「風險標的單位」（Exposure Units）其損失幅度相同，則損失頻率較高者，其損失相對重要性亦較高。損失重要性之次序應如何排列，並無一定公式可循，可能因人而異，不過一般合理作法，多強調損失幅度之重要性。例如：汽車碰撞所致車身損失機會（即損失頻率），常大於因碰撞而導致第三人損害被索賠之機會，但對第三人之賠償責任損失金額，可能遠較車身損失為大，因此，毫不遲疑地應將對於第三人之賠償責任損失之重要性，置於車身損失之前。其一特定型態之損失，又可依其損失是否超過一定金額而再分為兩類（含）以上，例如：上述汽車碰撞損失，可將損失金額在2萬元（含）以下者列為第一類，超過2萬元者列為第二類，第二類損失頻率雖較小，但其損失之重要性較大。

於決定損失幅度時，風險管理人必須注意將某一事故發生時，可能引起之各種損失包括在內，並注意其對企業財務上之終極影響。通常，風險管理人對於不甚重要之損失較易發現，而對於重大損失則難以認知，例如：一般對於財產可能發生之直接損失，多易於事先察覺，而對於其因而引起之間接損失（如營業中斷損失），雖其金額可能較大，事先亦多被忽視。風險管理人於衡量損失金額時，亦常忽視其最後對企業財務之影響，例如：相當小之損失，如予

122

以自留，企業可以流動資產予以彌補；相當大之損失，則可能導致財務周轉困難；巨大之損失可能使企業之財務，處於嚴重困境，甚至面臨破產邊緣。由此可見，風險管理人員應特別重視損失幅度，亦不應忽視損失頻率，因兩者皆為風險衡量之依據。

2.風險衡量之基本事項

風險衡量之基本事項有三，茲分述如下：　（註⑭）

⑴損失頻率（Loss Frequency）之衡量

損失頻率係指在特定期間內，特定數量之風險單位，遭受特定損失之次數，一般皆以機率表示。例如：在1年內，廠內員工受傷之機率，或某一產品因製造疏忽所致第三人損害賠償責任之機率。風險管理人可依過去經驗資料，或透過機率分配模式，推測未來可預期之損失機率，惟風險管理人亦可憑其經驗，將損失頻率大致區分為：①不會發生（Almost Nil）；②可能發生，但機率很小（Slight）；③偶爾發生（Moderate）；④經常發生（Definite），此種估計方法雖不如數字計算精確，但亦可使風險管理人就其過去經驗，對損失作一有系統之分析研究。

⑵損失幅度（Loss Severity）之衡量

損失幅度係指特定期間內，特定數量之風險單位遭受特定損失之嚴重程度。就風險衡量之重點而言，損失嚴重性之評估，遠比損失次數之預測來得重要，例如：超級市場可能常常發生顧客順手牽羊之失竊事件，但其遠不如一次大火所致損失對該超級市場財務影響來得大。因此風險之衡量，應較重視對損失程度之分析，且風險管理人於衡量損失程度時，尚必須就某一事故發生所可能引起之直接、間接損失，及其對企業財務之影響，加以全盤考慮。

對於損失程度之分析，風險管理人最常採用之方法為：最大可能損失（Maximum Possible Loss, MPL）及年度最大可能總損失（Maximum Probable Yearly Aggregate Loss, MPY）。所謂最大可能損失，係指在不甚有利之情況下（Unfavorable Conditions），一次意外事故之發生，可能造成之最大損失程度；而年度最大可能總損失，則係指風險單位於1年期間，所可能遭受之最大總損失金額。風險管理人可就其選定之各種機率水準，透過統計分析之方法，估計企業某一年度之最大可能總損失，或某單一事故發生所致之最大損失，以作為採行何種風險管理方法之參考。

(3)損失預測可信度（Credibility of Loss Predictions）之衡量

　　雖然風險管理人可依據所分析之各種損失型態，決定採用何種管理方法，但是各種損失頻率與損失幅度，因係根據以往之損失經驗估計而得，加上風險本質之差異、估計時所可獲得資料之多寡及其正確性、所採用估計方法之不同，皆會影響所衡量風險之準確度。因此，風險管理人於決定採用何種管理方法時，除應分別就其所衡量之損失頻率、損失幅度予以考慮外，對於該損失型態可預測性之高低，更應予以注意。假設如圖3-3所示之情況，實際之損失雖然與估計損失之平均值有所差異，但皆在最大可能損失，與最小可能損失之範圍內變動，因此風險管理人針對此種可預測性較高之風險，則可採取企業編列預算、自提準備金，或自己保險之自留（Retention）風險管理方式。假設損失型態如圖3-4所示，其可預測性較低，而且發生超出正常損失範圍巨災之機率仍然存在，則風險管理人針對此種型態之損失，必須採取有別於圖3-3之管理方式，否則將可能造成企業巨大之災害。

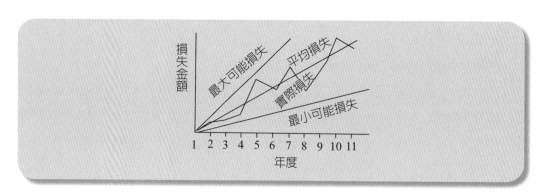

圖3-3　損失型態高低預測

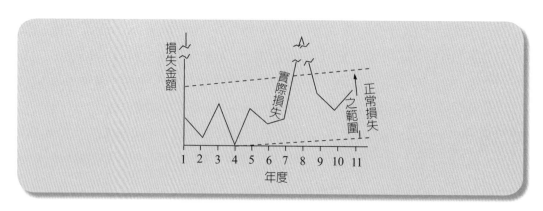

圖3-4　損失型態範圍預測

三、風險衡量、風險評估與風險策略之組合

　　企業所面臨之各種損失風險經過衡量後，依其造成損失之情況，可分為四大類，並經風險評估結果，(註⑤) 產生四種主要與次要風險策略，請見表3-5。

表3-5　風險衡量、風險評估與風險策略之組合表

損失幅度	損失頻率	風險評估	主要風險策略	次要風險策略
高	高	不可忍受	避　免	預防和抑制
低	高	可以忍受	預　防	抑制和承擔
低	低	不很重要	承　擔	預防和抑制
高	低	不可忍受	保　險	移轉和抑制

＊（各風險策略之詳細內容，請參閱本書第四章）

註　釋

①陳定國，企業管理，三民書局，1998年9月，p. 10。

②參閱註①與George L. Head, Stephen Horn II, *Essentials of the Risk Management Process*, Volume I, Insurance Institute of America, 1997, p. 6.

③同註②，pp. 6-8。

④有關風險管理實施步驟之案例探討，可參閱拙撰之「風險管理案例探討——風險管理之實施步驟」，保險專刊，第18輯，1989年12月，pp. 140-168。

⑤George L. Head, Stephen Horn II, *Essentials of the Risk Management Porcess*, Volume I, Insurance Institute of America, 1997, p. 15.

⑥同註⑤，p. 16。

⑦同註⑤，p. 31。

⑧同註⑤，p. 110。

⑨同註⑤，pp. 119-120。

⑩C. Arthur Williams, Jr., George L. Head, Ronald C. Horn, and G. William Glendenning, *Principles of Risk Management and Insurance*, 2nd ed. (Malvern, PA: The American Institute, 1981), p. 3.

⑪1960年代初期，美國機械及相關產品協會（Machinery and Allied Products Institute）對於風險的衡量，曾由Richard Prouty先生提出專文，建議其所屬同業，將損失頻率區分為：(1)經常發生（Definite）；(2)偶爾發生（Moderate）；(3)可能但未曾發生（Slight）；(4)不可能發生（None）等四類等級。而對於損失幅度的衡量，則建議採用：(1)年度預期損失（Annual Expected Loss）；(2)可能最大損失（Maximum Probable Loss）；(3)最大可能損失（Maximum Possible Loss）等諸觀念（Industrial Insurance, *A Formal Approach to Risk Analysis and Evaluation*, January 19, 1960, Machinery and Allied Products Institue, 1200 Eighteenth Street, Washington 6 D.C.）。

⑫C. Arthur Williams, Jr., and Richard M. Heins, *Risk Management and Insurance*, 5th ed. (New York: McGraw Hill Book Company, 1985), pp. 55-56.

⑬楊誠對，意外保險，三民書局，2005年9月，pp. 11-12。

⑭黃秀玲等，企業風險管理概論，淡江大學保險系──企業風險管理與保險論文集，1986年5月，pp. 7-8。

⑮James L. Atheam & S. Travis Pritchett, *Risk and Insruance*, 5th ed. West Publishing Company, 1984, p. 25.

第四章

風險管理實施
的步驟(二)
——檢視、選擇與執行
風險管理策略

本章閱讀後,您應能夠:

1. 瞭解檢視各種風險管理策略的可行性為風險管理第二實施步驟。

2. 清楚選定最佳風險管理策略為風險管理第三實施步驟。

3. 明瞭執行所選定的風險管理策略為風險管理第四實施步驟。

4. 認清監視及改進風險管理計畫為風險管理第五實施步驟。

5. 敘述風險管理的成本與效益。

風險角落

巴黎聖母院大火

法國巴黎聖母院在2019年4月15日發生大火，哥德式尖頂塔慘遭無情火舌燒倒，遺憾的是，這棟老字號的法國古蹟並沒有任何保險保障，不過在法國政府及當地私人及團體團結之下，估計80億美元的修復費用，不成問題，無奈法國最有代表性的百年教堂，恐再也無法恢復原狀。

然而，這棟856年歷史的巴黎聖母院並無保險，因此費用全部要由自己承擔，國際保險公司Hiscox藝術保險負責人Robert Read表示，這種具有高度文化重要性的建築物及其館內藝術品，因價值高昂，無法透過保險公司轉嫁風險，通常由國家來保護，幸好法國政府財力雄厚，規模大於任何保險公司，有能力修護教堂及館內重要文物。

同樣，位於八里的紙風車及綠光劇團，在2020年6月6日凌晨發生一場大火；數百坪倉庫內存放的重要布景、道具，與新購的燈光音響設備，全都付之一炬，損失粗估約有5,000萬元。

火災後，或許有人會想到，紙風車劇團有沒有火險可以理賠，但因該倉庫是違建鐵皮屋，且屋內存放的幾乎都是易燃物，無法獲得保險公司承保。這起火災事件，再次凸顯現代文物的資產價值與保險問題。

這兩場火災也燒出文化古蹟建築物及館內藝術品的保護與風險管理的議題。

資料來源：參閱2019年6月與2020年6月網路新聞。

第　一　節 # 風險管理實施步驟二：
檢視各種風險管理策略的可行性

　　風險管理的目的，乃在於阻止損失的發生——風險控制（Risk Control）或彌補不可避免的損失——風險理財（Risk Financing）。因此，本節即在於扼要陳述基本的風險管理策略，並將之區分為風險控制策略（Risk Control Strategies）及風險理財策略（Risk Financing Strategies），並以前述的火車出軌例子，來說明這些策略。圖4-1即說明檢視風險管理策略之兩大主軸：⑴風險控制以減少損失；⑵風險理財以彌補損失，茲說明如下：

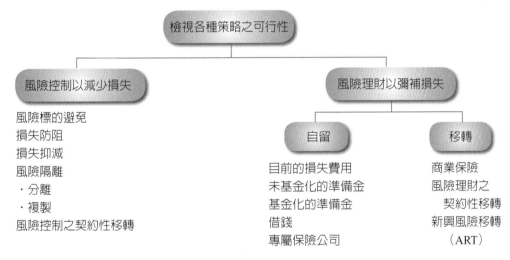

圖4-1　檢視各種策略之可行性

一、風險控制以減少損失

　　風險控制策略，係指專門設計用來使事故之損失頻率或幅度趨小的風險管理策略，以及使損失更可預測的風險管理策略。易言之，風險控制策略包括風險標的避免、損失防阻、損失抑減、損失風險標的隔離，以及設計用以保護組織免於向他人支付損失賠償的契約性移轉。（註①）

㈠風險標的避免 (Exposure Avoidance)

風險標的避免,可以完全消除任何損失的可能性,其作法為放棄任何會遭到損失風險的活動或資產。例如:火車公司可以不把貨物運經XYZ醫院後山的那條支線,這樣就可以完全避免火車出軌時,對XYZ醫院的責任風險。同理,XYZ醫院若能搬移至遠離鐵路線的地方,亦可避免其財產毀損的風險。

㈡損失預防 (Loss Prevention)

損失預防的目的是要減少一特定損失的頻率(Frequency)。例如:火車公司可以以改進或加強其軌道的保養,或於行經XYZ醫院後山時,放慢其列車的速度等方式,來防止列車在XYZ醫院後山出軌翻覆的可能性;而XYZ醫院亦可以在其醫院與鐵軌之間,增建一道防護牆的方式,來減低被出軌貨物侵害的可能性。

㈢損失抑減 (Loss Reduction)

損失抑減的目的,是要降低一特定損失的幅度(Severity)。例如:XYZ醫院在出軌事故發生後,可以透過加速善後工作,及向社會大眾宣告其迅速且盡力因應此一事故,並傾全力保護病患等方式,來減低其醫療收入的損失;同理,火車公司也可以藉由迅速清理出事現場,及協助託運業主清理其受損的財物等方式,使其營運損失及對他人財物損害之賠償責任,能減少至最小。

又火車公司也可在出軌前採取必要的防範或應變措施,來使其不幸損失的額度能儘量減小,例如:可限制任一列車所能載運之有毒化學劑槽,須至少還能被控制住。

㈣損失風險標的之隔離 (Segregation of Loss Exposures)

此一策略乃是一種不會使事故波及全體的策略;易言之,預先把組織的活動與資源予以有計畫的安排好,以使單一事件不會同時波及整個全體或同時造成整體的損失。例如:一組織可能會在數個地點設置其營運大樓,且同時使用數條路線來運貨,並且把備用的機器零件或檔案副本,存藏在遠離營運大樓的地方,並同時向數個供應商採購原料。由於有了這種風險標的隔離措施,因此,沒有一個可預見的事件或事故,會同時毀損其所有的營運大樓,或阻斷其

所有的運輸路線，或毀損其所有的檔案或備用的機器零件，或阻礙其所有的原料採購。

　　損失風險標的之隔離有兩種策略型態：一為分隔（Separation），一為複製（Duplication）。分隔乃是指把一特定的活動或資產予以分散至數個地方而言，例如：企業在其正常的營運過程中，可把其存貨分別儲存在數個不同的地點，並同時向數個不同的供應商採購存貨。是故，凡日常用得到的必要資產或活動，均須採取風險標的分隔措施，這樣才能保護營運資源免於遭受連帶的損失。

　　複製乃是指把基本或重要的資產活動，予以複製或另行儲備一份或一件而言，這樣在基本的資產或活動不幸遭受損失時，則這些備用或複製的資產或文件就可以派上用場，這樣營運也就不會受到影響。例如：複製的檔案、備用的零件，以及與另一家供應商簽定緊急採購契約等，均為複製的最佳例子。

　　我們再以XYZ醫院及火車公司為例，來說明損失風險標的之隔離。若火車公司在XYZ醫院附近另築有一條支線，且此條支線平常都有在使用，則這條支線就屬風險標的隔離的分隔策略；而若此條支線只有在緊急時才使用到，則係屬於風險標的隔離的複製策略。同理，XYZ醫院也可以與鄰近的超級市場簽定一項相互使用對方停車場的契約，來實施風險標的隔離的複製策略，這樣當任一方的停車場因故不能使用時，就可緊急使用對方的停車場來應急。

　　損失風險標的隔離與損失抑減策略，均是要使一事故對組織的影響減至最小程度，然所不同的是，後者係以把實際的損害程度予以減低的方式，來達到損失抑減的目的；而前者則是以備用或代用的資源，來取代已損害的資源，而達到損失風險標的隔離的目的。此外，風險標的隔離也可提高組織之損失的可預測性，因有損失之虞的單位分隔得愈多，則所做的長期平均損失預測也就愈可靠。

㈤風險控制之契約性移轉（Contractual Transfer for Risk Control）

　　風險控制的最後一個策略，就是以契約方式將資產或活動的風險予以移轉給他人來承擔，是故，凡被移轉風險的組織，就必須承擔風險移轉組織之任何事故所致的財務與法律責任損失；反之，若沒移轉風險的組織，則必須自行承

擔任何事故所致的財務與法律責任損失。最常見的此種風險契約移轉,則為財產租賃與業務轉包,至於移轉者與被移轉者間的損失風險分配,則須依契約的條款而定。

非保險之風險控制之契約性移轉種類甚多,較重要者有出售契約(Sales Contract)、租賃契約(Lease)、轉包(Subcontract)、免責協議(或稱辯護協定,Hold Harmless Agreement or Exculpatory)、套購(中和)、放棄追償權條款(Disclaimer Clause)、保證等。

1.出售契約

經濟單位以買賣協定,將其風險暴露單位之全部或一部分移轉於他人。不過,出售亦帶有風險避免中之「放棄風險暴露單位」之性質在內。

2.轉包

轉包常用於建造工程中,蓋經濟單位得標工程之同時,亦承擔相關風險。故經濟單位因其得標工程風險性高,經由轉包契約,將全部或部分工程給其他包商,共同承擔風險,實為非保險風險轉嫁之一種。

3.租賃契約

經濟單位(財產所有人)將財產所生之風險,於租賃契約中設定協議項目,將其財產風險或法律責任風險轉由承租人承擔。

4.免責協議

通常用於賣方市場之情況。在買賣契約中簽定此協議,最主要可免除經濟單位過失行為的法律責任,例如:產品製造商處於較強勢地位時,與百貨商於買賣契約中簽定免責協議,其產品責任在脫離其控制之後,即轉由零售商承擔。不過,許多責任保險契約中,常規定被保險人以契約承受之責任,不在承保範圍之內。

5.放棄追償權條款

在買方市場中,買方於買賣協議中訂定條款,由其所致之責任,例如:修改產品出售產生之產品責任,受害者向賣方索賠後,要求賣方不得向其追償。惟產品責任保險中,亦規定「凡以契約拋棄追償權所致之損失」,不在承保範圍之內。

6.套購(中和)

指現買先賣、現賣先買之措施。

7.保證

經濟單位以保證契約，將其債權無法回收之風險，移轉由保證人承擔。例如：債權人為確保自己的債權，要求債務人提供保證人，如債務人無法履行債務，則保證人必須負責清償。亦即債權人藉保證契約，將債務人不履行債務的損失風險轉嫁於保證人。

關於風險理財的契約移轉——即以契約的方式來移轉損失的財務負擔——乃是另一種截然不同的風險管理策略，關於此一策略，將在下面予以討論。然應注意的是，風險理財的契約移轉，其所移轉的只是損失的財務負擔而已；而風險控制的契約移轉，其所移轉的，不只是損失的財務負擔，並且還包括損失的最終法律責任。

如以前述火車出軌為例，則XYZ醫院可以契約的方式，將被火車出軌傾洩之化學藥劑侵害的財產風險損失，予以移轉出去。例如：該醫院可以將整棟大樓賣給某財團，然後再以一紙契約租回使用，這樣萬一碰上火車出軌傾洩化學藥劑，則整棟大樓所遭受的實體損失，就由該財團或出租人來承擔，亦即，醫院可以預先以「售又租回」（Lease Back）的方式，將醫院大樓所可能遭受的風險移轉給他人（即醫院大樓的購買人兼出租人）來承擔。同理，火車公司也可以租用火車的方式（或售又租回的方式），將火車可能會翻覆的損失風險移轉給他人（或出租人）來承擔；而另一種處理的方式則是，將有危險性的化學品運載工作，轉包給另一家運輸公司來運載，則此批貨物運載收入的損失風險，就由該承包運輸的公司來承擔，而不是由火車公司來承擔。

二、風險理財以彌補損失

凡風險控制策略無法完全防止的損失，就須採用風險理財策略予以配合。風險理財策略主要可以分成兩類：一為自留（Retention），即用以償付損失的資金，係源自組織的內部；一為移轉（Transfer），即用以償付損失的資金，係源自組織的外部。雖然在分析及規劃組織之風險理財需求時，上述這兩種分類的區分頗有用處，但有些風險理財的安排，卻可能同時涉及此兩種資金來源。再者，某種損失可能有一部分須以「自留」的策略來融通，而其餘的部分則須以「移轉」的策略予以融通。例如：若醫院之財產保險契約中有規定：「凡整

棟大樓所受的損害未及10,000元者，則概由該院自行負責（即保險的自負額為10,000元）」，則該院在此次化學品傾洩所受的損害中，將須自行「自留」（或自己承擔）10,000元的損失，而至於其餘的損失部分（即較大的損失部分）才「轉移」給保險人來承擔。（註②）

(一)自留（Retention）

對任何組織而言，風險中的「自留」有下列五種方式可資選擇，而且每一種方式的理財策略，均比前一種方式複雜，這五種方式依次是：(1)使用當期的收入償付損失；(2)使用未基金化的損失準備金償付損失（即以或有負債或臨時負債償付損失）；(3)使用基金化的損失準備金償付損失（即以提撥意外事故準備金的方式償付損失）；(4)使用借錢（或籌資）償付損失；(5)使用「專屬保險公司」的保險人償付損失。

以當期的收入來償付損失的處理方式，雖然是一種最不正式的自留策略，但也是一種最經濟的自留策略，卻也是最不保險的策略，因為收入不夠償付損失的可能性，總是會存在的，更何況，收入本身亦有某種不穩定的風險存在。一般說來，組織所欲自留的潛在損失愈大，則其所應考慮的自留處理方式就愈正式。是故，XYZ醫院於意外事故後，清理其停車場所花的成本與費用，以及火車公司整修其出軌火車所花的成本，均很適合以其當期的收入來支付，亦即，以當期的收入償付損失，很適合上述這兩種情況。

至於未基金化的準備金（Unfunded Reserve），大都係來自於為無法收取的應收帳款（Uncollectible Accounts）而所設立的基金（亦即，為會計上所謂的壞帳準備或備抵壞帳），此種未基金化的準備金，乃預先承認公司的應收帳款有一部分，會因無法收現而變成壞帳或損失。是故，未基金化的準備金，並沒有任何明定或指定資產做後盾；而基金化的準備金則有現金、有價證券與其他流動資產做後盾，以便履行準備金所須應付的義務，例如：每季結束時的應付所得稅準備金，通常係以現金做後盾，以便稅賦到期時得以支付。

火車公司對於沒送達的貨物（如傾洩出來的化學品），可能設有一個未基金化的損失準備金，或者設有一個基金化的損失準備金，以便償付其他火車運輸公司，因該火車公司之出軌而致路線受阻不能使用，所引起的賠償責任損失。同理，XYZ醫院也可能會針對無法收現的住院費，而設置一個未基金化的

準備金，因任何意外事故都可能會引起某些病患對該院的服務不滿意，從而拒絕付帳。此外，該院也可能設有一基金化的損失準備金，以便吸收不當治療保險（Malpractice Insurance）理賠中，自己所應承擔的部分成本。

關於其餘的兩個風險理財「自留」策略——即借錢來償付損失，及利用專屬保險公司來償付損失——可能乍聞之下，一點都不像是「自留」策略，因為這兩個策略均涉及以外界的資金來償付損失。其實，這種「只聞表面而不明究裡」的看法實有待商榷，因就大多數的情況來說，有從屬關係的保險公司（專屬保險公司與被其承保的「母公司」兩者間，事實上係一個經濟整體），因此，兩者間的任何風險移轉，根本就不是真正的風險移轉。同理，當一組織借錢來償付損失時，則因之而致的信用額度縮減，或借款能力的縮減，就等於是耗費自己的資金資源，亦即，這等於先間接使用自己的資金資源來償付損失，然後再用自己的盈餘來償還貸款。

上述五種風險理財「自留」策略中，第一至第四種之「自留」策略係屬「自己保險」之範疇，而「專屬保險」則為另一種特殊的風險理財策略，茲說明如下：（註③）

1.自己保險

⑴定義

企業利用保險技術，諸如擁有之風險暴露單位量多、自身過去之損失經驗，而釐定之風險財務計畫。企業須按期撥款建立專屬準備金，在特定風險發生時，以該準備金彌補。

⑵成立要件

嚴格言之，自己保險成立之要件，應包括保險基本技術要件與企業經濟要件兩種，茲分述如下：

①保險基本技術要件

　　大量之風險單位、確實之損失資料、良好之管理制度。大量之風險單位，主要是利用大數法則之原理，預估損失次數；確實之損失資料，配合大量之風險單位，主要是要評估每年應提撥多少自保基金；至於良好之管理制度，主要是須有專責人員負責自保制度，蓋自己保險應用到保險之專業技術，採用此種風險理財制度，至少應能對保險概念有所理解。

②企業經濟要件

　　專撥之自保基金、健全之財務狀況。專撥之自保基金應專款專用，以備將來損失彌補之用；至於健全之財務狀況屬於企業調度資金之層面，如果企業在資金調度方面捉襟見肘，難有餘力考慮自己保險。

(3)優點

自己保險主要之優點，有下列幾點：

①節省保險費

　　有理性之自我保險計畫，應配合商業保險逐步進行，隨著自保基金之累積，商業保險所需之保險額度理應降低，經濟單位之保險費支出自然減少。

②可提升損失控制之層次

　　自我保險為一種風險理財計畫，其目的非在不理會損失，經濟單位不可有恃無恐，更應提升損失控制之層次，期使損失降至最低，故理性之自保計畫，應配合損失控制措施。

③處理損失速度較快

　　經濟單位累積之自保基金，其性質類似準備金，並界定為專款專用，企業如不幸發生損失，無須如保險般須經必要之理賠手續，故在處理損失之速度較快。

④處理非可保風險

　　無法取得商業保險保障之風險暴露單位，採用自己保險可紓減一部分求助無門之窘境。此種情況下，有時為不得已之作法。

(4)缺點

自己保險主要之缺點，有下列幾點：

①影響資金之靈活應用

　　由於累積之自保基金屬於專款專用性質，基金較無法靈活調度，故影響資金之靈活應用。企業考慮採用此種風險理財方式時，亟須考慮其機會成本大小之問題。

②增加管理費用

　　設立自己保險需有人管理該種制度，多少會有費用產生，加上應配合損失控制，管理費用增加難以避免。

③有時無法如期獲得彌補

　　由於自保基金建立費時，如未達相當額度即發生損失，企業即無法獲得彌補，又因無商業保險之補救，致兩頭落空。

④風險單位不足

　　此為企業在成立自己保險即應考慮的因素。嚴格言之，無足夠之風險單位即不應採行，蓋企業難以估算按期應提撥的自保基金額度，勉力為之，亦僅落入無計畫之提存意外事故準備金範圍，與自己保險須要保險技術配合之本意，完全相左。

⑤管理人才缺乏

　　前已言之，自己保險須有專業人員參與始盡其功，無適當管理人才，其缺點與前述風險單位不足產生之缺點相同，喪失須保險技術配合之本意。

⑸成功的自己保險計畫，應考慮之其他因素

成功的自己保險計畫，應考慮之其他因素為自保基金累積具有時間問題，應如前述，配合商業保險逐期調整保險金額，以免基金累積未達一定規模時發生損失，求助無門，喪失自己保險之本意。

　2.專屬保險

⑴定義

專屬保險是指大型企業集團設立自己的保險公司，以承保自己企業集團所需的各種保險。在法律上，企業本身與其成立之保險公司均為獨立之法人，繳付保費與理賠和一般保險無異。惟因在作業過程中，母公司繳付之保險費與子公司理賠之保險金，均在企業集團內流動，原則上，風險並無轉嫁他人，故歸屬於自留範疇。不過，假使專屬保險人另有承作其所屬企業集團以外之保險業務，擴大其經營基礎，或安排相當程度之再保險轉嫁其風險，此時即可超脫風險自留之範疇。

⑵優點

設立專屬保險優點，茲說明如下：

①節稅與延緩稅賦支出

　　此為企業集團設立專屬保險公司最重要之理由，就企業集團言之，支付於其專屬保險公司之保險費，可列為營業費用，而專屬保險公司收到之

保險費依會計應計基礎，有些必須提存為未滿期保費準備，屬負債性質，因此，一筆資金可有節稅與延緩稅賦支出之效果。

②母公司可減輕保費支出

　　在商業保險之保費結構中，除純保費之外，尚有附加保險費，其中包括有保險中介人之佣金、營業費用、賠款特別準備、預期利潤等，就專屬保險人言之，同一企業集團無須支付佣金，營業費用亦可較少，所以母公司所支付之保險費可以降低甚多。

③專屬保險公司可拓展再保交易

　　設立專屬保險公司，本應有分散風險之機制，即應有再保險配套措施，此時專屬保險公司，即可藉業務交換之便而拓展再保交易，企業集團之業務領域因而更為寬廣。

④加強損失控制

　　設立專屬保險公司之目的，雖在為企業集團尋找保險出路，但須注意其目的非在救急，而以標的不出險為主要目的，因此應配合加強損失控制措施，一來可以有較佳之再保險出路；二來可使專屬保險公司擴大其規模，成為一個利潤中心。

⑤商業保險保費太高

　　此理由與減輕保費支出之理由類似，惟須注意，保險費過高也代表企業體之風險暴露單位之風險性較高，就此點而言，設立專屬保險之理由似過於牽強。

⑥一般保險市場無意願承保

　　一般保險市場無意願承保，改由自己之專屬保險公司承保，除非能有良好之再保險出路分散風險，否則其理由亦嫌牽強。

(3)缺點

剛開辦之專屬保險，必然有下列幾個缺點：

①業務品質較差

　　由於專屬保險所承保者為自家企業集團內之業務，有許多可能是商業保險中，保費過高之業務，或是商業保險無意願承保之業務，兩者均代表風險性過高，亦即業務品質較差。

②危險暴露量有限

　　企業集團內之業務量基本上有其限制，亦即較難達到大數法則之適用，如不接受其他業務或利用再保險，基本上其經營之客觀風險甚高。

③組織規模簡陋

　　由於專屬保險公司原則上為其所屬企業服務，人力配備不多，因此，組織規模簡陋。

④財務基礎脆弱

　　專屬保險公司組織規模簡陋，資本額有限，累積之準備金亦有限，故財務基礎脆弱。

㈡風險理財之契約性移轉（Contractual Transfer for Risk Financing）

組織可以用兩種風險理財策略，來移轉其損失的財務負擔（但卻不一定須對這些損失負起最後的法律責任），這兩種策略分別是：⑴購買商業保險（Commercial Insurance），即向外界之無從屬關係的保險公司，購買一般通稱的商業保險；⑵非保險移轉（Noninsurance Transfers），即以一個免責合約（Hold Harmless）移轉給非保險公司的被移轉人。

　　風險理財的契約移轉，通常有三種重要的特性：⑴被移轉人（Transferee）雖不像移轉人（Transferor）會有立即還款的承諾，但卻會承諾或保證提供資金（這種作法乃是真正的財務損失風險之移轉）；⑵可動用的資金，只能用來償付移轉協議範圍內的損失；⑶移轉人的財務保障，須視被移轉人履行移轉協議的意願與能力而定。

　　上述這三種特性中的每一種，對決定特定風險損失的財務移轉之可行性來說都很重要，因移轉人所賴以立足的法律基礎，就是被移轉人的承諾或保證，而且移轉協議的範圍，也不可能把所有的損失要素予以全部納入。例如：XYZ醫院可能會購買涵蓋化學物品侵害及拆除廢樓之成本在內的保險，但一般的財產保險契約，卻對因化學物品侵害而致必須拆除始能完全修建的部分受損大樓之拆除成本，並不予以理賠。

　　是故，凡一特定的損失全然無法予以商業保險，或無法以合理的成本來予以保險，或無法立即找到一家非保險公司來予以移轉或承擔其損失時，則此時

唯一所能選擇的風險理財策略就是「自留」（Retention）。例如：前述火車出軌例子中的XYZ醫院，就顯然找不到一個第三方團體，可以用契約把其無法投保的財務損失負擔，予以移轉給這個第三方團體，是故，其唯有用某種「自留」策略來彌補此一損失的財務負擔。

不過，對火車公司來說，卻有某種合理的機會，可把某一部分的損失風險移轉給其所載運之化學品的貨主。因只要火車公司仔細去研究政府的管制規章或法令，則必會發現，管制規章允許它要求任何有毒物質的貨主，對火車公司因載運這些物質發生事故，因而侵害他人的財物時，須負起全部或部分的賠償責任。

風險理財之契約移轉的第三個特性，就是不管被移轉人是保險公司或第三方團體，其法律上的效力須視被移轉人的「誠信」與財力而定，而這也是移轉協議是否可靠的最重要因素。然不論風險理財是移轉給保險公司或第三方團體，移轉人都應謹記被移轉人的唯一義務，就是對指定的損失提供彌補的資金，或者是提供責任理賠的法律辯護勞務與費用。但應注意的是，風險理財移轉與風險控制移轉並不一樣，因為假使被移轉人無法償付損失，則風險理財之移轉人並不能免除其對損失所應負的最後法律責任，而且若被移轉人因缺乏資金而致無法償付損失，則此時雙方就會爭議此一損失是否在協議的範圍內，或者甚至要「對簿公堂」以解決爭議，而透過保險的風險移轉，比透過「免責合約」的風險移轉要可靠多了。

三、新興的風險移轉（ART）

新興的風險移轉方法，又稱為風險管理新途徑或新興風險移轉工具（Alternative Risk Transfer，簡稱ART）。最原始之意義為企業透過專屬保險或是自留集團為風險管理工具，企圖以最低成本達成風險降至最低。

由於企業對於財務安全之需求殷切，傳統再保險公司所提供的資本防護（Capital Protected）已不再足夠，且從傳統再保險市場所存在的諸多問題來看，結合資本市場與保險市場所創造的新興商品，似乎是解決再保市場諸多問題與國際再保能量普遍不足的另一條出路。

近年來，企業風險管理技術日益提升，在企業處理風險的能力大幅成長

下，對於各種風險管理工具的需求較以往殷切。此外，在企業以追求股東價值最大化作為經營目的之情況下，以及在掌握現金流量與獲取財務投資利益的目的驅使下，市場開始興起整合性的風險理財計畫（Integration Financing Plan），於傳統再保險範圍之外，提供企業或保險公司各種新興風險移轉工具。市場常見的工具從自己保險計畫（Self-insurance Plan）、風險自留集團（Risk Retention Group）、專屬保險（Captive Insurance）、限額再保（Finite Reinsurance）、風險證券化〔如巨災債券或有資本票據、巨災選擇權、巨災交換（CAT Swaps）、CATEX〕等，以滿足企業各種風險管理目的上的需求。

　　基本上，這些新興風險工具不論在性質、商品內容與期間上，皆與傳統保險市場上的商品，有著相當程度的不同。因此，為了要與傳統風險移轉市場有所區別，多數的市場人士統稱這類風險移轉工具為新興風險移轉工具。

　　與傳統保險市場相較，新興風險移轉工具在風險移轉上，享有相對的成本優勢與處理效率，能以最小的成本支出，一方面滿足企業風險移轉的需求外，另一方面亦尋求公司價值的最大化。在最近幾年間，已成為傳統保險市場之外，另一種重要的風險移轉工具。（註④）

第 二 節　風險管理實施步驟三：選擇最佳的風險管理策略

　　在有系統的探討過怎樣使用各種風險控制策略及風險理財策略，來處理或因應特定的損失風險後，下一步驟就是建立一準則，以決定什麼樣的風險控制暨風險理財策略組合，「最能」符合組織的需要並最能配合組織的目標。因為不同的組織會有不同的目標，為了處理或因應相同的損失風險，其所選擇的風險管理策略也就不同。圖4-2即說明選擇最佳策略的兩大主軸：⑴選擇之標準；⑵抉擇之標準，茲說明如下：

圖4-2　選擇最佳之風險管理策略

　　為因應或處理損失風險，組織需要做如下的三種預測：⑴預期損失頻率與幅度之預測；⑵各種風險控制暨風險理財策略對這些預期損失頻率、幅度及其可預測性之影響的預測；⑶這些風險管理策略之成本的預測。易言之，欲選擇最佳的風險管理策略，需要先對所欲管理的損失，及各種管理方法的成本與效益，有透澈的瞭解才行。

　　是故，上述這些預測均應與設立選擇風險管理策略的標準有關才行。因對任何組織而言，風險管理成本 —— 包括完全不予以處理的潛在損失的成本以及可能之風險管理策略的成本 —— 實在很重大。因此，不管是追求利潤或想維持不超過預算，其均應注意風險管理成本的問題。當然，有些組織可能會為了額外或新增的目標而調整其風險管理計畫。

　　例如：XYZ醫院可能會把使未來中斷之營運能持續下去，列為最優先的目標，而因此會去評估損失風險的重要性，以便瞭解這些損失風險，對其維持繼續營運的能力有多大的影響。同理，火車公司可能忍受其鄰近營運路線的暫時關閉或歇業，而把遵守所有的管制規章或法令，列為最優先的目標 —— 蓋若違反管制規章或法令，則可能會導致被迫全面歇業的命運。是故，每一組織均應仔細定出什麼樣的風險管理策略，才最適合其自己需要的標準。

一、選擇的標準

　　風險管理策略的選擇不外乎效果與經濟。其中，「效果」係指能達成所設定之目標而言 —— 如達成生存或最起碼的利潤水準或預定的成長率等，而「經濟」則是指以最小的成本來達成目標，或指最便宜的有效方法而言。

　　大多數的組織，都是以財務標準來選擇風險管理策略，亦即，其所選擇的

是對報酬率具有最大正面作用，或最小負面作用的風險管理策略。然有些組織則除了財務標準的考慮外，尚考慮到其他的因素，如成長、盈餘的穩定、營運的繼續、法律上及企業形象上的考慮等。

㈠財務標準

現代的財務管理理論告訴我們，組織應以其營運所產生之現金流量的淨現值極大的方式，使其長期的利潤及其股東或所有權人的財富極大。當然，財務管理的理論，向來並沒有考慮到意外事故的損失，或風險管理策略對這些損失的影響，但我們在探討財務標準時，卻有必要把這些因素予以考慮。

一般說來，來自於任何資產或活動的淨現金流入，乃是由其所產生的現金流入減去其必要之現金流出後的餘額。是故，若資產或活動發生意外事故損失，就需要考慮其對現金流量的影響。

就風險控制策略而言，若欲抑減損失，則不但須抑減預定的現金流出償付損失，即須減除為償付損失而所準備的現金；而且也須增加現金流出以設置或保有安全設施及計畫，即須增加為設置安全設施計畫而所準備的現金。是故，風險理財策略，通常需要先有現金流出如支付保險費，然後才能抑減其他的現金流出，如由保險金或準備金償付一部分的損失而不必全部由自己償付，並且還可能會產生現金流入，如基金化的準備金，會有投資收益或孳息收益。因此，在評估任何資產或活動的投資報酬率時，這些現金流量都必須予以考慮才行。

㈡與其他目標有關之標準

雖然組織的財務目標，常是選擇風險管理策略的準繩，但有時其他目標的考慮，反倒會左右選擇的方向或標準，從而所選擇的風險管理策略，雖很切合該組織的需要，但卻與其報酬率的目標無法相配合，甚至是背道而馳。

例如：若前述火車出軌例子中的XYZ醫院是一家家族型的醫院，則其所著重的將是長期營運的穩定性，而不是任一年或好幾年的盈餘極大。是故，此一目標很可能會使其在風險管理計畫中，強加進一些「過濾」或過於保守或過於防衛的細節，例如：它會對損失預防工具或安全措施投資過當，而不是僅限於正常必要的預防損失之投資而已，因在其心目中，沒有比防止任何會損及其所

有權人之收入穩定性的損失,還重要的事。同理,其基於報酬率的考慮,可能會去投保其較能承擔的損失。

法律及人道關懷方面的考慮,也會限制風險管理人對風險管理策略之選擇,因任一套風險管理計畫都必須符合組織所適用之法令的要求,同時也必須顧及是否照顧到整體員工,乃至整體社會的企業形象及要求。是故,若光只以財務目標為標準,而並沒有考慮到這些法律及形象的要求,則所挑選出來的風險管理計畫,將可能無法實現或達到預期的效果。

二、抉擇的標準

在檢視過各種可能的風險管理策略及選定策略的基礎後,接下來的風險管理步驟就是,風險管理人應認清風險控制與風險理財策略區分的重要性,以作為抉擇的標準。蓋這種區分,至少有如下的三個重要意義:(註⑤)

　　1.除非風險避免是一個實際可行的方法且能提供明確保障的策略,否則組織至少應使用一種風險控制策略,及至少一種風險理財策略,來處理或因應其每一個重要的損失風險。

　　2.任何一種風險控制策略,通常可以另一種風險控制策略來予以取代;而任何一種風險理財策略,通常也可以另一種風險理財策略來予以取代。

　　3.除風險避免外,任何一種風險控制策略,一般都可以和任何一種風險理財策略或其他的風險控制策略一起使用;而任何一種風險理財策略,則通常也可以和任何一種風險控制策略或其他的風險理財策略一起使用。

是故,在這些規範性的原則下,組織需要以較明確的準則來決定,應怎樣才能把這些風險管理策略作最佳的組合,以便抑制或消除可以預防的損失,以及彌補那些將無可避免的損失。

第三節 風險管理實施步驟四：執行所選定的風險管理策略

　　風險管理過程第四步驟及第五步驟，就是執行所選定的風險管理策略及監視執行的結果。第四步驟所著重的是風險控制策略，而第五步驟所著重的則是風險理財策略。組織的任一套風險管理計畫或方案，一開始就必須依據其所選用之每一個風險管理策略，並且必須是在其能順利予以執行與監督的策略之原則下，予以規劃與組織。是故，凡不能付諸實施且不能評估其效果的策略，就不能成為一套經營得法之計畫的一部分。圖4-3即說明執行所選定風險管理策略之兩大主軸：⑴技術性決策；⑵管理性決策，茲說明如下：

圖4-3 執行所選定的風險管理策略

　　在執行所選定的風險管理策略時，風險管理人必須特別予以注意：⑴必須親自做一些技術性的風險管理決策，並把所選定的風險管理策略付諸實行；⑵必須決定應怎樣配合整個組織的其他經理人，或決定應怎樣與其他的經理人合作以執行所選定的策略。這兩種執行決策與其所需的行動，值得特別予以注意，因風險管理人雖對技術性的決策擁有發布命令的權力，即可以自行決定並命令他人去做，但其對管理性的決策，即決定應怎樣配合其他經理人，卻只有幕僚權，即作建議或進言的權力，而並無發布命令權力。

一、風險管理人的技術性決策

　　一旦選定一項策略，則風險管理人就必須使用其技術權威，來運用其發布命令的權力，以決定應做些什麼。例如：若組織決定對某一損失風險投保有合

理保額與自負額的保險,則風險管理人,此時就必須作技術性的決策,來挑選合適的保險公司,並設定合理的保額與自負額,以及協商投保事宜。因此,在明訂的大範圍內,對這些決策,風險管理人有全權作主與處理的權力。

又如化學藥劑傾洩在XYZ醫院之後,火車公司的風險管理人可能會向該公司進言應建立合適的防護設施,來防止其列車及貨物滑落市郊坡地。為此,其可能會向火車公司內的其他經理人或外界專家請教防護設施的細節,以及防護設施應建在哪些支線上或支線上的哪個地方,以便作技術性的決策。此外,他也應決定這些防護設施多久檢查一次,以確保其安全無虞。這些決策通常都是風險管理人可以直接作主與負責的,但卻必須隨時向其他經理人解釋及論證這些技術性的決策,以便取得他們的合作與配合。

二、風險管理人的管理性決策

直接執行風險管理決策的人,通常並不受風險管理人所管轄,即風險管理人無權對他們發布命令,因對這些人來說,風險管理人只有建議權或進言權,而並無直接的命令權。例如:對在市郊山坡之鐵軌建築防護設施的火車公司員工來說,火車公司的風險管理人對他們只有進言權或建議權,因這些人並不在風險管理人的管轄之下,而是受別的經理人所管轄,因此,風險管理人自無權命令這些人應怎麼建築防護設施,以及應於什麼時候及什麼地點進行此項工程,因這些都是屬於負責此項工程之經理人的權責。

對與風險管理人合作的經理人,或風險管理人對其只擁有進言權的人而言,風險管理人的影響力及說服力實不容忽視,因其可透過權力邏輯或私下交誼來發揮其進言的影響力。例如:火車公司的風險管理人可透過權力管道或私人交情,來說服工程部經理暫緩其他維修或建築的工作,而全力趕建防護設施工程。是故,在與其他經理人合作行事時,風險管理人應隨時注意組織的需要,及其每一部門的需要暨該部門員工的需要。

第四節 風險管理實施步驟五：監督及改進風險管理計畫

在作成風險管理決策，選定可行的風險管理策略後，應有效執行，檢討執行成果，隨時監督與改進風險管理計畫，以達成風險管理的效能。圖4-4即說明監督與改進風險管理計畫之兩大主軸：(1)目的；(2)控制計畫，茲說明如下：

圖4-4　監督與改進風險管理計畫

一、目的

一旦風險計畫付諸執行，就需要予以密切監視管制，以確保其達成預期的成果，而若損失風險有變化，或風險管理策略或成本有異動時，則應調整計畫以便因應這些變化。

二、控制計畫

一般而言，監視與調整過程需要動用到一般管理中之「控制」功能的每個要素，亦即：

1. 設定可接受之績效標準。
2. 比較實際之成果與標準。
3. 採取糾正行動或修改不切實際之標準。

㈠設定可接受之績效標準

風險管理人長久以來就有一個共識，那就是因風險管理績效的好壞並無一致的標準，以致使其功能及地位一直沒有受人肯定與認同。難怪幾乎沒有一位風險管理人或學者，會對一位風險管理人在某一年的表現，提出相同的評語，因績效的評定，總會涉及很多隨機事故的突然湧現；而若以風險管理人如何執行各項特殊的活動來評定其績效，則又失之「見樹不見林」的偏頗。正由於績效評估的這種兩難局面一直無法完全解決，故評定風險管理之好壞的最佳標準，就是同時注重成果與所做的活動，亦即，評定的標準最好是綜合成果的評定標準與活動的評定標準；易言之，考評時不只是要看成果，而且也要看活動的內容與過程。

1.成果的標準

風險管理人常喜歡指出其工作很有成果，例如：火車公司的風險管理人會樂於報告在其努力下，公司火車出軌的頻率與幅度已顯然下降，且載貨的責任損失也已降低，同時其部門的行政預算也已縮減。但這些成果在單獨予以考慮時，卻須視不可預測的事故而定；易言之，風險管理人的績效，應以所做之工作的品質予以評估，而不必去管其公司某年或某幾年的損失紀錄為何。

是故，當風險管理人被稱賀已為公司減低了意外事故的頻率與幅度，或已為公司降低責任保險之費率，或提高公司的自留額之額度，而節省了財產保險的成本時，就有「啼笑皆非」的感覺，因其深知「好運」不會年年有，是故，若今年因碰上好年頭而被賀喜，萬一來年碰上壞年頭，則儘管其所做的努力與去年完全一樣，亦將會被批評得「體無完膚」，因「壞年頭」很容易出現一些無法預測且無法掌握的重大意外事故。

2.活動的標準

風險管理人都很明白其在「歹年冬」與在「好年頭」，均同樣對其組織貢獻最大的心力與努力，然更明白，其對組織的功用，在損失嚴重時會顯得更有價值。因此，風險管理人就一直在找尋與不可控制之損失紀錄無關的績效評估標準，這些獨立的標準，主要著重於風險管理部門之工作的質與量。

不過，這種凸顯風險管理人能直接控制事物的活動標準，卻有一個大弊端，那就是它們與用以評估其他部門之工作績效的財務標準，或其他標準，並

無直接的關係。準此，凡追求以其活動而非追求以其對組織之最終結果的影響為績效之判斷的風險管理人，可能會在組織之高級主管的心中，產生一種錯誤的信念，那就是風險管理活動不但不適用於同一標準來評價，而且也不會像其他經理人的活動那樣，會對組織有所貢獻，而像這種錯誤的認知差異，當然會損及任何組織的風險管理計畫。

㈡比較實際之成果與標準

評估績效的合適標準，必須載有預定的活動水準或成果，或者至少須載有所要的變動方向。例如：就防止火車出軌次數來表示，或者至少須以第1年與第2年間的出軌次數減少數來表示。同理，有關防止出軌的「活動」標準，亦可以每年每行駛多少公里，就須檢查與修理一次來表示，或以每隔多少公里，就須檢查與修理鐵軌來表示。

㈢採取糾正行動或修改不切實際之標準

凡表達得很合適的風險管理績效標準，也都同時在暗示不合標準的績效應如何改進。是故，一位能幹的風險管理人會知道，若安全檢查的次數低於標準的次數，則檢查的次數須予以增加。同理，若所自留的損失愈來愈增加，則自留的額度及風險控制的程序，就須予以重新檢討。因此，若績效的標準選得很合適且表達得很好，則不合標準的績效，自會糾正得很迅速。

不過，若標準定得不好或不合適，則此時風險管理計畫就必須針對損失風險的改變而修改；同時，標準也必須予以重新檢討。而若整個風險管理計畫的大環境也發生改變，則此時績效的評估標準，就可能有修改或改變的必要。例如：通貨膨脹、業務之量或質的劇變、保險市場景氣循環或長期波動及貨幣市場的循環大波動等，都會促使績效評估標準調整，以便因應這些變動。

雖然風險管理的績效標準，絕不能因暫時或過渡性的原因而來修改，但其修改的必要性與連續性，卻是不容忽視的。因此，最好或最合適的風險管理績效標準應予以明示的界定，且應不時地配合實際的情況予以檢討評估，以便適應新的情況，而不是一成不變的死守「金科玉律」。

第五節 風險管理的成本與效益

　　意外事故損失的風險，不論是實質的損失風險，還是潛在的損失風險，都會增加組織及整體經濟社會的成本負擔。這些成本可以分成三大類：(1)財產、收入、生命及其他有價值之財物的毀損滅失；(2)潛在之意外事故損失的經濟損失（即本來可賺得的淨利，但因被認為風險過大而致不能賺得的損失）；(3)為因應意外事故損失而所投入的資源（這是一種機會成本，因若沒有意外事故損失的可能性及損失風險，則資源就可用於其他用途上）。

　　對個別組織及整體經濟社會而言，上述的第三類成本就構成了所謂的「風險管理成本」（Cost of Risk Management），而前兩類成本的減除，就構成了所謂的「風險管理效益」（Benefits of Risk Management）。是故，對組織及整體經濟社會而言，適當之風險管理計畫的目的，乃是在使這三類的成本極小。而若把風險管理的成本與效益予以個別的考量，則更能看出其對組織及整體經濟社會的重要性。

一、風險管理成本與效益，對組織的重要性

　　凡面臨損失風險或有損失風險之虞的組織，都必須：(1)承擔實際意外事故與潛在意外事故損失的「風險成本」（Cost of Risk）；（註⑥）(2)減少獲利的機會——因由這些機會所獲得的利潤，還不夠支付為賺取這些利潤所承擔的「風險成本」。是故，一套完整的風險管理計畫，不但應能使組織之目前活動的「風險成本」極小，而且還應促使組織不會去從事不經濟的「風險成本」活動。

㈠抑減目前活動的風險成本

　　對任何組織而言，其既定資產或活動的風險成本，乃是其若沒有意外事故損失風險時，就不必承擔的會計成本總額（易言之，其既定資產或活動的風險成本，乃是其有意外事故損失之虞時，所必須承擔的會計成本總額）。此一風險成本係由前述第一類與第三類的成本所構成的，亦即其係包括因實質意外事故所致損失的價值總額，以及用以處理該資產之風險，所投入資源的成本。

詳言之，與一特定資產或活動有關的風險成本，係包括如下的成本或費用：

　　1.保險公司或第三方團體未予以賠償的意外事故損失成本。

　　2.保費或付給第三方團體的類似支出。

　　3.為預防或抑減意外事故損失而所採取之因應措施的成本。

　　4.風險管理的行政成本。

　　由於風險管理的目的，乃是在抑減組織整體的風險成本，故其必然會增加組織的利潤或減低組織的預算。茲舉前述的火車公司為例，予以說明。該火車公司所載運的是有危險性的化學品，而此一活動的風險成本則包括：⑴未投保之財產損失及責任理賠的成本，因火車公司既然載運這些化學品且未投保，則這些成本理所當然由其來承擔；⑵為這次運輸而投保之財產及責任險所支付的保險費；⑶為防止與化學品有關之意外事故而作的防護措施之費用；⑷風險管理部門的部分營運費用。

　　卓越的風險管理人所想努力抑減的，正是上述這種長期的整體風險成本。因安全與生產力，乃是完備之風險管理的主要目標，而這實有賴於影響組織的活動愈少愈好，而且用以處理損失風險所需投入的資源，也愈少愈好。

㈡抑減經濟損失的影響

　　害怕未來會有損失之虞，常會減弱主管人員的銳氣，從而使他們不願意去從事在其心目中具有「高風險」（Risky）的活動或業務，結果使組織「坐失」彼等敢於冒險時所能賺得的利益。而這些「坐失」的淨利益（即敢於冒險所能賺得的利益減去成本後的餘額）係為一種損失，此一損失亦即為前述第二類的成本（即風險管理之成本與效益中的第二類成本）。

　　卓越的風險管理人應能抑減這種有未來損失之虞的經濟損失影響，亦即應能使這些損失：⑴變得較不可能發生；⑵變得較不嚴重；⑶變得較可預測。而這種抑減，至少會給組織帶來兩個具體的利益：（註⑦）

　　1.緩和或減輕經理人對潛在損失的恐懼心理，從而增進其敢於冒險的精神，而不畏懼不明朗的事物。

　　2.使組織成為一個較為安全的投資機構，從而能吸引較多的資金來擴充。

事實上，只有在較佳的意外事故損失防止方法及彌補方法已能抑減不確定性時，新產品與新製程才會具有吸引力。因此，除非藥劑公司或彈藥公司的主管，已能確定其新產品可以安全的生產與上市，否則其公司是不會生產並上市新藥劑或新化學品的。

然就像公司之握股主管尋求安全保障一樣，股東或其他所有權人，也會尋求其投資的安全保障及其未來收益的安全保障；同理，債權人也一樣會尋求其出借之資金及其利息收入的安全保障。然這些人所尋求的保障，多少都是依靠他們對公司將會繁榮的信心，而不大會去考慮到公司會遭逢什麼不測的意外事故，因此，公司吸引資金的能力，就端視其風險管理計畫是否具有如下的效果而定：(1)能保護投資人的資金免於受公司財產之意外事故損失之害；(2)不會受未來收入中斷之害；(3)不會受民事責任敗訴之害；(4)不會受重要人員損失之害。

二、風險管理成本與效益，對整體經濟社會的重要性

整體經濟社會，也會有風險成本及未來損失之虞，前者係包括因意外事故損失或為防止意外事故損失所耗費的資源，而後者則會引起資源的分配不當，從而使一般的生活水準下降。

㈠抑減資源的耗費

就一既定的時點而言，一國的經濟必然擁有一定量的資源，可以生產財貨與勞務，以滿足其國內每一個人的需求。然而若發生意外事故，如發生一場大火或地震，並摧毀一座工廠或一條高速公路，則對該國的整體生產資源根本就是一種耗費，因沒有人因此資源的耗費而得到好處或利益。而更糟的是，在發生意外事故後，該國必須把一部分的生產資源，用來從事復建及預防與補償的工作，結果，一般人的生活水準會再次往下降，甚至資源又會被耗費掉。

因此，只要意外事故損失有可能會發生，則該國的資源就必須投入一部分為整個經濟社會做預防意外事故的工作——即風險管理的工作。其中，風險控制乃是在防止意外事故所造成的損害。是故，使一國之風險管理計畫所耗用的資源能極小，就類似於使一公司之風險管理部門所耗用的營運成本極小一樣。不過，儘管負責處理意外事故風險的人，實在值得予以重視，但在經營風險管理

系統時──不論是全國性的風險管理系統或個別公司的風險管理系統──其資源應妥善分配,而不容許浪費。

㈡改進生產資源的分配

　　一般而言,只要個別組織的不確定性能抑減,則整體經濟社會的生產資源分配就能獲得改進。申言之,卓越的風險管理人會促使那些擁有或經營組織的人,較願意去從事有風險的活動或業務,因此時他們有較佳的因應策略,來保護其對抗這些活動或業務所可能產生的意外事故損失。也因此,主管、工人及資金供應人,均可更自由的去追求最大的利潤報酬、最高的工資以及最大的投資報酬,亦即整個經濟社會往較有獎賞報酬的方向前進,而這種移轉將會提高整體經濟社會的生產力,從而提升每個人的生活水準。

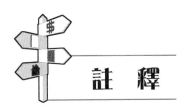

註　釋

①George L. Head, Stephen Horn II, *Essentials of the Risk Management Process,* Volume I, Insurance Institute of America, 1997, p. 17.

②同註①,p. 19。

③鄭鎮樑,保險學原理,五南圖書公司,2004年3月,二版,pp. 65-67。

④陳繼堯等人,金融自由化下,新興風險移轉之運用現況與發展,保險事業發展中心,2000年2月,p. 60。

⑤同註①,p. 23。

⑥參閱本書第一章,第十一節。

⑦同註①,p. 31。

第五章

風險管理計畫的建立

本章閱讀後，您應能夠：

1. 設定風險管理計畫的目標。

2. 界定風險管理人的基本職責。

3. 清楚風險長所面臨的職責與挑戰。

4. 分辨風險管理計畫的組織。

5. 瞭解風險管理資訊系統的重要性。

6. 說明風險管理計畫的管制。

7. 明白風險管理政策說明書與風險管理年度報告的重要性。

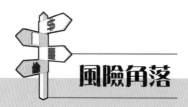

風險角落

森林野火

發生於2018年11月初的美國北加州森林野火，造成近百人傷亡，千人失蹤的大災難。

這是美國一個世紀以來，死傷最慘重的森林野火，也是加州歷年來最慘重、最具破壞性及最昂貴的森林野火。

這次美國加州災難性的森林野火，再度引發人們對氣候變遷、高溫氣候所引發的森林野火之重視及如何預防森林大火的風險管理，降低當地居民身家財產及自然資源損失，也是一個人類不容忽視的重要課題。

自2019年7月以來，澳洲新南威爾斯州發生森林野火已超過了240天。

大雨雖然緩解大火，但也同時伴隨著強風、洪水災情，豪雨可能造成汙染及大火逕流（Bushfire Runoff）流入水道和水庫。這些都代表全球暖化導致我們的氣候更加極端、無法預測和更加危險。

澳洲這次森林野火燃燒面積為1,710萬公頃，相當於4.7個臺灣。這場大火已造成至少共33人喪生，包括8位消防人員，其中3位為救火，不幸墜機罹難的美國消防員。

森林野火不是美國與澳洲獨有的現象，這個問題已在全球蔓延開來。在冰天雪地的格陵蘭，2017年的野火燒毀面積，是2014年的十倍；瑞典則在2018年發生北極圈森林大火。野火發生在地球最北邊，或許讓人覺得相對無害，畢竟那裡人煙稀少，但比起緯度較低的森林大火，這類野火發生頻率愈來愈高，令氣候科學家十分擔心。野火燒出的煙塵和灰燼落在冰原上，使冰原變黑，因而吸收較多太陽光線，導致冰原更容易融化。

極端氣候並不會穩定下來，森林野火將成為新常態，也就是說，這些目前對每個加州與澳洲人來說揮之不去的森林野火惡夢，對世界各地的人，就會變成舊時的日常，也將成為新時代的常態。

資料來源：2018年11月與2019年12月網路新聞。

第 一 節 風險管理計畫的目標

　　有效的風險管理計畫，必須有高階主管及所有權人的支持才行，而為了取得這些人的支持，則風險管理人就應設計出一套能助長組織之整體目標或使命的風險管理計畫。而有了這種認知之後，則風險管理人就能擬出風險管理計畫的詳細目標，來因應其損失善後目標（Post-Loss Objectives）及損失預防目標（Pre-Loss Objectives）。

　　一般說來，可能的損失善後目標──如生存、繼續營運、獲利力、盈餘的穩定及成長等──係指在發生可預見之最嚴重的損失後，上述這些目標情況，仍為高級主管或所有權人認為可接受而言。而可能的損失預防目標，如經濟、可容忍的不確定性、合法性及企業形象等，則在說明一套完備之風險管理計畫所應具有的效果。至於組織的實際損失經歷，則在所不同。因此，損失善後目標可稱為「或有損失的目標」（Objectives in the Event of Loss），而損失預防目標則可稱為「或無損失的目標」（Objectives Even if No Losses Occur）。

一、損失善後目標

　　風險管理計畫的損失善後目標，大多具有相互取代的連續性；亦即，從最基本的善後生存，一直到最雄心壯志的成長等，可說是應有盡有，而由如下對各目標的說明，再配上圖5-1，則不難看出凡善後目標愈高，則愈難達成，且欲達成所耗費的成本也愈大。

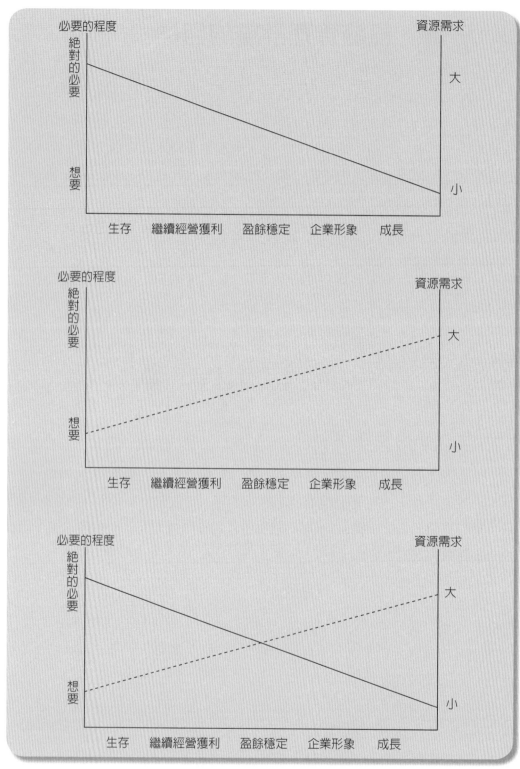

圖5-1　風險管理之損失善後目標的連續性

㈠生存

在發生重大的意外事故損失後（如發生火災、洪水、颱風、飛機墜毀及盜用鉅額公款），組織的首要目標就是生存下去。一般說來，在意外事故發生後，組織可能須歇業一陣子，然後再重新開幕營業。

就風險管理的目的來說，組織可視為是一個有組織的資源系統，是由機器、原料、人員及管理才能，所組合而成的有機系統，且此一系統是以生產能滿足人們需要的財貨與勞務，來為其員工及所有權人賺進所得。故就此意義而言，若損失並不會造成組織永久性的停止生產並賺進所得，則組織當能度過意外事故損失。一般說來，生產乃意指組織即使在發生重大的損失而致須暫時歇業，其生產要素依然完整無缺而言，不過，有可能其需要新的領導人，且可能需要重整或與人合併才能繼續生存下去。然就風險管理而言，「生存」並不是一個法律觀念，而是一個營運觀念，亦即，儘管組織因被合併或購買而喪失其法人資格，但卻依然以一個生產單位的身分來繼續生存下去。

組織生存的必要條件可以分成四大類，而其中的三大類，則相當於任何組織所不可或缺的那三個企業機能：即生產、行銷及財務，至於第四類必要條件，則是使此三個機能能發揮作用的管理機能。是故，只要意外事故損失嚴重到會使組織的領導才能無法發揮其生產、行銷及財務之機能時，則必會威脅到整個組織的生存。

又第三章中所說的那四種損失 —— 即財產損失、淨利損失、責任損失及人身損失，在某些情況下，也會使組織無法生存下去。例如：整棟辦公大樓或工廠的毀損，就會使公司關門倒閉。而就算其在長期歇業後「能」重新開幕營業，然其顧客也早已被競爭對手搶走，從而其所能擁有的市場，根本就無法支撐其生存。又不利的法律判決也會迫使組織關門倒閉：蓋不論是支付判決的損害賠償或庭外的和解賠償，都可能會耗竭公司的現金與信用資源，從而公司就不能繼續產銷財貨與勞務。此外，若管制機構以立法來禁止公司生產產品，或強制公司必須改變生產方式與製程，則這都會有迫使公司關門的可能；又重要主管或技術人員的死亡或殘障，也會使公司喪失重要的領導才能及專精的專業知識，從而會危及公司的生存。

(二)繼續營運

　　儘管生存的必要條件是，不管損失多嚴重，都不能造成組織永久性的關門歇業，但對繼續營運而言，則此一必要條件更是絕對必要。易言之，若想繼續營運，則在任何可見的時間內，都絕不容許損失來中斷公司的營運（所謂「可見的時間」，乃是一個相對而非絕對的觀念，這完全要看所生產之財貨與勞務性質而定，因此，有些公司甚至連一天的歇業都無法容忍，而有些公司則可以忍受一、兩個月的歇業）。是故，當公司的高級主管把繼續營運定為公司的目標之一時，則風險管理人就必須清楚且透澈的去瞭解，有哪些營運作業的繼續性是絕對必要的，以及其所能容忍之最長的中斷時間為多長。

　　例如：以XYZ醫院為例，其開刀房或心肺機，在使用時的電力供應，絕不允許中斷（即這些設施在使用中，絕對不能容忍任何電力供應的中斷，但啟動備用之自動發電機所需的那數秒鐘則例外）。因此，為了預防病人受傷或死亡，這些設施的電力供應，必須以備用連線的發電機予以確保持續不斷，這樣在電力公司停電時，這些設施仍舊可以繼續使用。

　　然該院對病床床單之清潔服務的中斷，則可以容忍較長的時間。申言之，若該院之病床床單的清洗均由一家洗衣店來承包，然該洗衣店之唯一的蒸汽鍋爐卻發生爆炸，而因此不得不暫停營業以便修護蒸汽鍋爐，則此時該院可能會容忍此段時間內之該店的暫停服務。而若該店與另一家洗衣店定有互惠使用設施的協議，則在修理其蒸汽鍋爐的這段時間，就可使用另一家洗衣店的蒸汽設施繼續清洗該院的病床床單，從而其對該院的清潔服務也就不會中斷。

　　是故，對任何組織來說，若繼續營運對其係屬絕對必要，就必須做特殊的計畫，並承擔額外的費用，來預先防範無法忍受的關門歇業。至於特殊的計畫應如何做，其步驟如下：

　　1.先辨認，無法忍受中斷的活動。

　　2.其次辨認，會使這些活動發生中斷的意外事故。

　　3.接著決定，可立即用來因應這些意外事故影響的備用資源。

　　4.安排備用資源，以便情況發生時，可馬上派上用場。

　　其中，步驟4，即安排備用資源，可能會增加組織的費用負擔。也因此，維持繼續營運比維持生存的目標要更花錢。不過，對重視繼續營業的組織來說，

為維持繼續營運而多增加一點成本，總比中斷歇業「所省的成本」要划算多了。

除了生存與繼續營運外，組織至少還有三個與其財務狀況有關的損失善後目標，那就是獲利力、盈餘的穩定及繼續成長。這三個目標，一個比一個更需要一套周密的風險管理計畫。

(三)獲利力

公司的經理人除了會關心意外事故對公司之營運的實體影響外，也同時會關心其對公司獲利力的影響。一般說來，公司所有權人或經理人，都會定出一個最低的利潤水準，以作為當年的營運目標，且此一利潤水準的訂定並沒有考慮可能的意外事故損失，亦即，此一利潤水準絕不容許任何意外事故損失予以減低。因此，為了達成此一最低利潤水準，風險管理人就必須訴諸保險，以及其他損失風險暨財務損失的移轉方法，以便使實際的財務成果，能在事先所訂的利潤範圍內或符合其他的財務標準。是故，這種公司常會比能容忍一時之會計損失的公司，花更多的錢來做風險控制與風險理財。

(四)盈餘的穩定

雖然大多數的公司都是奮力在追求最大的盈餘，但有些公司卻極重視其長期成果的穩定。因此，對後者而言，其不但極注重可預測的風險管理成本（主要為保險及損失預防成本），而且也較偏愛成本能在長期中穩定的風險理財策略，又就此公司對重大之損失所能自留的程度來說，其泰半會著重損失準備，以便把所自留的損失，分散在數個會計期間予以承擔。

(五)成長

注重成長，如擴大市場占有率、擴大業務或產品的規模與範圍，以及擴張資產，會對風險管理計畫有兩個截然不同的影響。至於影響的大小或程度，則端視經理人與所有權人對意外事故損失之不確定性的容忍程度而定。例如：若追求擴充，會使所有權人及經理人願意接受較大的不確定性，來交換極小的風險管理成本，則公司的外在風險管理成本，就可能相當的低。然其風險管理人可能會覺得難以取得足夠的預算，來保護其公司對抗擴充的損失風險。再者，

此公司萬一遭受其尚未做好「準備」的嚴重損失，則其真正的風險成本——更精確的說，應是沒把風險管理好的實際成本——可能會很大。

反之，若成長公司的風險管理目標是保護其擴充的資源，好使其擴充路線不會被重大的意外事故損失所阻撓或扭轉，則其風險管理成本也泰半會很高，蓋其所追求的是盈餘的增加，而不僅是生存或最低的盈餘，或盈餘的穩定而已。是故，其對無法預期的自留損失較無法容忍，而因此會訴諸風險控制與風險移轉策略。

㈥企業形象（註①）

意外事故損失甚少只影響所有權人與經理人而已，因任何意外事故損失的影響，多少都會波及到員工、顧客、供應商及一般民眾。是故，有社會良心或道德責任感的所有權人及經理人，均會設法使意外事故損失對他人的影響能減至最小。又凡是想維持良好之企業形象的公司也會這麼做；易言之，上述這種企業形象目標，會受到此種公司強力的支持。

事實上，公司可以用一套風險管理計畫，以實現其社會責任目標及有利的企業形象，而這種實現當然是靠其風險管理計畫，來保護其顧客、供應商、員工及一般民眾，免於因其發生意外事故而遭受池魚之殃。

㈦損失善後目標的連續性

上述這些損失善後目標，不管是營運的或財務的，都可以兩種標準予以排列（詳圖5-1）。若就第一種標準，即必要的程度來看，則生存的排名當屬第一，蓋無法生存，則其餘的目標也就不可能實現或存在，「皮之不存，毛將焉附」；而排名殿後的則為成長，因此一目標只是理想而非絕對必要。而如以第二種標準，即風險管理所需投入的資源來看，則生存所需的資源最小，而成長或盈餘穩定所需要的資源則最多。

上述這兩種標準分別繪在圖5-1中的左右兩直軸上，其中，必要程度的標準從「絕對必要」逐次降至「想要」，而風險管理所需的資源需求從「大」逐次降至「小」。至於前述之各項損失善後目標，則依此兩種標準的排列順序予以繪在圖5-1中的橫軸上。

由圖5-1中的實線與虛線可看出，愈絕對必要的風險管理目標，其所需投入

的資源就愈少。然應注意的是，圖5-1所展示的只是一般關係，而不是精確的數量，同時各座標軸所標示的，只是相對的金額意義，而不是正確的金額。然更應注意的是，本圖中之實線與虛線的斜率並無任何意義，且兩線的交點也沒有什麼意義可言，因公司不同，則這些線的位置與斜度也會不同。此外，本圖只適用於損失善後目標。至於損失預防目標，則因其重要性不僅各公司不同，而且變化的差異很大，因此無法以繪出如圖5-1這樣的圖形予以表達。

二、損失預防目標

每一個組織不管其損失經歷為何，都會有自己的營運目標，因此，其風險管理活動，自應以助長這些目標為目的。然大體而言，其風險管理活動都具有如下的四個目的或目標：營運的經濟性（Economy of Operations）、可忍受的不確定性（Tolerable Uncertainty）、合法性（Legality），以及人性管理（Humanitarian Conduct）。

㈠營運的經濟性

有一個大家所共同認同的組織目標，那就是營運的經濟性。因此，風險管理應有效率的經營，即為所取得的利益不應承擔不必要的成本。有不少方法可用來衡量風險管理計畫的效率，其中最普遍常用的方法，就是把一組織的風險管理成本與類似組織的風險管理成本做一比較，這樣就可看出其風險管理有無效率。（註②）不過，此一方法也會有行不通的時候，因有些組織會把全部或部分的風險管理成本看作是製造費用，而另有些組織則會把這些成本予以分配給利潤中心來承擔。因此，只有在兩家組織的費用或成本分配制度相類似時，上述這種成本比較法才會有效。

㈡可忍受的不確定性

另一個常見的損失預防目標，就是使高階主管及經理人對意外事故損失的不確定性，其看法能保持在可忍受的水準；亦即，使意外事故損失的不確定性能保持在可接受的水準或程度上。是故，經理人應有效地制定及執行決策，而不應因擔心害怕意外事故損失而「裹足不前」。這樣一來，員工在看到經理人

已注意到工業安全、防火及工作安全等問題後,自會更有效率地來執行其工作。因此,一套好的風險管理計畫,不但應能促使有關的人員去注意潛在的損失風險,而且也應能保證這些風險,會有效地予以處理,亦即以風險控制防範措施及風險理財計畫予以處理。

㈢合法性

幾乎所有的組織都必須在法定範圍內來營運,為此,風險管理人必須注意與其組織有關的法令,並應與他人密切合作以確保不違法。一般而言,與組織有關的法令實在很多,如職業安全法、產品標示法、有害廢棄物處置法及勞動基準法等。

若違法或不遵守法令,則自然是一種損失風險,因違反法令被罰款、判刑或勒令停業,所造成的損失也就相當嚴重。又忽視個人的安全及對他人造成傷害等,都有可能使組織必須承擔民事責任。是故,不僅是風險管理人應關心合法的問題,就連為組織工作的每一個人,都應去關心其行為是否合法。

㈣人性管理 (註③)

此一損失預防目標,與前述之損失後目標中的企業形象目標一樣,均是要組織去善盡其社會公民的義務。因整個社會不僅會受已發生損失之影響,而且還會受可能發生損失的威脅及影響。因此,組織在意外事故沒發生前,就應採取防範措施來預防,這樣才會對社會的安全有所助益與貢獻,又可維持良好的企業形象。

三、目標間的衝突

損失預防目標與損失善後目標是彼此互有關聯的,是故,組織可能會發現它不可能同時達成所有的這些目標。因有時候損失善後目標,彼此間並不一致,況且,損失之善後目標常會與損失預防目標相衝突;同樣的,損失預防目標彼此間也常會相爭不下。 (註④)

例如:欲達成任一個損失善後目標都需要花錢,這自會與損失預防目標中的經濟目標相衝突,而且損失善後目標愈具有雄心壯志則花錢愈多,因此這種

衝突就愈大。又損失預防的經濟目標，也會與可忍受之不確定性的目標相衝突。申言之，為了「高枕無憂」，風險管理人必須相信，某些損失善後目標將會達成，而這種相信是需要花錢的，即花錢來購買保險、花錢來裝設機器的防護設備以防止意外事故，以及花錢來保存備份以防原檔案毀損等，而這自會與損失預防的經濟目標相衝突。

又合法目標與人性管理目標，也會與經濟目標相衝突。因某些外界所加諸的義務，如建築法規所規定的安全標準，是不可協商而必須去做的，而這自會與經濟的目標相衝突。畢竟，法律義務是必須授受的。又講求人道在短期內會增加成本的負擔，但長期間來看，卻會帶來一些好處或利益。因此，在與他人合作解決這些目標衝突的問題時，風險管理人不僅須注意各風險管理策略的可能影響，而且也須顧及到組織的風險管理計畫，對各團體之利益的影響。

第 二 節　風險管理人的基本職責

一、風險管理人的基本責任

「風險管理人」係包括任何對組織之風險管理計畫負有基本責任的人，就較大的組織而言，凡擁有「風險管理」頭銜或「損失控制」頭銜的主管，以及其他主管（如副總裁、財務長、主計長、祕書及其他重要主管等）均是須對風險管理計畫負起責任的人。然就較小的組織而言，則其風險管理功能是由高階主管來執行，或委由外界人士，如保險經紀人或風險管理顧問來執行。

由於風險管理人必須對組織的風險管理負起責任，故其在風險管理決策過程中的每一步驟，就被賦予明確的職責與義務，即其必須運用管理的功能 —— 策劃、組織、用人、指導與控制 —— 來作如下的決策工作：認知及分析損失風險、檢視各風險管理策略、挑選最佳的策略、執行所選定的策略，以及監視執行成果。（關於這些，請看表3-1的風險管理矩陣。）

除了很小的組織外，沒有一個風險管理人，能獨自執行上述這些職責所要求的全部工作，是故，有一部分的工作，必須分配給其屬下來做。準此，有許

多管理損失風險的工作，才會成為經理人及其他員工的日常工作。難怪安全專家會一再呼籲「安全是每個人的事」，而這種呼籲對風險管理更有其必要。因此，風險管理人的日常努力，大多著重於取得其他經理人及員工的自願合作與配合。

不過，事情雖可由別人來代勞，但責任卻仍然要由風險管理人來承擔，因此，風險管理人必須親自決定，或與其他高階主管共同決定應如何處理損失風險；而承擔此種決策的重擔，乃是風險管理人從事風險管理計畫的基本職責。這種明確且不可分授的風險管理職責，雖然各公司不盡相同，但大體上都離不開如下的工作重點：(1)處理整體的風險管理計畫；(2)運用風險控制策略；(3)運用風險理財策略。

(一)整體風險管理計畫之處理

組織的風險管理人，應比其他主管、員工或外界的顧問，更瞭解其組織的風險管理計畫，因此，整個計畫的結構及其執行的成果，自然就須由風險管理人直接負責與照料。風險管理人理當為組織內的其他人，做好風險管理方面的服務，亦即，他必須處理如下的工作：(註⑤)

1.指導高階主管，訂定組織的風險管理政策。

2.規劃、組織及指揮風險管理部門的資源。

3.協助高階主管，建立整個組織的風險管理溝通管道及責任範圍。

4.與其他經理人共同界定每個人在風險管理計畫中的職責與行動，並激勵每個人的行動士氣。

5.把風險管理計畫的成本分配給各個部門，然分配的方式，必須能公正反映損失風險的差異，以及提供最適當的風險管理誘因才行。

6.使風險管理計畫能因應情況的改變，並調整風險控制暨風險理財策略的成本變動。

(二)風險控制策略之運用

組織所可採用的風險控制策略，計有風險標的避免、損失防阻、損失抑減、風險標的隔離，以及風險控制的契約性移轉等。雖然各公司之風險管理人的工作不盡相同，其運用的風險控制策略也並不一致，但運用這些風險控制策

略的目的，則大致如下：（註⑥）

1.向高階主管進言，應怎樣鼓勵及獎賞員工的安全績效，以及應如何糾正風險控制的缺點。

2.統籌每個人的力量或提供財貨與勞務，來認知災源，並採取適當的控制措施。

3.告知每一位直線經理人，應怎樣執行預防意外事故之基本職責。

4.協調解決各直線經理人，在執行有效風險控制措施時的衝突，並促請最高主管訂定因地／因時制宜的風險管理政策。

5.採用風險管理計畫所賦予的任何權力控制風險，特別是在發生緊急意外事故時，更應如此。

6.衡量與控制各風險控制策略的成本與效益，以便擬出最具成本效益的風險控制計畫。

由於風險管理人對風險控制活動有發布命令的權力，即不但可對風險管理部門內的人員發令，而且也可對非該部門的人發令，並可於必要時對抗令者加以制裁，故有些組織，就將風險控制工作，全權交給風險管理人來做，並賦予全權決定最適當之風險控制措施的權力。然有些組織則是把風險控制的職責予以分散給數個部門的人員來做，例如：生產與人事部門的主管，直接負責員工安全的工作，而生產人員則專責品質控制的工作，至於法務部門則專司法律事件的工作。

由於有不少的組織一直很注意員工的安全問題，且其各部門的風險控制工作，也一直走在風險管理統籌工作之前，因此，其風險管理人泰半會覺得，其他的經理人已擁有很大的風險控制權力與職掌，且他們都不願意放棄這些權力與職掌。既然這些經理人均很專精其範圍內的風險控制工作，所以風險管理計畫唯有獲得經理人及全體人員的支持，才能有成效，因此，凡「識時務」的風險管理人，都會去配合與協調這些經理人推動風險管理計畫，而不會「自討沒趣」的去強攬整個風險控制的工作。

(三)風險理財策略之運用

風險管理人所可採用的風險理財策略，可以分成兩大類，即風險自留（Risk Retention）與風險移轉（Risk Transfer）策略。其中，風險自留策略係包括以當

期的收入償付損失、以未基金化的準備金償付損失、以基金化的準備金償付損失、以借錢償付損失，以及以專屬保險公司承擔損失等；而風險移轉策略，則包括商業保險及風險理財的契約移轉。在選擇風險自留策略時，風險管理人所著重的是組織本身的資源，亦即其必須確保在可預見的時限內，當組織需要償付其所自留的損失時，則其所需的資金能從計畫好的內部來源處及時取得；而在選擇風險移轉策略時，風險管理人也是著重上述資金之及時性，亦即，其必須確保當組織需要償付損失時，則所需的資金能從安排好的外界來源處及時取得。然不論上述哪一種情況，其所需的策劃、協商、記錄及行政技巧，完全一樣。

風險管理人採用風險理財策略的目的，總不外乎：（註⑦）

1.與財務主管及其他高級主管，共同決定應自留與移轉多少的潛在風險標的之損失幅度。

2.一旦合適的自留／移轉「幅度」已確立，則接著決定，應以何種的自留策略及移轉策略，來融通潛在風險標的之損失。

3.與組織內外的合適人員或公司，協商如何執行所選定的風險自留策略及風險移轉策略。

4.當損失發生時，馬上執行已決定的自留計畫或移轉計畫。

5.衡量與控制各風險理財策略的成本與效益，以便擬出最具成本效益的風險理財計畫。

儘管所有的風險管理人幾乎都有上述的這些職責，但為執行這些職責，所需做的日常工作，則會隨組織的不同而不同，而且也還會隨風險的不同而不同，同時更會隨風險管理策略的不同而不同。是故，欲把每位風險管理人所應做的各個工作，予以詳細地列出乃為不可能之事，就算能列出一張「具有代表性」的職責工作表，也不能保證其不會產生誤導作用。不過，在檢討其日常的工作時，每位風險管理人還是能清楚知道，其每項工作均與風險控制活動或風險理財活動有關。

二、風險管理人的提報層次

雖然風險管理近年來普遍受到重視與肯定，但其重要性卻因組織而異，且

須視各種不同因素而定。因此，風險管理人往上報告的層次及其所能擁有的頭銜，泰半須視高階主管是否關心潛在的風險標的之損失而定。

　　一般來說，風險管理人往上報告的層次，大抵須視組織的基本使命而定。例如：以醫院為例，因醫院的基本使命就是醫治疾病，故其風險管理人須向醫院的最高行政主管報告其工作與成果；若是市政府，則其風險管理人須向市長報告其工作與成果；若是銀行，則其風險管理人須向副總裁報告其工作與成果。然在中大型的公司裡，風險管理常被視為是一個風險理財機能，因此，其風險管理人就須向財務長、主計長或財務副總裁報告其工作與成果。

　　風險管理人往上報告的層次，也須視高階主管對潛在風險標的之損失的重視程度而定。例如：組織的領導階層對責任賠償的風險很重視，則其風險管理人就須向風險長（CRO）報告其工作與成果；又如，組織的領導階層很關心工程的失火風險，則其風險管理人就須向工程副總裁或首席工程師報告其工作與成果。此外，有些組織的風險管理人，可能須同時向數位重要的主管（生產、行銷及財務主管）報告其工作與成果。

第 三 節　風險長的職責與挑戰

　　當風險態樣愈來愈複雜，所造成的損失對企業的傷害不容忽視時，企業開始尋思如何以更嚴密與周全的方式控制風險，風險長於是應勢而起。

　　風險長（Chief Risk Officer, CRO）一詞始於1993年8月，由當時任職於奇異公司（GE Capital）的James Lam提出。當時對風險長的職能定位，為管理信用風險、市場風險與作業風險，同時將風險管理的任務提升到高階執行管理者階層（Executive Level），讓組織中的成員對風險達到共識。（註⑧）

　　Lam所希望的，現在似乎已逐漸成形。根據Deloitte在2004年所公布的Global Risk Management Survey調查結果，風險管理最高責任單位38%為董事會，21%是與董事會同等級之風險委員會，16%是風險長，5%是執行長。此份調查對象為北美、南美、歐洲與亞太地區等國的國際性銀行。2002年時，這些受訪的銀行當中，有65%設立風險長；2004年的調查結果顯示，81%的受訪銀行已設置風險長一職。

其中調查結果亦提及，30%的風險長須對董事會負責，12%的風險長須對與董事會同等級之風險委員會負責，33%須對執行長負責，三者總和為75%，與2002年的調查結果，三者總和為66%相較，高階管理階層對風險管理的重要性日益重視，設立專責的風險管理部門，並委任風險長已是常態。

上述的調查結果，僅為金融機構的部分；根據Economist Intelligent Unit於2005年5月，針對137位跨國企業的風險管理部門主管，所進行調查結果顯示，45%的受訪企業，已經設立風險長或類似職能的管理者，其中這些已設立者，大部分都是集中在金融產業。不過，在非金融產業的部分，風險長的設立對他們來說是極有可能的，全數受訪企業中，有24%表示，在未來2年內將計畫設立風險長，而這些受訪者有半數是來自金融產業，另外半數來自16個非金融產業。

大部分的美國企業表示，他們設立風險長的首因，是為了因應日益趨嚴的法令，他們需要設立一個跨部門的專職風險管理的單位，來確保組織的活動符合法令規範。僅次於法規遵循的風險，Economist Intelligent Unit的調查結果指出，風險長的主要目標還包含聲譽風險、監控新風險的發生，同時也必須將管理風險的工作，納入企業的整體策略考量。風險長在企業中的角色可歸納如下：

一、風險管理的舵手

組織內的不同事業單位，面臨不同的風險，用各自的方式來因應。但當風險態樣愈來愈複雜，所造成的損失、對企業的傷害愈不容忽視時，企業開始尋思如何以更嚴密與周全的方式控制風險。風險長的任務，就包含如何建立完整的風險管理架構，以辨識、衡量、監控風險，追蹤與檢討風險管理的執行情形，以及如何推動企業的風險管理文化，讓不同的風險觀點，用相同的語言溝通。

二、風險政策的溝通者

風險長在組織的風險管理流程中，扮演著承上啟下的溝通者角色，對上包含協助董事會與執行長的風險目標與策略的擬定，以及執行成果的回報；對下包含將風險管理的目標與執行方式，落實至各事業單位。

企業的風險管理政策，與該企業所能接受的風險胃納有絕對的關係，而風

險長必須確定企業的風險政策，因此，風險長需與董事會或執行長溝通，讓董事們瞭解企業面臨哪些風險？決定企業能夠承受的風險程度有多少，是否要冒險？萬一風險造成損失後，又該如何承擔？風險長的職能不單只是在管理風險，而是要將點、線連成面，將散落在企業各層面的風險整合起來，用更系統化的方式，呈現風險的訊息，以作為決策參考。

各事業單位是日常面對風險的人員，必須對其所應管控的風險負責，風險長並非企業所有風險的責任者，而是溝通與協調者。

因此，風險長可視為企業風險的溝通平臺，風險長須協助各事業單位導入風險管理機制，不同的事業單位，例如：資訊部門、銷售部門、財務部門等，都分別面對不同的風險，各部門對其所存在的風險也是最為瞭解，因此風險長須擔任風險溝通平臺的角色，將所有風險共同比較，進而才可進行資源分配等問題。

三、風險制度的推行者

風險管理的推行，首要為風險管理文化的塑造。組織成員可能尚未具有風險管理的意識，或是仍待喚醒，風險長必須讓組織成員瞭解，每一個人都是風險管理者。

風險長須建立組織的風險管理架構，以監測風險的發生、建立風險衡量與計算的模型，確保風險管理的分工與風險資訊的傳遞能暢通無阻，並且還須視外在與內在風險環境的變化，調整風險管理的架構。在與董事會確定風險管理的目標與政策後，風險長必須依據企業所能承受的風險胃納，分配各事業單位所能接受的風險限額，同時也必須協助各事業單位風險管理的推行。

風險管理的主要目的不在於辨認風險，與找出企業可能遇到的風險有哪些，前述僅是風險管理的過程。風險管理的目的，應是在透過各種風險控制活動後，尋思如何處理與改善管控活動後仍存在的剩餘風險。

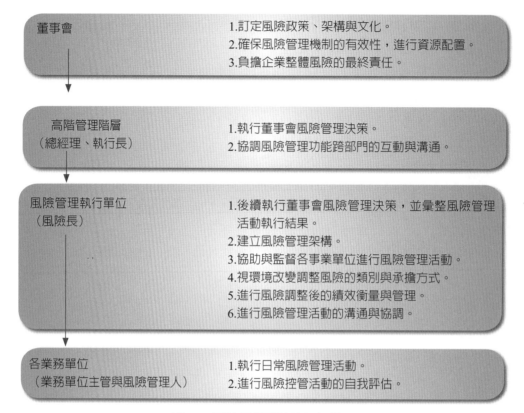

| 董事會 | 1.訂定風險政策、架構與文化。
2.確保風險管理機制的有效性，進行資源配置。
3.負擔企業整體風險的最終責任。 |

| 高階管理階層
（總經理、執行長） | 1.執行董事會風險管理決策。
2.協調風險管理功能跨部門的互動與溝通。 |

| 風險管理執行單位
（風險長） | 1.後續執行董事會風險管理決策，並彙整風險管理
　活動執行結果。
2.建立風險管理架構。
3.協助與監督各事業單位進行風險管理活動。
4.視環境改變調整風險的類別與承擔方式。
5.進行風險調整後的績效衡量與管理。
6.進行風險管理活動的溝通與協調。 |

| 各業務單位
（業務單位主管與風險管理人） | 1.執行日常風險管理活動。
2.進行風險控管活動的自我評估。 |

圖5-2　風險長與風險管理組織圖

資料來源：莊蕎安編輯，風險長——企業風險管理的舵手，《會計研究月刊》，239期，2005年10月1日，p. 32。

四、執行成果的監督者

　　對於風險管理的實行成果，可以透過自我評估制度的方式來衡量。組織中的每一成員必須自行評量其負責的業務，其風險程度為何？風險管控的活動是否發揮功能？透過風險的管控，剩餘的風險程度為何？風險長除了須彙整各事業單位風險管控的結果，判斷是否達到風險管理的目標，還須分析導致與目標間差距之原因，並呈報董事會作為決策參考。

　　風險長還須進行風險調整後的績效衡量與管理（Risk Adjusted Performance Measurement/Management, RAPM）。風險管理的積極功能，就是在風險最高的容忍程度內，追求企業最大的獲利可能，透過RAPM的方式，將績效的評估放進風險的考量，使企業的資源可以更有效率的分配。

五、風險資訊的揭露者

在財務報表的表達中，風險長必須協助風險資訊的揭露。國外企業的財務報表附註中，風險資訊的揭露是非常詳細的，長達數十頁；而國內企業對風險資訊的揭露，卻是常常付之闕如。完整的風險資訊，可以使財務報表的閱讀者更清楚企業可能存在的風險，便於預估企業未來的價值。況且風險並不等於損失，一項重大投資固然存在許多風險，但也可帶來可觀的獲利。

目前國內一般企業，如製造業，其風險管理部門的任務範圍，多僅限於環境安全、環境保護、生產流程設計等，到近年來的產品品質、資訊安全等，抑或是較偏向內部稽核的功能；以企業整體風險為任務範疇，且設置風險長之企業，目前國內只在金控公司或保險業。

企業在到處充滿風險的經營活動中，必須透過風險的預防與控管，減少任何可能侵蝕利潤的危機所帶來的影響。以金融業為例，其本身就是追逐風險的行業，高報酬往往伴隨著高風險，銀行總不能為了絕對安全，將所有的錢全部投資政府債券或存入定存。金融機構必須將風險管理盡力發揮到極致，風險管理愈好的，獲利的可能就愈大。因此，風險管理可說是協助企業價值最大化的基礎。

微利時代的當下，隨著商業環境的變化莫測、法令規定日趨嚴謹，身為企業掌控風險的舵手，風險長將面臨更多挑戰，其職能發揮也將日益受到重視，以期能透過持續不斷地偵測與預防可能的風險，建立周全的風險管理機制，並將風險管理與企業的策略、營運、財務規劃結合，持續保持組織對風險的應變能力，積極協助企業創造短期績效，並維持長期競爭優勢。

第 四 節　風險管理計畫的組織

欲把能適用於所有情況的風險管理計畫予以組織起來，並無一「放諸四海而皆準」的方法。當然，若有現成且能適用的方法，則風險管理人自會予以採用，可惜的是，大部分現成的方法只能適用一部分，而其餘的部分則須靠其自己去發展。因此，在發展前，應對組織的營運作業、目前的活動及業務，以及

現有風險管理人員的能力,有透澈的瞭解,這樣才能採取行動,把風險管理計畫的組織方法,予以因事、因時、因人、因物而制宜。

一、風險管理部門的內部組織

在小組織裡,其風險管理部門通常只有一個人(即是一人部門),而當組織日漸成長且所需管理的損失風險日益增多時,則該部門就需要增加人手。至於人手增加的順序與速度,則須視組織業務的性質與其領導階層對「擴編」所持的態度而定,為此,有些組織喜歡以精簡的總部人員,來為各分權部門服務;而有些組織偏愛較龐大的人手,並予以集中起來執行各部門的工作。然擴增人手,應以實際的情況來判斷有無必要,而非以建立「理想」的組織結構予以判斷。(註⑨)

(一)小部門

當風險管理部門脫離一人部門時,通常從設置安全暨損失預防主管及理賠事務主管,來開始增加人手(圖5-3)。然應注意的是,人手的增加是要給該部門帶來新的專業人才,而不是「新人只會做或接替做舊人的工作」。

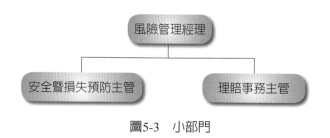

圖5-3　小部門

(二)中型部門

當風險管理部門再往前成長或當其重要性日益受到重視時,則此時就應考慮再予增添人手。然一般來說,此時將需要較多的保險人才、安全暨損失預防人才,以及理賠人才,是故,在增加這些人手後,整個風險管理部門的組織結構,會像圖5-4所顯示的。

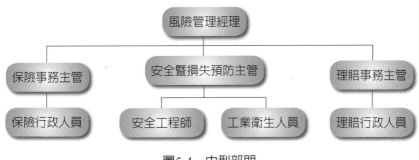

圖5-4　中型部門

㈢大型部門

負責大部門的風險管理人，較少去做風險管理的技術面工作，蓋此時的工作重點乃在於規劃活動、指揮下屬、預算收入與費用，以及與其他部門的主管溝通等管理工作，而此時為協助其管理工作的順利推行，必須在其下面設置一個風險管理分析員，且此一人員係直接向其報告。

又此時必須要有更多的人手來做安全暨損失預防、保健衛生及理賠等行政工作，因此，整個風險管理部門的組織結構，會像圖5-5所顯示的。

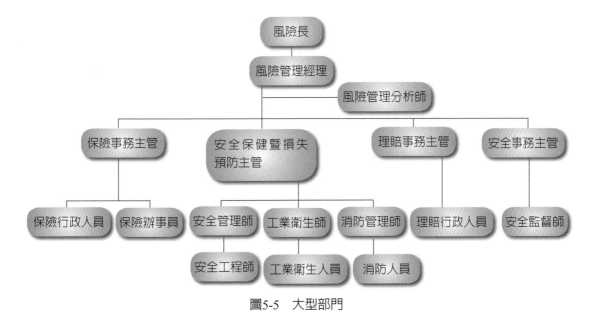

圖5-5　大型部門

㈣另一種可行的部門結構

風險管理部門沒有包含安全、保健及監督等職掌時,則其通常係按照風險或保險的類別來予以組織,像圖5-6就是最佳的例子。

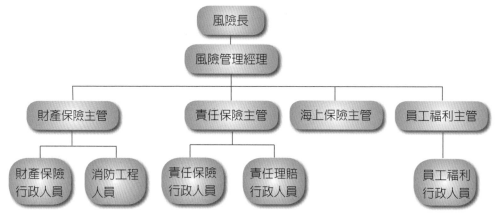

圖5-6　沒有安全、保健及監督單位而加進員工福利單位時的部門

二、與其他部門合作

㈠一般性的合作

風險管理計畫如欲順利推行,則需要全體員工予以配合,並處理其活動中所產生的損失風險,因這些風險不僅會危及其自身的工作,而且也會波及別人。由於許多風險管理部門並無預算可用來做實體的風險改良,或採購風險管理所需的防護設備,因此,風險管理人需要有特殊的才能,向組織的其他人員推銷其建議,以便獲得他們的自願合作與預算的支援。

然需要合作與支援的例子實在不勝枚舉,例如:產險公司通常需要被保險標的有關的資料,則此時其風險管理人,唯有借助各部門的合作與協助,才能取得這些資料。又如,若風險管理人確定複製乃是合適的風險控制措施,則財產或活動須被複製的部門,必須願意合作才能使此措施得以順利實行。是故,為了取得合作,風險管理人應盡力與其他經理人及主管做直接的接觸與溝通,因若無他們的積極支持,則任何風險管理的建議,將沒有付諸實施的機會。

(二)與特殊部門的合作

上述之取得合作的一般性原則乃在暗示，風險管理人在與特殊的部門溝通時，必須採取特殊的行動，才能獲得最有效果的合作與支持。而這些行動的真正目的，則在於使每個部門成為風險管理人的資源，並且使風險管理部門，在其他部門有意外事故損失之虞的情況下，依然能協助它們達成目標。

詳言之，此種合作應著重於：(1)管理各部門的獨特損失風險，期使損失不會阻礙或干擾其目標的達成；(2)從各部門汲取資訊與其他資源，期使風險管理人更能處理整個組織的風險。以下說明一般組織各部門的特殊風險或獨特風險，以及這些部門所能協助推動風險管理計畫的方法。

1.會計部門

會計紀錄除了可用來處理來自於會計作業的損失風險外，尚載有關係著組織生存的資訊。此外，其也能提供有用的資料，以評估財產與淨利損失的潛在嚴重性。當然，為保護這些資料，必須複製一份儲存在另一個隔離的地方。又會計部門另一個不容忽視的風險，就是盜用公款或其他有價值的財產，而其預防與控制之道，則在於確實做好實物與會計的控制工作，關於此點，應由風險管理人員與會計人員，共同研擬控制的方法與策略。

會計紀錄是以歷史成本為基礎，因此在估計損失的現值時，必須予以調整，但以這些紀錄為依據的眾多基本資料，卻是確立風險管理價值所不可或缺的資料。例如：不動產及動產的評價紀錄，乃是風險自留計畫中之財產價值的決定基礎。又如，若營運因故中斷而須估計中斷的損失，則財務紀錄能提供必要的數據。

此外，會計紀錄也能提供決定保費所需的數據──如員工的薪酬、產品責任險暨營業中斷險之保費，以及額外費用險的保費等。

當有損失發生時，則收付金錢融通損失的復原，自會透過會計功能予以完成，因此，大多數的風險管理部門，都是直接與會計人員共同處理財產、責任及員工福利的理賠問題。又凡依靠「準備金」來融通損失的企業，其會計部門通常會建立並保存這些準備金。

2.資料處理部門

現代的企業營運，愈來愈依賴高價值的電腦與龐大的資料庫，以及複雜的

管理資訊系統，因此經理人不論是執行業務或作決策，都須仰賴能快速處理大量資訊的可靠工具。是故，資料處理部門能增強及協助風險管理人解決問題的能力。

資料處理部門的損失風險是個重要的問題，因不論硬體或軟體，其價值不但昂貴，而且一旦有所損失就很難重建，就算能重建，也必須花費很多的時間與金錢。因此，電腦中心的受損，不可避免地會造成重大的財產損失與淨利的遽減，同時還會引發對第三人的責任問題（假如硬體或軟體是向別人租用或者是與他人共用）。這些潛在的損失風險，正是風險管理人與資料處理人員必須共謀使之極小化，甚或消除的風險。像這種合作，當然是借助資料處理人員對軟硬體的專業知識（如「當機」或「易於受潮短路」等），而風險管理人對上述損失風險所引發之問題，應予進行瞭解。

電腦也能協助風險管理人處理非電腦部門的損失風險，之所以有此能力，乃因其能迅速編纂及分析組織之營運與損失風險的資料，且能模擬各種損失的影響，並作趨勢延伸預測，同時也能把各風險控制暨風險理財策略的成本與效益加以比較，並蒐集能展示整個風險管理計畫之成果。是故，電腦成為現代的管理工具，它不但能使風險管理人跟上時代，而且還能使其更有效地執行職責，同時更能增強風險管理人的能力。

3.人事部門

人事紀錄乃是風險管理人在處理重要人員的損失風險時，所不可或缺的資料。申言之，在辨認「身懷絕技」且「失而不可復得」的重要員工時，則人事部門所建立並保存的職位說明書，就是最好的辨認工具。然更重要的是，人事部門應能從人事檔案及職位說明書，辨認可能的人事更替，並挑出適當的人選預先施以訓練，以便萬一重要的人員殘障或離職時，可以作為臨時或永久的替補人選，這正是風險控制的措施之一。

員工及其家人也會因負擔家計者的死亡、殘障或失業，而面臨重大的損失風險，故大多數的雇主有鑑於此，均會提供員工福利計畫，而此種計畫通常係由人事部門策劃執行，風險管理人則只從旁協助其策劃與執行。

此外，人事部門也會有自己的風險問題，如檔案紀錄受損、機密資料或文件被竄改或被偷竊；又不當的使用人事資料，可能會使公司招致「侵犯員工隱私」的官司。面對這些風險，風險管理人與人事部門人員，應共同研商解決或防範之策。

4.生產部門

「生產部門是整個組織中最常且最易出事的地方。」這句話雖有點誇大，但卻凸顯了生產部門的損失風險，就是比其他部門多的事實。例如：生產工人會有遭受職業傷害之虞；生產作業可能會因部分生產措施的受損，而有作業中斷之虞；整批產品可能會有因品管人員或生產人員之疏忽，而有「整個泡湯」之虞；甚至會使公司捲入「產品責任」的官司。因此，風險管理人應與生產人員密切合作，來辨認會造成上述這些損失的風險因素，並設法予以抑減或消除，同時透過成本會計、產品定價暨風險管理成本分攤，適當地承擔這些損失的成本與原因。

5.行銷／銷售部門

行銷部門的主要風險問題就是產品責任問題，亦即，誇大產品或勞務的用途與利益（或產品與勞務的效用與事實不符合，即被推銷人「言過其實」），可能會使公司捲入「產品責任」的官司。因此，銷售程序與產品文案（如使用說明書等），應由行銷人員及法務人員共同予以檢討與修訂。

行銷活動能提供有關產品之風險的資料，並暗示處理這些風險的方法。例如：消費者的抱怨，儘管不見得會導致法律訴訟與理賠，但卻說明了有應予調查及糾正必要的風險存在。事實上，勤於提供安全之產品與勞務的有力紀錄，乃是在為「產品責任」訴訟辯護時，最具說服力的證據。為此，當產品或勞務的使用者，因使用產品或勞務而受傷害時，則風險管理人與法務人員就應共同指導行銷（銷售）人員（包括獨立的經銷人員），如何為自己及公司辯護。

三、風險管理部門的資訊流程

溝通，包括所有資訊的「進出」風險管理部門，乃是部門間合作推動風險管理計畫所不可或缺的要素。此種溝通不僅應達於組織的每個角落，而且從圖5-7也可看出，此種溝通不論是「進出」風險管理部門或是「進出」整個組織，都會涉及風險管理決策過程之五個步驟中的任何一個。同時，圖5-7也讓我們有一個基礎，以依據這些步驟，而將資訊流程予以分類。（註⑩）

	組織內部	組織外部
流進風險管理部門	I	III
來自風險管理部門	II	IV

步驟：1.認知與分析損失風險
2.檢視各風險管理策略
3.挑選最佳的策略
4.執行所選定的策略
5.監視執行的成果
(1)其範圍是否只及於整個組織或還及於組織的外部。
(2)其方向是流進風險管理部門還是流出風險管理部門。
(3)其最直接推動的是風險管理過程中的哪一個步驟。

圖5-7　風險管理溝通矩陣

例如：就認知與分析損失風險來說，型 I 的資訊 —— 即從組織內部流進風險管理部門的資訊 —— 通常係包括各部門對其損失風險所做的定期報告，至於報告的時間與格式，則由風險管理部門訂定。型 II 的資訊 —— 即由風險管理部門流進組織之其他部門之資訊 —— 通常係包括新損失風險或已加劇之損失風險的情況報告，再加上提醒注意這些風險的指示或命令。

至於型 III 的資訊 —— 即從組織外部流進風險管理部門的資訊 —— 則包括有關學會與政府機構所發表的報告文件，以及從研討會與其他教育活動所蒐集到的資訊，風險管理人則可由這些報告及資訊，汲取一些可用來找尋及評估損失風險的事實或方法。而型 IV 的資訊 —— 即由風險管理部門流到組織外部的風險

資訊 —— 則包括該部門向有關學會或政府機構所呈遞的報告資料，或是該部門人員在專業會議中所發表的報告與資料，以及其在風險管理刊物所發表的有關文章。

除了認知與分析損失風險外，其餘的四個風險管理過程的每一個步驟，都會涉及圖5-7的四個資訊流程中的一個或數個。例如：就以風險管理過程的最後一個步驟 —— 監視執行的成果 —— 來說，其所涉及的資料流程型態，計有型Ⅰ、型Ⅱ、型Ⅲ及型Ⅳ。其中，型Ⅰ係包括各部門的事故與意外報告，以及各部門之事故率及風險管理成本的定期摘要表；型Ⅱ則包括風險管理部門對其他部門應如何報告與分析事故，以及應如何編纂風險管理成本資料等所作的指示；型Ⅲ則包括政府對安全、消防或工業衛生等標準所定的法規；至於型Ⅳ則包括組織向管制機構所呈遞之「已依法行事」的證明書或其他證明文件。

然儘管圖5-7的格式很能用來分析及改進風險管理的資訊流程，但溝通所涉及的資訊，可能橫跨好幾型而不是只有一型而已。例如：事故報告（主要的目的是在監視成果）可能也會促使風險管理人去注意新的損失風險；又如，政府的管制可能會要求這些事故報告，也應成為呈遞給管制機構之定期報告的一部分，而若是如此，那此資訊流程就為Ⅳ型。然應注意的是，有一個重要的風險管理文件，那就是風險管理年度報告書，此一報告書通常載有推動五個風險管理步驟所需要的資訊。由於此一報告書是如此重要，因此，有愈來愈多的風險管理部門均主動編製此一報告書，或是應其上司的要求而編製此一報告書。不過，大多數的風險管理人均認為，有必要編製一種能詳載目前之風險管理計畫，以及提出其修改之道的風險管理年度報告書。（註⑪）

第 五 節　風險管理資訊系統

風險管理最主要的功能是在作決策，而資訊是作決策時重要的依據，風險管理人最關心的，是精確和及時之風險管理數據。風險管理資訊系統（Risk Management Information System，簡稱RMIS）是一個存在資料庫中之數據資料。風險管理人可利用這些資訊與資料，來分析與認知損失風險，並可預測未來的損失情況，以便選擇最佳的風險管理策略。（註⑫）

　　RMIS的功用很多，對分析與認知財產損失而言，企業資料庫中的財產數量，以及這些財產的性質（建築等級、年限、折舊）明細表、財產保險明細表、損失和索賠紀錄表，對風險管理人在作財產風險管理決策時，是很重要的資訊。

　　風險管理部門如何彰顯其在企業內的重要性？風險管理部門是成本中心，而非利潤中心，因此風險管理部門，遠比其他部門更加難以表現其存在的價值。風險管理部門推算出風險數據必須轉化為有意義的資訊，建置為風險管理資訊系統，提供給相關部門使用，才能彰顯出在企業內存在的功能。

　　風險管理資訊系統的架構，通常包括四種功能：（註⑬）

一、風險管理資料庫

　　風險管理資訊系統，必須具有一完善的資料庫，包含企業內、外部與風險有關的可供分析的量化數據，可有效反映企業的實際運作，隨時提供管理者督導整體風險的功能。

二、風險分析工具

　　風險分析工具能將大量的抽象數據，轉化為較簡單且容易應用的資訊，加深使用者對風險的瞭解。

三、風險決策支援系統

　　將專家的知識和經驗，融合在決策的過程中，使管理者在企業風險的運作中，能作出最優質化的決策。

四、訊息溝通與傳遞

　　風險管理資訊系統所產生的資訊，要能有效傳遞給有需要的部門，並且迅速處理來自其他部門的回饋，以達到雙向的有效溝通。

第六節　風險管理計畫的管制

　　風險管理計畫之管制，其所著重的是：設立績效標準、比較實際績效與標準，以及採取糾正行動。

一、設立績效標準

　　任何活動的管理都有兩種管制標準，一為成果標準（如100萬元的銷貨額），一為活動標準（如每天做五趟有意義的推銷訪問）。其中，成果標準所著重的是成就，而不管其努力為何；而活動標準所著重的則是所投入的努力，即為產出所欲之成果而須投入的努力。一般說來，風險管理人及其幕僚均應會使用這兩種標準。

(一)成果標準

　　風險管理的成果，一般可以金額、百分比、比率或損失與理賠的次數，予以衡量，這些衡量工具均可以絕對的數字表示，或以占銷貨的百分比、占薪資（總額）的百分比等予以表示，或以其他的衡量尺度予以表示。例如：若組織的風險成本目前是為銷貨的0.65%，則此一成本的明年標準，可定為占銷貨的0.64%。

(二)活動標準

　　有不少風險管理部門的績效，係以其活動予以衡量，即以其為達成所定之目標而所投入的努力予以衡量。例如：組織的領導階層，可能會要求一些風險管理人員，每年至少應親自檢查所有的設施一次；而有些組織則可能會要求至少應親自檢查三次，並於每次檢查後，應與所有有關的人員開安全檢討會。

二、比較實際績效與標準

　　不論是成果標準或活動標準，均應以可衡量的尺度予以表示，這樣實際的績效，才能與標準作有意義的比較。而這種比較，會產生如下的任一種結果：

(1)實際績效符合所定的標準；(2)實際績效低於所定的標準；(3)實際績效超過所定的標準。然更重要的是，比較的結果，都可能會導致要求改變績效或改變標準。不論做任何的改變，都應由高階主管、風險管理人，以及績效被評估者共同決定。

若績效符合所定的標準，則我們自然會認為績效與標準均很妥當，而無予以改變的必要。然儘管一般情況常是如此，但精明的風險管理人卻可能會覺得，一個不能「激出」最佳績效的標準，並不能促使組織再進步。

若實際績效低於所定的標準，則此時就須採取糾正行動。糾正的行動有兩種，第一為落後的績效必須予以提升到既定的標準；第二為若未達標準明顯係要求過高所致，則應降低標準或定出較切合實際的標準。事實上，降低標準會激勵員工更努力去達成這個新標準。

若實際績效遠超過所定的標準，則這表示標準定得太低或太鬆。但也有可能是標準的確很妥當，只不過該績效是個例外的績效，結果就造成了績效遠超過標準的局面，因此，若欲使這種超績效能繼續下去，則就必須給予額外的獎賞。不過，只重視員工的績效面而忽略其工作面，終究是不完整的控制管理。

三、採取糾正行動

採取糾正行動的目的，乃是要改進未來的績效，而不是在批評或挖苦那些過去績效不好的人。然採取適當的糾正行動已儼然成為一種藝術，因其必須能切合實際的情況，否則，會被視為是在「找麻煩」、「挑毛病」。此時需要考慮的因素有：未達成之標準的種類與其重要性、績效不佳人員的職責與個性，以及達到可接受之標準的可用方法。例如：若產品的責任損失驟然增加，且此一增加可追溯至某一個產品、某一個產品線，或某一個有瑕疵的製程，則此時糾正的行動，就應列出有關的產品設計與製造人員，並徵得他們的合作，才能進行。又如，若績效不佳是出自於積壓過多的訂單，且這些訂單拖得愈久就愈沒有利潤，則此時可採取以下兩種的糾正行動：一為增加人手處理；一為予以轉包出去。

若日益嚴重的竊盜損失，可追溯至幾個所屬的零售店，則此時的糾正行動如下：由風險管理人與這些零售商店的經理及有關人員，共同設法減低店裡的

現款，如申請加入聯合簽帳卡商店組織，或貨款一到手，便馬上轉存銀行等，
這樣就可使這些零售店，不致成為犯罪的目標。

第 七 節　風險管理政策說明書
　　　　　與風險管理年度報告

　　當企業知覺所面臨之風險與不確定性愈來愈大，決定加強風險管理時，企
業風險管理政策之釐訂愈顯重要。企業風險管理之績效與高階主管之管理政策
息息相關，所以風險管理政策之釐訂，需與公司經營者之經營哲學、目標與政
策相配合。

一、風險管理政策說明書的意義

　　當企業的高階主管與風險管理人共同探討內部條件、外部環境、產業結構
和保險市場，從而決定其風險管理政策之後，下一步便應該將風險管理政策連
同風險管理人員的職責，明確地寫下來，成為一份「風險管理政策說明書」
（Risk Management Policy Statement）。「風險管理政策說明書」是規範風險
管理人員之授權與職責的書面文件，以便將來執行任務時有所遵循。其主要係
依據經營者的經營哲學與目標，來規範風險管理人員的授權範圍，以設定整個
風險管理績效、衡量與控制之標準。在年度結束後，風險管理部門應該就過去
一年的執行狀況，向上級報告，提出一份「風險管理年度報告」。

二、風險管理政策說明書的優點

　　成長是現代企業管理最明顯的激勵因素，然而企業所面臨的風險和各項不
確定性（Risk & Uncertainty），卻是阻撓成長的主要障礙；換言之，愈是期
望大幅成長者，其所面臨之風險與不確定性就愈大。因此，風險管理的功能與
高階主管之管理政策息息相關，所以風險管理政策之釐訂，須與公司經營者之
經營哲學、目標與政策相配合。茲分別說明設定風險管理政策說明書之優點如

下：（註⑭）

1.可改善高階主管對風險管理功能的瞭解與支持。

2.可強化風險管理部門與其他機能部門間協調或洽談業務時之地位。

3.可明確劃定風險管理人員之職掌與權限，以避免推卸責任。

4.高階主管無需時時監督風險管理部門之工作，可節省高階主管之時間與精力，去從事例外管理之工作。

5.可強迫風險管理部門與企業體其他部門作密切的配合，共同努力防止風險的發生。

6.可使風險管理計畫及方案的執行，不致因風險管理人員的變遷而前後失調。

三、風險管理政策說明書的功能

風險管理政策說明書，也是風險管理人員的永久指導說明書，並且有了風險管理政策說明書，能使新進人員很快瞭解公司之情況。對風險管理人員而言，風險管理政策說明書之功能如下：

1.提供評估風險控制與風險理財職責的架構。

2.凸顯風險管理功能的重要性。

3.闡明風險管理部門在組織中的地位。

四、風險管理政策說明書的基本內容

風險管理政策說明書之釐訂，其內容可繁可簡，有些只列明大綱，有些則規定得十分詳盡，然各有其利弊，茲舉三個典型的風險管理政策說明書之範例如表5-1、5-2與5-3所示。（註⑮）

表5-1　ABC公司風險管理政策說明書

(一)本公司風險管理的基本政策是：

　1.盡可能排除或抑減可能引起可保損失之風險狀況和實際情形。

　2.當上述風險無法排除或減低至可接受水準時，則採取下列行動：

　　⑴購買商業保險或籌組正式的自保計畫，使這些保險或自保計畫，得以應付巨災損失。

　　⑵無論採取保險或以自保方式自留，均須以公司最佳的整體利益為判定基礎，不可以公司某一個別的營運或財務狀況作為判斷基礎。

　但是無論如何，由公司自留部分之風險，對本公司而言，必須在對減少保費上，具有良好的經濟吸引力。

(二)風險管理部門在實踐本政策時之職責包括：

　1.在排除或抑減風險方面：

　　⑴協助各機能部門（Function Division）和分支機構，設置和運作各項風險控制與損失防阻之計畫與措施。

　　⑵檢核新建築和設施之計畫方案，以保證其風險控制設施和保險範圍，達到可接受的程度。

　2.在無法排除或抑減之風險保障方面：

　　⑴開發各項保險投保範圍之計畫，並維持其前瞻性及保證各該項保險的有效性（Effectiveness）。

　　⑵對公司國內各單位之保險作完整的管理，及就保費成本的分配作適恰的處理。

　　⑶對公司國外各單位之保險，作良好的控制與檢討。

　　⑷洽商並安排各項保險合約，以保證其能與已設定之保險計畫內容完全一致。

　　⑸各項保險合約在交予授權簽署人簽署前，應就各該保單條款加以審核。

　　⑹報告和理算各項保險事故之理賠案件。

　　⑺保存各項保險標的保險價值（Insurance Value）之紀錄。

　　⑻依據合理的商業重估方法，發展和管理公司的財產重估計畫，以確保保險標的之投保價值的適當。

　　⑼管理和營運公司的專屬保險公司（Captive Insurance Company）。

(三)風險管理部門為實踐上述職責，將需要公司內全體員工的合作，以取得各項風險管理資訊和各種協調行動，為了公司全體的利益，風險管理部門應發展出一套有效的風險管理計畫。

　　由於每個組織的情況並不相同，因此，風險管理政策說明書之內容，應予個別調整，以配合其實際情況與需要，像表5-1、5-2與5-3的風險管理政策說明書範例，就是最好的例子。

表5-2　通用紡織公司風險管理政策說明書

(一)風險管理部門的活動，係取決於本公司的整體保險理念，此一理念摘要如下：

　　1.盡可能消除或抑減會引起可保損失風險的情況與實務。

　　2.當風險不能予以消除或抑減至可掌握的水準時，則須：

　　　(1)購買能提供災害損失賠償的商業保險。

　　　(2)依投保或自留策略中，哪一個最符合公司之最佳利益的原則，來決定投保或自留對公司之營運或財務狀況沒有什麼重大影響的損失風險。

但只要本公司覺得保費的節省很具有經濟上的吸引力，則不管此部門的風險有多大，一概予以自留。

(二)風險管理部門在執行本政策時，有如下的職責：

　　1.協助各部門及其附屬機構，設計及推動防火與損失預防計畫。

　　2.檢討新建築與設施的預警計畫，以確保風險控制特色及保險的可接受性。

　　3.擬出保險投保政策與計畫，並不時予以更新，以確保其效果。

　　4.協商與安排所有的保險契約與保證，以確保其所定的計畫之一致性。

　　5.檢討國外保險計畫。

　　6.批准租賃與契約的保險條款。

　　7.報告與理算所有的保險理賠。

　　8.充當會計部門及其附屬機構的顧問，以決定可投保的有價物。

　　9.管理與經營本公司所屬的保險公司——金寶保險公司與美億保險公司。

在執行這些職責時，風險管理部門可要求本公司的每一個人，就資訊、風險認知與分析，以及協調執行等，予以配合與合作。

五、風險管理政策說明書的撰寫原則

　　風險管理政策說明書一開始，就必須先概述該組織的風險管理概況及其重要性。此種概述應包括說明風險管理部門在組織的地位、其報告的關係或層次，以及其與其他部門溝通時的權利與義務之範圍。至於風險管理部門的內部結構，則可不予概述。接著，應說明其管理階層使用風險控制與風險理財策略的目標。再接著，說明各風險管理策略使用的決策準則，亦即，說明在什麼情況或標準下，將使用什麼樣的風險管理策略，而至於應說明到什麼程度，則須視該組織的習慣而定。而表5-1、5-2與5-3則是精簡之風險管理政策說明書的範例。

表5-3　特異化學公司風險管理政策說明書

(一)由於必須保護本企業的財產、對抗災害損失，且此種保護成本很高，故風險管理乃為本企業整體管理的一個重要部分。

(二)風險管理乃是一門專門的行業，其目的乃在提供決策階層，有關損失風險之認知分析、評估以及處理的資料，俾使其作計畫檢討及規劃新事業；是故，關於這些管理工作，本企業將利用內部合格的風險管理專家或聘請外界的風險管理顧問來做。

(三)本企業將使用如下的風險管理策略：

　1.認知：認知乃是透過機率事件來分辨、分析及評估所有存在會引發的損失風險。凡這些風險所涉及的損失金額，不論是一次事件或整年總額，超過$50,000時，就予以認知。

　2.避免：承擔任何損失風險的預期財務報酬，應大於或等於潛在的損失金額。因此，本企業在協議中，將避免承擔不合乎上述要求的損失風險。又任何新事業將予以仔細評估，且現有的事業也將定期予以重新評估，以便確定是否有任何損失風險能予以避免。

　3.損失防止：一旦決定損失風險應予以自留或移轉，則本企業的政策，就是在任何方面盡力配合，以防止損失。本企業深信，在考慮以其他的策略處理損失風險前，盡力防止損失乃為上策。

　4.損失抑減：端賴仔細檢查所有的營運作業與設備及設施，這樣才能辨認出潛在風險因素，並予以消除或抑減以達能控制程度，這些檢查必須是一個持續的過程，即從設計、施工以迄營運的每一個階段，所有的管理人與主管人員，均應做上述各種檢查工作。然不論是檢查或複查，只要有查後的建議，則應立即採取糾正的行動。

(四)自留：一般而言，本企業在下列情況下，將會自留損失風險：

　1.當整年的潛在損失金額相當小，而易於以正常營運費用予以處理時。

　　(1)當損失的機率或頻率，大到損失幾乎鐵定會發生時。

　　(2)當保險的費率或其他移轉費用「不成比例」的偏高時。

　　(3)當潛在損失的金額，在本企業之財務能力所能自留或吸收的範圍內時。

　　(4)當沒有附加保險服務的必要時。

　2.當損失發生的機率小到一般謹慎的商人，都不會去承擔任何保費的程度時。

　3.當保險買不到或其成本「令人望而卻步」時。

(五)非保險移轉：在所有契約關係中，本企業將把所有適合由交易或契約之對方承受的損失風險予以移轉給對方，而這意味著本企業在以契約方式把風險移轉給對方之前，將會考慮對方承擔潛在損失的能力，與其控制損失的能力，以及其所屬之行業的行業習慣。而若對方缺乏足夠的淨值，則契約移轉將由保險公司及必要的證明予以支援。又每當有兩種以上的方法可完成相同的交易目的時，則移轉風險的機會，會予以適當的考慮。

(六)保險移轉：本企業在下列情況下，將會購買保險：

　1.當法律或契約有規定時。

　2.當潛在的損失金額大到無法安全予以自留時。

　3.當整年之可能的成本變動無法接受，而保險的條件則可接受時。

　4.當保險能更經濟提供必要的附加服務——如勘查、損害防阻等時。

(七)聯合保險移轉與自留：本企業將透過使用自負額、免除額、特別加保，以及可追溯的費率計畫，把保險移轉與自留，予以匯合在一起。

六、風險管理年度報告的意義

　　企業的風險管理部門，根據風險管理的政策目標，從事各項風險管理活動，到了年度結束時，應該將過去一年所作的成果，向企業高階主管報告。風險管理年度報告的撰寫，除了說明事實之外，還可幫助風險管理人檢討過去、策劃未來。高階主管亦可根據此一年度報告，考核風險管理人的工作績效。

七、風險管理年度報告的基本內容

　　風險管理年度報告的結構和內容，視企業的性質和經營目標而有所不同。表5-4是華聯電子公司風險管理年度報告的摘要。報告中先說明企業年度的風險控制和風險理財的策略，其次報導過去1年發生損失之紀錄，和損失的處理情形。鑑於最近的勞工工會興起與社會大眾對環保的重視，以及全球暖化引起之關注，風險管理部門特別將工會的活動和重大環保事件及全球暖化之危機，列為危機處理的項目，並在報告中說明。最後，報告中也分析過去1年，該公司花在各種風險管理活動上的費用，並且檢討過去、策劃未來。

表5-4　華聯電子公司風險管理年度報告摘要

**華聯電子公司
風險管理年度報告**

〈導言與摘要〉

1.風險控制策略

2.風險理財策略

　⑴保險

　　①財產保險

　　②責任保險

　　③員工保險

　　④其他保險

　⑵自留

3.損失的紀錄

4.損失的處理

　⑴索賠

　⑵資金融通

5.危機處理

　⑴工會

　⑵環保

　⑶全球暖化

6.風險管理費用之分析

7.檢討與建議

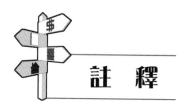

註　釋

①C. Arthur Williams, Jr. George L. Head, Ronald C. Horn. and G. William Glendenning, *Principles of Risk Management and Insurance*, 2nd ed., 1997, p. 72。

②請參閱本書第一章，表1-6。

③同註①，p. 76。

④同註③。

⑤George L. Head, Stephen Horn II , *Essentials of the Risk Management Process,* Voulme I , Insurance Institute of America, 1997, p. 47, pp. 80-81.

⑥同註⑤，p. 81。

⑦同註⑤，p. 82。

⑧莊蕎安編輯，風險長──企業風險管理的舵手，會計研究月刊，239期，2005年10月1日，pp. 28-34。

⑨同註⑤，pp. 84-85。

⑩同註⑤，p. 95。

⑪Risk & Insurance Management Society, Risk Management Department Annual Reports: A Guide, 1983, p. 9.

⑫George E. Rejda, *Principles of Risk Management and Insurance*, Eigth Edition, 2001, p. 65.

⑬謝明宏，企業風險管理體制之規劃，風險與保險雜誌，NO.6，中央再保險公司，2005年7月15日，pp. 9-10.

⑭拙撰，企業風險管理之研究，產險季刊，53期，1984年12月，p. 130。

⑮Jerry S. Rosenbloom, *A Case Study in Risk Management*, Englewood Cliffs, NJ: Prentice Hall, Inc., 1972, pp. 41-42, 47-48.

第六章

財產損失風險的分析

本章閱讀後，您應能夠：

1. 瞭解財產損失風險的意義與種類。
2. 歸納有損失之虞的財產價值。
3. 指出導致財產損失的風險事故。
4. 認清財產損失的財務影響。
5. 分辨遭受財產損失的法律個體。
6. 說出財產損失風險的發現方法。

風險角落

綠天鵝的衝擊

2009年8月8日，莫拉克颱風重創臺灣南部地區，帶來50年來最嚴重水災的世紀大浩劫。山崩、橋斷、家毀、人亡，造成全臺共571人死亡、106人失蹤，5,000多人流離失所，農漁牧損失高達新臺幣160億元。若不是此次88水災，臺灣人民很難相信幾年前電影「明天過後」的情節，會活生生地上演。被世界銀行視為水災、旱災和地震等三大災害交替發生率最高的臺灣，世紀巨變恐尚未畫上休止符。

到2100年以前，假如人類沒有停止排碳，全世界每年都會有多達5%的人口遭遇水患。雅加達是全球成長最快的城市之一，目前有1,000萬人口，可是在洪水和地層下陷的夾擊下，最快在2050年，這座城市就會完全淹沒。珠江三角洲現在已是每到夏天就氾濫，中國當局每年都要撤離幾十萬的沿海居民。

國際清算銀行（BIS）在2020年初用「黑天鵝（即極不可能發生，卻發生的重大事件）」概念，創造出「綠天鵝」，來提醒全球注意氣候變遷將導致金融危機。

我們若再不保護環境，可預見綠天鵝一定會出現，例如：2020年中國洪患不斷衝擊三峽大壩及下游流域，造成經濟重大損失；根據研究，未來除了暴雨，乾旱頻率也將升高，企業缺水嚴重，甚至造成生產停擺。

為了避免綠天鵝出現，愈來愈多的企業開始採取更積極作為，如蘋果公司宣布2030年連同供應鏈要100%使用再生能源，若無法符合標準的供應商，就可能被踢出供應鏈，可見氣候變遷對產業影響之廣。企盼更多企業能瞭解自身可能面臨的氣候變遷風險與機會，一起建立共好的機制，降低綠天鵝的衝擊。

資料來源：參閱2020年8月12日，《工商時報》。

第 一 節　財產損失風險的意義與種類

　　近代企業由於社會型態與經濟結構之轉變、科技之快速發展，不僅規模日益擴大，高價值器具設備及產品不斷推出，企業經營每因意外事故，導致財產毀損滅失，而蒙受財務之損失，對財務之穩定、經營之績效，均有莫大影響，嚴重者，甚至危及未來之成長或生存，故近代企業，莫不體認財產損失風險之重要，均設專人加強管理，以期降低損失風險對企業之不利影響。

　　一般企業財產損失，主要分為二種型態：(1)不動產之損失；(2)動產之損失。（註①）

　　企業風險管理人，不單要注意上述二種財產損失，更要注意與財產損失有關的法律利益。財產的法律利益可分為四大類：(1)目前的所有權利益；(2)未來的所有權利益；(3)目前的使用利益；(4)未來的使用利益。（註②）

第 二 節　有損失之虞的財產價值

　　風險認知的第一步工作，也是首要的工作，就是找出「有損失之虞」的有價物或財產。然應注意的是，「財產」此一名詞，因太過於普遍化且很空泛，故至今尚無一公認的制度與方法，可以據之區分各類的財產並予以歸類。為此，我們乃援用傳統的區分法，把財產分為不動產與動產兩大類，然後再依此兩大類的特性，探討此兩大類的各種財產。不過，在進行正式的探討之前，我們應先瞭解此兩大類財產的意義；申言之，我們應瞭解所謂不動產，一般均係指土地及附著於其上的有價物，如建築物、結構物及農作物等而言；而動產則係指不動產以外的其他所有有形與無形的財產而言。以下詳述之：（註③）

一、不動產（Real Property）

㈠未經改良的土地（Unimproved Land）

真正的不動產，係指「未經改良的土地」而言，而並不包括所有永久性的財產改良在內。然我們之所以要把「未經改良的土地」，獨自劃歸為不動產中的一類，其理由有兩個：

第一，其價值難以確定。

第二，能損壞「未經改良土地」的風險事故，若不是很獨特，便是很異常。

詳言之，「未經改良的土地」其價值之所以難以確定，乃在於這種土地可能包含有如下的東西：

  1.水源或水域（如：湖泊、河流、小溪、噴泉或地下水等）。

  2.礦藏資源（如：煤、鐵、石油、銅、鉀礦、建築用之砂石等）。

  3.具有商業價值的天然物（如：景觀形成的岩洞、地熱噴泉或溫泉、歷史或名勝古蹟或半人工景物等）。

  4.農作物（如：樹木、果樹，或牧草、牧場等）。

  5.原本就住在該土地的野生動物。

㈡建築物及其他結構（Building and Other Structures）

建築物及其他結構物，可以細分成很多類，而其損失風險，則泰半視建築形式、占用形式，以及地點或處所而定。然應注意的是，彼等的潛在損失，會受風險控制措施所左右。例如：裝有自動防火噴水設備的大樓，其遭受大火損失的可能性，就比沒有裝此項設備的同類大樓，要小多了。

二、動產（Personal Property）

㈠有形財產（Tangible Property）

有形財產乃是有實體存在的財產，亦即，是可以觸摸的；而無形財產則係法律權利，並無實體的存在。

1.貨幣與有價證券（Money and Securities）

「貨幣與有價證券」係包括所有的貨幣性資產在內，如現金、銀行存款、定期存單、證券、票券、匯票，以及債權證件或憑證等。

2.應收帳款（Accounts Receivable）

應收帳款紀錄的有形財產，不論其為文件或其他的憑證，均很容易遭受實體的毀損滅失或失竊。但這些有形文件或憑證的價值，在與彼等所代表的財產權利相比時，就顯得不重要了。是故，若應收帳款紀錄或文件毀損滅失時，則企業將會因無法重建這些紀錄或文件，而致無法收取帳款，縱使其能重建這些紀錄，但其所花費的成本常很大，整個損失就非常驚人。

3.存貨（Inventory）

對經銷或零售商來說，存貨係指立即可供銷售的財貨而言；而對製造商來說，則其存貨通常可細分為原料存貨、在製品存貨及完成品存貨。然由於存貨的價值可能會變化很大，故很難給予適當的評價。例如：在製品在每一生產階段所賦予的附加價值，常難以精確且迅速地計算，故其價值也就難以精確的確定。但更重要的是，存貨很容易因各種災害或風險而有損失或毀壞之虞，特別是當其由一地點移至另一地點時，更有可能會發生導致毀損滅失的各種風險。

4.用品、設備與供應品（Furniture, Equipment, or Supplies）

有許多動產可以權宜的將之劃歸為用品類、設備類及供應品類。例如：辦公家具、打字機、玻璃櫃櫥，以及櫃檯等，可以視為用品類的動產；而文具、筆墨及印好的表格等，則可視為供應品類的動產；至於機械、製造器材及打包器材等，則可視為設備類的動產。

5.機械設備（Machinery）

機械設備應列入前述之家具、設備及物料等此大類的財產中，但因特殊的機械項目，通常都擁有很高的價值，故才會予以單獨列出與探討。

6.電腦設備（Computer Facilities）

現代多數企業組織皆有電腦設備之裝置，此為性質較為特殊之設備系統，其中包括：⑴電子資料處理設備，此即所謂硬體（Hardware）；⑵電腦程式設計，此即所謂軟體（Software）；⑶設備系統中，所有記憶體及磁碟（硬碟）等，總稱之為媒體（Media）。電腦設備之價值甚高，大型電腦尤為昂貴。

7.重要文件、簿冊及檔案紀錄 (Valuable Papers, Books and Documents)

無論大小規模之企業組織,皆可能擁有大量之會計、財務及統計紀錄。甚至有若干組織,其營運皆有賴於此等重要之簿冊、影片、地圖、設計圖樣、摘錄、契據、照片及其他文件等。例如:醫生保留病患之病歷,以便繼續進行其診療工作;攝影師、建築師、工程師及新聞記者等,必須保留過去工作之檔案紀錄,作為目前工作設計之憑藉。即使風險管理人員本身,亦可能須有過去工作之重要紀錄,以達成其任務。

8.流動財產 (Mobile Property)

流動財產,包括汽車、飛機、船舶、營造商所用之重型流動設備,以及其他流動性機器等。此類財產之價值皆非常昂貴,風險管理人員必須特別加以重視。流動財產所可能遭遇之風險事故,除與一般財產相同者外,主要尚有在行駛或運輸中之各種特殊風險因素,如碰撞、傾覆等。

(二)無形財產 (Intangible Property)

有些資產雖價值頗高,但無實質之存在,此即所謂無形財產。此等財產乃基於法律或契約所有之權利或利益,包括商譽、著作權、專利權、商標、租賃利益、許可證、商業機密及預收費用等。

此等資產之明顯特性是,通常不易認知及評估。例如:假定某一企業組織與其他組織具有相似之實質資產,但其可能獲得較大利潤,因較大利潤之一部分,即由無形資產所產生。由有形資產所生之利潤率已難決定,具有特殊賺錢能力之無形資產,如何評估其價值,確實對風險管理人員是一項具有挑戰性的工作。

第 三 節　財產損失的風險事故

引起財產損失之風險事故,為數甚多,不勝枚舉。但為了方便說明,特將各種不同之風險事故予以分類,並對若干最明顯之風險事故加以解釋或敘述,或能有助於風險管理人員對財產風險之認識。

依照財產損失發生之原因，其風險事故可分為自然、人為與經濟三類，說明如下：(註④)

一、自然風險事故 (Natural Perils)

自然風險事故係指大自然的力量，而非人為干預所致者（見表6-1）。

2005年1月，歐盟將對二氧化碳和其他引起地球溫室效應的氣體，強制實行限制措施，並且還就有害氣體排放權的買賣，建立一套市場機制。同年2月16日開始，拖延多年為了二氧化碳減量而通過的《京都議定書》，也正式開始實施。(註⑤)

表6-1 自然風險事故分類表

塌陷	腐蝕	乾旱
地震	沖蝕	蒸發
土質變鬆	天然火災	洪水
流行疫病	冰雹	土地滑動
閃電、雷擊	隕石流星	晴空亂流
長黴	氣溫驟降	森林大火
腐爛	靜電	地層下陷
風災	海嘯	潮汐
生鏽	冰雪	蟲害
火山爆發	水漬	山崩

在現代社會所面對的十大風險當中，和氣候變遷相關的風險就占了三項：颱風、洪水、森林大火。而在可預見的未來，氣候變遷所衍生的風險，將會愈來愈高。

在過去100年期間，嚴重洪水增多，而嚴重乾旱則減少，主要原因是全球變暖，海水因為暖化而上升10～20公分，而且地球暖化的速度，比科學家預估的還要快。各國政府間氣候變遷小組發現，在這個世紀結束前，全球溫度將上升1.4～5.8°C，這幾乎是5年前預估的兩倍。

溫度上升，會直接導致颱風和洪水的強度和頻率都增加，而溫度如果升高3°C的話，可能導致一場災難性的冰川融化，帶來最致命的危機──海平面上升，造成全球的海平面上升7公尺，而威脅到地處低窪的國家，例如：馬爾地夫

風險管理 理論與實務

群島和孟加拉。

冰河融化的壞消息，不斷從全世界傳來。例如：秘魯的Qori Kalis冰川，正在以每年200公尺的速度退縮，這一速度是1978年的四十倍，而這只是正在消失的成百個冰川中的其中一個。瑞士阿爾卑斯山的冰河，更有可能在50年內，消失四分之三。

颱風、洪水、森林火災等與氣候相關的天然災害，自90年代，已造成經濟與保險損失三級跳。而2004年美國佛羅里達州連續發生的四個颱風，據國外統計資料顯示，至少造成560億美元的經濟損失。

聯合國環境規劃署財政部門官員，還提出了關於惡劣氣候和天然災害可能給人類帶來的損失報告。起草報告的人，大多來自保險公司，他們預估，到2050年，大氣層中二氧化碳含量，會比工業化前的含量高出兩倍。過去兩個世紀內，大氣層中二氧化碳含量已經上升了30%。在往後的50年內，如果大氣層中二氧化碳含量增加一倍的話，由此引發的天然災害，將給人類帶來每年高達1,500億美元的損失。

二、人為風險事故（Human Perils）

人為風險事故，係指個人或小團體之行為所致者（見表6-2）。

表6-2　人為風險事故分類表

縱火	建築物倒塌	溫度改變
化學品洩漏	汙染	電腦中毒
歧視（種族、性別）	塵爆	電力負荷過重
惡臭	賄賂	煙燻
人為錯誤	金屬熔化	環境汙染
放射線汙染	暴動	破壞活動
電腦駭客	音爆	罷工
恐怖攻擊	偷竊	堆高物件之倒塌
惡意行為	偽造、詐欺	震動
戰爭	爆炸	

曾是全球最大能源公司之一的美國恩隆公司（Enron Corporation）因長期有計畫地偽造財務報表，經各方控告虛報盈餘、內線交易、詐騙股東等罪，致名

譽一落千丈,最後於2001年底宣告破產。其最高階主管或自殺、或病死、或坐牢、或賠錢,以及4,000多名人員失業,其員工及投資人一生積蓄、兒女教育基金及年金蕩然無存,成為美國有史以來最大的財務弊案。

三、經濟風險事故(Economic Perils)

經濟風險事故,係指大團體因反映特殊情況,而非事先協調所致者(見表6-3)。

表6-3　經濟風險事故表

消費品味的改變	徵用沒收	景氣衰退
通貨匯率變動	通貨膨脹	股市衰退
折舊	過時	技術革新

1970年代,國際原油價格超過每桶100美元,我國因屬能源輸入型國家,油價上漲,將帶動企業營運成本上升,造成國內股市動盪。

對臺灣而言,國際油價上揚難免對物價產生上漲壓力,可能造成景氣衰退式通貨膨脹,亦會對以出口為導向的臺灣造成衝擊。由表6-3之經濟風險事故分類表可知,任何一種經濟風險事故,都將會對企業帶來損失,此種風險事故不易事先評估及採取因應對策,乃企業風險管理人必須嚴陣以待的風險事故。

1970年代初期,世界能源危機,使美國吊扇業大發利市,紛紛投資擴廠,甚至把其他產品線停掉,改產吊扇。1981年後,能源危機解除,市場行情立即下跌,許多工廠存貨堆積如山,終於遭到停工歇業的命運。

前幾年,我國百吉發機車公司,轉口貿易行銷大陸成功,因此負債擴廠增產,但突然外銷訂單中斷,立即停工倒閉。此一失敗案例,足以作為殷鑑,提醒有意進軍廣大中國大陸市場的中小企業,務必作好風險管理。

第 四 節　財產損失的評估標準

　　在評估一財產損失風險的財務影響時，風險管理人必須用心去挑選合適的評估標準。以下所探討的評估標準，則計有歷史成本（Historical Cost）、課稅評估價值（Tax Appraised）、會計價值或帳面價值（Accounting or Book Value）、重置成本（Replacement Cost）、再製成本（Reproduction Cost）、功能重置成本（Functional Replacement Cost）、市價（Market Price）、實際現金價值即「折舊重置成本」（Actual Cash Value or Depreciated Replacement Cost），以及經濟價值或使用價值（Economic or Use Value）等。（註⑥）這些價值標準，泰半都能適用於各風險管理情況。

　　雖然風險管理人並不一定要是一位「通才」專家，亦即並非須精通與風險管理有關的所有學問不可，但卻應擁有豐富的專業知識，瞭解風險管理的財產評估問題，並與經理人溝通財產的評價問題。

一、歷史成本（Historical Cost）

　　會計報表均是以歷史成本來表明大多數資產的價值。而一項財產的歷史成本，乃是指為取得該項財產所付的價格而言。下文以美帝公司的資產負債表為例（詳表6-4），來說明以財務文件決定風險價值的問題。雖然當時並沒有表明，任何成本的歷史紀錄均會因通貨膨脹、技術改變及其他因素而過時，但這卻是一個不爭的事實。

　　美帝公司的資產負債表，報導其建築物有$100,000的價值及$35,000的累計折舊，然從風險管理人的立場來看，此$100,000究竟代表什麼，卻不甚清楚，因其財務報表係依據一般公認的會計原則（Generally Accepted Accounting Principles，簡稱GAAP）來編製的。然如我們所知，GAAP常有「持平」（Fairly）與保守穩健的傾向，故據其所編製的財務報表，也就有與事實相出入的情形。（註⑦）

　　詳言之，依GAAP的規定，不動產的價值應以原始成本（即歷史成本）來記載與報導，因此，在美帝公司帳簿上的$100,000分錄，就應代表整棟建築物的總

表6-4　美帝公司資產負債表——20××年12月31日

資　　產			
流動資產：		$3,000	
現金		50,000	
應收帳款		200,000	
存貨			$253,000
流動資產總額：			
固定資產：			
設備		$10,000	
建築	$100,000		
（累計折舊）	(35,000)	65,000	
固定資產總額			75,000
資產總額：			$328,000
負債與業主權益			
負債			
應付帳款		$150,000	
應付抵押款		60,000	
負債總額：			$210,000
業主權益			118,000
負債與業主權益總額			$328,000

原始成本（包括其所在之土地的價值、不動產買賣佣金、過戶成本，以及與其有關的所有合法費用在內）。又爾後對該棟建築物所做的任何資本改良，則均應加進其原始成本中。是故，若美帝公司花費$5,000來強化該棟建築物的結構，則此筆錢就應加進其原始成本中。即此時該棟建築物的原始成本，會因此一資本改良而增為$105,000。

　　然風險管理人研究美帝公司之財務報表的目的，則在於想知道什麼應列入$100,000的建築物分錄中，與什麼不應列入$100,000的建築物分錄中，以及此$100,000的原始成本，有多少應分配給該建築物。雖這麼做頗能表明歷史成本的價值，但這對其他目的價值決定，卻沒有什麼用處可言。

　　又在評估存貨時，報導歷史成本的會計實務，其影響會變得相當複雜。例如：美帝公司在其資產負債表上，係以$200,000來報導其商品存貨，此一價值可能係以後進先出法（Last In, First Out，簡稱LIFO）或先進先出法（First In,

First Out，簡稱FIFO）來決定的。然應注意的是，此兩方法均無法把風險予以數量化，因此就無法提供對風險管理人有用的資料。

現在，就此兩種存貨評估方法的影響予以說明。首先，誠如所知，在物價因通貨膨脹而全面攀升之際，後進先出法常會低估存貨的價值。後進先出法係假定留在存貨中的項目，為最先以較低之歷史成本所盤進的項目。關於這一點，茲舉例予以說明。假設美帝公司經銷一種花瓶，此種花瓶的每個進貨成本，在短短的數年內從$20漲為$40，而若該公司隨時都至少保有半打的花瓶存貨，則在後進先出法下，其花瓶存貨的價值將被評定為每個$20，因它們都是「先進」而一直沒被賣出的存貨。若美帝公司的花瓶存貨為10個，其中6個的價值將評定為每個$20，而其餘4個的價值則將被評定為每個$40（因其餘的這4個很有可能係最近購買進來的，故當然應以目前的成本來評價）。準此，依據後進先出法，此批花瓶存貨，以歷史成本來計價的帳面價值，就為$280：

6個花瓶@$20 = $120
4個花瓶@$40 = $160
　　　　總額　$280

然此一存貨紀錄，顯然係低估了這些花瓶以目前價值來重置的成本；易言之，若目前的這批花瓶存貨毀損或滅失，則美帝公司將需花$400，而不是$280來收購10個新花瓶。

說明了後進先出法後，緊接著要說明的是先進先出法。先進先出法係假定先購進來的存貨先賣出去，這情形就好比把球裝進一條管中那樣，先裝進去的就先從管的末端溜出來一樣。因此，留存在存貨中的項目，就都是最近收購進來的項目，且其成本比後進先出法下的成本還高（此乃因通貨膨脹所致），而如以前述美帝公司的10個花瓶存貨為例，則此批存貨的價值在先進先出法下，將被評定為$320：

6個花瓶@$40 = $240
4個花瓶@$20 = $ 80
　　　　總額　$320

204

從風險管理人的眼光來看，若想衡量「有損失之虞」的價值，則先進先出法下的存貨價值，顯然較後進先出法下的存貨價值，更適合作為「有損失之虞」的價值。然應注意的是，儘管先進先出法下的存貨成本，已被往上調平（即往上平均），但此一存貨成本還是被低估了$80元（＝$400－$320），此乃因物價上漲而存貨的計價卻沒「跟上」之故。

雖然先進先出法的存貨評價，較後進先出法的存貨評價，更適合作為「有損失之虞」的價值，但因其有前段所述的「與物價脫節」的缺點，故極力建議使用「下一個進先出法」（Next In, First Out，簡稱NIFO）來評定存貨的價值（註⑧）。又此一存貨評價方法，雖不是標準的會計方法，但卻是風險管理人對「有損失之虞」價值衡量的利器之一。「下一個進先出法」係假定留存在存貨中且「有損失之虞」的項目，將以下一次進入存貨中的項目成本，來予以重置。準此，「下一個進先出法」下的存貨價值，雖係屬歷史成本的價值，但其卻也反映了市價法下的存貨價值──即存貨價值的計算，乃在反映重置成本。

二、課稅評估價值（Tax Appraised）

課稅評估價值（即以所得稅為考慮重點的存貨價值或財產價值）對風險管理人來說，幾乎沒什麼用處可言，因此一價值乃係地方政府單位基於「課稅」目的所設定的價值。申言之，財產稅乃是政府歲收的主要來源，故很關切「稅基」或「稅源」是否足夠產生所需的稅賦收入。由於有些財產稅適用於不動產，有些則適用於動產，是故，政府基於稅收的考量，自會以其政治力量來強制評定各種財產的價值，而不管這些財產的實際價值為何。這種強制的評價雖與風險管理的財產評價沒什麼關係，但若重大的資產在損失事故發生後，須予以重置時，則此種強制的評價，倒頗能用來估計企業的財產稅，會有什麼樣的改變。不過，若稅捐機關於該資產重置後，對企業的財產重新予以評估，則重置之資產所應課徵的稅賦，泰半會大於重置前（或事故前）的稅賦，而這種增加的稅賦費用，自會減低企業未來的淨利，故此種增加的稅賦費用，應算是來自財產損失的一種淨利損失（即因財產損失所致的一種淨利損失）。

三、會計價值或帳面價值（Accounting or Book Value）

會計價值或帳面價值，乃是指一資產的歷史成本減去其累計折舊後的餘額而言，而此計算的會計假設則為，過期部分的耐用年限（或使用年限），其價值已耗用掉，故應自整個年限的總價值中予以減除，以便反映還剩下多少價值可以繼續耗用。一般說來，長期資產的帳面價值，均小於其歷史成本，此乃因折舊使然。不同的資產在現行稅法的規定下，可以不同的速率來折舊：有些資產，可以使用「直線」基礎來提列折舊，有些資產則可以使用加速折舊法來提列折舊。有些資產之折舊，係採政府所允許使用的折舊率，則通常在反映政府的經濟政策，是否在鼓勵企業做某種投資。易言之，凡投資政府政策所鼓勵的產業，則其資產可採用較快的速率來提列折舊，以便促進經濟的景氣與繁榮；而凡投資政府政策所不鼓勵的產業，則其資產概不許使用較快的速率來提列折舊，以便促使企業把資源用於政府所欲鼓勵的經濟政策上。

四、重置成本（Replacement Cost）

從風險管理人的眼光來看，重置成本乃是衡量財產損失之財務影響的最管用利器之一。不過，從會計人員的眼光來看，此一衡量利器並沒有什麼特殊的意義，因其與財務報表上所報導的價值，並無直接的關係存在。雖然如此，我們還是有必要把重置成本的觀念予以說明。重置成本乃是指以類似或相同之財產，取代被毀損滅失之財產，所需花費的金額而言。然應注意的是，重置成本比再製成本與功能重置成本，有著更廣泛或一般化的概念與觀念，因後兩者只適用於特殊的財產。

㈠建築物的重置成本（Replacement Cost of Buildings）

建築物的重置成本，乃是以新建築物來取代毀損滅失之現有建築物的建築成本。此建築成本，可以很精確的予以估計出來，就理論而言，此種估計並不難做，例如：具有相當經驗的評估人，可以先衡量建築物的大小，然後再以整棟建築物的總坪數，乘以建築商承建類似建築物所需的每坪建築費用，即可得出整棟建築物的重置成本。

但此一重置成本的估算過程，在實務上卻相當的專業化，亦即不同的評估

人所算出來的重置成本常不相同，是故，決定建築物之重置成本的唯一確切方法，就是以重新營造來評估。但此種方法所估算出來的成本，可能會有「膨脹之虞」，因營造初期會有一些「重新來過」的支出，如建築師設計費、整地成本，以及建築許可費等，而這些支出，則並非一定是取代現有建築物所必須的支出。易言之，若現有（或舊有）的建築藍圖可以再使用，則建築師的設計費用就可以省下；同理，一旦樓址土地早已整理好了，則馬上就可以重新用來蓋新建築物，整地成本也就可以省下來；同樣地，新建築的許可，若可沿用現有（或舊有）建築的許可，則新建築許可費用也可以省下來；同理，許多其他的營造「開工」成本也可以省下來。

在實務上，風險管理人依靠「專業」的評估人來估計重置成本。風險管理人被給予的資料愈多，則愈有能力來估計重造建築物所需要的成本。專業評估人在估計建築物之重置成本時，常會仔細檢視建築設計圖、計畫書、施工說明書、市政府建管局的實際建築紀錄，以及原始的成本數字等，而且還會至施工現場查看一番。當然，其在做上述這些工作時，都會隨身攜帶一張評估工作單，愈詳盡的評估工作單，愈能產生精確的評估結果，表6-5為目前實務上所採行的評估工作單。（註⑨）

然應注意的是，表6-5並沒有將財產評估的每一面均予列出，亦即，在實際評估財產重置成本時，仍有許多「不明」的地方，有待評估人加以克服。例如：評估人應如何處理建築物的租賃改良？承租人所做的改良，究竟為整個建築結構的一部分，或為內部裝潢的一部分？過時的建築材料應如何評價？評估人應使用與毀損滅失之原建材相同的材料來估計成本呢？還是應使用新建材來估計才較適當？若打算重建，則須遵守或符合什麼樣的建築法規規定？而由於上述這些問題，再加上其他問題，遂使得欲正確決定重置成本，乃為不可能之事。為此，大多數的評估人才，會在其評估報告上，載明其估算所依據的假設基礎。是故，若冀望估算的精確性達90%以上，乃是不切合實際的想法與期盼。

又評估人可能會使用簡化的方法來做估算，此一方法通常稱為單位成本評估法。此方法係以平均的當地成本，乘以建坪或容積坪而來估計重置成本。另一種較詳盡的作法，則是使用分離成本法來估算，此法乃是先針對各個主要建築項目，估算各項目的平均當地成本數字，然後再把這些數字予以相加總，以便擬出一個較精細的建築物建築成本估計數。

　　然應注意的是，完全過時的建築物，可能沒有什麼經濟價值可言，但其重置成本卻非常高，這對標榜龐大而華麗格調的建築物，以及特別針對某些用途而設計的建築物來說，更是一點也不假，因技術的突破或經濟情況的改變，都會使這些建築物「大而不當」、「華而不實」，以及「昔日的優點變成今日的缺點」等。

　　由於過時建築物的汰舊換新相當困難，故企業常須決定，到底應重建一個與舊建築物一模一樣的新建築物呢？還是應以一個具有同樣功能，但卻較現代化的建築物來取代舊建築物。當然，企業在取捨抉擇之際，必會考慮到再製成本與功能重置成本。

　　建築物的評估人，通常會把與建築物有關的藝術價值問題，留給精緻藝術評估人來決定，大多數的建築評估人，也不願意去估計現行建築法規，對重置成本的影響，因建築法規的解釋，完全取決於建築物檢查人與建築許可核准主管單位，且任何與法規相違背的，通常均不會准許。

表6-5　評估工作單

被保險標的物 _____
地　　　　點 _____
日　　　　期 _____

A.單位成本法：	平方尺□	立方尺□
建築物的名稱與數目…………………		
占地		
等級與品質…………………………		
樓數與樓高…………………………		
平均的樓面…………………………		
平均的周邊數或轉角數……………		
人所使用的區位……………………		
基本成本…………………………		
調整項目		
冷暖氣等…………………………		
電梯………………………………		
其他項目…………………………		
……………………………………		
……………………………………		
調整後的基本成本………………		

細部再調整					
樓數乘數………………………					
樓高乘數………………………					
周邊面積乘數…………………					
經常成本乘數…………………					
當地成本乘數…………………					
綜合乘數…………………					
總結的單位成本					
面積或容積					
間接成本					
混合項目					
重置成本					
不可保的部分					
%…………………………					
金額………………………					
可保險的重置成本…………………					
折舊：年限__條件____……………					
%…………………………					
金額………………………					
可保險的有效價值					

B.分離成本法：　　　區位（或類別）_____

	地下室	其他樓板
地板面積成本………………………		
打樁……………………………		
地基（地板）…………………		
鋼梁……………………………		
樓面（地板面）………………		
天花板…………………………		
內部結構………………………		
鉛管工程………………………		
自動防火噴水裝置……………		
冷暖氣及通風設施……………		
電力……………………………		
總成本／平方尺…………		
面積………………………		
總樓板面積成本…………		
牆面積成本		
外牆………………………………………………………面積__×成本__＝_____		
地下室牆…………………………………………………面積__×成本__＝_____		

裝修………………………………………………面積＿×成本＿＝＿＿＿		
總牆壁面成本…………………………………………………………＿＿＿		

屋頂成本

屋頂覆蓋物……………………………………面積＿×成本＿＝＿＿＿		
屋頂結構………………………………………面積＿×成本＿＝＿＿＿		
橫梁等…………………………………………面積＿×成本＿＝＿＿＿		
總屋頂面積成本…………………………………………………＿＿＿		

不可保的部分	%	總結　計算
		樓板面積
地下室的地椿………………………	＿＿＿＿＿＿	地下板　＿＿＿＿＿
地面下的地基………………………	＿＿＿＿＿＿	其他樓板＿＿＿＿＿
地面下的管線………………………	＿＿＿＿＿＿	牆壁面積
建築設計與施工說明書……………	＿＿＿＿＿＿	屋頂面積＿＿＿＿＿
	＿＿＿＿＿＿	混合項目＿＿＿＿＿
	＿＿＿＿＿＿	總額
		調整項目＿＿＿＿＿
總額	＿＿＿＿＿＿	建築師費＿＿＿＿＿
		經常成本＿＿＿＿＿
		當地成本＿＿＿＿＿
		總結調整＿＿＿＿＿
		重置成本＿＿＿＿＿

混合項目

項目	單位成本	品質	成本B	建築	經常	當地	成本A
總額		B類		A類			

㈡動產的重置成本 (Replacement Cost of Personal Property)

風險管理人常會覺得，建築成本乃是評價不動產的合適基礎，因若動產毀損滅失，則必須予以重置才能恢復營運。一般說來，動產之重置成本的估計，雖不若建築物之重置成本的估計那麼困難，但卻是一件頗為耗時的工作，而且

也需要有專業的知識，才能從事此一工作。

　　從事評價一企業的動產，通常係從其如下的動產項目存貨評價起：其所有辦公家具、附屬裝置、設備、車輛、物料，以及其在各設施所擁有或使用的其他有形財產。這些動產項目存貨，可以從各來源獲知，如採購紀錄、保險契約所載的價值、親自查看，以及和企業有關人士交談等，然其中以和企業有關人士交談，最能讓風險管理人取得完整動產項目存貨所需的第一手資料。

　　一旦完整動產項目存貨編擬出來，則風險管理人可從中將其企業的動產予以分類。因此，風險管理人的下一步評價工作，就是確立合適的方法，來決定每一類動產項目的重置成本。一般說來，風險管理人或評估人，可能擁有大多數動產價值的第一手資料來源，然對於特殊動產項目的評價，風險管理人甚或財產評估人，就需要向財產評估的專家請教。

　　動產的分類管理與評估，通常係借助電腦來進行，而且，一旦整個動產資料建了檔，則其價值就可以隨時且輕易的以現時價格予以更新。不過，此時仍舊有一些特殊的動產項目，如精緻的藝術品等，無法予以汰舊換新或重置，故對於此種動產，若不是完全予以排除在評價過程之外，便是以類似項目的價值予以評估。

五、再製成本（Reproduction Cost）

　　一動產項目或不動產項目的再製成本，係指使用與原物相同或可資媲美的材料與技術，來「全版」複製的成本。然應注意的是，若「全版」複製所使用的材料與技術完全與原物一樣，則整個再製成本，泰半會超過所有其他的評價標準。

　　當有必要把具有歷史意義或藝術意義的財產（如紀念館、紀念碑及藝術品等）予以重建時，則再製成本，就對風險管理人有著很重要的用處，因其上司會要他儘速決定，到底要「全版」複製原物呢？還是以較現代，但卻具有同樣功能的新物來取代原物呢？而若決定「全版」複製原物，則風險管理人就必須以複製所使用的材料，與人工成本來估計財產損失風險的財務影響。

　　再製成本在風險管理上，有兩個不同的用途，其中的一個係與財產的「全版」重製有關，而另一個則與評價紀錄、文件與資訊等的財產風險有關。後者

的例子，除了應收帳款外，尚包括未完稿的建築設計圖或工程設計圖、律師事務所所承辦而尚未解決的訴訟案件，與其證據及狀文、保險經紀人的客戶檔案，以及醫療圖表等。若這些文件遺失或毀損滅失，則必須予以「全版」複製或重製，才能回復原有的價值。至於複製或重製的成本，則可以所使用的紙張或其他媒體成本再加上人工成本（即重建與重錄資料所使用的人工成本）來予以衡量。

六、功能重置成本（Functional Replacement Cost）

一動產或不動產項目的功能重置成本，乃是指取得與原物有相同功能與效率，但卻並非與原物完全一樣的代替品（或重置品）而所花費的成本。此一評價標準，已考慮了「堅持以重置成本來衡量潛在損失之財務影響」，所可能造成的高估現象，因損失的適當衡量物，乃為財產功能的價值，而不是財產的本身。準此，功能重置成本乃是評價「易受技術快速變遷所影響之財產」的最適當利器。

我們就以XYZ醫院的電腦為例，來說明功能重置成本。XYZ醫院的這部電腦是在數年前以$350,000的成本購入的，當時，這部電腦係屬最新型的電腦，而且係融合了各種尖端科技的結晶品。然儘管今日仍然能繼續執行其原有的功能來為該院服務，但其卻已全然過時了，而且原廠商也已不再生產此型的電腦，甚至連類似的電腦存貨也沒有。因自從該院購入該部電腦後，電腦的發展一直突飛猛進地往前增長，而且每有新電腦問世，則緊接著便會有更新且更強的電腦接踵而來，結果，演變至今日，市面上的電腦其體積均比該院昔日所購進的那部電腦要小多了，而且其成本也只有後者的一半而已，但其處理的工作量卻為後者的四倍。

是故，若此時以重置成本來評估該醫院那部電腦的損失價值，則為不合理之事。易言之，基於風險管理的目的，此時應以功能重置成本（即具有與舊電腦一樣之功能的新電腦價格），來評估舊電腦的損失價值才合理。而電腦技術的革新不但快且大，故功能重置成本很可能會小於舊電腦的歷史成本。

又其他會受技術革新所影響的設備，計有印刷設備、自動化生產設備（如機械人等），以及大多數的電氣設備或高科技設備等。事實上，此一觀念也能

適用於建築物，因適當設計的新建築物，常比未經「深思設計」的現有建築物
（或舊建築物）更有使用上的效率與功能。

七、市價（Market Price）

　　一資產的市價，乃是指在市場購買時，所必須支付的價格而言。然由於買
賣價格係相等的，故資產的市價，亦為其在市場所可賣得的價錢（事實上，市
價乃是「下一個進先出」之存貨評價法的另一個名稱）。然與前述評價標準所
不同的是，市價在風險管理中，並沒有其「一席之地」。

　　最適合使用市價做為評價標準的資產就是商品，如小麥與石油等，因這些
商品，每一批的量實很難與另一批的量分清楚。然由於許多商品的市場交易很
活絡，故彼等就有一個會隨市況起伏的每日市價。為此，當風險管理人想評價
此種財產時，則市價倒不失為是一個很合適的評價利器。例如：若倉庫中的穀
物，因失火而燒毀，則此一損失，可以失火當天的穀物市價來予以衡量。

八、實際現金價值或折舊重置成本（Actual Cash Value or Depreciated Replacement Cost）

　　風險管理人所常使用的價值衡量物之一，就是實際現金價值，即實體折舊
或過時，所減少的重置成本。然應注意的是，在計算實際現金價值時，所使用
的折舊係為「真正」的折舊（包括過時），而非為會計目的之折舊。雖然實際
現金價值承認了動產經濟使用年限的已過期（或已使用）部分，但真正的折舊
則可能難以估計，特別是在動產保養得很好的場合，其真正的折舊更是難以估
計。

　　實際現金價值可運用在動產或不動產上，其整個評價結果則很近似市價，
此乃因自由市場亦考慮了重置成本與剩餘年限等因素之故。例如：若有三個完
全相同的建築物以每隔5年興建一個的方式，予以連續建築完成，則我們自可以
合理的認定，使用10年的那個建築物，其成本會小於使用5年的那個建築物，而
後者的成本則會小於最近才完工的那個建築物。事實上，在不動產的市場裡，
可能的買主均知道較老的建築物將需要較多的維修保養，且其使用年限要比新
建築物短多了。

現在，再以前述的那三個建築物為例，說明實際現金價值的計算方式。由於此三個建築物完全相同，故彼等的重置成本也就完全相同，不過，因其彼此所承受的真正折舊數額並不相同，故其彼此的實際現金價值也就不同。現假設三個建築物均有100年的（使用）年限，則使用10年的那個建築物就折舊了10%，而使用5年的那個建築物則就折舊了5%，至於最近才完工的那個建築物則一點也沒有「折舊」。而若每個建築物的重置成本均為$200,000，則其彼此的實際現金價值計算如下：

	重置成本	折舊	實際現金價值
使用10年建築物	$200,000	$20,000	$180,000
使用5年建築物	$200,000	$10,000	$190,000
最近完工建築物	$200,000		$200,000

上述的方法也可用來計算動產的實際現金價值。第一步乃是先確定動產的現時重置成本，再估計動產的經濟使用年限，把真正折舊的金額，自重置成本中予以減去。當然，在計算真正折舊時，須顧及動產的維修保養水準或程度。一般說來，真正的折舊有兩種計算方式，第一種係以資產之使用年限為基礎，例如：若建築物的使用年限為100年，則其每年的折舊額就為1%，而若建築物預期可使用年限為20年，則其每年的折舊額就為5%。

第二種計算折舊的方法，係以資產的預期總產出（或總產量）為基礎。例如：若一部影印機在設計時，就預定其在功能完全耗盡前，可以影印文件500,000份，則其折舊的最佳衡量物，乃是截至計算日止的影印份數。是故，若截至計算日止共影印了200,000份，則我們自可合理的認定，該影印機已折舊了40%，從而其實際現金價值就為其現時重置成本的60%。然應注意的是，本影印機釋例是以實際現金價值來作為評價的標準，而不是以功能的重置成本來作為評價的標準。為此，本例有一個隱含假設，那就是影印技術在該影印機的存續年限內相當穩定。是故，若此一假設並不正確，則重置成本將較適合作為評價的標準。

商品的實際現金價值，通常係其所有權人在市場購買時的市價。易言之，對零售商而言，其商品的實際現金價值係其商品的批發價格；而對經銷商或大盤商來說，則其商品的實際現金價值乃是製造商向其所收的價格。然應注意的

是，若存貨「周轉」很快，就沒有什麼折耗或折舊可言，不過，若商品的市場有季節性或易受消費品味的改變所影響，則便會有折耗（或折舊）的問題發生。例如：時裝存貨就是一個最好的例子，若打算賣得其市價的價格，則必須趁流行時將之出售，否則便會因過時而有折耗的問題，而且一旦過時後，其市價將會變得極低，然其重置成本卻依然很高。

九、經濟價值或使用價值（Economic or Use Value）

分析了各種財產的評價標準後，可進一步說明生產過程（Production Process）使用之財產項目的評價標準。一般說來，此種財產的評價標準，係為其經濟價值或使用價值，以可歸因於該財產項目未來收益的價值為基礎。是故，本評價標準與前述評價標準的最大不同處，乃在於經濟價值或使用價值，並不會受財產項目的成本或其修理費用或重置費用所影響。

例如：製造金屬產品所使用的特殊鑽壓機，每年可產生值$5,000淨收入（已扣掉所有的費用）的產量，而若此鑽壓機預期還有10年的年限，則其經濟價值或使用價值，就為未來10年內，每年將賺得$5,000的現值。

就風險管理的目的而言，若企業對於動產或不動產的毀損滅失，將不予以重置，則經濟價值或使用價值，最適合用來衡量動產或不動產的損失風險，因經濟價值或使用價值所著重的是，這些財產的損失對企業未來淨利的影響，以及對整個企業價值貢獻的影響。

第 五 節　遭受財產損失的法律個體

企業財產損失風險另一個要考慮的要素，就是遭受財產損失的法律個體（Legal Entity Suffering Loss）。一般說來，與財產損失有關的法律利益，可以分成四大類：(1)目前的所有權利益；(2)未來的所有權利益；(3)目前的使用利益；(4)未來的使用利益。茲說明如下：（註⑩）

一、目前的所有權利益

即一般人所稱的「所有權」，它賦予利益所有人有權於目前擁有財產，並有權將之用於任何法律用途上，以及有權將之出售。

二、未來的所有權利益

係指未來才能擁有的所有權利益。

三、目前的使用利益

賦予持有人現在占有或使用財產的權利，但此一占有或使用權利，只限於指定或合理的用途，而且也只限於固定或確定的期間。

四、未來的使用利益

雖不賦予持有人現在擁有財產的權利，但卻保證持有人有未來占有或使用財產的權利。例如：財產可以遺囑贈與立遺囑人的寡婦，而在這寡婦死亡後，則其受贈的財產，就又成為立遺囑人子女的財產。

在此例子中，寡婦對立遺囑人的財產擁有權利，故立遺囑人的子女在寡婦未死亡前，對立遺囑人的財產擁有未來的利益。不過，像此種未來利益也可以是一種使用利益，例如：若遺囑指定子女終生有權占有或使用遺囑人的財產，且子女死後整個財產將捐給慈善機構，則在此情況下，寡婦將擁有「目前的使用利益」，子女則擁有「未來的使用利益」，然慈善機構則擁有「未來的所有權利益」，而立遺囑人則擁有「現在的所有權利益」。

第六節 財產損失風險的發現方法

六個廣為人們所使用的企業財產損失風險認知方法，即：(1)使用標準化調查／問卷；(2)使用財務報表與有關會計紀錄；(3)使用其他紀錄及文件；(4)使用流程圖；(5)親自檢查；(6)請教組織內、外專家。其中的每一種方法，都有助於

直接認知企業動產與不動產的損失風險，以及有形與無形財產損失風險。以下就分別詳述之：(註⑪)

一、標準化調查／問卷

　　大多數標準化調查／問卷所列的問題，均係針對有形財產項目而設計的。例如：原本由美國經營者協會所擬出，後來再由風險暨保險管理學會修訂的調查／問卷，就包含有如下八大類的問題：(註⑫)「建築物與處所調查」、「財產調查」、「汽車風險調查」、「厚玻璃板調查」、「鍋爐與機械調查」、「犯罪調查」、「船舶與飛行器風險調查」，以及「傳統飛行器、直升機、氫氣球、飛彈及衛星調查」等。其中，「建築物與處所調查」係在探查不動產的風險問題，而「汽車風險調查」則在探查與汽車有關的風險問題。至於「財產調查」，因在前面已討論過了，故不再重述。一般說來，一份透澈之調查／問卷的各部分，常能使大多數有形財產項目（不管是動產或不動產）的風險暴露出來。

　　又此種調查／問卷的每一個問題，均只能顯示一個「有損失之虞」的潛在價值，然大體而言，一般的調查／問卷並不暗示或彰顯上述這些財產項目會有什麼損失風險事故，或哪些價值才與風險管理有關。亦即，其並不表明企業必須付多少金額，才能重置原財產或取得與原財產具有相同功能的類似財產。

　　又調查／問卷也只能暗示，而無法直接揭露重要的無形財產風險，如執照風險、翻譯權風險及租賃權風險等。雖然幾無一種調查／問卷能揭露出租人或承租人的利益風險，但只要有租賃情況出現，則有警覺心的風險管理人，自應主動考慮與租賃利益有關的風險。

二、財務報表與有關會計紀錄

　　一企業的資產負債表、損益表及現金流量表，可用來認知其財產損失風險。例如：資產負債表上的各類資產，均係代表風險管理人所最能瞭解的各種損失價值。是故，對每一項或每一類的資產，風險管理人均應探究如下的問題：(1)資產負債表上的價值，係代表哪些財產項目；(2)會危及這些財產的風險事故（Perils）有哪些；(3)這些財產的風險管理價值為何，亦即企業將須花費多

少金錢,來修復或重置這些財產。又當以損益表來找尋財產損失風險時,風險管理人常著重在表上的收入項目,此時則會產生如下的重要問題:

1.企業以什麼勞務或產品,來取得其全部或大部分的收入?

2.什麼資產會被用來產生這些收入?

一般說來,直接用來產生大部分收入的資產,係為企業最重要的資產,因若無這些資產,則企業的大部分收入將不復存在。而就此意義來說,則一資產的價值,不僅來自於其原始成本或現時重置價值,而且也來自於其對企業收入的貢獻。為此,在認知財產損失風險時,企業的風險管理人應特別努力去認清那些對收入具有最大貢獻的財產,而不去理會成本。例如:控制整座自動化工廠的電腦,就比工廠前院的人工園景,更值得風險管理人予以注意,儘管後者的成本為$50,000,前者零件的重置成本為$5,000,亦改變不了風險管理人對彼等的重視順序。

在企業的現金流量表上,重要的財產風險,泰半係出現在資金用途項目中,因此部分的項目能顯示企業是取得了新資產,或資產不變而增加了債務。像這種增加情況,自會促使風險管理人去注意來自這些新資產的新增潛在損失風險。反之,若企業係處置了某些資產,則這些財產自不會再有什麼財產損失風險可言。然應注意的是,財產損失風險並非是靜態的,故現金流量表所彙總的,乃是一般會計期間內之財產損失風險的變動情形。

三、其他紀錄及文件

企業大都擁有很多的其他紀錄與文件,如章程、檔案紀錄、翻印權、商標、專利權,以及這些權利的原始圖案或手稿、其設施的建築圖案、董事會議紀錄、重要營運會議紀錄及與客戶往來的紀錄等。

就某一層次而言,這些紀錄的本身,均是重要的財產項目,故值得作恆常的實體保護。例如:專利權雖為無形的財產,但若其持有人擁有專利權證件,則較可免於被竊或侵害。同理,擁有與過去顧客往來的紀錄,則有助於留住他們的惠顧;同理,保留病人的醫療紀錄,將能使未來的治療更有效果,且更有成本效益。

除了文件本身的價值外,文件也能提供與其他財產有關的風險資訊。例

如：董事會議紀錄與其他主管會議紀錄，會顯露取得或處置重要資產的計畫。此外，企業之特殊部門的紀錄、備忘錄或往來信件，也會顯露某些財產風險。例如：從採購部門的文件紀錄，可取得重要機械或存貨項目的重置資料；從維修部門的紀錄，可取得特殊財產經常故障或過快損壞的資料；從交通部門的紀錄，可取得車輛事故的資料。

四、流程圖

以流程圖來描示實際生產過程，常能展示或暗示會出問題的生產階段及財產，因此，流程圖能揭露重要的財產風險。例如：建築、機械、原料及完成品存貨、維修設備暨備用零件儲存室、道路，以及原料輸送帶等，有心的風險管理人，可用流程圖看出重要的財產風險。又流程圖可拓展到把供應商、顧客及整個流入流出之流程也列入的程度，像這種大範圍的流程圖，除了能顯示供應商與顧客之財產的重要性外，尚能顯示會使整個生產延緩或停頓之財產損失的重要性，以及企業與供應商或顧客往來交通工具的重要性。

五、親自檢查

有時只看流程圖是不夠的，尚需要風險管理人親自到現場檢查，亦即風險管理人不只須親自檢查企業的各個建築物與設施，而且也須親自去檢查重要客戶與供應商的設施與建築物。像這種檢查，不但能讓他發覺資產負債表或流程圖所沒顯示出的重要資產，而且也能讓他找出那些事實上已不存在，但卻依舊被報導的資產。此外，檢查也能揭露生產過程中的某些安排潛伏著一個不可接受的財產損失風險，例如：丙烷槽竟然設在極靠近穀物運送機的地方。又此種檢查也能讓風險管理人發掘那些沒人會想到報導的財產項目：如裝飾的灌木、地下的儲存槽、藝術品與其他有價值的內部裝飾品，以及儲放在員工辦公櫃內的員工財產。此種檢查也能使風險管理人更精確去解釋未來的書面報告、流程圖及其他所接到的設施資料。同時，也還能使他有機會與現場作業人員交換意見，俾更深入瞭解實際的風險情形。

六、請教組織內、外專家

重要的內部專家之一，就是現場或第一線的作業員，因這些作業員不僅對各機器的性能及臨時代用機器的性能瞭若指掌，而且也還知曉各機器的迅速重置來源或修理來源。

又在所有外界專家中，財產評估專家能協助決定某些特殊財產的重置成本，尤其是這些財產毀損滅失前，更能有助於決定這些財產的價值。此外，專精某行業之技術專家，也能有助於決定代用的資產或其重置來源；同時，這種專家也很瞭解即將突破的技術改革，會使哪些企業資產變得過時，從而降低彼等在財產損失風險中的重要性。例如：假設某建設公司擁有為數頗多的挖土設備，且其風險管理人知道，只要一有機會，則將以較新且較有效率的挖土設備來取代，則風險管理人基於風險管理的目的，將不會把這批設備視作是企業未來營運所必需的設備。

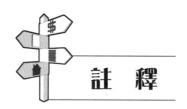

註　釋

①George L. Head & Stephen Horn, II, *Essentials of Risk Management*, Vol I (Third Edition, 1997), p. 163.
②同註①，p. 193。
③同註①，pp. 164-170。
④參閱註①，p. 172。
⑤秦依正撰，風險與保險雜誌，NO.4，中央再保險公司，2005年1月15日，pp. 24-25。
⑥同註①，p. 176。
⑦同註①，p. 175。
⑧同註①，p. 178。
⑨同註①，pp. 181-185。
⑩同註①，p. 193。
⑪同註①，p. 200。
⑫同註①，pp. 200-201。

第七章

淨利損失風險的分析

本章閱讀後，您應能夠：

1. 瞭解淨利損失風險的意義與種類。

2. 歸納有淨利損失之虞的價值。

3. 認知引起淨利損失的事件。

4. 分辨遭受淨利損失的法律個體。

5. 認清淨利損失的財務影響。

6. 描述淨利損失風險的發現方法。

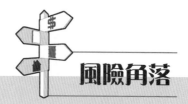

風險角落

新奇風險

　　可顯示新奇風險正在浮現的最清楚訊號，就是異常現象，也就是不合理的事物。這麼說似乎是顯而易見的，但大部分異常現象都難以辨識或處理。

　　數十年的行為研究顯示，人們會關注能驗證自己所相信事物的資訊，而當資訊與自身信念有衝突時，就不理會那些資訊。他們經常把重複出現的偏差（deviance）和虛驚事件（near miss），視為不過是暫時的小差錯。這種「把偏差常態化」的行為，會因為群體迷思而強化，導致團隊領導人壓制或忽視較低層級人員通報的顧慮或異常。

　　標準程序通常也會強化偏誤。例如：在1998年，德國鐵路公司（Deutsche Bahn）的高速列車，在德國下薩克森區（Lower Saxony）翻覆，造成101人死亡、88人重傷。但這起事故原本可以避免。當時，有一名乘客看到一大片金屬（後來認定是車輪的一部分）貫穿地板，進入車廂，卡在兩個乘客座位之間。不過，他沒有啟動附近的緊急剎車，因為有個醒目的標誌警告乘客，未經准許拉下剎車閥，會被處以高額罰款，而這項措施，是為了防止列車不必要的停駛。

　　那名乘客盡責地找到有權啟動剎車的列車長，但列車長還是沒有啟動剎車。德鐵控告那名列車長有疏失，而他主張，他是遵照既有規定，必須先親眼視察問題現場（以這個情況來說，問題現場在好幾個車廂以外），才能啟動緊急停車，結果他成功地以這個理由為自己的行為辯護。他遵守管理例行風險的規定，延誤了他對新奇事件的回應，造成慘重的後果。

　　重點在於，若要看出新奇風險，人們必須要能壓抑自己的直覺、質疑自己的假設，並深入思考所面對的情況。

　　資料來源：參閱2020年11月《哈佛商業評論》，pp. 63-64。

第 一 節 **淨利損失風險的意義與種類**

　　財產部分受損或全部損壞，所帶來的損失，並不僅以財產損失為限，因為受損資產重新購置或再取得以回復到原狀之前，公司也會因無法如從前那樣使用該資產，導致營運失常或停頓，而使淨利（Net Income）減少，此種會使淨利減少之財產，稱之為淨利損失風險標的（Net Income Loss Exposure）。因為淨利是由收入減去費用所組成，所以淨利損失之成因，可區分為：⑴收入減少（Decreases in Revenues）；和⑵費用增加（Increases in Expenses）。因為牽涉到的變數甚多，淨利損失風險比較難以衡量，本節將分別介紹收入減少與費用增加所造成的淨利損失。惟應加以注意者為，本節所稱之費用，廣義地包括了會計學上所謂之成本、費用與損失。

一、收入的減少

　　財產損壞導致公司「收入減少」而造成的淨利損失，其主要情況為：⑴租金收入損失；⑵營業中斷損失；⑶連帶的營業中斷損失；⑷製成品淨利損失；⑸應收帳款收現淨額減少之損失。以下分別加以說明。（註①）

㈠租金收入損失（Loss of Rent）

　　假設建築物意外受損，而且在受損期間，承租人不須支付租金，則出租人其租金損失為未收到的租金收入，減去正常租賃情況下，出租人所必須負擔的費用。但是在租賃資產受損期間，承租人是否須支付租金，一般須視租賃契約而定。

㈡營業中斷損失（Loss of Interruption in Operations）

　　資產受損時，公司可能必須一部分或全部暫時停業、停工或減少產量。就買賣而言，辦公設備、倉庫或商品存貨受損，所引起的淨利損失，可從銷貨減少（Reduction in Sales）加以衡量。就製造業而言，廠房、機器、模具、原料及在製品受損的淨利損失，則可從產量減少（Reduction in Production）加以衡量。至於製造業製成品受損所引起的淨利損失，將另設一項加以介紹。

衡量營業中斷所引起的淨利損失時，應包括：⑴如果營業不中斷，公司所能賺取之淨利；⑵雖然營運中斷，卻仍須支付的費用，例如：員工的薪津、利息費用、未受損害但亦中斷運作的資產之折舊費與保險費等。在營運中斷期間，編製假擬損益表（Pro Forma Statement）是估計其淨利損失的有效方法。

㈢連帶的營業中斷損失（Contingent Business Interruption Loss）

如果公司僅依賴單一之供應商供應商品或原料，則供應商之營業中斷，也會導致該公司之營業中斷損失，此種損失風險可稱為「供應商」風險（Contributing Company Risk）。同樣地，如果公司之產品僅能銷售單一之客戶，則客戶之資產受損引起營業中斷，亦將導致該公司之營業中斷損失，此種損失風險可稱為「客戶風險」（Recipient Company Risk），諸如此類之損失，均可稱為連帶的營業中斷損失（Contingent Business Interruption Loss）。

㈣製成品淨利損失（Loss of Profits on Finished Goods）

製造業者製成品受損或滅失，所產生之淨利損失，為其若能銷售該製造品所能賺取之淨利。至於製成品之成本損失，則和原料或在製品之成本損失相同，皆屬於直接財產損失。

㈤應收帳款收現淨額減少之損失（Loss of Smaller Net Collections on Accounts Receivable）

如果公司與應收帳款有關的帳冊紀錄遺失或被燒毀，必然使收帳工作極為艱難。一般說來，客戶的家數愈多，應收帳款的平均餘額又小，則收帳的困難程度愈高。縱然可從發票存根或出貨單等憑證，重新建立應收帳款紀錄，但是額外的工作成本，仍然導致應收帳款淨收現額的減少，此亦為淨利損失風險常見之一例。

二、費用的增加

財產損害導致公司「費用增加」而造成的淨利損失，其主要情況包括：⑴取消租約；⑵不可拆回之改良物；⑶額外的費用。以下分別加以說明：（註②）

(一)取消租約（Cancellation of Lease）

　　租賃契約可能規定在某些特殊情況下，例如：建築物損壞達某一百分比以上，則租約自動無效或是任何一方有權取消租賃契約。此時若約定之租金低於同等建築物之市場租金，則該租賃契約因故取消時，承租人之淨利損失等於被取消租賃期間的市場租金與契約租金之差額的折現值。該折現值乃承租人在取消租賃期間，欲向市場上租得同等建築物，必須多支出的折現值。例如：設有某公司租用某建築物，依規定每月初支付25萬元之租金，但同等建築物之一般市場租金為35萬元。後來因故於契約屆滿之4年前，取消該契約。因為承租公司每月所付之租金為25萬元，比一般市場租金35萬元少10萬元，因此承租公司之損失為每期約10萬元，48期之折現值。假若市場年利率為6%，則承租公司之損失為：

$$\sum_{i=0}^{48} \frac{\$100,000}{(1+0.06/12)^i} \text{ (0.06/12代表每月之利率)}$$

　　其計算情形，如表7-1：

表7-1　每月初支付1元（年利率6%，連續48個月）之年金現值表

月分	差額	折現因子	折現值
1	$100,000	1.005^0	$100,000
2	100,000	1.005^{-1}	99,500
3	100,000	1.005^{-2}	99,000
/	/	/	/
46	100,000	1.005^{-45}	79,900
47	100,000	1.005^{-46}	79,500
48	100,000	1.005^{-47}	79,100
			$4,279,300

　　在年利率為6%時，連續48個月，每月初支付1元之年金現值為42.793元，所以上例的折現為$100,000×42.793=$4,279,300。

㈡不可拆回之改良物 (Irremovable Improvements or Betterments)

租賃改良物是指對承租財產所為之改良，例如：租用大樓，在其內部裝設電梯。改良物可能依契約或法律規定，無法在租約期滿時，由承租人拆回。如果不可拆回的改良物遭受損壞，則承租人之損失為何呢？

若租約規定係由出租人負修護之責，則承租人之損失，僅為修護期間喪失改良物的使用價值。此損失可歸屬為營業中斷損失。

若改良物不能拆回，且承租人依規定須對建築物及改良物之損壞負責，則修護改良物之成本，為整個建築物財產損失風險之一部分，當然亦有修護期間之營業中斷損失。

如果租約未明確規定修護改良物之責任屬誰，則在承租人願意修理改良物的情況下，修護成本仍屬於財產損失風險，而修護期間，不能使用改良物之損失，則屬於營業中斷損失。若承租人不願修理改良物，則淨利損失可依比例分攤之基礎加以計算，而省略折現價值之考慮。例如：某10年租約，在租賃開始時，立即投入成本15萬元之改良物，若改良物於第6年底損壞，則淨利損失為6萬元，亦即15萬元應依比例，攤於4年尚未完成之租賃期間。此6萬元可視為公司欲於未來4年租用具有改良物效能之同等財產，所必須支付之租金。

㈢額外的費用 (Extra Expenses)

某些類型的公司，如果因財產受損而不能繼續營運，則客戶將轉向其他的競爭者，而有喪失大部分客戶之虞。此類公司為保持營運不輟，其風險管理人必須與各部門人員擬定應變計畫，俾於意外發生時，有謀求繼續營運之道。該應變計畫可用以合理地估計為達成繼續營業不輟，公司所必須投入的額外費用。此額外費用之項目，例如：遷移至臨時辦公處所之支出；臨時辦公處之額外租金；臨時性設備之租金；緊急採購原料、物料或商品所必須提高的價格；增加的運輸費用，以及較高的工資成本。（註③）

第 二 節　有淨利損失之虞的價值

　　欲評估潛在的淨利損失，需要先預測未來的「正常」收入與費用，所謂「正常」收入與費用，係指沒有意外事故損失干擾的收入與費用而言。由於企業的財富會因與意外事故損失有關的原因而改變，故其未來的「正常」淨利，也就容易受此種改變所影響。也為此，有了淨利損失風險後，有損失之虞的價值才能預測，亦即預測的未來收入減去預測的未來費用，而兩者的差額，就為預測的淨利。

　　現以百得利餐廳為例，說明有淨利損失之虞的價值。據其資料顯示，該餐廳雖然仍受該地區的民眾所喜愛與光顧，但其利潤在過去1年來，卻因不明的原因而下降，而為扭轉這個頹勢，該餐廳已決定要改變菜單，以便讓人有耳目一新的感覺，並吸引新顧客，同時也計畫用廣告來配合此一改變。其目的則是想藉此把損益兩平的營運，改變為能產生15%稅前利潤的營運。然為達成此一目標，則其銷貨必須增加30%，以便收回廣告成本。又此一銷貨的增加，有一部分可用菜單價格提高10%來達成。（註④）

　　該餐廳之去年營業成果如下：

食品與飲料銷貨	$1,000,000
銷貨成本	1,000,000
利潤	$0

　　而依據新菜單及廣告的配合，則該餐廳之來年的營運成果，可預測如下：

食品與飲料銷貨	$1,300,000
銷貨成本（不含廣告）	1,000,000
廣告	150,000
利潤	$ 150,000

　　這些預測可能很具體，但亦有可能不很具體，不過，在預測的過程中，該

餐廳可能已診斷出其問題之所在，並已想好合適的補救之道。若果真如此，則該餐廳將會達成其15%稅前利潤的目標，然要是其廣告並沒有發揮促使銷貨增加的作用，則將會造成營運虧損的下場。但不論怎麼說，這些都是該餐廳在追求利潤的正常企業活動過程中，所必須要面對的企業風險（Business Risks）。

由於風險管理所著重的是意外事故損失風險，而不是與景氣循環、消費品味及其他會影響企業財富之因素等有關的不確定事物，故風險管理人在估計潛在的淨利損失時，常會忽視企業風險。易言之，除非有很強的理由，認為收入與費用將會改變，否則風險管理人會認定未來的收入與費用將與過去相一致，而若有明顯的通貨膨脹或業務量的增減，則自當做一些調整。因此，假若某一企業自今日起「歇業」12個月，則其所損失之淨利的價值，通常被認定係等於其在前12個月所賺得的淨利價值。若欲預測更短期的淨利損失價值（如「歇業」3個月、一季或半年所損失的淨利價值），則前12個月所賺得之淨利的四分之一或三分之一或二分之一，倒不失為是短期淨利損失價值的最佳估計數。是故，若企業的活動係有季節性，則其潛在淨利損失的最佳估計數，就為其在前一年之同一時段所賺得的淨利。

又百得利餐廳的淨利損失風險，將來自於任何會干擾其計畫的意外事故，準此，若該餐館推出新廣告的第一天，就有一場大火發生在其鄰近處，則其淨利損失為何？又由於其去年的淨利為零，故其淨利損失是否亦為零？或者是，因其廣告很成功，故其淨利損失應為$150,000？抑或其預測過於保守，故其淨利損失將大於$150,000？說實在，對於這些問題並無「正確」的答案，因沒有人能確切知道潛在的損失實際為多少（此乃因評估均係依據預測之故）；再者，歇業的時間長短，也會影響損失的嚴重性。其次，即使該餐廳能重新開幕，則亦須花費一段時間，才能使其營業額回復到每年$1,000,000的水準，更遑論回復至預測的$1,300,000的水準。再其次，有些企業之歇業並非真的就是全面休業；易言之，儘管餐廳通常若不是開業中，便是全面歇業，但其他企業受創後，可能會保持一部分的營運而不會全面歇業。

第 三 節　引起淨利損失的事件

　　本節的主題之所以使用「引起損失的事件」（Events Causing Loss），而不使用「引起損失的風險事故」（Perils Causing Loss），乃是要凸顯淨利損失的根本原因，係為正常生產過程的擾亂中斷而不是實體的損壞。一般說來，有三種事件會導致淨利的損失，那就是：(1)財產損壞；(2)法律責任；(3)重要人員的人身損失。凡是會引起這些事件的風險事故，也會引起淨利的損失。（註⑤）

一、財產損壞

　　企業之正常生產活動所使用的財產，不論為動產或不動產、有形或無形財產、自有或非自有財產，若發生損壞，將會損及整個生產活動，甚或使之停頓，從而引起企業的淨利損失。而凡其損壞會引起淨利損失的財產，可分為兩大類：一為企業所能控制的財產；一為非企業所能控制的財產。

㈠企業所能控制的財產

　　當財產被企業所擁有或租用或使用時，則我們可以合理地認定其具有生產價值。

㈡非企業所能控制的財產

　　即一企業的生產過程，通常須依靠遠離企業之建築物，而為他人所控制的活動。而控制此一財產或活動的人，則有：(1)大供應商；(2)大客戶；(3)「具有吸引力」的處所；及(4)公共設施或政府的其他設施等。

二、法律責任

　　凡面臨實際或潛在法律責任的企業，通常須花費金錢予以處理，如花錢請律師辯護、支付訴訟費用、花錢履行民事判決或罰鍰，以及花錢採取糾正行動，以便使未來潛在的損害賠償（如收回產品等）能極小。由於這些法律費用之支出，常會耗用企業可投入正常生產活動的資金，故彼等自會使企業的產量

與收入減少,從而使淨利跟著減小;反之,若企業並不需要做這些法律費用之支出,則其產量與淨利當會較大。

三、人身損失

當企業的重要人員死亡、殘障、退休或辭職時,則企業便會失去這些擁有特殊才能與技術之人員的繼續貢獻與服務,從而會使企業遭受人身的損失。然企業的人身損失,不只會使企業遭受收入的損失而已(如因重要的銷售主管遽亡而致業績突降),而且還會使企業承擔額外的費用(如其餘員工的效率減低,花錢找尋勝任的替補人選,花錢訓練替補人選,以及付高薪挖角等)。是故,人身損失與淨利損失並無二致,兩者均是透過收入減少與費用增加而來的。所以就此意義來說,人身損失可視作是一種特殊的企業淨利損失,因所損失的價值係為重要人員的特殊才能,而不是財產。

第 四 節 遭受淨利損失的法律個體

在發生任何意外事故損失後,必會有「餘波盪漾的影響」。首先,損失會先落於遭受損失的個體,接著就像擲石入水中所激起的漣漪一樣,此一損失會逐漸擴及與該個體有關的其他個體,如顧客、供應商、員工,以及政府管轄機構等。然由於現代社會的經濟關聯性錯綜複雜,故任何特殊事件的結果,若不是難以預測,便是根本不可能預測。不過在分析淨利損失風險時,上述這些漣漪效果或影響實在非常重要,因任何降臨企業本身的意外事故,都會干擾與其有經濟相依存之個體所能賺得的淨利。是故,風險管理人應仔細分辨那「乍看之下」似乎只會傷及他人的事故,是否會大大地影響其企業的生產過程。

而為探究這種錯綜複雜的關係,以下將探討任何單一意外事故,會怎樣引起企業的淨利損失,然後再怎樣引起其他個體及整個社會的損失。(註⑥)

一、企業本身

一般最可能受意外事故所影響的個體,就是毀損滅失之實體財產的所有人

或使用人,以及被提出法律訴訟的個體,或其重要人員死亡、殘障、退休或辭職的個體。

由於直接財產損壞與淨利損失間有很密切的關係,所以大多數的風險管理人就常著重此一風險,而較不注意來自法律責任或人身損失的淨利損失可能性。又當引起損失的事件,發生在有關個體的建築物時,或對該個體的財產造成損壞時,則兩者間的關係更易於觀察與瞭解,這也是風險管理人常偏重此一損失風險的原因之一。

二、其他依存的個體

任何一個企業,其相關個體的營運是彼此相互依存的,例如:設有李氏家具公司因故而中斷營業且無法再進料,則專門承作其家具用之紡織品的那個紡織廠,將會跟著停頓;同理,若該紡織廠因故中斷營業,則李氏公司在缺乏必要的紡織品下,將無法繼續其家具的製造。由此可知,儘管意外事故首先會降臨某一個體的身上,但其接著會擴及到與此個體相依存的其他個體上,並進而擾亂甚或中斷這些個體的生產活動。

三、受影響之個體的員工

員工們均無法免於不受淨利損失之「餘波盪漾」所影響。例如:李氏公司僱用一位重要的推銷員,且此位推銷員的業績占李氏公司之整年銷貨額的20%,若此推銷員因故無法繼續為李氏公司效力,則失去這位重要人物的貢獻,將會迫使李氏公司減產甚或裁員。易言之,失去這位重要人物,可能會造成李氏公司的淨利損失,並且也會影響李氏公司的其他員工,而這些員工可能會因裁員而損失彼等的薪水與福利。

四、政府及整個社會

當企業活動受到干擾時,則有管轄權的政府將會遭受淨利損失,因此時的稅基會惡化且稅收會減少。又此時中央政府也會遭受淨利的損失,因而使整個稅收目標無法達成。此外,由於普遍的薪資均縮減,整個社會之消費活動也將會

減少，並將造成整個社會的損失，因其不但損失了受影響之個體所能提供的產品與勞務，而且也損失了被裁員之員工的購買力。事實上，有許多社區或團體均是依靠一公司或一產業來過活；亦即，較小的社區或團體是依靠大雇主而生存，因此，若大雇主歇業，則許多靠這位大雇主吃飯的行業或團體也會跟著歇業，從而全區內的每一個人，都會遭受淨利損失，甚至整個社區會因而沒落。

第 五 節　淨利損失的財務影響

有系統地衡量潛在意外事故所致淨利損失的財務影響，能使混淆及可能的誤差減至最小。為此，我們應仔細辨認並考慮會影響淨利損失之幅度的每一個因素，這些因素是：（註⑦）

1. 歇業時間的長短。
2. 歇業的程度（如全面歇業或部分歇業）。
3. 歇業期間所減少的收入。
4. 歇業期間所增加的費用（包括持續費用、額外費用，以及趕建的費用）。
5. 回復損失前之收入與活動水準所需的時間。

上述這五個因素中的每一個，均很容易得到大家的想像與理解，也很容易以財產損壞的淨利損失來加以討論，而它們的運用也是一致的；亦即，它們均能決定一意外事故之淨利損失的幅度，且不管此一意外事故所涉及的是財產損失或責任賠償或人身損失。

一、歇業時間的長短

能決定淨利損失大小的重要因素之一，就是回復中斷之生產過程所需的時間。然應注意的是，風險管理人所關切的，是生產過程的恢復，而不是財產的回復，因回復受損之財產雖可能是回復正常營運的先決條件之一，但有時卻並非如此。易言之，直接且輕微的財產損壞，也可能會造成可怕的淨利損失，而大財產的損失，有時並不會損及整個生產過程，從而也就不會引起什麼淨利損失。

二、歇業的程度

歇業的程度乃是決定淨利損失之財務影響的第二個變數。一般說來，一意外事故若不是造成企業全面的歇業，便是造成其部分的歇業。因此，若一企業的營運在意外事故發生後，尚有部分能持續下去，則其淨利損失自沒有全面歇業的淨利損失那麼嚴重。

三、歇業期間所減少的收入

當生產過程受到干擾時，則風險管理人可從三種合適方法中，選取一個來計算所減少的收入。申言之，對銷售自己並不生產之業務或產品的公司而言，衡量淨利損失風險的最好方法，就是預測銷貨收入減少之金額；而對製造商來說，衡量淨利損失風險的最好方法，就是所損失之產量或生產的價值；至於對尚未收到投資報酬的投資人而言，則衡量淨利損失風險的最好方法，就是預期的收入。然應注意的是，這三種方法的每一種，都可能會難以使用與計算。

四、歇業期間所增加的費用

一企業在意外事故發生後，該企業可能必須關門歇業，或者是有能力繼續部分的營運或全部的營運。然不論是哪一種情況，費用將一定會成為其淨利損失的一部分。因儘管該企業必須歇業，但其仍將必須承擔一些必要的費用，如所得稅、利息費用與某些員工的薪資等，而企業於意外事故後繼續營運，則其多半會因艱困而必須承擔某些額外的費用。又不管該企業歇業與否，其可能會選擇加速復原，以便儘早恢復正常的營運，為此，勢必要作一些額外的支出，而這些支出就是所謂的趕建費用。（註⑧）

五、回復正常所需的額外時間

一般說來，復原所需的時間，可能不止於企業遭受淨利損失的那段時間而已。因在重新開幕後，亦需一段的時間，方能回復正常的生意量。此處所謂的正常生意量，乃係指沒有營運中斷時，所能賺得的收入量而言。然此一正常生意量，並不一定是指意外事故發生日的生意量，而係指重新開幕時，預期會賺

得的收入量而言,例如:若一意外事故使一企業在淡季中被迫歇業,然其在旺季中重新開幕,則其正常的營運量,就為旺季的營運量。

第 六 節 淨利損失風險的發現方法

有六種廣為人們所使用的資料來源,能用來發現一企業的淨利損失風險。申言之,這些資料來源可用來確定各種會造成淨利損失之意外事故的頻率,以及這些淨利損失的潛在幅度。以下就分述之:(註⑨)

一、調查/問卷

儘管大多數標準化的調查/問卷,均係為保險導向(亦即著重於可保的風險),但一般的調查/問卷(或具有代表性的調查/問卷),卻都載有數個工作底稿,可用來回顧並透視有損失之虞的淨利價值,其中的一個工作底稿通常被稱為「營業中斷保險工作底稿」(詳表7-2)。此底稿的格式,主要係在記錄整個企業之一段時間的收入與費用,但只要稍加修改,則亦可用來記錄企業之任一部門的整段時間內的收入與費用。一般的調查/問卷,也載有如下的「必要之額外費用決定表」(詳表7-3),此表可用來詳盡探究一企業不顧意外事故損失,而繼續營運時,所必須承擔的額外費用。「營業中斷保險工作底稿」(註⑩)可用來表明企業被迫歇業(全面歇業或半歇業)時的淨利損失價值,而「必要之額外費用決定表」,則可用來表明不顧意外事故而繼續營運的淨利損失影響。由於淨利損失風險係未來的價值,故由這些底稿與表格所提煉出來的資料,就必須予以預測至未來。

除了上述這些底稿與表格外,一般的調查/問卷也能辨明產生收入的每一個企業處所(所謂收入係包括租金收入在內),同時還能指明這些收入,係年收入或定期的收入。是故,這些資料可用來辨認其營業中斷,可能會引發重大之淨利損失的依據。

表7-2　營業中斷保險工作底稿

被保險人

保險標的所在地址　　　　　　　　　　　　　　　日期

	欄次1 會計年度實際價值 ×年度	欄次2 推定價值 ×年度
A.來自製造行為的年淨銷貨額和來自 　非製造行為或商品銷售的年淨銷貨 　額（銷貨毛額、銷貨折讓、退回、 　瑕疵品、預付運費）	$＿＿＿	$＿＿＿
B.加其他收入——來自商業行為		
1.收到現金折扣	＿＿＿	＿＿＿
2.來自租賃部門的租金和佣金	＿＿＿	＿＿＿
C.合計（A+B）	$＿＿＿	$＿＿＿
D.減各項成本		
1.來自生產部門直接原料	$ ＿＿＿	$ ＿＿＿
2.由原料到完成品所需之間接原料或 　　來自服務部門推廣費用	＿＿＿	＿＿＿
3.商品銷售含包裝材料	＿＿＿	＿＿＿
4.外包的服務費用（如再銷售費用）	＿＿＿	
5.合計（D）	＿＿＿	＿＿＿
E.營業毛利	$＿＿＿	$＿＿＿
如果保單簽發不含薪資費用批單		
F.對欄次2的E以50%、60%、70%或 　80%計算（根據約定的比例計算）%	$＿＿＿	$＿＿＿
如果保單簽發應扣除一般薪資費用 　批單		
G.所有一般薪資費用	$＿＿＿	$＿＿＿
H.營業中斷基礎（E−G）	$＿＿＿	$＿＿＿
I.保險金額一對欄次2的H以80%或90% 　計算（根據約定的比例計算）%	$＿＿＿	$＿＿＿
如果保單簽發應扣除有限制的一般 　工資費用批單		
J.選擇90、120、150、180天連續日最 　大的一般工資費用＿＿＿天	$＿＿＿	$＿＿＿
K.營業中斷基礎（H+J）	$＿＿＿	$＿＿＿
L.保險金額一對欄次2的K以80%或90% 　計算（根據約定的比例計算）%	$＿＿＿	$＿＿＿

說明：1.分配條款應用於將來（不是過去），欄次2是利用欄次1過去價值反映到未來年度，作為計
　　　算準備。
　　　2.直接原料的銷貨成本，應注意不能包含人工成本，也許部分運輸費用可能被考慮。

3.營業中斷價值在一般情況必須核對，被保險人在未來年度因意外事故，使營業中斷價值必須因應事實而作修改。

4.計算：

(1)來自製造行為的年淨銷貨額計算：

銷貨淨額（銷貨毛額減銷貨折扣、退回、壞帳、預付費用等）$_____

減：期初完成品（銷貨價值計算）$_____

加：期末完成品（銷貨價值計算）$_____

合計：年淨銷貨額（銷貨價值計算）$_____

(2)各項成本（直接原料、間接原料、商品、不包含D項4的外包服務費用）：

期初庫存品 $_____

加：直接原料、間接原料、商品的購貨成本（包含運費）$_____

減：期末庫存品 $_____

合計：（D項的1、2、3）$_____

＊存貨的增減應考慮價格波動。

5.所謂間接原料係指實體的（如原料），而非非實體的（如電力）。

表7-3　必要之額外費用決定表

計畫號碼_____

處所編號_____

建築編號_____

（須附上處所與建築的照片）

	第一個月	第二個月	第三個月
1.暫用之建築物的租金	……	……	……
2.暫用之設備的租金	……	……	……
3.所購之設備的淨成本	……	……	……
4.遷移設備等的成本	……	……	……
5.暫用建築物的清除成本	……	……	……
6.暫用處所之水、電、瓦斯費等	……	……	……
7.暫用處所之電話電傳的安裝費	……	……	……
8.額外的電話電傳費	……	……	……
9.公告臨時喬遷的報紙廣告費	……	……	……
10.警衛或守門員僱用費	……	……	……
11.工程服務成本	……	……	……
12.員工額外的通勤成本	……	……	……
13.汽車之租金與使用費	……	……	……
14.員工的特殊紅利與加班費	……	……	……
15.安排把原料給運至另一處所的費用	……	……	……
16.起運點不同的運費差價	……	……	……
17.總額外費用	……	……	……
18.減去原處所因損失而不持續的費用	……	……	……
19.額外費用的淨額	……	……	……

附註：為決定第19項的淨額，應把保險人在原處所或其他永久性處所恢復營運時，所拋售或使用之財產的價值，予以減除。

二、財務報表及其他會計紀錄

　　分析淨利損失風險的另一個重要工具，就是企業的財務報表。其中，損益表所列的，是歷史的年收入與費用；而年度預算表所列的，則是未來年度的收入與費用，故最能用來預測淨利損失。易言之，雖損益表係在報導過去會計期間的歷史收入與費用，而年度預算表則在反映高階主管對未來收入與費用的估計，但兩者合在一起，卻能顯示經理人預測實際成果的精確性。這些資料也能用來決定預測的預算，能否有效衡量未來會計期間有損失之虞的淨利價值。此外，財務報表所顯示的紀錄，也能用來辨認過去的事故是如何引起淨利損失。因這些紀錄能顯示淨利受各種意外事故影響的程度；為此，類似的事故，可預期會對未來的淨利有類似的影響。

　　又這些基本的會計紀錄，也是淨利損失風險最重要的資料來源之一，亦即，這些紀錄可用來辨認重要的供應商與顧客，以及企業與彼等的來往生意量。由於意外事故，使這些供應商或顧客之營運減緩或停頓，會對企業的營運有不利的影響，故風險管理人需要知道，這些重要供應商與顧客到底是誰，這樣他才能去探究可能會降臨這些供應商與顧客身上的意外事故之型態、彼等風險管理計畫的品質，以及其企業分散貨源與市場，以便減低對這些人之依賴的可能性。尤其當這些供應商或顧客，並無一套完備的風險管理計畫，且若關門歇業則必會拖延多時，此種探究更是有其必要。

　　會計之基本知識，將有助於瞭解營業中斷保險之承保與理賠。承保營業中斷保險，必須瞭解一個企業經營是否成功，財務結構是否良好。所謂成功，是指充分的銷貨、低廉的銷貨成本、費用的節省，而有足夠的盈餘配發令股東滿意的股息。所謂良好，是指最適當的資本來源、充分的償債能力，並有擴充設備驅使企業成長的潛力。

　　要瞭解一個企業是否經營成功及財務結構是否良好，則有賴於企業提供完整之財務報表。而一般常見的財務報表為資產負債表、損益表、保留盈餘表、財務狀況變動表及製造成本表，而其中以資產負債表、損益表及製造成本表與營業中斷保險最有關係。被保險人可藉由這些報表，來填寫保險金額估算表，以便決定營業中斷保險之保險金額。資產負債表係企業在某一時點之資產、負債及業主權益的狀況；損益表係企業在某段時間的經營經過與營業成績，經由

收入減費用之過程,而產生淨損或淨利的情形;製造成本表通常用於製造業,由此表可得知直接原料成本、直接人工成本及製造費用,對於計算營業成本及持續費用或非持續費用,有很大幫助。

大部分之會計報表所呈現的皆為歷史紀錄,代表著企業經過一段期間經營的結果。結果的好壞,必須經過客觀的分析,方能當作未來經營之準則,也方能依此準則預估下一期之營收狀況,則公司即具有一準則,來評估實際發生之成本與預先估計成本之差異。

一般企業經營之目的在謀取利益,謀利主要靠業務收入(Revenue),為了爭取收入,必須償付代價,在耗費的代價中,有的支出是銷貨成本(Cost of Goods Sold),有的是營業費用(Operating Expenses)。支出的銷貨成本與營業費用在會計上,都屬於「費用類」(Expenses),也稱為營業成本(Operating Cost),如果一個企業在某一會計期間(Accounting Period)的收入超過了費用(包括銷貨成本與營業費用),它的餘額就是該會計期間的淨利(Net Income);反之,如果費用超過收入,企業就發生淨損(Net Loss)。營業中斷保險之保險金額估算表,亦依照相同原則設計,僅是會計科目排列方式不同。利用表7-4,可比較兩者之間的差別。(註⑪)

表7-4 比較一般會計財務報表與營業中斷保險之保險金額估算表

一般會計財務報表	營業中斷保險之保險金額估算表
收入-費用=淨利	收入-費用=淨利
費用=銷貨成本+營業費用	費用=營業成本+營業費用
費用-收入=淨損	費用-收入=淨損
收入=銷貨成本+營業費用	收入=營業成本+營業費用
營業費用不考慮持續與非持續費用	營業費用考慮持續與非持續費用

由上表7-4可知,營業中斷保險金額之估計與一般之財務觀念並無不同,重點是要詳細評估哪些是持續費用,哪些是非持續費用。持續費用就必須確定已包含於保險金額內;而非持續費用,則盡可能予以扣除。

三、其他紀錄

由於淨利損失風險會直接且精確的呈現在財務報表與會計紀錄上,故其他

非財務紀錄對淨利損失風險的分析，就較不重要。不過，風險管理人應密切注意其他紀錄與文件所隱含的淨利損失訊息。這些紀錄與文件，計有企業董事會的會議紀錄與其他報告書，以及其他有關產品組合之改變計畫、生產方法之改變計畫及供應商與顧客之改變計畫的會議紀錄。由於這些改變會影響未來之收入與費用的「正常」流量，故風險管理人應有責任預先加以防範。又意外事故、保養與修理紀錄，也能凸顯正常營運的過去「毛病」與未來的潛在「毛病」，而這些毛病，都可能會是潛在的營運「中斷」來源之一。

四、流程圖

意外事故的幅度與隨之而來的淨利損失幅度間的關係，實難以界定，因小的財產損失也會造成巨大的淨利損失，而大的財產損失則不見得會造成大的淨利損失。雖然如此，流程圖還是能凸顯製程中，有可能會引發大「中斷」或「干擾」的關鍵地方。

使用流程圖乃是認知與分析淨利損失風險的最佳方法，因流程圖能呈現製程之各部分的彼此關係。例如：XYZ醫院的會計制度完全電腦化，且所有病人的資料均存進電腦中，並可在院內的任一臺終端機上存取。是故，若電腦受損或所儲存的資料毀損滅失，則醫療過程與開診療費用單的業務，便會因此而受干擾甚或中斷；同時，某些病人會因電腦病歷檔的受損，而陷於生命的危境中。由於電腦非常的敏感，故須定期予以維修，否則所儲存的資料，便會因電腦故障而毀損滅失。為此，該院的風險管理人，可從流程圖中，認清上述這種依賴關係，並據此向院方建議，應購置一套備用資料系統來複製每日的資料，並將之儲存在遠離該院的地方。又電腦安裝時，會有意的多加進一些「預防當機或故障」的零組件設備，因此，除非是全部的零組件設備壞掉，否則電腦還是可以使用。例如：XYZ醫院在其建築物上裝有輔助或備用的發電機，如此，其電腦與其他須使用電力的設備，就不會因電力公司的停電而當機。

五、親自檢查

親自至現場檢查，將能洞察任何損失風險，亦即，親自檢查能讓風險管理人具體掌握真正的風險。易言之，在檢視過調查資料、財務報表及流程圖後，

風險管理人就能把其注意力集中在製程中有問題的地方，並親赴這些現場，以瞭解實際的情況，從而辨認出他人所忽略的風險。例如：親自至XYZ醫院視察一下，可能會發現與該院停車場相緊連的丙烷槽，竟無足夠的防護措施，可防止車輛的撞擊。

六、請教企業內、外專家

有一群人很能協助分析淨利損失風險，這群人就是會計人員（包括企業自己的會計人員與外界的開業會計師）。因此，為取得有關企業財務營運的細節資料，他們當然是最好的請教人選。又向企業之高階財務或企劃主管請教，也常能深入瞭解企業財務計畫主要收入與費用來源。此外，向律師請教，則可瞭解租賃與其他契約的實際情況。

由於預算對未來淨利損失風險的預測很重要，故風險管理人應向與預算有關的人員請益。又向營運經理人請教，也能深入瞭解源自各該部門潛在的淨利損失風險情形。

此外，向外界的專家，如建築師、工程師、建築承包商、設備供應商及大供應商等請教，則有助於瞭解受損之設備與存貨的必要修理或重置時間。為此，這些外界專家所估計的建築計畫前置時間，與設備暨存貨之重置的前置時間，應予以併入企業的復建計畫中。

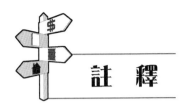

註 釋

①Willams & Heins, *Risk Management and Insurance*, 2005, pp. 94-95.

②Ibid, pp. 96-100.

③Edward W. Sivei, Measuring Risk to Protect Income – Developing a Catastrophe Plan, *Risk Management* (April, 1973), pp. 32-33.

④George L. Head & Stephen Horn II, *Essentials of Risk Management*, Vol. I (3rd ed. 1997), pp. 328-329.

⑤同註④，pp. 330-334。

⑥同註④，pp. 348-349。

⑦同註④，p. 335。

⑧同註④，pp. 345-346。

⑨同註④，pp. 350-360。

⑩本工作底稿係採用國內營業中斷保險採行之「營業中斷保險工作底稿」。

⑪石燦明等著，火災保險，修訂版，保險事業發展中心，2003年7月。

第八章

責任損失風險的分析

本章閱讀後，您應能夠：

1. 瞭解責任損失風險的意義與種類。

2. 歸納責任與賠償型式。

3. 說明企業的民事責任。

4. 分辨過失責任主義、無過失責任主義與抗辯的不同。

5. 解釋損害賠償的結構、原則、方法及範圍。

6. 指出現代企業幾個重要責任問題。

風險角落

RCA工傷賠償案

臺北地方法院審理臺灣美國無線電公司（RCA）第二波工傷求償案，2019年12月27日判決RCA及其母公司法國Technicolor、百慕達Thomos及美國奇異公司（GE）等四公司應連帶賠償1,115名原告總計新臺幣23億300萬元，寫下工傷案判賠金額最高紀錄。全案可上訴。

全案源於臺灣美國無線電公司（RCA）於民國59年在桃園設廠生產家電，81年關廠停產，後來發現長年使用有機溶劑三氯乙烯等，嚴重汙染土地與地下水，導致不少員工罹癌。

被害員工先後於民國93年、105年提起求償訴訟，前者529人為一軍（第一波員工），後者1,100多人為二軍（第二波員工），因部分員工於訴訟中過世，改由繼承人承受訴訟，人數迭有變動。

根據判決書，第二波原告總計1,120人，包括死者員工家屬、患有外顯疾病員工及尚無明顯外顯疾病但健康權受損的員工，分別求償400萬元至1,000萬元不等金額，總計73億元。

判決認定，RCA公司於廠區不法使用含致病因子的化學物質，造成廠區勞工死亡或罹患疾病，或尚未罹病但健康權受損，應負損害賠償責任。

RCA公司在審理時主張時效抗辯，但臺北地方法院認為違反公共利益及公平正義，本案相關化學物質及暴露證據都由RCA及其母公司掌握，難以期待受害員工能夠及時行使權利。

這個可能是國內歷時最長久的一個工傷賠償判決，再度喚醒國人思維，一個工廠的災難不僅只對當地產生不利後果，更導致巨大的直接和間接財產損失，上千勞工受到汙染，罹病危害生存壽命。

資料來源：參閱2019年12月27日網路新聞。

第 一 節　責任損失風險的意義與種類

　　隨著時代的進步及科技的創新，開拓了企業經營的領域，相對地也帶來了新的風險標的（Exposures）。其中又以財產風險及責任風險最為主要，惟財產損失看得見且容易評估，而責任風險卻因社會變遷、科技翻新，風險因素亦愈形複雜，故其損失額尤難確定。且企業規模愈大，發生風險的機會也愈高。再加上近代侵權責任（Tort Liability）觀念演變，人們對自身權益的保護，使企業面臨更多潛在的風險，若稍一不慎發生事故，不僅企業本身受到損害，與其相關之人亦會受到傷害，甚至波及無辜之他人。

　　由於經濟發展經常帶來可怕的外部性問題，即是汙染（Pollution），空氣、水源和土地汙染，在短期和長期所產生的影響，均受到世界的普遍重視。企業運用風險管理的原則，可以減輕汙染的某些不利影響，但是只要汙染的全部邊際成本沒有內化到由汙染者承擔，經濟誘因就會誘導產生更多的汙染。人們可期待政府在消費者要求有效治理汙染的壓力下，運用更多的風險管理與保險來解決這類的問題。

　　法國著名企業家及經濟學家艾伯特（Michel Albert, 1930-）曾說：「未來民主國家一切重大的政治社會論爭，都離不開保險的主題。」以國內曾發生搭乘捷運乘客在車站遭到電扶梯割裂頭皮事件、病死豬肉及其他黑心食物、千面人下毒食品遭消費者誤食、熱心同學背負玻璃娃娃同學因跌倒致死引發鉅額損害賠償案例，以及國小生在教室嬉戲被破裂玻璃穿刺心臟致死等震驚社會大眾之消息，如艾氏所言，確實有其參考價值。（註①）

　　在環保意識逐漸抬頭，人們愈注意其居住環境是否安全的現代，企業對其工業安全的防範措施，尤應強化。據統計，大多數的公害糾紛，皆源於企業本身不當的處理所致。故現代企業經營者，為避免意外損失，穩定企業經營，莫不重視責任企業之責任風險標的分析（Analyzing Liability Exposures）。所謂「責任風險」乃指企業在經營過程、產品生產及產品在市場上販賣的過程中，所導致員工或他人身體或財產之損害，法律上所應負之民事賠償責任之風險。

　　為了防範風險，應先對風險所帶來之法律責任有充分瞭解，故晚近風險管理已成為一門重要的科學。風險管理專家負有保護企業的責任，故必須加入企

業組織體的決策階層，使組織體能夠完全地遵循法令所賦予的義務及責任，藉著「服從策略」計畫，使組織各階層人員都能瞭解其在不同法令下應盡之責任，以避免風險之產生。所謂「服從策略」之計畫，其步驟有四：⑴與企業所需之法令並進；⑵定義企業組織體對該法令所應盡之義務；⑶教育企業內的人員應如何遵循法令；⑷監督受僱者，確定他們是否切實服從法令。（註②）就風險管理的觀點而言，去順應一特定的法令，將會比堅持更多合理不成文標準要來得容易。當法令明確時，一個企業將會很明確的知道它的需求是什麼，即使它是不合理的。但當法令不明確時，一個企業將會面臨更多的不安，故其必須參考習慣、法理及判例，並視行政機關如何施行法令，以及法院如何合理地判決，以決定因應之道。本章所探討的，為目前企業所面臨之法律責任（Legal Liability）風險問題。主要可分為：⑴雇主對內責任 —— 勞災責任；⑵雇主對外責任 —— 員工侵權責任；⑶產品責任；⑷公害責任。

第二節　責任與賠償形式

　　基於法律對於違法行為所賦予之法律效果，不外為刑事上之刑罰及民事上之損害賠償兩者。前者係違反社會上應負之義務，為犯罪行為，而受到國家起訴者稱為刑事責任（Criminal Liability）；後者係違反特定之個人應負之義務，由受害者循法律程序提出適當賠償請求者，稱為民事責任（Civil Liability）。而「民事責任」如前所述，並不以法律有明文規定者為限，其主要者有：⑴契約責任；⑵侵權行為責任。所謂契約責任係指當事人一方不履行契約義務，或不照契約履行對他方所負之責任；而侵權行為責任則包括其他所有違反對特定人所應負之義務，致他人受損害所生之責任而言。

　　就賠償型式而言，民事責任之賠償，係受損害之一方依據民法規定，向行為者請求賠償或其他適當之作為，使損害終止並回復原狀（詳細將於本章最後討論）。刑事責任之賠償，則係依刑法或相關法令對行為人追訴審判，使行為人坐牢服刑或罰金。而企業管理者所關注者，為民事責任所生之賠償責任，其中又以侵權行為責任尤為重要。

第三節 企業的民事責任

民事責任依被侵害權益之不同，遭受損害之被害人，其所能主張損害賠償之主要法律基礎有二，一為契約責任，一為侵權責任。契約責任以當事人間有契約關係為前提，惟不論被害人與行為人間是否有契約關係，均得依侵權行為之規定請求損害賠償；依其情形，並可能發生契約責任與侵權責任競合之問題。

一、企業的契約責任

所謂契約者乃以發生權利義務之取得、變更及移轉為目的，而由兩個以上對立的意思表示所合致之法律行為而言。當事人雙方訂立契約時，依據契約自由原則，修訂契約內容或限制責任範圍時亦同。惟近代大規模企業勃興，此等企業所用之契約漸次定型化與團體化，各種契約所訂之條款，莫不由企業之一方決定，在需要人（相對人）方面，實無討價還價之餘地。（註③）因之近來不僅限制契約自由之理論高唱入雲，而現行法上限制契約自由之規定，亦屢見不鮮。至於要訂立一個有效契約，其要件分述如下：（註④）

㈠雙方意思表示一致

當事人一方提要約，他方同意而為承諾，且當事人雙方間，必須有真正意思表示一致，不能有詐欺、脅迫、虛偽表示或錯誤等情事，而影響契約的效力。

㈡當事人雙方必須有行為能力

當事人之資格不能有未成年人、心神不健全或其他原因而被禁止者。惟限制行為能力人未得法定代理人之允許所為之契約，經法定代理人承諾後，仍生效力（民法79）。

㈢適法之報酬

報酬是交換承諾的一種有價值的東西，它可以是財產、金錢、作為或另一

個承諾，且它不須與承諾有相當之對價。

㈣適法的目的

契約不能違反法律規定，亦即不能違反強制或禁止規定，且不能違反公共秩序或善良風俗（民法71、72）。

㈤合於法定方式

契約原則上僅依意思合致即可成立，並不限於任何方式，惟有些契約法律特別規定其須依一定方式時，則其必須符合法定方式始生效力。

所謂契約責任，係指當事人不履行契約上義務而生之債務而言，其型態為給付不能、給付不完全或給付遲延，概稱為債務不履行。原本當事人應依契約之本旨及誠實信用方法實現契約之內容，惟在契約關係的發展過程中，常因可歸責於債務人之事由，未依契約本旨以為給付，致生所謂債務不履行狀態。依民法規定，因可歸責於債務人之事由致給付不能、給付遲延或給付不完全（尤其是加害給付）者，債權人得請求賠償。而其構成要件如下：（註⑤）

㈠須有歸責事由

債務不履行，須有可歸責於債務人之事由，始可成立。關於給付不能及給付遲延，民法設有規定（民法225、230），給付不完全（民法227），亦屬瑕疵給付之一種，自須有可歸責於債務人之事由，始能成立。原則上，債務人應就其故意過失負責。

㈡須有違法性

債權侵害必須具有違法性。一般而言，任何契約上義務之違反，除有違法阻卻事由外，即構成不法。

㈢須有因果關係

債務人須基於其作為或不作為違反契約上之義務而致債權人遭受損害。債務人之行為與義務之違反與損害之間須有因果關係（Proximate Cause）。所謂

契約上之義務，係指債權人基於契約，得請求債務人從事之一切義務而言。債務人尤應避免從事任何行為，以危害契約之目的。

　　企業因契約責任而應負損害賠償責任，主要者有勞動災害及產品瑕疵責任。例如：雇主因未提供良好工作環境，致受僱人於工作時受到傷害，或因企業產品具有瑕疵；致買受人使用後受到傷害，皆為企業典型之契約責任。

二、企業的侵權責任

　　在民事責任中除契約責任外，另一主要者為侵權責任。「侵權責任」涵蓋之範疇甚廣，一般而言，係指因故意或過失不法侵害他人之權利或利益，而應負損害賠償責任之行為。企業風險管理人所最重視的責任風險，即是因侵權行為所致的民事賠償責任。依現行民法之規定，其構成要件有：(註⑥)

㈠須有加害行為

　　侵權行為之成立以加害行為為第一要件，蓋一切後果皆肇端於此，倘無加害行為，則其餘之問題根本不會發生。原則上，個人僅對自己之行為負責，對於他人之行為不負責，即所謂「自己責任原則」。惟自己之行為並不以行為人自身之行為為限，即以他人為機械所為之行為，亦不失為自己之行為。例如：甲以乙之手握刀傷人，則此傷人之行為非乙之行為，仍為甲之行為。且自己之行為並不限於積極之作為，消極的不作為亦包括在內。

㈡須有不法行為

　　所謂不法，乃指違反法律之強行規定或違背善良風俗而言。按加害行為原則上莫不違法，惟有時因某種事由可阻卻其違法性，如正當防衛、緊急避難、自助行為（民法149-151）等，故若有此等阻卻違法事由存在時，雖其行為不法，法律上亦不科以任何責任。

㈢須有權益受侵害

　　侵害之對象須為權利或利益，民法上侵權行為所保護者，專指私權而言，公權原則上不包括在內。私權以其標的為標準，可分為人格權及財產權。前者

如身體權、生命權、健康權、名譽權、自由權、信用權、隱私權及貞操權等（民法194），後者如債權、物權、準物權、無體財產權等，此等權益一被侵害，即構成侵權行為之要件。

㈣須致生損害

民事責任之目的，在乎填補被害人之損害，故非有損害之發生，雖有加害行為亦不能成立侵權責任。換言之，侵權行為無未遂問題。所謂損害，乃於財產上或其他法益受有不利益之謂。損害可分為財產損害與非財產損害，又可分為積極損害與消極損害，然不論何者，皆必須現實的發生損害，始得請求賠償。

㈤須有因果關係

因果關係者乃加害行為與損害之間，有前因後果之牽連是也。惟某一結果之發生，必非基於單一原因，而其一原因又未必發生單一之結果，故不可不確定其界限以資適用。關於因果關係，學者之通說採「相當因果關係」（Doctrine of Proximate Cause），一稱緊接原因原則，或稱主力近因原則。即某原因僅於現實情形發生某結果者，尚不能斷定其有因果關係，必須在一般情形，依社會通念，亦能發生同一結果者，始得認有因果關係。亦即須「若無此行為，則不生此結果；若有此行為，通常即生此損害」而言。例如：甲毆乙成傷，送醫治療，而醫院失火乙被燒死，則乙之死亡與甲之毆打即無因果關係，蓋乙雖因甲之毆打而入醫院，但一般情形，因傷入醫院治療，當不至於被燒死，故縱有此行為（毆傷），通常亦不生此結果（燒死），故其並無因果關係。但若乙送醫後，因感染破傷風而死亡，則甲之毆傷與乙之死亡，即有因果關係。

㈥須有故意或過失

侵權行為之成立，以行為具有故意或過失為原則。惟何謂故意（Intention）？何謂過失（Negligence）？民法上並無明文規定，惟在刑法第13條及14條對故意、過失皆有詳細定義，故現今民法上之故意、過失，亦採刑法上之規定來解釋。因而故意在侵權行為上即應解釋為：「行為人對於構成侵權行為事實，明知並有意使其發生；或預見其發生，其發生不違背其本意」者。而過失在侵權行為

上，即應解釋為：「行為人雖非故意，但按其情節應注意並能注意而不注意，或對於構成侵權行為之事實，雖預見其發生，而確定其不發生」者。故意、過失之意義在民、刑法上雖屬相同，但其價值在民、刑法上則有不同。刑法以處罰故意為原則，處罰過失為例外（刑法12）；而民法上故意、過失同其價值（民法184），惟有時亦非無差異，例如：以背於善良風俗之方法加損害於他人者，以故意為限（民法184）。侵權行為固然以故意或過失為成立要件，但近代法律思想亦因經濟發展與社會結構之改變，而趨向於採無過失主義，（註⑦）其所著重的，不在行為人的「意識」（有無過失），而在行為的「結果」。關於此點，將於下節再行探討。

㈦須加害人有責任能力

責任能力者，侵權行為人能負損害賠償責任之資格也，故亦稱侵權行為能力。侵權行為者必須有此資格，否則不負損害賠償責任。然此能力之有無，將依何標準以定？一般以識別能力（意思能力）之有無定之。蓋在過失責任主義之下，既以故意、過失為侵權行為之主觀要件，自應以有識別能力之存在為前提，否則對於行為之違法，若毫無認識時，即無故意或過失可言。故非有識別能力者，即不應使之負賠償責任。惟在無過失責任主義之下，則一有損害（結果）之發生，行為人即須負責，故責任能力之問題，對於無過失責任而言，即不具有任何意義。

三、契約責任與侵權責任之競合

現代法律均為抽象規定，並從各種不同角度規範社會生活，故常發生同一事實符合數個規範之要件，致該數個規範皆得適用同一事實，學者稱之為規範競合。民法上之規範競合，實務上最常見者，有契約責任（債務不履行）與侵權責任之競合。例如：廠商製造具有瑕疵之產品出售，致消費者使用後遭受損害，則廠商依買賣契約，應負債務不履行之責，而依瑕疵產品致他人受損害而言，又須負侵權行為之責。

契約責任係指債務人不履行契約上義務而生之債務，而侵權行為是指不法侵害他人權利之行為。若債務人之違約行為，同時構成侵權行為之要件時，即

發生此兩者責任競合問題。就其法律效果而言，兩者均以損害賠償為給付之內容。惟契約責任之優點，在於法律因鑑於當事人有特別信賴關係，對於債權人（被害人）之保護較為周到，例如：各國法律多規定出賣人就買賣標的物之瑕疵，應負擔保責任；而其主要之缺點，在於免責條款的廣泛使用，剝奪或減少了被害人請求賠償機會。而侵權責任之優點，在於被害人得向肇害原因事實應負責之人，主張其權利，不受契約關係之限制；其缺點在於採過失主義之國家，被害人對於加害人之行為，因須負舉證責任，較不易有獲得賠償之機會。

同一行為得構成侵權行為及債務不履行，惟兩者均以損害賠償為給付之內容，故債權人不得雙重請求，固屬不爭之論，但此二者間之關係為何？一直是學說或判例爭論的焦點。因時而別、因國而異，如何解決，迄無定論：(1)有謂僅適用其中一種法律規範；(2)有謂契約關係及侵權關係兩個法律規範，均能適用，並產生兩個獨立並存之請求權，債權人得擇一行使；(3)有謂契約關係及侵權關係兩個法律規範雖均得適用，但僅生一個請求權，具有兩個法律基礎。此三項理論在學說上簡稱為：(1)法條競合說；(2)請求權競合說；(3)請求規範競合說。我國實務上，原採嚴格的法條競合說，認為：因侵權行為而發生之損害賠償之責，乃皆當事人間原無法律關係之牽連，因一方故意或過失之行為，不法侵害他方權利而言。即認為侵權行為之成立，以當事人間無契約關係為前提，若當事人間存有契約關係，則縱債務人之行為，合於侵權行為之要件，亦不成立侵權行為。惟目前實務上已修正，認為若採法條競合說，則對當事人之保護，勢必受到限制，為求符合立法旨意及平衡當事人權益起見，應認為債權人得就其有利之法律關係主張。即學說上所謂請求權競合說，亦簡稱選擇說。2000年5月5日施行民法債編修正案，在第227條之1規定：債務人因債務不履行，致債權人之人格權受侵害者，準用第192條至195條及第197條之規定，負損害賠償責任。此新法條之規定，業已解決上述之爭論。

第 四 節　過失責任主義、無過失責任主義與抗辯

　　民事責任有過失責任與無過失責任之分，前者乃因故意或過失加損害於他人者，應負損害賠償之責；後者乃加害人縱無過失，但因其行為或其他情事，加損害於他人時，亦應負損害賠償責任。近代法律上，係採過失責任主義，但因大規模企業發展之結果，風險事業日益增加，損害事件比比皆是，致過失主義已不足以適應現代社會之需要，於是乃有無過失主義之倡行。過失不再是用來評價行為人責任的基礎，「實害」才是評斷責任的標準。在這觀念下，受害人之損害為行為人的結果，則不問是否有過失，行為人必須負損害賠償責任。

一、過失責任主義（Negligence Liability）

　　侵權行為之成立，採取過失責任主義之原則下，以行為人具有故意過失為要件。企業因故意侵權，實不多見，故於過失責任中，最重要者，乃指因過失而須負責之責任。按過失責任之成立要件有：

㈠須有注意義務

　　由於人類謀社會生活之群體關係，為了使大家安全，每個人均須負有相當注意義務，以避免危害他人，這種責任是附隨社會群體關係，且不一定以法律明文規定之義務為限。

㈡須未盡注意義務

　　行為人對於義務之履行，應盡合理之注意義務，若未盡應注意之義務，則為有過失。注意義務因不同情況而有不同之標準，解釋上，有償行為之行為人注意義務，應以善良管理人之注意為標準，即學說上所稱之抽象輕過失；如為無償行為之行為人，應以處理自己事務之注意為標準，即學說上所稱具體輕過失。

(三)須有因果關係

即損失之發生,係直接由於行為人之行為或疏忽所致。即其間須有因果關係存在始可。

(四)須無抗辯事由

原則上所有合理之權益,皆應受法律平等之保障,但這些權益有時會相互衝突而無法兼顧,解決之道,唯有視何者有優先權了。又按加害行為莫不違法,但有時因某種事由而產生抗辯性,則其行為亦不構成侵權行為。抗辯事由可分為二範疇,一為優先權(Privilege),一為阻卻違法性(Immunity)。前者是一種權利,即當兩權益相衝突時,唯有選擇較優先者,例如:生命權益與財產權益相衝突時,生命權益較財產權益優先受法律保障。後者是一種免責權,即是對某一特定人之不法行為,法律上准其免負擔責任,例如:檢察官行使對犯人之逮捕權(公務員依法令之行為)、正當防衛、緊急避難或自助行為等(民法149-151)。(註⑧)

二、無過失責任主義(Strict Liability)

近代企業發達,其結果使人類生活因之而日趨文明,但其對於人類附帶之損害,亦日益增多。且損害之發生,企業未必有過失,例如:製造硫酸之工廠,因其煙囪所排放之氣體有害於附近之農作物,但現代之科技尚無法防止。若依過失責任主義,即無法令該企業賠償。且有時損害之發生,雖出自企業之過失,然「有過失」此點,須由被害人舉證。法諺云:「舉證之所在,敗訴之所在。」可見負舉證責任者,在訴訟法上處於不利之地位。因之近來乃有無過失責任之倡行,以謀補救。再加上現代企業規模宏大,工廠內部莫不機械化,因此對勞動者平添無數新的災害,例如:手足被機械切斷。無過失責任主義遂適應社會之需要而生,各國或於立法上加以採用,或於解釋上予以援引。

我國民法原則仍以過失主義為原則,但有關故意過失之舉證,亦多設有補救之方法。例如:過失之推定(民法184Ⅱ)、舉證責任之轉換(民法188Ⅰ但、188Ⅱ)等,此種情形,倘加害人不能就其無過失舉證時,即應負損害賠償之責任。惟民法以外之其他法律,例如:礦業法、工廠法、民用航空法、核子

損害賠償法等，在立法上已採無過失主義。故採無過失責任主義，已成為民事立法上的一種新趨勢。所謂無過失責任主義，乃指法律所賦予之責任，只要有損害即應負責任，不考慮行為者之故意或過失。且主要是針對大規模企業所造成之損害所產生的法律責任。況且企業的發達，乃是無過失責任主義之濫觴，一部無過失主義之發展史，亦可說是一部企業之發展史。今後企業風險管理人，在分析責任風險時，務必注意到此一趨勢。

三、抗辯與責任限制

責任係由行為而產生，自亦能由行為而消除，被害人對加害人之損害賠償請求權，亦可以因下列理由之提出，而使責任受到限制：（註⑨）

㈠與有過失（Contributory Negligence）

當事人對自己之財產或安全，未盡注意義務而造成傷害或損失，為與有過失。被害人對損失之發生既與有過失，加害人自得主張過失相抵。所謂「過失相抵」者，係指「損失之發生或擴大，被害人與有過失者，法院得減輕賠償金額或免除之」（民法217）。蓋損失之發生或擴大，既由被害人所促成，故對損害賠償，自不能由義務人負擔，因而遂生過失相抵問題。所謂相抵，並非指以意思表示所為之抵銷（民法334）而言，乃法院於裁判時，得依其職權減輕賠償金額或免除之謂（最高法院1996年臺上字第1756號判例）。

㈡自甘冒險（Assumption of Risk）

如被害人明知有風險之存在，又甘願置於危險中，因而發生之損害，加害人自得主張減輕賠償責任，甚至主張免除賠償責任。例如：在劇烈的運動比賽中（拳擊、橄欖球等），運動員對運動之傷害風險，明知並自甘冒險，則因此所致之運動傷害，不能請求賠償。

㈢被害人同意（Consent）

權利人原則上得自行處分其權利，故容許他人侵害自無不可。故被害人對於侵害若事前允許，自亦限制了侵權行為者之責任。例如：土地所有人，允許

鄰居小孩經過其土地去上學，小孩子之行為就不構成侵入（Trespass）。惟同意既為一種意思表示，故不得違反強行法規（民法71），或違背公序良俗（民法72），否則其同意無效，不得成為侵權責任之抗辯。例如：受被害人之囑託或得其承諾而殺之，在刑法上仍屬犯罪（刑法275），在民法上也構成侵權行為。且侵害若超出同意之範圍，對於因此所致之損害，自必負責。

第五節 損害賠償的結構與基本原則、方法及範圍

一、損害賠償的結構與基本原則

　　侵權行為及債務不履行所生之責任，合稱為民事責任。就其法律效果而言，兩者均以相同的給付為內容，即發生損害賠償責任。何謂損害？乃指因權利或法益受侵害時，所受之損失。換言之，損害發生前狀況與損害發生後之狀況比較，被害人所受之損失，即為損害之所在。損害依其性質，可分為財產上之損害與非財產上之損害。前者亦稱有形的損害，後者亦稱無形的損害或精神的損害。此兩種損害非必單獨發生，亦有相伴而生者，例如：破壞他人之物，固發生財產的損害，若該物為傳家寶物時，則又造成精神之損害。就現行法律規定之損害賠償法則而言，其主要者有：

(一)填補損失

　　損害賠償最主要在填補被害人所受之損害，故被害人不得請求超過損失之賠償。若非如此，則人人希冀受害，容易產生道德風險；且受損害並非中獎，不得藉受侵害而意外得財。此亦即所謂禁止得利原則。

(二)損益相抵

　　即損害賠償請求權人，因同一賠償原因，受有利益時，應將其所得利益，由所受之損害中扣除，以定賠償範圍，如傷人之身體（侵權行為），致未能依

約赴某地表演，而失卻報酬，但因此而免往返旅費，則加害人於賠償時應扣除。蓋損害賠償之目的，在乎填補所受之損害，非在乎使被害人更受利益，故基於賠償原因之事實，被害人受有利益者，不能不予扣除，以期公允。

(三)刑事責任與民事責任獨立

同一行為不法侵害他人，可能同時構成民事責任與刑事責任。現代刑事責任、民事責任嚴格區別，討論民事責任時，並不受該行為是否應受刑罰而影響。

(四)責任與損害

原則上，賠償責任並不因故意或過失而有不同。蓋民事責任以填補當事人所受之損害為目的，並非應報主義，亦非懲罰主義，故不考慮行為者的心理狀態是故意或過失。惟例外者，被害人與有過失時，可主張過失相抵（民法217）。又損害非因故意或重大過失所致者，如其賠償致賠償義務人之生計有重大影響時，得酌減賠償金額（民法218）。

(五)當事人資力

原則上並不考慮當事人雙方之資力，而按損失之程度賠償。例外情形如因賠償義務人生計關係而酌減（民法218），或受僱人因執行職務致他人受損害，法院得斟酌僱用人與被害人之經濟狀況，令僱用人負全部或一部之損害賠償（民法188Ⅱ）。

二、損害賠償的方法及範圍

損害既分為財產上之損害與非財產上之損害，則其賠償的方法及範圍，自亦有不同。茲列圖8-1說明如下：

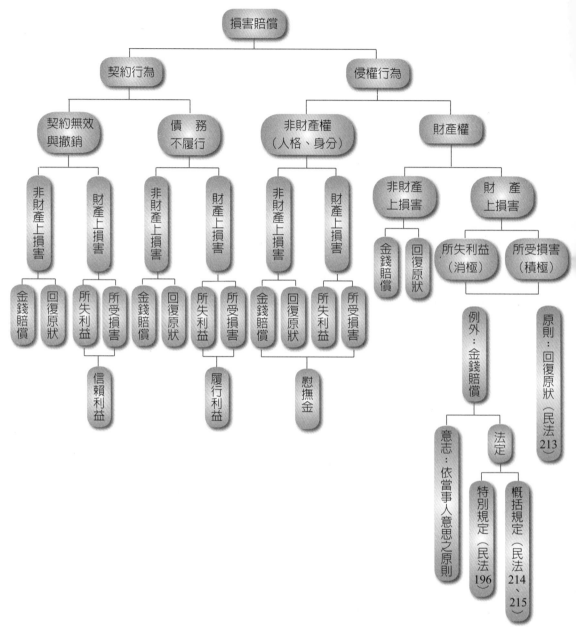

圖8-1　損害賠償的方法及範圍

　　損害賠償之目的，在填補被害人所受之損失，而其方法則有回復原狀與金錢賠償兩種。前者是指回復損害發生前之原狀，例如：打破茶杯，償還同樣之茶杯。此種方法極合損害賠償之目的，但有時不便或不能。後者是指依損失之程度支付金錢，以填補損害。此種方法便於實行，但有時不合損害賠償之

本旨。我國立法上以回復原狀為原則，以金錢補償為例外。「負損害賠償責任者，除法律另有規定或契約另有訂定外，應回復他方損害發生之原狀」（民法213 I）。申言之，除法律有特別規定外（民法214、215）或當事人間有契約約定外，權利人僅得請求回復原狀，而義務人亦當然應回復原狀。

損害賠償，除法律另有規定，或契約另有訂定外，應以填補債權人所受損害及所失利益為限（民法216 I），故以契約約定損害賠償之範圍者，稱為意定賠償範圍，而依法律規定賠償範圍者，謂之法定賠償範圍。

㈠意定賠償範圍

依當事人意思自由原則，損害賠償之範圍自得由當事人任意約定。其有於損害發生前，即將未來賠償之範圍，加以約定者，如訂立契約時，預先訂定違約金；亦有於損害發生後，由當事人以合意約定其賠償範圍。至其內容如何，除有違背公序良俗外，自應從其約定。

㈡法定賠償範圍

賠償範圍除前述契約另有訂定外，以填補債權人「所受損害」及「所失利益」為原則。「所受損害」指既存權益因有歸責原因之事實，以致減少之謂，亦稱積極的損害，例如：身體之傷害、醫藥費之支出。而「所失利益」乃指若無歸責原因之事實，勢能取得之利益，而因歸責原因事實之發生，以致喪失之謂，亦稱消極的損害。惟此種消極損害，其範圍究不如積極損害之較易確定，倘無明文以定其標準，則難免附會牽強，紛爭不已，因而法律特明定：「依通常情形或依已定之計畫設備或其他特別情事，可得預期之利益，視為所失利益。」（民法216 II）

至於賠償金額之計算，若是財產上損害，則因其較具體，能以客觀方法估定，除少數特殊物品外，一般皆依交易價格定之。至於非財產上之損害（精神上），其計算因無客觀之標準，法院只得於賠償請求權人要求之賠償額內，斟酌雙方之身分、地位、財產狀況及被害權益之種類，以及其他情事，予以相當之判定。

第六節 現代企業幾個重要責任問題

社會的變遷，改變了人類的價值觀，而這些觀念往往對企業有很大的影響。另法律規章的改變，亦影響到企業的經營。故企業在制定內部計畫詳細內容時，亦應考慮配合外部之法律與社會因素，才能有適應環境的能力。

現代企業所面臨之主要法律責任風險問題已略述於前，本節將討論企業法律責任風險中，四個較重要的課題。它們是企業法律責任的典型代表，而這些也是法律責任風險管理專家應考慮的問題，尤其對一個跨國企業而言，在不同的管轄區域，將會有數以百計不同的法律要遵守。惟本節所探討者，主要是以我國現行法律規定為標準。此四種法律責任是：

一、員工因工作而造成之傷害或疾病 —— 雇主對內責任。
二、員工因執行工作對他人所造成之侵權責任 —— 雇主對外責任。
三、因公司之產品或服務，對使用者所造成之侵權責任 —— 產品責任。
四、因生產過程所造成之環境汙染 —— 公害責任。

一、雇主的對內責任 —— 勞災責任

員工執行職務遭遇意外傷害或罹患職業病，是現代的重要社會問題。自18世紀工業革命以來，科技的進步，除了以機械為最主要之工作工具外，員工常身處高溫、噪音、毒氣、輻射線等危險的環境中，意外事故劇增，損害嚴重。因此，如何改善工作環境及解決勞災救濟問題，乃成為現代企業之重要課題。

任何一個雇主或老闆，基於下列兩項原因，都必須致力於減少工作災害和提高員工之健康：(1)基於人道的立場和員工之福利，公司有責任提供員工一個安全健康之工作環境；(2)基於成本的考慮，因為維持一個不會發生意外事件的工作場所所須投入的成本，遠低於因工作意外事件之傷害或職業疾病所帶來之時間、物質、金錢的損失，因為此類損失亦為一種成本，故維持一個沒有意外事件發生的環境，自然會顯得較為經濟。（註⑩）

早期雇主對員工之勞動災害，完全是以「過失責任主義」為基礎之侵權

行為法處理之。但自19世紀末期迄至今日，社會責任思想發達，工會運動興起，各國政府為保護勞工，以謀社會安定，乃積極設法解決。大體言之，係分兩方面進行，其一為改進侵權行為法，其二為創設勞工補償制度（Workmen's Compensation），其中以德、英兩國法制之發展，最具創設性及模式性，為世界上大多數國家所仿效。（註⑪）此後，員工因工作所致之傷害，不論雇主有無過失，皆可獲得賠償。

我國對勞工災害之救濟亦採雙軌制，除民法上之侵權行為法外，勞工法規亦設有明文。我國現行勞工法規中，最早的是工廠法，1929年公布，1931年8月1日施行，其後陸續制定者，有工廠法施行細則、勞工保險條例、勞工安全衛生法、工廠檢查法、勞動基準法等，並將所有「受僱從事工作獲致工資之人」概稱為「勞工」（勞安法2）。基此，員工因執行職務而致傷害或職業疾病時，雇主依法應負之補償及賠償責任有：

㈠勞保給付與賠償

受害之員工或其家屬，可以請求勞保給付，如果雇主不依規定替員工投保，致員工無法獲得勞保給付，雇主就此應負賠償責任（勞保法72）。惟此項給付金額，因雇主於投保時為減省保費，通常皆壓低投保金額，致此項給付或賠償金額不大。

㈡勞基法上的補償責任

1984年7月勞動基準法公布施行後，勞工因職業災害而致死亡、殘廢、傷害或疾病時，雇主縱無過失，亦應依勞基法之規定予以補償。其方式有醫療補償、工資補償、殘廢補償與死亡補償。如雇主已依法辦理勞保，員工已受領勞保給付，則雇主可免付該勞保給付之部分（勞基法59）。

㈢民法上的損害賠償責任

如果員工受傷害，雇主有過失時，亦必須負民法上「侵權行為」的損害賠償責任。惟主張侵權行為請求賠償，員工必須證明雇主有過失。證明雇主有過失，對勞災傷害而言，有時並不難，蓋「違反保護他人之法律者，推定其有過失。」（民法184Ⅱ）而所有的勞工法規都是保護勞工的法律，要推定雇主有責

任，並不困難。此點企業應須特別注意。

如前所述，員工執行職務遭意外事故，依其情形，一方面得依侵權行為法之規定向加害人請求賠償；一方面得依勞基法之規定，請求災害補償。惟侵權行為之基本思想在於填補損害，使被害人能夠回復損害發生前之原狀；反之，勞災補償係以維護勞動者之生存權，旨在保障勞工最低必要之生活。請求損害賠償必須證明雇主有故意或過失，並得適用過失相抵原則；而請求勞災補償，則不必證明雇主有故意或過失，且不適用過失相抵原則。但侵權行為得請求之範圍較廣，除財產上之損害外，並得請求非財產上之損害；而勞災補償給付，僅限於財產上之損失且給付金額較有限。並依勞基法之規定，雇主之「補償金額」得抵充「賠償金額」（勞基法60）。至侵權行為之損害賠償與勞災補償間之關係如何，深受各國勞災補償制度、給付水準、經濟發展程度之影響。

歸納言之，計有四個基本類型：⑴以勞災補償取代侵權責任；⑵選擇；⑶兼得；⑷補充。（註⑫）就我國目前之立法原則而言，係採補充方式（勞基法59、60）。所謂「補充求償」，係指被害人得同時主張勞保給付、勞災補償及損害賠償，但不得超過其所受之傷害。

經由以上分析，我們知道，現代企業對員工之勞災損害，往往須負多重法律責任。因此，我們建議企業應：

1.提供一良好、安全、適當的工作環境，以保障員工健康，減少傷病死亡，並進而促進工作效率。

2.灌輸員工正確的安全觀念，使他們知道安全措施有哪些及其必要性與重要性。

3.選任適當人員從事適當的工作，並提供顯著的危險警告，以促其注意。

4.儘量遵守勞工法令，以免被推定有過失而須負損害賠償責任。

5.除依規定辦理勞工保險手續外，並應重視投保雇主責任保險，以分散風險。

二、雇主的對外責任——員工侵權責任

現代企業興起後，僱用他人從事企業活動，已屬必然。然而，若受僱人於執行職務之際，不法侵害他人權益時，應由何人負擔賠償之責？就理論言，行

為人僅對自己之行為負責（自己責任原則），損害之發生，既係基於受僱人的行為，則被害人只能對受僱人（加害人）請求賠償，惟受僱人通常資力較薄弱，向其請求，恐無實益。再者，僱用人因僱用他人擴張其活動，其責任範圍亦隨之擴大。基此理由，現代國家莫不規定僱用人就其受僱人，因執行職務所加於他人之損害，負賠償責任。

僱用人就其所僱之人因執行職務所加於他人之損害，應負賠償責任，為現代法律發展的共同趨勢，惟關於僱用人責任的構成要件及法律效果，則各國略有不同，茲說明如下：（註⑬）

(一)在英、美法上

僱用人對其受僱人從事於職務時，因侵權行為致他人遭受損害，應負賠償責任。此責任係屬一種無過失責任，僱用人不得主張選任或監督已盡相當注意而免責；僱用人雖無過失，仍應就受僱人之行為負責。

(二)在德國法上

僱用人對其受僱人因執行職務不法侵害他人權利所生之損害，僅在其本身於損害發生時具有過失，即對受僱人的選任、監督未盡必要注意時，始須負責。

(三)在我國

依民法第188條之規定：「受僱人因執行職務不法侵害他人權利者，由僱用人與行為人連帶負賠償責任，但選任受僱人及監督其職務之執行已盡相當之注意或縱加以相當之注意而仍不免發生損害者，僱用人不負賠償責任。如被害人依前項但書之規定，不能受損害賠償時，法院因其聲請，得斟酌僱用人與被害人之經濟情況，令僱用人為全部或一部之損害賠償。」故知我國關於受僱人之侵權責任的立法精神，乃介於英、美法與德國法之間，一方面遵守過失主義的基本原則，但在他方面為使被害人多獲賠償機會，除仿照德國法規定，推定僱用人選任、監督有過失，藉以免除被害人積極舉證困難外，復規定僱用人舉證成功後，法院仍得因被害人的聲請，衡平地令僱用人為一部或全部之賠償。

原則上受僱人因執行職務，致他人受損害時，僱用人應與之負連帶賠償，

蓋受僱人通常多無資力，法律為保護被害人並警戒僱用人起見，乃使之負連帶責任，而其成立要件為：(1)行為人須為僱用人之受僱人（員工）；(2)受僱人之行為須已構成侵權行為；(3)須受僱人因執行職務所為之侵權行為。有此三項時，僱用人之連帶責任即已成立，法律並推定僱用人在選任、監督上有過失，被害人不必舉證。僱用人欲主張免責，則必舉證其在選任、監督上並無過失。而在較具規模之企業，其所有人對所有員工自為選任、監督，就企業管理的理論與實務言，實屬不可能，故多採分層負責制度。若強令企業者對所有員工因執行職務所生之損害，皆應負責，於情於理上皆不妥適，故實務上皆斟酌企業管理情形，改採雙重舉證免責方式。即企業者必須證明：(1)其對高級職員之選任、監督已盡相當注意；(2)該高級職員對肇事之低級員工選任、監督亦無疏懈。亦即斟酌企業分層負責制度及衡量當事人利益採折衷方式。

現行民法關於僱用人責任規定，係過失責任主義支配下所產生的制度，惟又創舉證責任之轉換與衡平責任兩項規定，使整個制度趨於複雜。時至今日，無過失責任的理論已普遍被接受，僱用人役使他人擴張自己活動範圍，責任範圍宜隨之擴大，應承擔受僱人職務上行為危險性，實屬當然。故大多數的法學者皆認為，在立法上應確立無過失責任。時代不斷的在進步，侵權責任之觀念亦進步，企業經營者尤須特別注意此一趨勢，以作為未來經營策略的參考。為此企業應：

1.嚴格選任、監督員工業務之執行，以避免損害之發生。
2.提高所供給產品或勞務之價格，以分散其負擔。
3.最重要者，要投保合適之雇主責任保險，以分散風險。

三、企業的產品責任

由於消費者意識抬頭，產品因具有缺陷肇致損害，已成為舉世關切之問題，亦是現代企業須面臨的另一重大課題。而經濟快速成長，商品種類激增，勞務供給亦日益豐富，逐漸形成大量生產及大量消費的社會。商品具有瑕疵肇致損害，乃現代大量消費社會勢所難免之事。且消費者之保護已成為現代社會之基本任務，各國莫不加強此一觀念，況現代產品因採大量製造，一旦有瑕疵，其所造成之損害已非少數之個人，而係多數之大眾。例如：有名的「沙利

寶邁度」事件（孕婦服用安眠鎮靜劑造成畸形兒）受害者遍及全球；而臺灣曾
有米糠油含多氯聯苯事件，受害者亦多達千人，均為顯著之例。而前者之損害
賠償金額及其他善後費用，合計高達73億日圓，故現代企業經營者，莫不應有
產品責任觀念，瞭解產品責任之所在，以便採取因應措施，減少損害。

　　關於商品瑕疵肇致損害，所發生的民事責任，有稱產品責任，有稱商品責
任。概念用語雖有差異，但討論的內容，基本上並無差異。法制發展初期及實
務上，雖多以商品製造人為主體而討論，但目前已擴大其範圍，泛指遭受損害
之消費者（包括買受人、使用人及第三人）對於產銷者，得依法請求賠償之法
律關係，(註⑭) 其關係如圖8-2所示：

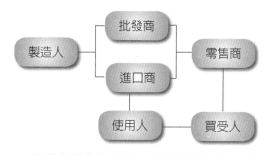

圖8-2　消費者與產銷者間，請求賠償之法律關係圖

　　產品責任之法律關係，可分為兩類，一為遭受損害之消費者與產銷者（尤
其是零售商及製造人）具有契約關係，一為遭受損害之消費者與產銷者，不具
有契約關係。當事人間若具有契約關係，被害人得依契約關係主張權利。惟不
論被害人與商品製造、銷售過程中之任何人，是否具有契約關係，均得依侵權
行為法之規定，請求損害賠償，依其情形並可能發生契約請求權與侵權行為請
求權競合之問題。而主張契約責任者，必當事人間有契約關係存在，主張侵權
責任者則不必。而兩者之成立要件與其競合之法律關係，已於第三節「企業的
民事責任」中說明，茲不再贅述。在此將有關產品責任之問題，再補充說明如
下：

(一)契約責任

　　一般皆指被害人（消費者）與零售商（出賣人）間之關係，批發商或進口
商通常與被害人並無契約關係，故原則上無主張契約上權利之餘地。而與商品

製造人通常亦無買賣關係，因而亦無從主張契約上之請求權。惟對產銷一體之商品製造人而言，亦須負擔契約責任。

(二)侵權責任

零售商就其所出售之商品有瑕疵所生之損害，應負侵權之責，依目前實務上見解認為：要看其是否已盡交易上必要之注意而定，至於其注意程度則應視實際情況而定。而批發商與進口商是否負侵權責任，亦應視其是否已盡交易上必要之注意而定。製造人就其所製造具有瑕疵之商品，一方面須向進口商、批發商或零售商負責（主要是契約責任），一方面須就消費者所受之損害負賠償之責（主要是侵權責任）。因此，製造人責任，在某種意義上，可謂產品責任之「焦點」或終局的負責人，在實務上最為重要。

產品責任由過失責任演變為無過失責任，係各國法制共同趨勢。英、美各國均已採無過失責任制度，我國現行之侵權行為法，以往原則上係採過失責任主義，惟對於一些特殊的侵權行為，如僱用人責任、動物占有人責任、工作物所有人責任等，亦有採過失推定責任、連帶責任、衡平責任等以謀救濟。但有關「其有瑕疵之商品」肇致之損害，則未設規定，因此僅能適用民法侵權行為一般規定。修正後之民法債編，第191之1條即為加強對消費者保護，參考各國判例、學說和立法，對產品責任增設如下規定：「商品製造人因其商品之通常使用或消費所致他人之損害，負賠償責任。但其對商品之生產、製造或加工、設計並無欠缺或其損害非因該項欠缺所致或於防止損害之發生，已盡相當之注意者，不在此限。前項所稱商品製造人者，謂商品之生產、製造、加工業者。其在商品上附加標章或其他文字、符號，足以表彰係其自己所生產、製造、加工者，視為商品製造人。商品之生產、製造或加工、設計，與其說明書或廣告內容不符者，視為有瑕疵。商品輸入業者，應與商品製造人負同一責任。」即產品製造人要主張免責，則須負舉證商品之生產、製造、設計並無任何瑕疵，否則即須負責。此項法律一旦訂定後，再加上消費者保護法第7條有關無過失責任主義，目前企業之產品責任更為加重。基此，企業更應重視下列各點：

1. 採取更積極之措施，以提高產品之安全性，減少損害之發生。

2. 健全產品檢驗、品質控制制度，期能防患於未然。

3. 加強投保產品責任保險，蓋產品責任保險可以分散風險，不使損失集中

一企業，藉由大眾共同分擔，以達損害賠償社會化之目的。

四、企業的公害責任

最後所要探討的是「企業的公害責任」。由於工商活動頻繁，經濟發展快速，環境品質破壞，環境汙染已經到了使人無法忍受的程度，對於廠商為減低成本而忽略了汙染防治的行為，已不再容忍。公害汙染問題，亦如同產品責任一樣，已成為現代企業必須面臨的一個最新、最重要課題。所謂公害（Public Nuisance）係指因人為活動所生相當範圍之水汙染、空氣汙染、土壤汙染、噪音、振動、惡臭、地層下陷或其他類似現象，致人之健康、財產或生活環境所受之損害。為提升環境品質、增進國民健康與福祉、維護環境資源、追求永續發展以推動環境保護，我國亦於2002年12月11日立法通過公布「環境基本法」，以永續發展做到滿足時代需求，同時不損及後代滿足其需要之發展。(註⑮)

根據統計，臺灣地區目前較嚴重的公害汙染，依次為空氣汙染、惡臭、水汙染及噪音，而公害汙染源最重要者為製造業者。就某一角度而言，公害乃科技活動必然之產物，有其相當之必然性及無可避免性，但經濟活動者，特別是企業者大量的使用空氣、水等自然資源，乃是使公害益形嚴重之主因。由於環保意識抬頭，人們對於會影響到其生存之環境權益，已不再沉默。由較早的鹿港反杜邦、鹽寮反核四到李長榮化工廠圍堵事件、反五輕、六輕運動，尤其最近的臺塑越南河靜鋼鐵廠因廢水汙染賠償5億美元事件，在在都帶給企業重大的衝擊，公害防治責任已成為現代企業刻不容緩之待解問題。

在法律的體制上，公害也是一種侵權行為，是一種侵害他人權利或破壞社會秩序的行為。惟就其侵害型態及內容觀之，卻又大異於傳統的侵權行為，此即通稱的「公害特性」，茲說明如下：(註⑯)

㈠公害的不平等性

指公害當事人所處法律地位不平等而言。按傳統侵權行為之當事人，係置於對等互換之地位，但公害之情形，其加害人往往為具有特殊經濟能力及地位之企業團體，而受害人常屬欠缺抵抗能力之一般國民。

(二)公害的不確定牲

指公害發生之過程而言。公害之原因事實、危害發生之程度、內容及其經過期間之關係，往往甚不明確。欲就其彼此間尋求單純、直接、具體之關係連鎖，頗為困難，因果關係之推定論，即導源於此一特性。

(三)公害的延長性

公害造成之損害，常係透過廣大空間，甚至是多種因素複合累積之後，始告明顯，受害人往往在不知不覺中遭受損害，故侵害何時存在？加害人究在何處？加害人是否有故意過失？往往很難認定，故公害責任之消滅時效應否延長，即導源於此一特性。

(四)公害的合法性

傳統之侵權行為，其原因行為本身即屬違法，但公害之原因行為，例如：傾倒廢棄物、流放廢水等，其本身往往是各種積極有用之社會活動所必須附隨的行為，故從法律價值判斷而言，公害雖係侵害他人權益之現象，但同時具有相當程度的「社會妥當性」，性質上本係一種「可容許的風險」。故有關公害之防治法律，無論是行政管制、取締、民事救濟，甚至刑事處罰，均常披上濃厚之「利益衡量」或「政策抉擇」色彩。

(五)公害的綜合性

公害造成損害時，常係同時侵害多數人之生命、身體、健康、財產及其他各種生活上利益，且除同時侵害多數人之多種權益外，同一公害根源，甚至同時產生多種公害現象，故公害特重於防治，其因在此。

公害所侵害者，乃人類生存之環境權，在傳統侵權行為法，均採過失責任主義，並要求受害人證明加害人之行為與損害間具有相當之因果關係。由於公害之發生往往徐徐緩緩、長年累積並經多重孕育始告形成，故要證明公害之因果關係及過失，至為困難，若仍維持傳統理論，即無異否認受害人之賠償請求權，故必須突破傳統理論，另闢一途徑以為救濟之道：

㈠無過失責任規定的適用

依傳統過失責任主義，被害人如欲求得賠償，必須證明加害人有過失始可。惟公害乃現代工商發達下必然的產物，且依前述公害之不平等性可知，公害之加害人往往是具有特殊經濟能力及地位之企業團體，公害賠償若仍依一般過失原則以求救濟，對受害人而言，毋寧過苛，故公害賠償應適用無過失責任主義，在社會環境需求下漸受肯定。在日本方面，甚至發展出一種「忍受限度論」理論。（註⑰）所謂「忍受限度論」，即損害之發生，如超越一般人所應忍受之限度者，即不問加害人之主觀上，是否具有預見或迴避損害發生之可能，即認定過失行為成立，加害人須負損害賠償。亦即，過失乃係結果義務之違反，違反及過失是否成立，乃依客觀情事所為法律上價值之判斷，再加以比較衡量之結果，至於行為者個人之心理狀態等主觀因素如何，對過失是否成立，不具決定性的作用。故其性質上，係屬一種高度成熟的事實無過失責任主義。（註⑱）

㈡因果關係的推定

侵權行為責任之成立，須侵權行為與損害間有相當因果關係，受害人請求賠償須證明此一因果關係存在。公害糾紛最困難者，即為因果關係之認定，蓋公害之形成，往往須經廣闊的空間與長久的時間，再加上多種因素複合累積而成，故要證明其因果關係，實係難事。故因果關係之克服，實為公害民事救濟理論上根本難題之所在。衡諸晚近各國公害民事救濟理論之發展趨勢，有關「因果關係」者不外：⑴優勢證據說；⑵事實推定說；⑶疫學近接原因說；⑷間接反證說。其中又以疫學近接原因說，最具建設性。（註⑲）所謂「疫學」（Epidemiology），乃從集體現象研究疾病之發生、分布、消長及對其所影響之自然、社會的諸因素，或疾病之蔓延對社會之影響，尋求疾病原因及防止疾病蔓延方法，藉以去除疾病對社會生活所生威脅的學問。（註⑳）而疫學近接原因說之內容；簡言之，即某種因素與某種公害疾病，經認為兩者具有疫學上之近接原因。此為日本學者所力倡，不僅成為裁判理論之主流，而且為學者所推崇與肯定。

㈢共同侵權責任之例外

汙染公害之責任人應歸咎於何人，不若傳統單一加害之易辨。現代公害汙染常為多數營業團體共同排放汙染物而導致之結果，因多數汙染人而成為無法確定由何人所致，致使責任分配無法確定。在傳統責任分配，於不能確定為何人時，常以連帶責任之概念，使受害人得任意以多數加害人中之一人為損害賠償請求，再由加害人向共同加害人依責任比例分攤賠償。但傳統連帶責任及共同分攤，對企業活動有時難免過苛，且公害之賠償數額往往巨大，因之，於特殊之情形，承認按加害比例分割責任，已逐漸受到重視。

㈣行政標準與損害賠償

公害汙染乃現代經濟活動必然產物，有其不可避免性，故各國政府莫不訂定一行政標準，以防公害之發生。加害人遵守政府所訂之行政標準，無論是環境品質標準或排放標準，如仍造成損害，是否須負賠償責任？晚近學理及各國判例均採肯定說。認為行政標準乃是企業必須遵守的最低標準，其違反與否均屬行政責任，與民事責任無關。但縱使遵守行政標準，如仍造成公害，亦不能阻止民事損害賠償之成立，而仍應負賠償責任。

㈤限額賠償之訂定

公害之賠償責任，已由傳統過失主義，趨向於無過失主義。而無過失責任主義，深具社會責任之色彩，其規範基礎與過失主義者並不相同，因此在損害賠償範圍之制度上，一般皆傾向於「限額賠償」制度，逐漸脫離民法所謂之完全賠償原則。（註㉑）此一發展趨向，乃係配合無過失責任之運用。蓋公害採無過失責任，則「賠償金額」之多少，就成為處理公害糾紛時之爭執點。若採限額賠償，不但能減輕企業之負擔，受害人亦能迅速獲得賠償。例如：我國的「核子損害賠償法」、「公路法」、「鐵路法」，皆採限額賠償制度。

㈥消滅時效理論之調整

侵權行為之損害賠償係採取短期時效制度，原則上自請求人知有損害及賠償義務時起2年間不行使而消滅；其不知有損害及賠償義務人者，自有侵權行為時起10年間不行使而消滅（民法197）。此種短期時效之規定，對公害賠償是

否妥當，已在各國法學上引起爭論。就法律字意而言，所謂「自有侵權行為時起」，於公害事件，即等於「自實施有害物質之排放行為時」起，如此，則在「行為時」與「損害發生時」兩者有相當時間距離之公害事件，勢必產生「損害尚未發生，時效業已消滅」之結果。如嚴格遵守法律文義，則受害人勢無請求賠償之可能。基於此，公害賠償之消滅時效，應修正自損害發生時起算（參考核子損害賠償法第27條）並延長賠償時效。此外，於累積性公害時效，應自侵權行為停止時起算，而於因果關係有爭執時，應於鑑定結論出現後，始開始起算，此皆為近代公害民事救濟有關消滅時效之理論趨向。（註②）

㈦訴訟制度之配合調整

權利之實現，絕大部分須透過訴訟制度，否則實體法上之權利，徒具虛幻而已。有關公害賠償衍生之訴訟制度調整，如集體訴訟之推行、原告須先付訴訟費用之修正、訴訟救助條件之放寬，其中又以集體訴訟之產生，為近代解決公害賠償一重要制度。所謂「集體訴訟」（Class Action），意指由多數被害人中之一人或數人，為全體利益，代表全體起訴，而法院所為之判決，其效力及於全體被害人之訴訟制度。（註③）集體訴訟，原係為解決商品責任，謀求消費者之保護而生。惟公害事件之受害人亦屬多數大眾，若由少數被害人起訴，不僅可節省法院之負荷，減輕被害人程序之繁複，最重要者，是可以避免判決之紛歧。

我國原本為經濟發展較落後，公害現象發生較遲緩的國家，但四、五十年來，經濟發展迅速，公害現象亦告嚴重。雖經先後制定各項公害防治法規，如水汙染防治法、空氣汙染防治法、噪音管制法、廢棄物清理法、毒性化學物質管理法等，惟這些公害防治法規，因礙於人力、財力及國人環保意識與守法觀念之不足，在成效上仍有諸多限制。但是近年來，臺灣地區公害糾紛事件層出不窮，公害問題也一一爆發出來，並且演變成大規模的抗議行為，甚至演變成「自力救濟」事件，使政府威信、社會秩序、企業發展與人民生活皆受到極大的影響。

根據統計，企業活動乃公害汙染的主要來源，雖然國內「公害糾紛處理法」及「施行細則」已訂定，但對於相關之公害糾紛無一合理制度解決，造成政府公權力、公信力重大打擊，人民之生活品質未獲完善之保護，企業在經營

上、財務上亦蒙重大損失。為因應此一社會趨勢，企業應：

　　1.在實施或開發任何活動前，應先做好環境評估（Environmental Assessment）或環境影響評估（Environmental Impact Assessment）工作。也就是企業應於其活動實施之前，事先就其活動所可能發生之環境不良影響，加以調查、預測並加以評鑑，以將因企業活動對環境所可能造成之不良影響，減至最低。

　　2.須有防治公害之投資。企業最為人所詬病者，乃為減低成本而忽略汙染防治投資。故除應購置各項汙染防治之設備外，並應負擔政府為防治公害所支出費用之全部或一部。並須嚴格遵守政府頒布之公害防治措施，處理其事業活動所生之汙染源，以防止公害之發生。

　　3.除應重視汙染防治工作外，更應規劃一旦意外汙染公害發生時，對受害者之救濟方案。其最重要者即投保意外汙染責任保險，除藉保險分散企業風險外，並保障一旦發生意外後，能得到適當的救濟。

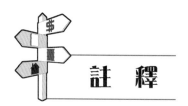

註　釋

① 參閱艾伯特（Albert, Michel）著，莊武英譯（1995），兩種資本主義之戰（*Capitalism vs. Capitalism*），臺北市：聯經，p. 69；另參陳定輝（2005），政策性保險與社會安全功能關聯性之研究，國立臺灣師範大學政治學研究所博士論文，pp. 6-7。捷運車站事件係捷運公司並未依據大眾捷運法第47條規定投保責任保險，且事發後隱瞞案情所致；病死豬外流事件說明我國並未全面建立家畜保險制度以及尚未實施產品責任保險，農人為減少損失，將病死豬屍體販售商人圖利；千面人於知名提神飲料下毒導致一人死亡、二人受傷事件，涉及產品責任保險及製造廠商產品下架、回收、銷毀及滯銷損失保險均未建立；玻璃娃娃致死案及小學生被玻璃穿刺致死案，係目前教育當局僅要求學生投保平安保險，卻未要求學校投保責任保險所致。

② George L. Head, Stephen Horn II, *Essentials of the Risk Management Process*, Volume I, Insurance Institute of America, 1997, p. 198.

③請參閱消費者保護法第2條第7款規定定型化契約條款，同條第9款規定定型化契約之定義。

④同②，p. 199。

⑤王澤鑑，商品製造人責任與消費者保護，正中書局，1986年，三版，p. 26。

⑥鄭玉波，民法債編總論，三民書局，1985年，十版，p. 144。

⑦請參閱消費者保護法第7條第3款規定，企業經營者應負無過失責任。

⑧同②，pp. 207-208。

⑨同②，p. 205。

⑩謝安田，人事管理，自行出版，1982年2月，p. 736。

⑪王澤鑑，勞災補償與侵權行為損害賠償，法學叢刊，99期，p. 11。

⑫同⑤，p. 11。

⑬王澤鑑，催用人無過失侵權責任的建立，臺大法學叢書，民法學說與判例研究(三)，1986
年，五版。

⑭同⑤，p. 11。

⑮參閱「環境基本法」第182條，2002年12月11日公布。

⑯邱聰智，公害法原理，輔大法學，1984年5月，p. 19。

⑰淡路剛久，近鄰妨害の私法的處理，有斐閣，1978年9月。

⑱同⑯，p. 187。

⑲淡路剛久，公害賠償の理論，有斐閣，1978年6月，p. 40。

⑳曾田長宗，公害の疫學，日本評論社，1969年，p. 229。

㉑行政院經濟建設委員會健全經社法規工作小組，公害糾紛處理及民事救濟法制之研究，1988
年5月，p. 193。

㉒同⑯，pp. 245-246。

㉓同⑯，pp. 247-248。

第九章

人身損失風險的分析

本章閱讀後，您應能夠：

1. 瞭解人身損失風險的意義與種類。

2. 認識影響人身損失風險的因素。

3. 闡述人身損失風險事故的特色。

4. 指出人身損失風險的特性。

5. 敘述家庭（個人）人身風險的認知。

6. 描述家庭（個人）人身損失的財務影響。

7. 說明企業人身風險的認知。

8. 認清企業人身損失的財務影響。

風險角落

大地震的複合式災難

2011年3月11日下午1點46分，東日本發生芮氏規模9.0之大地震，造成15,843人死亡、5,890人受傷、3,469人失蹤，房屋全倒110,848間、半倒134,954間、部分受損488,138間，經濟損失高達2,400億美元。

這次地震，除了造成上述龐大生命、財產損失外，並引發了超級大海嘯、核電廠輻射外洩、全球產業關鍵零組件供應鏈暫時中斷。這種由強震所引起的「複合式災難」，超出先前人類日常運作所能思考的範疇，值得我們深思。

世界經濟論壇（World Economic Forum, WEF）在2018年的全球風險報告中指出，當風險透過複合性的系統大量湧出，其產生的危險性並非損害的增加，而是失控性的崩塌（runaway collapse）。

發生於2008年5月12日下午2點48分，規模達芮氏8.0之中國四川汶川大地震，經統計，造成87,467人死亡、374,176人受傷、13,831人失蹤；53,295公里的公路被破壞，778.91萬戶房屋倒塌；政府投入救災金額為548.76億人民幣，經濟損失超過10,000億人民幣。

發生於1999年9月21日規模達芮氏7.3之集集大地震，再度喚起國人對地震之重視。此次臺灣百年以來最嚴重的地震災害，造成2,415人死亡／失蹤、11,000多人受傷，其中重傷4,139人，房屋全倒8,457間、半倒6,204間，直接財物損失逾新臺幣3,600億元。

表9-1　東日本大地震、臺灣921大地震、中國汶川大地震比較表

事件	東日本大地震	921大地震	汶川大地震
發生日期	2011年3月11日	1999年9月21日	2008年5月12日
規模（芮氏）	9.0	7.3	8.0
震央	仙臺市以東130公里外海	日月潭西偏南12.5公里處	四川省汶川縣境內映秀鎮
深度	24公里	8公里	19公里
威力	110,000顆原子彈爆炸	45顆原子彈爆炸	251顆原子彈爆炸
死亡人數	15,843人，另有3,469人失蹤	2,415人	87,467人，另有13,831人失蹤

資料來源：參閱2011年4月1日《經典雜誌》與2012年1月19日日本共同社網路新聞。

第 一 節 人身損失風險的意義與種類

　　人身損失（Personnel Loss）係起因於死亡、殘障、退休、辭職或失業等。對個人或家庭而言，人身損失會使家庭的收入減少，或使家庭的費用增加（因前者會使負擔家計生活者，遭受收入減少或損失的命運；而後者則因需要就醫，或僱人來做家事而致費用增加）。

　　對企業組織而言，如果擁有無法或很難被取代之專技或知識的人，一旦死亡、退休、辭職或失業，則其人身風險的損失便會發生。例如：一列運載化學品的火車在醫院附近出軌，則醫院及火車公司，都有可能會遭受人身的損失。申言之，若該列火車係由火車公司最有經驗且最資深的駕駛員駕駛，且其在此事件中也受了傷；同時，醫院的重要主管或技術員，亦因此出軌所傾洩之化學藥劑所傷，而致生病不能來上班，則此時，此兩組織都會蒙受人身的損失。（然應注意的是，雇主的責任與員工的賠償請求權，均被劃歸為責任損失，因雇主對此種損失的支付，是一種法定之義務；而重要人物之勞務的損失 —— 即人身損失 —— 對雇主而言，則是另一種截然不同的損失風險。）

　　人身損失風險，會因不同的風險事故（Perils）而產生 —— 主要有死亡、傷殘、退休、辭職或失業。

第 二 節 影響人身損失風險的因素

　　人身損失風險是指在日常生活及經濟活動過程中，家庭（個人）或企業組織成員的生命或身體遭受各種損害，或因此而造成的經濟收入能力的降低或滅失的風險，包括死亡、殘疾、生病、退休、衰老等損失型態。人身風險事故的發生，可能導致家庭（個人）或企業經濟收入減少、中斷或利益受損，也可能導致相關當事人精神上的憂慮、悲哀和痛苦。

　　因此，人身損失風險，係受下列三因素所影響，略述如下：（註①）

一、人口統計學的特色（Demographic Characteristics）

人口統計學是一門從事人口動態統計的學科，其內容包含有年齡層人口的統計、性別統計、出生率、死亡率、人口分布、就學、就業，以及退休情況等。這些內容足以影響人身風險的走向，對於從事人身保險行業的人而言，更是重要的決策依據。國際上以65歲以上老年人口占總人口比率作為高齡化之量度，超過7%稱為「高齡化社會（ageing society）」，超過14%者為「高齡社會（aged society）」，超過20%者為「超高齡社會（super-aged society）」。

我國已於1993年邁入「高齡化社會」，於2018年邁入「高齡社會」，2025年將再邁入「超高齡社會」。

隨著社會進步、醫藥發達，出生率及死亡率逐年降低，臺灣老年人口的比例正大幅增加，高齡化社會已成為重大議題，所產生的現象與問題也逐漸浮現。就在臺灣幾年後將從「高齡社會」邁入「超高齡社會」，如何維護高齡生活的品質與尊嚴，以及訂定健全的社會福利和健康政策，已是政府刻不容緩的挑戰。

二、人性的特徵（Personality Traits）

科技在進步，導致人自呱呱墜地，即可接受如瓦斯爐的點火觀念，而無須從鑽木取火開始學習，然而人性則鮮有隨著科技的進步而與之俱進的。於是，喜、怒、愛、欲、哀、樂等情緒的反應，幾乎人同此心，遇到順心則喜。哲學家常說的「權力的腐化」，又何嘗不是源於這些情緒表現，更何況，「飲、食、男、女，人之大欲」，於是求生、求平安、求享樂等諸種欲求，左右人們的活動軌跡，上述皆是人性的特徵。早期日本的生命保險業（即人身保險業）即針對當時正在成長的日本人之欲求 —— my home, my car，而制定出必要的商品。然而，人性不僅會受到感染而互動，而且會蔚為潮流，人身風險管理人如何洞察此一趨勢，而導之於商品？例如：臺灣近年來由於經濟的發展，培養出極濃烈的自主意識，用之於理財，已不走委由金融機構代為操作的路線，然而，人性求平安、怕損失的心理是不變的，於是人身風險管理人便應運引進「投資型保險商品」，如投資連結壽險保單（Investment-Linked Life Insurance Policy），便是配合人身風險管理，迎合人性的產出物。

三、環境條件（Environment Condition）

環境決定行為模式，而人身風險更與環境息息相關。以臺灣路邊攤的吃食文化為例，餐具的洗濯（包括攤販的個人衛生），以及拼酒的型態，是臺灣肝癌著名於世的主因。這一點在世界各國也都有類似的情形，如從中國大陸河南省延伸到中亞細亞一帶，男性除了嗜醃製肉品之外，同時又好配飲含高酒精濃度（如燒刀子）飲料，一般咸信，此一飲食環境是這一毗連地帶食道癌（Esophageal Cancer）高罹患率的主因。國際癌症研究機構以美國及其他歐、澳、紐、加等23個國家間作比較得出，就所有癌症而言，白人的男女兩性，其平均的癌死亡率低於平均值，非白人則正好相反，這是經濟環境以及教育環境共同影響的產出。以人身風險管理的角度來看，這是值得深入探討的一門顯學。

第 三 節　人身損失風險事故的特色

人身損失的主要原因有死亡、喪失工作能力、退休及失業，它們發生的頻率、幅度及可預測度方面，均不大相同。這些風險事故的不同特色，在公司、家庭及個人都有其不同的影響。

一、死亡

㈠頻率

在工作之中，死亡發生頻率很低，死亡率在20歲大約是1比800，65歲大約是1比40。（註②）但是，死亡率還是高於火災損失率。譬如，一對夫妻以其房子向銀行辦理抵押借款，並設定30年抵押權，其中之一人會在付清借款前死亡的機率，要大於在這段期間房屋被燒毀的機率。

因為死亡率在工作人中比率很低，所以家庭和中小型企業，很難正確地預測家庭主要收入者或員工何時會死亡。但是，死亡率必定依隨大數法則，一般而言，實際死亡數的變動，比預期死亡數的變動比例還小。即使如此，有1萬名

員工之公司，每年平均死亡18人，這是足以使公司確信的統計。（註③）當然，重要人物在一個公司（至少100人左右）的小團體中，其意外的變動性，相對地較大。

㈡幅度

因死亡所致人身損失之財務損失幅度，是已故者的總值，並且沒有部分損失。在家庭，其成員之死亡，代表死者賺錢能力的損失，或是死者無法再繼續為家人提供服務。不論何時死亡，一些最後的花費還是少不了的 —— 如喪葬費或家人參加處理死者遺產的有關費用。

在公司，員工的死亡，代表死者特別才能與貢獻的損失，或其能為公司提供更多勞力的損失。甚至，迫使雇主增加設備、僱人和訓練可用之人的成本。

以「死者的總價值」來判斷死亡損失的幅度，意指僅從公司或家庭的立場，考慮遭受損失的經濟價值。在人身風險管理中，人的價值不包括任何精神上、感情上的價值，僅僅表明此人對公司或家庭提供服務，可得到財務上的給付而言。代替此人的服務成本，是對「人的價值」另外一種測定。

二、喪失工作能力（疾病及傷殘）

㈠頻率

喪失工作能力是人身損失的主因。它對公司或家庭產生了兩個不利的影響 —— 降低或停止收入，以及增加照顧傷殘者的額外費用。傷殘損失的頻率比死亡率大很多。在中、大型公司，病假是固定的，可預測其每日成本。意外事故所致的損失頻率很難估計，但從臺灣地區2019年十大主要死亡原因中，「事故傷害」高占第六位可看出，（註④）事故傷害及不良影響所致之傷殘是不容忽視的。事故傷害近一半以上係由運輸事故引起，事故傷害死亡人數年齡分布似較平均，但其中約占總事故傷害人數6,642人之七成係死於運輸交通事故。一般來說，意外事故傷殘的人數，遠超過死亡人數好幾倍，殊值注意。

㈡幅度

　　傷殘和死亡最大的不同，在於傷殘會產生相當大的醫療費用。所以，分析醫療損失風險幅度，不僅要注意傷殘者身體損傷的程度，還有必要的醫療費用支出。

　　臺灣的全民健康保險傲視全球，是民眾健康安全的重要支柱與保障，而臺灣的醫療費用也低於大多數歐美先進國家。衛福部根據經濟合作與發展組織健康統計資料（OECD Health Statistics）所作的指標進行比較，2021年我國平均每人經常性醫療保健支出每年花費為2,324美元，在OECD各主要國家中偏低，不僅低於世界最高的美國（12,297美元）、瑞典（5,298美元）、挪威（8,844美元）、丹麥（5,542美元）等國，更低於鄰近的日本（5,427美元）與韓國（4,829美元）。（註⑤）隨著經濟成長與國民所得增加、醫療服務品質與價格相對提升，以及全民健保的被保險人數擴大，我國醫療保健支出占GDP比重從2017年的6.1%到2021年僅微幅成長達6.5%，在世界各國中算是相當低的。2021年美國為18%，瑞典11.7%，加拿大12.8%；而日本（10.8%）與韓國（9.7%）也都高於我國。（註⑥）

表9-2　2021年各國平均每人經常性醫療保健支出與支出占GDP比率

國家	每人經常性醫療保健支出占GDP比重（%）	每人經常性醫療保健支出（美元）
美國	18	12,297
加拿大	12.8	2,742
奧地利	12.8	5,762
挪威	10.6	8,844
瑞典	11.7	5,298
丹麥	11.4	5,542
冰島	10.1	2,774
捷克	9.6	2,489
南韓	9.7	4,829
臺灣	7.3	2,324
日本	10.8	5,427
新加坡	5.8	3,212

資料來源：OECD Health statistics 2023年健康統計。

傷殘可分為：(1)永久性或暫時性的傷殘；(2)完全或部分的傷殘。通常割盲腸是屬於「暫時性完全不能工作」，因為在一定時間內，該病人不能參與任何生產行動。精神分裂症屬於「永久性的完全不能工作」，該病人的一生都失去了工作能力。手指折斷會暫時性影響到一部分日常工作，是屬於「暫時性的部分不能工作」。一眼失明，屬於「永久性的部分不能工作」，該病人的行動範圍永久受到限制，但還是能做許多工作。

人身殘廢的主要根源是慢性的、潛伏的，或因疏忽而發展為急性的症狀。這些包括酒精中毒和誤食藥物、不同型態和程度的神經症，以及心理壓力等問題。另一種導致人身殘廢的根源，為持續性或重複的暴露在有害的自然環境中（如有毒物質、癌因子、噪音、過濕或太熱）。

當上述這些情況沒有被認出時，它們的現在和將來成本都會被忽略。現在成本則呈現出低生產力、技能和判斷錯誤增加、病假曠職和怠工率增高，這些情況被忽略，將會引起現在的損失，值得估計其時間和數量之延滯成本。

醫療費用的幅度與殘廢的程度（部分或完全）和條件（暫時或永久）有其關聯性。因為，一些永久性殘廢（如失明）不再需要醫藥費，但一些暫時性殘廢（如藉外科手術可治癒的殘疾），通常需要極大的醫療費。相反地，完全不能工作，需要在家休養和藥物治療（如感冒）者，通常比部分不能工作而需要手術與校正（如齒齦感染使牙齒鬆脫）者花費為少。

(三)可預測度

對於發生頻率較小的殘廢，要給予一些損失幅度較小範圍的預測，甚至在家庭中亦然。但是，在損失幅度較大的範圍中，大的損失其頻率卻很低，即使一個有上百名員工的公司，對殘廢損失的預測也是相當地困難。在傷殘成本方面，有一個主要的不確定原因，是健康維護的成本不斷上升。10年間，醫療成本比消費者物價指數更快速成長，且國民所得和薪資總額的百分比也一直在增加。究竟1年要花費多少醫療費用，卻因下列五個原因而難以預測：

　　1.全面的通貨膨脹，導致特別的醫療服務收費增加。

　　2.用最新與更貴的醫療方法，增進醫療服務的品質。

　　3.用最新醫療技術，以延長醫療照顧時間並防止死亡。

　　4.醫療機構因醫療成本的提高，而增加醫療收費。

5.確定診斷或以前未發現的病況（如血液失調或過敏症）所作的實驗或測試。

三、退休

退休與死亡、殘廢不同，因其有一個重要特性 —— 退休一開始通常是有計畫的。但是，以家庭的立場而言，其仍然具有重要的不確定性：

1.退休後的生命長短。

2.退休後的生活費用變化。

3.退休後的健康狀況。

以一個雇主的立場而言，退休會產生兩個不確定的來源：

1.雇主提供福利的成本。

2.退休的日期及員工停止工作的適當時間，缺乏一致性。

雇主提供的退休金種類和程度，會隨退休制度之變遷而改變。因此，造成雇主提供福利的成本不確定。

雇主第二個不確定原因，是關於員工停止工作的適當時間。因當一些員工在還有價值時退休，其他人的技術落在他們之後，無法與之銜接，造成工作銜接上的不確定。

四、辭職或解僱

不論是辭職或解僱，都表示因環境而發生的人身損失風險。

㈠辭職

對雇主而言，由辭職來認知人身損失，必須瞭解這位辭職的員工，是關鍵人物，還是重要群體裡的一分子？如果是這樣，則雇主潛在的人身損失，就與員工的死亡相同。

對員工而言，當員工期望辭職並沒有造成損失，因為，別處還有更好的工作在等他。當這個期望無法實現，則辭職的人會造成其家庭的損失。

(二)解僱

當雇主暫時或永久的解僱員工，他們如此做，是相信至少目前在公司沒有這些人比較好。因此，公司在直覺上，沒有立刻發生人身損失。但是，若這些被解僱員工已找到其他固定工作，公司如果想再僱用他們，已無法實現，或必須付給額外薪資以獲得他們的服務，就會產生人身損失風險。

對被解僱員工而言，會立刻產生重大的收入損失，並造成家庭經濟上的重大問題。

第四節 人身損失風險的特性

當人身損失風險之風險事故發生時，在金錢方面的影響包括：(1)人的服務價值之損失 —— 收入損失；(2)因風險而產生的額外支出 —— 有生產能力的人身，因死亡、傷殘或失業，產生有關的額外費用。

第一種「收入損失」的例子，如：(註⑦)

1.當一位傑出的演奏家突然死亡，導致一連串的演奏會必須取消，使得發起人的權益蒙受損失。

2.一架載有多位傑出銷售人員去開會的飛機墜毀，導致公司未來收入的損失。

3.負擔家計者被解僱而失業，導致家庭收入之損失。

4.一位很有影響力的基金會主席，在為醫院招募基金之前死亡，導致基金收入的減少。

第二種「額外費用」的例子，如：(註⑧)

1.正在拍片的影星，因生病致拍片停頓，必須繼續支付有關費用的額外成本。

2.工廠因意外事故停工而再開工時，員工不再回來，而產生招募及訓練新員工的額外成本。

3.優秀的員工中，平均有8%缺席，而必須找人替代所產生的額外成本。

4.家庭中成員生病的醫療費用。

上述的例子中不包括責任損失，均為嚴格的人身損失。他們不是基於或為任何法律義務，而給付受傷或死亡的人 —— 因這種給付是一種責任損失，而不是人身損失。一群銷售人員在墜機中受傷，對雇主而言，給付職員任何補償利益的義務，就是責任損失，不同於任何未來利益損失。

第五節　家庭（個人）人身風險的認知

家庭（個人）人身風險管理，係指家庭對其所面臨之各項人身風險予以認知（Identification）、衡量（Measurement），並選擇適當方法加以管理之行為。其主要目的在於以最低之風險管理成本，使風險對家庭經濟所造成之不利影響減至最低限度。

認知家庭人身風險比認知企業人身風險簡單得多，因為家庭不論大小，每一個人所提供的收入或服務，是迅速、明確和肯定的。

一、家庭主要收入者

大部分依賴收入維持生活的家庭，只要其收入一減少就造成損失。家庭主要收入者容易因死亡、無行為能力、退休和解僱而中止收入。因此，家庭主要收入者人身損失風險之管理，是非常重要的事。

二、家庭中所有成員

家庭中任何一成員，都會因生病或受傷而產生額外費用 —— 如醫療費用。死亡亦產生一些額外費用 —— 如喪葬費用。甚至失業，雖然不需要額外費用，但為了找尋工作，可能在本地或外縣市奔波。這些額外費用，可能直接與損失原因有關（如醫藥費或喪葬費）或發生損失的長期影響有關（如僱人看孩子或整修住家以適應殘廢的人）。因此，和公司組織一樣，認知家庭的人身風險，需要注意特別的人，他們的服務會因死亡、傷殘、退休或解僱，而導致一家人的損失，如收入減少或費用增加。

第六節 家庭（個人）人身損失的財務影響

如同企業一樣，家庭（個人）的人身損失風險也來自死亡、殘廢、退休或失業，可分為可預測損失（正常損失）和不可預測損失（不正常損失）。家中的成員，偶爾都會受到小的疾病，或是因辭職換工作，暫時幾週失業之正常人身損失。一般來說，家庭會認為正常人身損失，只會造成生活上的不便，而不會造成真正的損失。

因死亡、嚴重殘廢、被迫延長失業和退休，而產生的不可預測損失，一般被認為是家庭的主要危機，而常被要求作特別之規劃和財務保障以資因應。衡量人身損失風險對家庭財務影響之系統方法，比風險管理觀念還早。在文獻上，有兩個基本的不同方法，用來衡量人身損失風險對家庭的影響，這兩個方法為：⑴家庭需求法（Need Approach）；⑵人類生命價值法（Human Life Value Approach）。（註⑨）家庭需求法，係估計家庭成員在死亡、殘廢、失業或退休後的額外收入或財務來源為何；而人類生命價值法，則著重在個人提供給家庭的收入或服務的價值如何。

一般而言，這兩個方法主要是適用因死亡所引起的人身損失。有時，也可適用於退休和殘廢所致之人身損失，更可擴及適用因失業所引起之人身損失。

用淨利損失與人身損失相比較，是非常有幫助的。因淨利損失對企業而言，則包含收入減少和費用增加；而企業中的人身損失也是相同 —— 關鍵人物的服務損失也是收入減少和費用增加，家庭的人身損失也是如此。家庭需求法和人類生命價值法，確認人身損失的第一要素為收入減少，第二要素為費用增加。茲說明如下：

一、死亡損失

家庭中成員死亡的財務影響，在於死者於家庭經濟結構中所占的地位，不論此人對家庭經濟福利上是否有重要貢獻。個人對家庭的貢獻可分為兩種：⑴賺取收入者；⑵提供勞務者（持家、扶養、維護等）。此兩種貢獻都很重要，其中之一發生損失，都會造成財務影響。

(一)家庭需求法（Need Approach）

家庭需求法是指個人死亡對其家庭財務需求（Financial Requirements）的影響，係依據已故者生前之持家者，在相同財務情況下之家庭財務需求。家庭為恢復已故者生前的經濟福利情況，有兩個基本財務需求：(1)取代已故者賺取的收入；(2)獲得已故者曾對家庭提供的勞務。

家庭需求法，係依據對特別的總需求（包括其他資產或收入來源）和淨需求（減掉任何有價資產或收入後）兩大分類來分析。

總需求和淨需求，可由圖9-1來說明。風險管理專家可使用圖9-1為其員工和他們的家庭作雙方面有效率的溝通，並為他們的家庭作最好的財務保障計畫。

1.總需求

家庭中最基本的財務來源是正常的收入。家庭之成員死亡後，計畫家庭收入需求的主要因素有：(1)已故者提供給家庭的收入，是否超過他個人的消費？(2)此人死後，家庭需要多少收入？(3)需要這份收入的時間有多久？「多少」決定於家庭中，需要被扶養的成員及家庭的生活水準需求；「多久」決定於家庭中其他成員的計畫和死者死時，他們的年紀。

家庭收入計畫，要適當地考慮家庭收入需求的持續和總數兩者，如圖9-1，通常分為兩個主要部分：(1)小孩需要扶養的年數；(2)尚生存的配偶之餘生。如圖9-1所示，已故者死後相關的問題也要考慮；如其餘家人也許須降低生活標準來調適。

圖9-1，收入為縱軸，年齡為橫軸。家中其餘成員的年齡，決定每一個特別收入需求的期間。此圖顯示家庭收入計畫在於：(1)每一個小孩必須扶養到18歲為止；(2)尚存配偶的收入，由保險及65歲以後的退休金來提供。

圖9-1所舉之例中，收入標準在於家中成員所能考慮接受生活水準的最小限度。其他家庭也許期望生活水準更高，但有小孩的家庭會發現，購買保險或找尋其他理財工具，使他們願意犧牲家庭目前的收入，並在這段時間，維持最小限度的生活水準。所以，本例還包括了一年的收入再調整期。

家庭收入需求常被忽略的一部分是，僱用代替已故者的個人持家勞務費用。這些勞務對於一家人的生活很重要，代替的費用也很高，不論已故者是家計負擔者還是主婦。這項代替家人服務的收入需求，對於一家中有兩份收入

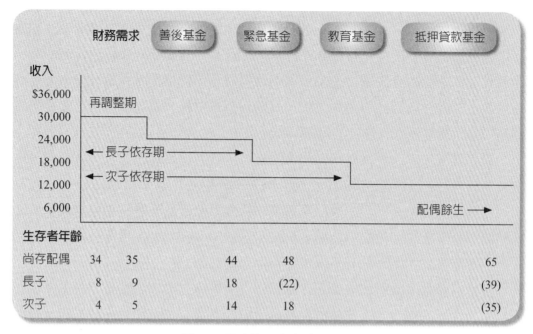

圖9-1　死亡後，家庭財務需求

者，比一份收入者更需要加以認清。在有兩份收入的家庭中，當任何來源（如個人可利用的時間）變為不足，家人服務的價值就愈明顯，愈能感受，因此，也需要更多的認知。

　　不論家中是否有人死亡，大部分的家庭收入需求可分為許多種類。例如：大部分的家庭認為可接受的生活水準（包括緊急時的準備金）、退休時的房屋抵押貸款，或分期付款的費用，或為不同目的的存款，如孩子的教育費等。只要家庭中沒有發生主要的人身損失，這些需求通常可以和目前所賺取的收入相配合。不論如何，萬一負擔家計者死亡，這個家庭會計畫財源，來清償抵押貸款，並籌措適當的孩子大學教育費、清償分期付款之貸款及設置永久的緊急基金。此外，這計畫還應考慮到死者的額外費用，如醫藥費、喪葬費及遺產稅——所以，「遺產」也就成為重要的「善後基金」之財源。這些需求的種類和所謂的特別財源（即家中成員死亡後，家人賴以生存的財源）均是相同的。這幾種財源，顯示在圖9-1的上方。

　　2.淨需求

　　家庭本身無法提供在扣除社會保險給付和員工福利給付之前，家庭生存者

的總需求，在扣除這些收入或來源之後，就是家庭直接的必要財務淨需求。

在社會保險制度下，家庭中主要收入者，有生存給付的權利。大部分收入者，受到員工福利制度的保障，包括人壽保險，或其他退休金和醫療費用保障制度下的生存準備金。職業關係上的保障，也可提供重要的緩衝，以抵抗收入者死亡後的財務影響。此外，有些家庭因他們本身有可利用的財源，所以就沒有其他的計畫或行動，從家中其他成員的收入來提供遺產或信託財產的需求。扣除以上這些生存者的收入和財源，則剩下的就是家庭的淨財務需求。

淨需求表示藉風險移轉，將家庭的財務需求移轉給人壽保險和退休金。淨需求也表示家中成員無法控制的損失，可經由社會保險給付移轉給政府，或由員工福利制度移轉給雇主。

㈡人類生命價值法（Human Life Value Approach）

第二種測定家人死亡的財務影響之方法，是死者的生命價值法。20世紀初，有關人類生命經濟價值之觀念，已有萌芽但無定論。及至1924年美國保險學者休伯納氏（Huebner, S. S.），首創人類生命價值學說，以為人類生命與財產價值，同樣可為評價之客體。因此，人身風險亦可與財產風險在同一範疇予以闡明，即由人類生命價值之計算，測定家庭成員死亡對財物之影響。其計算方法如下：（註⑩）

HLV（人類生命價值）= PV(Contribution)（對家庭經濟貢獻之現值）

－PV(Consumption)（消費之現值）

以此公式適用於死者每年剩餘之生命期望值，「對家庭經濟貢獻」表示死者在生命餘年可能賺得之收入，以及能提供家庭服務之代替成本。「消費」為死者可能支出之各種消費成本，如衣服、食物、房屋、娛樂及其他生活費用。因此，任何家庭成員在任何一年，對家庭之生命價值，相等於其為家庭所提供之收入及服務，減去其自己之生活費用。其死後生命價值之損失，即按平均餘命，計算各年經濟貢獻與消費總數折算之現值（Present Value, PV）。

人的生命具有多種價值，由宗教的觀點而言，生命可永垂不朽，其價值無法加以估計；自社會的觀點而言，人與人間具有各種感情方面的連繫，其價值

無法以貨幣計算或他物代替。此等精神價值或感情價值，均非本章所討論的生命價值。就風險管理而言，人的生命價值，應為人類生命的經濟價值，而這種經濟價值由內含於體內之經濟性力量，諸如品性、健康、教育、訓練、經驗、人格、勤勉、創造力及旺盛的企圖心等所構成；而估算生命價值之目的，旨在提供人身風險管理者，制定風險管理決策之參考或依據，無論採用何種風險管理策略，俱能達到其既定的效用。（註⑪）

1.人類生命價值估算的方式，就家計單位而言，有下列三種方法：（註⑫）

⑴生命價值法（The Human Life Value Approach）

其估算的步驟，分為下列三點：

①估計個人平均每年收益中，可用於撫養家屬的數額，亦即估計個人平均每年收益扣除所得稅及個人生活所需的費用後之餘額，若有參加保險，再扣除個人的保險費。

②從上述之估計，可算出個人可用於撫養家屬的數額。

③選擇一合理的利率，先計算出每年1元在未來可工作年數後之現值，再乘上每年用於撫養家屬之數額，即得其生命價值。

茲舉一簡單例子，說明上述步驟：

某工人現年35歲，預計工作至65歲，每年薪資為145,500元，個人生活所需及所得稅約為40,000元，假定年利率為6%，則其生命價值的計算過程如下：

A.計算每年收益中，扣除個人生活所需及所得稅後，可用於撫養家屬的數額：

145,500元 − 40,000元 = 105,500元

B.計算工作年數（生命期望值即平均餘命）：

65年 − 35年 = 30年

C.如每年1元，假定年利率6%，30年後之現值為：

$a_{\overline{30}|0.06} = 13.7648$

再以13.7648 × 105,500 = 1,452,186.4元，即得其生命價值。

惟在實際上，依照上述估計法決定其生命價值，以作為風險管理依據時，有其最大的缺點，即當某人生命經濟價值最大時，亦常為其所得最少之時，因此，其負擔風險管理費用之能力，每不能與生命價值之數額相配合；同時，對

個人生活維持費及所得稅，亦無客觀的估計標準。

⑵財務需求法（The Financial Needs Approach）

採用此法，須先決定在維持家計之人死亡或喪失工作能力時，其家庭的財務目標，亦即此後家庭中，須維持何種生活水準的目標。固然財務目標每個家庭不同，但適用於一般家庭平均需要之種類大致相仿，通常包括兩個部分，茲分述如下：

①現金需求（Cash Needs）

係指家庭基於財務支出所需要一筆總金額，其包含的項目有：

A.善後基金（Clean-Up Funds）：一個人在生前可能完全沒有負債，即使如此，「死亡」本身仍會產生許多費用，如喪葬費、遺囑執行費等。另外，還包含死亡前的各種醫藥費用、住院費用，加諸目前信用發達之生活方式，使得大多數人皆負有債務，如信用卡使用、商店賒帳、各種分期付款、銀行借款等，還有各種應付的稅捐，這些債務皆須於死亡後，立即清償。

B.抵押貸款基金（Mortgage Redemption Funds）：係指維持家計之人在遭遇意外事故之後，所需償還抵押貸款購屋之金額。

C.緊急基金（Emergency Funds）：緊急基金的設置是每個家庭財務需求之必要部分，否則家庭可能會因為某些意外事故之發生而陷入經濟困境，這些形成緊急資金之事件包括：家居設備之臨時修繕、特別稅之徵收、疾病醫療等。

D.教育基金（Education Funds）：是指子女的教育費用。

②收入需求（Income Needs）

通常係指一個家庭每個月定期且不斷的現金收入，其內容包括：

A.重新調整生活期間所需之收入（Readjustment Income）：係指家庭在維持生計之人喪失收益能力之後，由於在短期無法驟然改變正常生活支出習慣，只能逐漸調整適應之情況下所需之收入，通常期間為1～2年。

B.子女自立前之家庭收入（Dependency Period Income）：一個家庭在度過上述重行調整生活期間之後，由於子女尚未成年，仍然需要一適當之定期收入來撫養他們，直至子女能夠自立時為止。

C.配偶終身所需收入（Life Income for Wife）：在未成年子女都能自立

後，對由於喪失工作能力所引起之現金收入需要，與因死亡所發生之現金收入需要，除現金需要中之善後基金一項外，其他皆屬相同，唯一不同之處，即家庭收入來源中斷之原因而已。無論發生原因為何，皆會使維持生計之人不再成為家庭經濟資產，且在喪失工作能力之情形下，反而成為家庭經濟之負擔（如所需之生活費用及醫藥費用等）。因此，喪失工作能力時，對現金收入之需要，尚較大於死亡時之需要。家庭財務之目標，經由上面各項分析加總之後，可能從各方面所得的補償、救濟或當時已有的保障，予以扣減，這些項目包括：社會保險給付、社會急難救濟、各種人壽保險、健康保險、雇主提供員工福利計畫、現時可茲擁有且運用之所有動產及不動產，以及將來可能繼承之動產及不動產等項，然後所得的數額，就是家庭在維持生計之人遭遇意外事故之後，其真正在財政上所需之部分。

(3)家計勞務法（The Household Services Approach）（註⑬）

由於生命價值衡量過程中，所採理論、模型、方法與資料之不同，對各個案例生命價值計算結果差異甚大，因此美國人身風險管理學術界，於1990年代產生以所謂「Household Services」為主導的生命價值估計法，俾其能以較客觀而合乎需要的方式，計算生命價值。

家計勞務估計法主要是源於經濟學中之機會成本觀念（使用自有資源應得之最低報酬），是以遭遇意外事故而致死亡或殘廢者，其生前或殘廢前，自己所從事家庭勞務的總值，配合預期工作年數（Worklife Expectancy）及性別因素，為計算生命價值之主要依據。茲分述如下：

①家計勞務（Household Services）

根據一般情況分析，生命價值估計內容，主要是包括兩部分，其一為維持生計之人，因意外事故發生所致未來收入中斷之部分；其二為因意外事故發生所致額外費用（Extra Expenses）之部分。但是在本模型估計生命價值前提下，除了前述兩項之外，尚須包括維持生計之人的家計勞務部分，此部分亦為其隱形成本（Implicit Costs）。家計勞務總值之估計，首先要計算出該維持生計之人，可資從事家計勞務工作的時間數，其次為分配至各家計勞務不同工作的時間數，然後再以市價工資法（Market Basket Approach）或最低工資法（The Current Minimun Wage）計算其家計勞務總值。前者係以當期市場基本工資，後者則以我國行政院勞工委員會所訂

基本工資為計算標準，據1997年10月16日訂定之我國最低工資，為每月15,840元或每日528元，（註⑭）較市價工資法為低，因之計算出之生命價值亦較低。行政院勞動部逐年修訂調整我國基本工資，自2024年1月1日起，每小時基本工資從176元調整至183元，每月基本工資自2024年1月1日起，從26,400元調高至每月27,470元。（註⑮）

②預期工作年數（Worklife Expectancy）

　　根據本模型生命價值之衡量，認定預期工作年數是一個主要影響因素，一般人在年老死亡發生之前，其勞動參與即行終止。根據我國勞動基準法之規定，企業員工之退休年齡為60歲，同時經由調查顯示，（註⑯）男性平均年齡在18～38歲及女性18～26歲的僱員，其工作流動性較頻繁，在其一生工作就業時間中，工作轉換次數相當高，而預期工作年數是以65歲為退休年齡，並配合實際年齡、性別及生命表，進行預估。

③性別（Sex）

　　因為男性、女性完成家計勞務工作之時間有所差異，加諸預期工作年數亦不同，因此對生命價值衡量，兩者應分別估算。

　2.人類生命價值估算的方式，就企業單位而言，與家計單位在性質上不同，企業因員工死亡等所致之經濟損失，不能以員工薪資收入而求得，所以站在企業的立場，評估員工的生命價值，須另闢途徑，基於此項特性，茲就目前所發展之三種方式，分述如下：（註⑰）

(1)主觀經驗法（Subjective Experience Method）

所謂主觀並非漫無標準，而是以下列實際經驗，作為評估的參考：

①員工死亡或傷殘無法工作時，另尋合適的人員來替代，公司的人事費用
　究竟需要多少。

②企業的盈餘，有多少應歸功於員工努力工作的結果。

③員工死亡或殘廢，企業的損失有多少。

④企業欲為員工之死亡或殘廢所致損失投保之保險金額是多少。

⑤企業欲為傷殘的員工所支付薪津是多少且需維持多久。

(2)盈餘差減法（Surplus Deduction Method）

評估方式大致如下：

①設甲為企業每年平均盈餘扣除稅捐後的純收益，其主要來源有二，其一

為具體資產投資的收益設為乙，其二為人力資源投資的收益設為丙。

②乙等於具體資產總額乘以5%（為經驗投資率），故乙為已知數。

③由①②可求得丙，且丙為甲與乙之差，即甲－乙=丙。

④丙之5倍或6倍，應為保障之總金額（5或6為經驗數字）。

⑤將5丙或6丙適當分配予各員工，即得企業每一員工之生命價值。

(3)組織成本法（Organizational Cost Method）

近年來人力價值學說，漸受各界重視，即以經濟價值之觀點，來衡量人力資源對企業的貢獻，亦即人力資源價值，為其未來「預期服務的現值」，內容牽涉既廣，變化亦大，實不易尋得一可靠方法，然此與「生命價值法」之基本理論頗為相近，此種方法係由下列三項成本所構成：

①組織成本（Organizational Cost）

正常經營的企業團體，由於人力資源運用得當，於年終獲致理想的利潤；萬一失去某一員工，營運必受影響，如須遞補一相同服務水準之人力資源，必須支付代價來代替，此一代價，即為達至上項目的（同樣服務水準）所得支付的成本，稱為「組織成本」，以C表示。

②再生成本（Regeneration Cost）

再生成本為使代替資源達至其原生產力時，所投入的招募訓練，以及其所衍生出來的經驗與發展潛力等成本，以R表示。

③低效率成本（Inefficiency Cost）

新的代替人力資源，自招募訓練以至對工作能勝任熟悉，達到原有服務水準，在此期間，其工作效率，自不如原有人力資源所作之貢獻，因而所損失的利益，以I表示。故得：C = R + I。

人一生中的生命價值，在各年齡層會有所改變，對嬰兒來說就很小（甚至沒有），但其為了個人消費所花費的目前價值，比一個成人未來賺錢的目前價值還多。一個有生產力的員工，他的人類生命價值增加率，會在年輕時達到最高峰——當目前賺得很多，而且仍在持續增加時——但重要的未來收入仍然保留。一個人將要退休時，他的生命價值開始下降，因為無法預期那些收入會在退休後還能持續。退休之後，人的生命價值可能再度被否定，因為，即使他能為家中提供勞務，但實際上他已沒有收入，甚至還有其個人之消費及增多的醫療費用。圖9-2表示一個員工的生命價值的增減。人類生命價值對家庭的貢獻，

最主要的是持家及教養小孩。

　　人類生命價值法，忽略家庭需求法所著重的目的。兩者評價人類生命價值時，都忽視通貨膨脹，除非對未來作特別調整，即將物價上漲水準予以預測與考慮。家庭需求法，可以藉預期通貨膨脹因素需要，結合未來收入計畫（或替代已故者家庭勞務的成本）及已故者未來消費費用兩者。

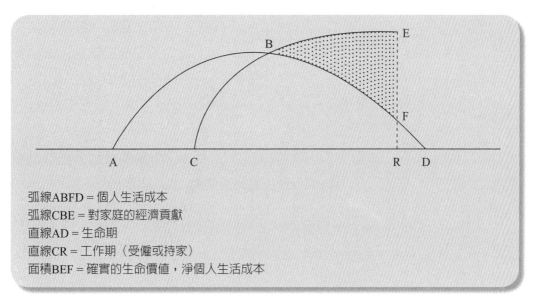

弧線ABFD = 個人生活成本
弧線CBE = 對家庭的經濟貢獻
直線AD = 生命期
直線CR = 工作期（受僱或持家）
面積BEF = 確實的生命價值，淨個人生活成本

圖9-2　人類生命價值的假設圖

二、退休損失

　　圖9-1相當合適於退休，也可將圖9-3的變化予以合併。

　　1.以「兩人生活期」和「一人生活期」來代替圖9-1的「小孩依存期」及「配偶餘生」的收入需求。圖9-3中，第一個人的死亡日期，事先並不知道，需要為存活之配偶計畫生活收入。

　　2.因為退休是有計畫的，而死亡是不可預期的，退休後有計畫的收入就沒有特別調整期了。

　　3.退休後不需為大學費用或抵押貸款作準備。

　　退休如同死亡，也會遭遇到財務困窘，特別是醫療費用。所以，退休後的收入水準，必須能夠滿足這些需求。（註⑱）

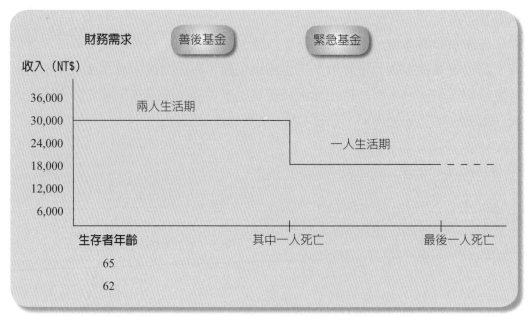

圖9-3 退休後的財務需求

如圖9-1、圖9-3，僅表示總需求。社會保險及員工福利，對退休者的財務需求有相當大的貢獻。甚至，因為退休是可預知的，所以事先的儲蓄和投資，對退休後的收入需求亦相當重要。但是，因為退休後需要收入的期間不確定，而社會保險和員工福利在這段不確定期間，無法提供合適的生活水準。故退休者會很小心地將儲蓄中的一部分，用來購買人壽保險，把此風險移轉給保險業者。

人口老化或謂人口高齡化，是指某地區於某段時間內之總人口中，老年人口所占比率增加的現象。由於生育率下降與預期壽命延長已是世界普遍現象，使得全球幼年人口持續減少，老年人口持續增加，人口老化已成為21世紀全球人口變動之主要趨力。

國際上以65歲以上老年人口占總人口比率作為高齡化之量度，超過7%稱為「高齡化社會（ageing society）」，超過14%者為「高齡社會（aged society）」，超過20%者為「超高齡社會（super-aged society）」。

我國已於1993年邁入「高齡化社會」，於2018年邁入「高齡社會」，2025年將再邁入「超高齡社會」。

隨著社會進步、醫藥發達，出生率及死亡率逐年降低，臺灣老年人口的比

例正大幅增加，高齡化社會已成為重大議題，所產生的現象與問題也逐漸浮現。就在臺灣幾年後將從「高齡社會」邁入「超高齡社會」，如何維護高齡生活的品質與尊嚴，以及訂定健全的社會福利和健康政策，已是政府刻不容緩的挑戰。

所謂「生、老、病、死」，可見「老」是人生必經的過程，身處在這個階段，所面對的不僅是接踵而至的生理疾病，孤苦感、無助感及害怕的心理狀態，更充斥在老年人的生活中。當人們已不再信奉「養兒防老」的觀念時，面臨人口逐漸邁入高齡化、社會日漸蓬勃發展的環境中，為了因應即將到來的衝擊，更為了減輕孩子的負擔，建議你在身強體壯時，就未雨綢繆，讓專業人員為你做完善的風險規劃，購足保險，讓老年退休沒有收入時，仍能過一個有保障、安穩，又有尊嚴的老年生活。

三、喪失工作能力

喪失工作能力，包括疾病和傷殘損失風險，其對家庭（個人）產生的經濟影響，主要表現在收入損失和醫療費用風險。收入損失風險係指疾病或傷殘使家庭（個人）失去收入能力，即喪失生命的經濟價值；醫療費用風險係指家庭（個人）遭遇疾病或身體傷害、殘廢可能給家庭（個人）帶來鉅額的醫療費用及其他附加費用，例如：長期看護費用。

在人們所面臨的各種人身損失風險中，疾病風險是一種直接危及家庭（個人）的生存利益、可能給家庭（個人）造成嚴重危害的特殊風險。茲說明如下：

1.疾病給家庭（個人）的生活和工作帶來困難，造成損失，甚至使人失去生命。

2.疾病對家庭（個人）而言，都是無法避免的。

3.疾病種類繁多，引起疾病的原因複雜多變，生活方式、心理因素、環境汙染、社會變遷等多種因素，都可能引起諸多難以認知和消除的疾病。

4.疾病風險往往具有社會性，某些疾病具有傳染性，如愛滋病（AIDS）、嚴重急性呼吸道症候群（SARS）等，不只危害家庭（個人）健康，還會波及某些地區、整個國家，甚至全世界。

喪失工作能力風險係指由於疾病、傷害事故等導致人的身體損壞,例如:組織器官缺損或出現功能性障礙等。疾病和傷殘都會使家庭(個人)遭受收入損失和醫療費用增加的雙重威脅。如果患病者或傷殘者是家庭的主要收入者,則由此造成家庭(個人)財務壓力,將遠超過死亡風險。

四、失業損失

雖然家庭收入計畫需要遵照主要收入者的能力,但失業不必像死亡或喪失工作能力對收入需求的分析,家庭需求法正合乎其需要。分析失業和殘廢相似,不會發生高額不確定的醫療費用。預測失業期間的困難,比喪失工作能力要少一些。在失業中,一個特別複雜的情況,就是不能買商業保險來承擔失業損失的任何一部分。因此,失業損失風險一般需要採取商業保險以外的風險處理技術。

第七節 企業人身風險的認知

企業人身風險管理,係指企業對其所面臨之各項人身風險予以認知(Identification)、衡量(Measurement),並選擇適當方法加以管理之行為。其主要目的在於以最低風險管理成本,使風險對企業組織所造成之不利影響,減至最低限度。

所有在公司裡的人——包括職員和雇主,都希望對公司有價值與貢獻。但有些人,正如同財產般,比其他人更具有價值,一般稱為「關鍵人物」(Key Person),由於這些「關鍵人物」有不能立刻替代的風險存在,所以公司需要注重這些人的人身風險管理。

認知單一關鍵人物和多數關鍵人物的風險之方法,有所差異,茲說明如下:

一、單一職員

有兩個基本方法,來認知公司中的重要人物。第一個是認知重要職位的方

法，可藉研究組織圖表來認知，因為此類圖表附有職位欄工作的特性。這種認知方法，可以顯示出這些重要人物有下列的特徵：(1)他們擁有的特殊才幹、創造力或特殊的技能；(2)可為公司作重要的決策；(3)管理和影響其他人的行為。這種認知方式比經由認知財產風險的財務報表（如資產負債表），更適用於認知重要的管理者、主管和業主之人身風險。

　　第二個方法類似分析財產或淨利損失的流程圖，檢定每個人能滿足公司需求的努力貢獻。這種方法，著重於缺席者對公司運作有何影響。此種認知方法，對於認知與公司有關鍵性的人物──業主、主管、經理人更為有用。

二、業主、主管和經理人

　　大部分私人公司（非政府經營）的業主都是關鍵人物。因為在獨資公司、合資公司，甚至團體，重要管理功能是由業主在執行（然而，有些公開上市的公司，其股東非常分散，也許在千人以上，而且沒有共同的主管持有重大百分比的股權，這種型態介於所有權和經營權之間是非常獨特的，或許根本不存在。此種企業也就沒有人身損失風險之存在）。

　　美國大部分的企業組織，業主的健康與管理能力，都是人身風險管理的重點。獨資公司的人身風險管理，重點在於當業主死亡或退休，公司是否也隨之消滅。合夥亦同，當一方合夥人死亡，法律上即告中止；甚至一方長期傷殘或無行為能力，都可輕易使合夥的運作中斷。在一般封閉的私人企業也是一樣的，所有權僅掌握在少數主要股東，而他們大部分也是管理者。這些股東之一死亡、傷殘或無行為能力，即表示放棄對公司未來的運作和控制。因此，對許多私人企業來說，好的人身風險管理，需要考慮到當業主可能死亡、無行為能力或要退休時，如何運用周密的人身風險管理，使公司能繼續生存並維持運作。

　　要揭露財產風險，第一個來源便是資產負債表。要找出關鍵人物的人身風險，相對的要找出公司業主、主管及經理人之有關圖表。這些重要人物的共同特徵之一，是他們有影響力和權力的職位。但是，光靠在組織圖表上所呈現的，並不能瞭解業主、主管或經理人是否有價值或難以替代。（註⑲）要認知這些重要人物的重要性，應先瞭解兩個問題：

1.如果這些人突然不能工作時，公司該採取何種行動？

2.公司達到基本目標，是何種重要人物的效率所引起？

第一個問題的重點是如何及何時決定重要人物需要被替代。通常我們會用他（她）的副手來繼任。其他方式可能包括：從公司外面另僱用他人、完全廢除此職位，或由現有職員均分該項工作。第二個問題指出效率損失是什麼，如果有，可能是由於重要人物所致的損失。

三、其他重要人物

職員不同於業主、主管和經理人，流程圖法嚴格地認定在公司活動中的重點為：計畫、研究設計、工程、產品和行銷等。每一個功能或運作之區分，應製成圖表，並加以分析和檢定，以決定在每個操作中，不同步驟對每個重要人物的依賴有多重。在任何公司，不論現在或未來，對人身風險管理之好壞，會大大地影響到公司產品的質或量。

四、多數的職員

有幾種情況在單獨個人之人身風險並不嚴重，但在群體卻不然。要認知大團體之人身風險，必須考慮團體人身風險可能發生的事件種類。這些風險可能由一單獨事件（如墜機）、一件普通問題或私利（如員工辭職自組公司），或綜合這些事件（解僱促使員工另謀工作）而來。

㈠單獨事件損失

在同一架飛機上，有多位重要人物是相當大的人身風險。（註⑳）但有些公司並不同意這種說法，因其高階主管對在一起飛行的方便及效率有決定權，且會勝過其對人身風險的認知。空中旅行不是唯一集中人身風險的例子。通常，當重要人物一起開會時，也可能因所在飯店失火而造成人身風險。（註㉑）

㈡普通問題或私利

任何事件都可能使公司正常生產能力中斷，並可能導致業主受到永久失去員工的威脅。不論何時，一個公司由大部分員工負責，當他們移轉對公司的忠

心時，很可能部分或全部失掉這些人的生產價值。

例如：百得利餐廳在火災後，重新開張可能會延遲六個月。在此期間，百得利餐廳的許多員工，可能已找到新工作。又某一私立學校，因一場夏季火災，被迫關閉一整年，當學校再開學時，學生們已有新學校就讀，而不願再回去。此外，如果此學校因減少收入而不能提供教師原有的薪水時，這些老師也不願再回去，這乃因意外事件（火災）而導致的人身損失風險。任一事件都可能使一個公司失去其重要職員。例如：在工會罷工期間，公司失去屬於工會員工的服務，當罷工結束時，真正有實力的員工就不會再回來了。任何一件災害——暴風、洪水或傳染病——同樣地，可能在短時間內使許多員工死亡或受傷。此外，任何一個普遍的經濟不景氣，均可能迫使公司解僱許多員工，並再次引起人身損失。任何因意外事件導致員工之損失，一定與人身風險有關。

第八節　企業人身損失的財務影響

人身損失對公司的財務影響，可從三個方面予以評估：⑴公司的損失是暫時的或永久的；⑵公司的損失是正常的或不正常的；⑶公司的損失是一般性或特殊性。

一、暫時與永久的人身損失

不論風險事故為何，重要人物人身損失的財務影響，決定於此人對公司是暫時或永久的損失。

㈠暫時的人身損失

如果損失是暫時的，它的重要性，可由下列問題之回答予以評估：

1.重要人物會缺席多久？

2.找尋一位合適的代替者要多久？

3.尋找和訓練合適人選的成本要多少？

4.公司的薪資總額（包括薪資和員工福利）要增加多少來支付替代者的報

酬（已經補貼給員工「暫時損失」的減少，以及公司已經付給原本在這公司裡的替代者的薪資或福利）？

5.教導代替者，使之能力與前任者相同，需要多久？

6.直到代替者能力到達前任者時，公司對代替者的無效率或錯誤，要花費多少成本（額外費用或收入減少）？

(二)永久的人身損失

當一個公司永久地損失一位重要人物時，可能會影響該公司之營運。評估永久的人身損失之幅度，需要回答前述暫時的人身損失相同的問題，但需要作些修改和增刪。

當一個人永久損失了，第一個問題，此人會缺席多久，則不需回答。第二個問題仍有關聯。回答第四個問題必須瞭解，公司的薪資總額成本中，對永久失去的人已經扣除了，如果此人之人身損失係由風險事故和其他環境所導致之損失，則公司的員工福利成本應該會增加。

修改後，個人的服務對公司永久的人身損失，會引起一些與個人損失幅度有關的問題：

1.如果公司需要在營運程序上作永久性的改變，將花費多少成本？

2.除了改變以外，公司有必要放棄一些有賴此人特別才幹的特殊計畫嗎？

(三)群體的人身損失

當公司同時在短期間內遭受群體的人身損失，這個問題基本上與個人的人身損失相同。群體和個人人身損失的差別，還是在於暫時性和永久性人身損失的區別。

我們必須瞭解群體中之個體（人）可以互相分擔職務並分享權益，但他們的背離可能比同樣的個人，或獨立和隨意地挑選出來的人離開公司，對公司有更大的衝擊（若一個公司的整個研究部門之人員辭職，可能使該公司完全沒有研究能力）。並且，離開公司的人，可能懷有敵意及尋找機會報復，也可能激勵大家共同杯葛公司。

二、正常與不正常的人身損失

第二個評估人身損失對公司財務影響的方法，在於這些損失是「正常的」或「不正常的」。一般來說，正常的人身損失是可預期的，它的損失幅度和頻率對公司來說，都是可預知的；不正常的人身損失，則無法預知其損失頻率與幅度。

以風險管理觀點來看，大部分的損失是意外且無法預知的，但在人身風險方面的損失則可以預知：譬如生病、受傷及死亡都是不可避免的，唯一不能確定的，是會發生在誰身上，以及何時會發生。例如：在任何大小規模的公司中，一天之內，很難沒有一個員工不生病或請假；一年或兩年中很難沒有人辭職、退休或死亡。站在公司的立場來說，這些通常較不重要。正常的人身損失在個人來說較難預知，但對公司來說卻是相當普遍，所以，公司會認為在平常工作天中，有3%的員工請假是相當正常的，這些請假是屬於正常人身損失，若請假率達到8%，就成為風險管理中的特別原因了。同樣地，員工正常退休年齡為65歲，只有在員工的退休年齡比其應退休年紀較早時，退休的人身損失風險才被視為不正常。談到死亡，公司應視其員工死亡率與一般死亡率統計表相當接近時，這些損失的發生都是正常的。

員工服務損失的正常成本，包括正常比率下之員工請假、殘廢、死亡和辭職。這些成本可容易地預期和預算它們導致員工服務效率減少，和員工福利費用增加之損失。所以，確認人身損失風險，除包括正常損失率和可能會增高的原因外，通常也會出現在公司不同目標的紀錄上。這些紀錄是為薪資總帳、人事管理和員工福利計畫之運作的需要。簡單地預期和預算，可以說明公司的人事和財務資源之實質消耗。例如：公司員工正常請假率為5%，每年8%的人員退休率，找尋代替請假或退休者，需要增加之薪資成本。有效率的人身損失風險控制，可以降低公司人身之正常損失及費用。

公司正常人身損失的重要性說明，如圖9-4，（註㉒）縱軸代表假設的公司每年人身損失之總額，以固定的幣值表示，橫軸表示年數。橫的虛線表示每年預定的正常人身損失，在大多數年間，公司的人身損失至少達到正常預測的水準。每年的人身損失若超過這個水準，即構成不可預測的高峰和谷底之人身損失經驗。這些不正常的人身損失和可預測的正常人身損失，可顯示出不同的人

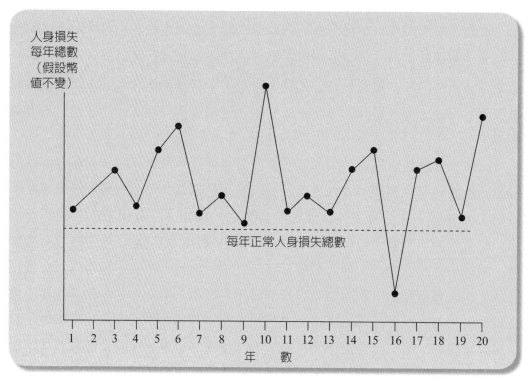

圖9-4　正常與不正常人身損失之概念

身損失風險管理因應策略。正常與不正常的人身損失，主要的分別係在於他們如何處理其財務上的影響。正常的人身損失可藉精確的預算和有效的風險控制來處理；不正常的人身損失則較難預測，因為它們是由一些無法控制的隨機事件所引起的。例如：一個特殊關鍵性員工突然殘廢，或所有員工突然集體食物中毒等。人身損失風險主要之處理對策，應該著重在減少曲線上之高點或低點。在此目的之下，有效的人身損失風險處理對策，應將焦點放在穩健的風險理財（Risk Financing）策略上，而非風險控制（Risk Control）策略。透過風險理財策略，將資金挹注，常可用來緩衝個別關鍵人物，或一個部門員工人身損失之財務影響，並可藉此資金尋找及訓練替代的人員。但這並不表示不必替特殊關鍵人物提供安全的保全方案。誠然，對一個公司而言，當人身損失顯出不正常時，則員工的保全方案（Protective Measures）將帶給公司人身損失成本極大的影響。

　　公司對其正常人身損失最小化之考慮，也和其他部門一樣，就以人事部門

而言，提供公司好的員工是其部分之職責；公司每一個運作部門的經理人，都要確定所屬員工均為最適切之安置。而人身損失風險之處理對策，其重點在於工作上之傷害，或疾病導致之死亡和傷殘最小化，兩者在風險控制上，均是很昂貴的，主要在於：(1)風險控制為減少公司人身損失，而帶給公司收入之減少，或其替代人員在工作上無效益而增加之費用；(2)風險控制對員工或其家屬，因可預期之正常死亡、殘廢或退休之福利費用成本。

(一)影響正常人身損失的趨向

預測人身損失，最重要的是這些損失之正常部分，更需要注意一些影響員工生病率和死亡率的人口統計趨勢。例如：專業的風險管理人員，和其他負責控制人身損失成本的人員，應注意到下列幾點：

1.自動化機械裝置漸漸取代大部分人工，並降低絕大部分對人體之傷害。結果，大部分員工有「白領」的職業，但卻因為在長期極大的工作壓力下，而產生工作能力上之失能，或因其他生理退化徵狀，造成生活型態和健康之負面影響。因此，處理風險的專業人員，更要注意這些「正常的」人身損失因素。

2.許多退化的狀況，關係到背部長期所受到的累積傷害，那是人體骨骼中最弱的部位。但傷害之主要因素，係來自工作和生活型態，所產生不正確的壓力所致；設計不良之家具和設備也是因素之一。背部的傷害使員工損失之工作時間，比其他存在的任何因素要來得多。

3.不論是否在工作，濫用酒精和藥物都有很高之傷害率，許多員工不能認知或害怕直接面對這一個問題，因此浪費克服失業危機與工作再訓練的機會。

(二)估計正常人身損失率

正常人身損失率產生定期重複的費用，並引起類似「這些比率和費用是否過高或是應該」的問題。而這些比率和費用，能夠適當地降低或予以控制嗎？

以下是三個可能和公司正常人身損失率有關的標準指標：

1.正常人身損失率高於可比較的單位（公司或其中之部門）。

2.人身損失比率正上升中。

3.公司並未用最好的成本效益方法控制員工之死亡、殘廢及其相關的費用。

在不同單位中比較比率，會產生各單位的可比較性問題，因為沒有兩個單位是完全相似的。例如：XYZ水泥公司在臺灣北部和東部各有一座工廠，則其員工曠職和病假的比率，就大不相同。

XYZ水泥公司的風險管理專家和其他有影響力的經營者，應該答覆這個比率不同的原因嗎？還沒有下結論之前，他們至少應先調查比率不同的原因。可能兩地的經營者其經營方式不同；也許兩地員工工作方式不同，或者他們都採取相同的方式，但在兩個不同的地方有不同的結果；也許兩地員工的健康情況不同，如果對北部的員工增進他們的健康，可能會降低他們病假及曠職的比率。

更普遍的實例還有：

1.一個部門的正常人身損失率，和另一部門不會相同，但兩者可能均已控制得很好。

2.當比較兩個或更多的地方，不只是要認知與分析其環境，而且還要給經營者適當的管理控制之建議。

3.特別注重員工的健康，可以降低與曠職有關的人身損失成本。

當實際人身損失比率上升，正確的對策，應著重在員工的健康和安全上，不論他們在職與否。當損失增加時，會阻礙現有員工的福利給付，任何福利給付的減少，則需要變更其本身的福利給付標準，當員工的福利給付，是以法令或契約規定時，則給付標準之變更過程，通常較為困難與緩慢。

當正常人身損失費用升高時，則企業更應注重人身損失風險之管理。

三、一般與特殊的人身損失

公司人身風險所可能引起之損失，除公司本身繼續營業，所面臨之一般損失外，尚有性質較為特殊之損失，如信用損失及業務結束損失等。（註㉓）

(一)一般損失

公司中關鍵人物人身風險之損失，前已屢有述及，或因其技術或知識之突出，或因其為業務或信用之主要來源，因而為組織所不能或缺。此等關鍵人物之死亡或喪失工作能力，即可能使銷售量減少、營運成本增加或對外信用受限

制，皆足以導致公司遭受嚴重之損失。

此種損失之最明顯者，即因銷售量之減少，而引起利潤收入之減少。例如：公司之某一重要主管人員，現年45歲，預定在65歲退休，若此人不幸死亡或永久及完全喪失工作能力，將使此公司每年減少10,000,000元之收入。因此，此主管人員之突然死亡或喪失工作能力，將使此公司在其後20年間，每年有10,000,000元現值之損失。如按5%利率計算，其現值幾近125,000,000元。若此公司依照上述假定各年損失皆無變動，則其可能遭受之損失，將因風險事故發生之延後而逐年漸次減少。如在假定之各項條件下，此主管人員在今後5年、10年、15年及20年時死亡或喪失工作能力，則此公司之損失將分別約為103,796,580元、77,217,349元、43,294,766元及0元。又如另一種情形，若此公司有一投資計畫，僅能由此主管人員予以完成，如今無法繼續而必須放棄。在另一方面，營運成本之增加，即此主管人員遺留之工作，雖一部分可尋找他人替代，但其費用必將增多，且將因替代工作而進度遲延。因此，風險管理人員必須正確判斷，估計此公司利潤或投資之可能損失，損失後所需之重置成本，以及可能發生遲延之影響。

此一公司之債權人，包括銀行、貿易廠商、公司債券購買人等，亦皆有密切關係，由於關鍵人物之死亡或喪失工作能力，可能嚴重影響此公司之清償債務能力。因此，風險管理人員對於此種風險，若不能採取步驟提早預防，一旦事故發生，則此公司之信用評估必然遭受不良影響，使其對外信用及信用條件皆將大受限制。

公司中關鍵人物之死亡或喪失工作能力，亦可能影響其他員工之工作態度。彼等可能懷疑某一關鍵人物之死亡或喪失工作能力，將對彼等個人前途具有相當影響。由於此種疑慮之存在，必然有損於其對工作之態度。

(二)特殊損失

公司人身風險所面臨性質較為特殊之損失，主要包括信用損失與業務停頓或結束損失兩種。

1.信用損失

公司常對其顧客授予信用。例如：金融機構對客戶之貸款，以及各種不同型態之經銷商，由於出售有價證券、房地產、商品及其他各種財產而具有債權

人之地位。風險管理人員及信用管理人員，必須認識此等顧客之死亡、喪失工作能力或失業等事故，皆可能減少貸款償還之機會，或者將因迫使對方償還而形成公共關係惡化之問題。

2.業務停頓或結束損失

無論獨資、合夥或股票不上市公司中持有所有權利益者，當其死亡或永久喪失工作能力時，常使公司發生業務停頓或結束之情形。通常握有所有權者，皆積極參與管理工作，因而彼等之死亡或永久喪失工作能力，可能對公司將來有嚴重影響。風險管理之首要工作，固應注意其能保持繼續營運，使損失達於最小程度，但或因繼承人之興趣或能力，或因法令規章之規定或限制，使受損之公司必須停業清理，其因而發生若干問題，亦為風險管理所必須縝密注意者。

當參與管理工作之所有人死亡時，對各種型式之公司，將有各種不同問題發生。茲就若干適用於一般小型公司可能發生之問題，說明如下：

(1)獨資公司

獨資公司之業主，所有權與管理權集中於一身，當其死亡時，在大多數情形下，其所經營之業務即行結束。業主之遺產執行人或管理人，必將採取步驟清理組織之資產，除非業主曾明白授權業務之繼續經營，或者其繼承人皆已成年並同意業務之繼續。但或因經營績效之不彰，或因運用資本之短缺，或其他業務問題，仍可能迫使執行人尋求業務之清算。又如為償付業主生前未清償之各種費用，包括最後之醫療費用、喪葬費用、稅捐及遺囑查驗費等，勢必將大部分個人遺產及公司遺產急速求售，變換現金。即使公司由若干繼承人接管，亦可能不易有所成就，至少在接管初年，不可能如過去業主經營之成功。再者，為使總遺產能公平分配，亦可能必須清理若干資產，以應付其他繼承人之所需。

(2)合夥公司

合夥公司之某一合夥人死亡，依法必須退夥，其他合夥人應盡快清算其業務。由於每一合夥人對合夥債務負無限責任，因此對合夥人之選擇非常重要。如在某一合夥人死亡後，其繼承人可能不願再繼續為合夥人，或其他生存之合夥人，不願接受此繼承人為合夥人；又如繼承人與生存之合夥人繼續共同經營，可能並不如過去之有成就，最後可能仍須辦理清算。

⑶股票不公開上市公司

　　股票不公開上市公司之業務結束問題，情形較為不同，損失亦較不明顯。此種型式之公司，股票持有人可將其股份移轉於他人，但由於股票不公開上市，故不能如公開上市股票之具有銷售性。在被迫出售之情形下，繼承人或生存之持股人在出售股票時，皆可能遭受大額之損失；少數股份之持股人，更將遭受不成比例之損失。

　　不論死亡者為多數股份持股人（大股東）或少數股份持股人（小股東），對繼承人或其他持股人最適當（雖非十分滿意）之解決辦法，即在公司中出售股票，退出經營，或者辦理清算，結束業務，否則，難免有各種情況發生，使持股人遭受損失。例如：生存之持股人，同意接受某一死亡者之繼承人繼續經營，若此繼承人為一大股東，但其因不善經營，可能使業務陷於不利；若此繼承人為一小股東，或其因個性不合，可能常對大股東表示異議。再者，大股東之繼承人亦可能因工作能力較差，無法運用其權力以掌握業務，因而有效經營權落於小股東之手中，使公司業務日趨衰退。又如小股東之繼承人，因彼等不願或不能積極參與業務時，則又易受大股東之擺布。股票未上市公司之持股人，原屬彼此有密切關係，共同分享公司所有權之利益，如今因某一股東之死亡，此種關係亦將隨之消失。即使在上述各種情形時，公司並無財務上之直接損失，然死亡股東之繼承人與生存股東間，難免心存芥蒂，對公司前途抱不確定之觀望態度，而終將使公司蒙受不利影響。

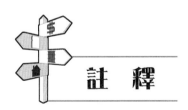

註　釋

① 中華民國風險管理學會主編，人身風險管理與理財，智勝出版社，2001年8月初版，pp. 24-26。

② Table 3 of the Report of the Committee on Group Life and Health Insurance, *Transactions of the Society of Accuraries*, Vol. XXX III, No.2, 1972, 1971 Report of Mortality and Morbidity Experience, p. 169.

③Ernest A. Arvanitis, discussion of "Credibility of Group Insurance Claim Experience", *Transactions of the Society of Actuaries*, Vol. XXIII, pt.1, 1971, p. 239.

④中華民國2019年衛生統計年報，行政院衛福部。

⑤OEDC Health Statistics 2023年統計資料。

⑥同上。

⑦George L. Head, Stephen Horn II, *Essentials of the Risk Management Process*, Volume II, Insurance Institute of America, 1997, third ed., p. 42.

⑧同註⑦，p. 42。

⑨同註⑦，p. 74。

⑩Huebner, S. S., *Economics of Life Insurance*, 3rd ed., 1959, p. 5.

⑪袁國寧，人身危險管理生命價值估算之探討，**壽險季刊**，第70期，1998年12月，p. 31。

⑫Herbert S. Denenberg, *Risk and Insurance*, Chapter15 Premature Death, Prentice-Hall Inc, Englewood Cliffs, N.J., 1974, pp. 252-257.

⑬同註⑪，p. 32。

⑭工商時報，1997年10月17日。

⑮行政院，勞動部2023年9月14日新聞稿。

⑯同註⑪，pp. 39-40。

⑰同註⑪，p. 41。

⑱同註⑦，pp. 79-82。

⑲Daniel Seligman, Keeping Up, *Fortune*, April 4, 1983, pp. 103-104.

⑳Russell B. Gallegher, Risk Management, New Phase of Cost Control, *Harvard Business Review,* Vol. XXXIV, No.5, September-October, 1956, pp. 75-98.

㉑同註⑦，p. 45。

㉒同註⑦，p. 55。

㉓參閱袁宗蔚，危險管理，三民書局，1992年6月，初版，pp. 215-218。

第十章

家庭（個人）風險管理與保險規劃

本章閱讀後，您應能夠：

1. 接受家庭（個人）理財與風險管理的觀念。
2. 進行家庭（個人）人身風險管理與保險規劃。
3. 進行家庭（個人）財產風險管理與保險規劃。
4. 進行家庭（個人）責任風險管理與保險規劃。

風險角落

人生與風險

生活中到處都有風險，我們每天翻開報紙，總有許多災難報導，都可以得知又有許多人失去了生命。

從前，人們的平均壽命可能只有40多歲、50多歲，而現在，人們的平均壽命已經有70多歲將近80歲，人類的壽命不斷增加，這個事實表示，我們目前所面對的風險要比過去減輕，但是我們為什麼會有相反的感覺呢？其實，正因為許多大大小小的風險一一地被去除，我們才能感受到存在於身邊的那一些風險，而這一些風險，從你我起床的那一剎那起，到入睡安眠為止，沒有1秒鐘不存在，甚至，當我們正熟睡美夢時，風險依然在身邊。

哈佛大學物理教授理查‧威爾遜（Richard Wilson）曾寫過一篇文章，詳述生活中的種種風險，讀後讓人怵目驚心。不細思量，真不知我們的生活充斥如此多的風險，廣而大的風險如空氣汙染、飲用水的汙染、核能電廠的威脅等；細而小的風險卻分布在任何一個時、事、地中：我們每天是喝茶還是喝咖啡呢？不論喝茶或喝咖啡，都含有可致癌的咖啡因；我們每天都要吃一些穀物吧？而在世界各地的穀物中，偶有發現存在一些黃麴毒素，醫學界已證實它會引起肝癌；你吃肉吧？小心喔！肉吃多了會引起大腸癌⋯⋯。這些是理查‧威爾遜告訴我們的。

儘管風險永遠不會消失，但風險卻可以分散，風險發生以後所造成的損失可以減輕——而這個分散風險、減輕風險損失的工具是「保險」。

資料來源：參閱2019年3月拙撰《風險管理：理論與實務》第九版。

第 一 節　家庭（個人）理財與風險管理

一、生命週期與家庭（個人）理財計畫

只要是一個有生命的軀體生存在群體中，就無法避免許多風險的威脅，直到走完人生旅途才得以解脫。在生與死兩個極點之間，「風險」就像空氣一樣無所不在。

每一個人的生命歷程，可以分為孕育期、成長期、成熟期、衰退期，終至死亡，代代循序相傳，稱為生命週期（Life Cycle）。為了使個人在人生不同階段都能得到充分的財務來源，維持一定的生活水準，因此每個人應理性分析自己，並規劃適當的理財計畫（Financing Program），以完成生命週期各階段設定的目標。

一個人結婚後，家庭收入會逐年增加，同時支出也會跟著增加。尤其從子女的成長過程到結婚期間，需要支付的教育費與購置住宅的雙重開支，可說是家庭責任最重的時期。子女獨立後，夫婦也已達到退休年齡，從這時候開始，大約還要過二、三十年的晚年生活。

由此可見人的一生中，總會有幾次需要大筆花費的時期。所以，一個人如果僅僅考慮一個月或一年後的生活，一定無法維持幸福安和的家庭生活。早日著手家庭理財計畫，乃是一家之主的義務，也是對家庭愛心的具體表現。

完整的個人理財計畫，應該是針對每一個人的背景、目標、生活態度及需求，設立不同的財務目標，並經由財務分析人員、保險人員、風險管理師、會計師、律師等專業人員共同參與，提出為完成個人財務目標所需的整體計畫。

理財計畫真正目的，可歸納如下四項：（註①）

(一)增加收入

即透過「開源」的行動，在現有的財富基礎上增加收入，如增加工作收入、自行創業、加班兼差、收取房租、利息等。

㈡減少浪費

即「節流」的觀念；按照預算控制開支，將支出減至最低，並使花費發揮最大的效用。每減少一元的支出，在效果上比增加一元的所得還大，因為增加的收入，必須扣除成本費用。

㈢提升生活品質

透過開源節流，使每個人有較寬裕的經濟能力，提升生活水準，創造美滿幸福的家庭，如由租屋到自購房屋，由搭公車到自購車輛，均能提升生活品質。

㈣準備退休生活

為了退休後擁有獨立經濟能力，以免生活困苦，所以年輕時預作規劃，儲蓄退休後養老所需，如投保人壽保險、參與退休計畫，進而將財產移轉給下一代或慈善機構。

二、家庭（個人）風險管理的規劃

在擬定個人理財計畫時，「風險管理」（Risk Management）是不可忽視的一環。因為其他的財務目標，如累積財富、儲存子女教育經費及個人退休金等，一般人都有時間安排，但疾病和天然災害等意外事故隨時會發生，所以如何因應這些風險，必須事先規劃。

在規劃風險管理時，必須先衡量自己對風險的態度，然後從事認知、評估和控制各種風險，以保障未來的收入，節省風險所耗費的成本。

在找出風險並加以評估後，可選擇一種方法來處理風險；一般來說，買保險是比較經濟而且實惠的方法。買保險其實就等於花一點錢，請保險公司替你承擔可能的損失。

除了買保險外，還可以利用躲避風險的方法來處理；比方說，到高雄去，怕自己的車子出毛病，可以租車，如此可避開車子損壞的風險。不過，為了逃避風險，可能得改變生活方式。

另外，也可設法降低可能發生的損失風險；比如，怕新車被偷，乾脆買一

輛二手車，那麼，即使車子失竊了，損失也不會太大。不過這樣也會改變生活方式。

假如你不能躲避風險而又不願意買保險，還可以考慮設法自己承擔風險。自己承擔風險的資金可以預先準備好，也可以等到損失發生後舉債籌措。但是，得先確定有人願意借款。

小周在參加一個「人生與風險」研討會後，深深覺得應該好好地規劃家庭及個人風險管理，但又不知從何處著手，經請教專家後，他學會了簡易家庭（個人）風險管理計畫方法。這個方法是依表10-1的簡易個人風險管理計畫表逐步評估，（註②）最後得知自己應對風險能力的強弱、風險所在及所需經費。表10-1的設計是從收入、支出、儲蓄和資產負債，計算出自己擁有多少資產可面對風險，最後視個人風險狀況衡量所需保障，再從經濟能力決定買多少保額。表10-1中，第一項至第六項為評估個人或家庭面對風險的能力。第七、八兩項是個人衡量還需多少保險保額。第六項的答案如果是10年以下，則表示應對風險能力不夠；答案在15年以上，表示應對風險能力很好。第八項是衡量個人的風險在哪裡，也就是風險需要平衡的地方。第九項是評估有多少經費購買保障。

個人應對風險能力的強弱、風險所在和經費數額，已從計畫表顯示出來，接著就是選擇險別。應對風險能力弱、經費少和目前風險大的人（第八項選A、B、C、D或E者），建議買「低保費、高保障」的產品，例如：平安險、定期壽險（年輕人宜附加傷害醫療險）。經費較多的話，可以加買防癌終身險、定期終身壽險和附加住院醫療險。應對風險能力強、經費多和計畫有未來保障的人（第八項選C、F或G者），建議購買年金，如養老險和子女教育年金，再加上定期終身壽險和附加住院醫療險。此外，對住宅或其他財產，也應購買恰當的住宅火災保險或汽車保險（第八項選H）。

表10-1　簡易個人風險管理計畫表

1.A.個人：本人年所得約＿＿＿＿萬元。

　　　　個人年支出約＿＿＿＿萬元。

　B.家庭：全家年所得約＿＿＿＿萬元。

　　　　全家年支出約＿＿＿＿萬元。

　C.目前住屋是自有或租屋？租金：＿＿＿＿元。

2.尚需負擔其他親屬生活費約＿＿＿＿萬元。

3.個人或家庭投資和儲蓄約＿＿＿＿萬元。

4.您個人或家庭目前可能的財務風險→資產借貸：

　A.房屋貸款＿＿＿＿萬元。

　B.汽車貸款＿＿＿＿萬元。

　C.消費性貸款＿＿＿＿萬元。

　D.創業貸款＿＿＿＿萬元。

　E.信用貸款＿＿＿＿萬元。

　F.互助會（死會）＿＿＿＿萬元／月。

5.請估算目前您的家庭每月生活總支出（包括利息費用）＿＿＿＿萬元。

6.萬一您喪失工作能力，在不改變目前生活水準的前提下，家庭能維持多久的生活？＿＿＿＿

　（應能維持10年以上才好，不足應有保險保障）

7.目前您有多少保險保障？壽險＿＿＿＿萬元，意外險＿＿＿＿萬元，年金＿＿＿＿萬元／年。有

　哪些醫療險？＿＿＿＿。

8.如果您參加保障計畫，您希望保障的範圍包括：

　A.為自己風險規避作準備。

　B.為家庭風險規避作準備。

　C.為子女教育作準備。

　D.為償還貸款作準備。

　E.為購屋作準備（為自己的住屋作準備）。

　F.為退休及晚年養老作準備。

　G.為分配遺產或規避遺產稅作準備。

　H.為自己的其他財產作準備。

9.以目前您經濟許可範圍下，每個月可提撥多少錢以供財務規劃？＿＿＿＿千元或萬元。

三、家庭（個人）風險管理的目標

　　家庭（個人）風險管理目標是滿足家庭和個人的效用最大化，即以最小的成本，獲得盡可能的最大安全保障。根據國際理財顧問認證協會的調查顯示，無風險管理或財務規劃的家庭遭受意外，以及其事件造成的財產損失，可達家

庭財產總額的20%以上，最高可達100%，即所有財產損失殆盡。家庭（個人）風險管理活動必須有利於增加家庭（個人）的價值和保障，也必須在風險與利益間取得平衡。家庭（個人）的風險管理目標，可以分為損失預防目標和損失善後目標，茲說明如下：(註③)

㈠損失預防目標

家庭（個人）風險管理的損失預防目標，主要包括以下四個目標：

1.成本經濟合理

成本經濟合理目標係指在損失發生前，風險管理者應比較各種可行的風險管理工具與策略，進行成本效益分析，謀求最經濟、最合理的採行方式，實踐以最小的成本獲得最大安全保障的目標。因此，風險管理者，應注意各種成本效益分析，嚴格審核成本和費用支出，盡可能採行費用低、成本小而又能保證風險處理效果的方案和措施。

2.安全保證

風險的存在對家庭（個人）來說，主要係針對家庭（個人）的安全問題。風險可能導致個人的傷亡，影響家庭（個人）的安全。因此，家庭（個人）風險管理目標，應是盡可能去除或降低風險的衝擊，創造家庭（個人）安全生活和環境的保證。

3.履行家庭（個人）責任

家庭（個人）一旦遭受風險損失，不可避免地會影響到與之有關的其他家庭、個人，甚至整個群體或社會。因此，家庭（個人）應認真實行風險管理，盡可能避免或減少風險損失，使家庭（個人）免受其害。一般而言，家庭（個人）在家庭中，同時還承擔一定的責任，因此，為使家庭（個人）能更安心承擔家庭責任、履行家庭義務，並建立良好的家庭關係，履行家庭（個人）責任是發展風險管理損失預防的重要目標。

4.減輕憂慮

風險的存在與發生，不僅會引起家庭（個人）各種財產毀損和人身傷亡，而且會給家庭（個人）帶來種種的焦慮與不安。例如：家庭（個人）的主要收入者，就會擔心自己失去工作能力之後給家庭（個人）帶來損失風險。因此，就可能在日常生活表現比較拘束、謹慎小心。故家庭（個人）應在損失發生

前，採取各種預防的措施，減輕對損失風險的憂慮，使家庭（個人）的生活都能高枕無憂。

㈡損失善後目標

家庭（個人）風險管理的損失善後目標，也包括四個目標：

1.減輕風險的損害

損失一旦發生，風險管理者應及時採取有效措施予以搶救與善後，防止損失的擴大和蔓延，將已發生的損失影響，減輕到最低限度。

2.提供損失的彌補

風險事故造成的損失發生後，風險管理的損失善後目標，應該能夠及時提供家庭（個人）經濟的彌補，以維持家庭（個人）的生活安定，而不使其遭受崩潰之災，是家庭（個人）風險管理的重要目標之一。

3.維持收入的穩定

及時提供經濟彌補，可維持家庭（個人）收入的穩定，使家庭（個人）在風險事故發生後，仍能維持一定之生活水準。

4.維護家庭的和樂

風險事故的發生，可能直接造成家庭成員嚴重的人身傷亡，對一個美滿和樂的家庭，可能造成不可彌補之損失。因此，家庭（個人）風險管理的目標，應是在最大限度內維護家庭和樂的連續性，維持家庭的穩定，避免家庭的破裂和崩潰。

四、家庭（個人）風險管理的實施步驟

在確認家庭（個人）風險管理目標後，可以進行風險管理的實施步驟，家庭（個人）風險管理的實施步驟，可以分為五個步驟，茲說明如下：（註④）

㈠認知和分析家庭（個人）風險

認知和分析家庭（個人）風險是整個風險管理實施步驟的基礎，家庭（個人）面臨的風險多樣化，有必要加以分類，以便詳細認知和分析損失風險。由第一章中的「風險分類」可知，家庭（個人）所面臨的純損風險，可以分為財

產風險、責任風險及人身風險三大類。上述的風險分類，可幫助風險認知並進行風險分析。

1.認知家庭（個人）風險的資訊來源

認知家庭（個人）風險，風險管理者應瞭解有關家庭（個人）財產、責任和家庭（個人）目標等方面的資訊，包括：

(1)年齡、健康狀況、家族病史。

(2)配偶、同居人、受扶養人。

(3)收入來源、收入金額及取得方式。

(4)所擁有和使用的財產。

(5)負債情形。

(6)現有的商業保險保障，如車險、住宅火險、個人責任險等。

(7)現有的社會保險保障，如公保、勞保、農保等。

(8)現有的企業保險保障，如團保、員工福利計畫。

(9)現有的退休計畫。

2.分析家庭（個人）風險

認知家庭（個人）將面臨哪些損失風險後，需要進一步分析引發損失的風險事故，以及發生損失的後果。

風險事故係指引起損失的直接或外在的原因。財產可能因火災、洪水、颱風等風險事故發生損失，家庭成員或個人可能因意外事故、疾病等原因致殘廢或死亡，或因汽、機車交通事故，造成他人傷亡或財產損失而遭受責任損失，或因退休、失業、喪失工作能力而喪失收入等。

在各種風險事故中，有的可能對家庭（個人）的財務支出和生活水準造成輕微的影響，有的可能造成嚴重的影響，風險管理應按照風險事故所造成家庭（個人）財務支出或生活水準影響的輕重緩急予以歸納，並採取適當的措施加以管理。

(二)分析風險管理策略

家庭（個人）風險管理與企業風險管理一樣，風險管理策略，可區分為風險控制和風險理財策略。風險控制策略，係指對可能引發風險事故的各種風險因素，採取相對應的措施。在損害發生前，採取減少風險發生機率的預防措

施;而在損害發生後,採取改變風險狀況的減損措施,其核心是改變引起風險事故和擴大損失的條件。風險理財策略,係指透過事先的財務計畫融通資金,以便對風險事故造成的經濟損失,進行及時而充分的彌補措施,其核心是將消除和減少風險的成本,平均分攤在一段期間內,以減少巨災損失的一次衝擊,藉此穩定家庭(個人)財務支出和生活水準。

1.風險控制策略

家庭(個人)通常採用的風險控制策略,包括風險避免、損失控制、風險複製與隔離等策略。

(1)風險避免策略

風險避免的目標是避免引起風險的行為和條件,使損失發生的可能性變為零。風險避免是一種最簡單、最徹底的風險控制策略,家庭(個人)可藉此策略避免許多的風險。例如:不購置汽車避免汽車損壞、被盜及責任之損失風險;不搭乘飛機,可避免因飛機發生風險事故而致傷亡的風險。

(2)損失控制策略

損失控制策略可分為損失預防和損失抑制,前者著重於降低損失發生的可能性和損失機率;後者著重於減少損失發生後的嚴重程度,即損失幅度。損失控制策略,常同時涉及損失預防和損失抑制。例如:家中安裝防火警報器,當室內溫度或煙霧濃度超過某一限度時,令自動警報,從而可以降低家庭(個人)因火災受傷的可能性,也有助於及時發現火災,及早採取救火措施或移轉貴重物品,減少火災所致之損失。

損失控制策略在管理家庭(個人)風險是非常重要的。例如:經常開車的人可以透過定期檢查瞭解汽車保養狀況、養成小心駕駛習慣等方式,降低汽車事故發生機率和受傷的程度;實行每日運動、定期健康檢查、注意飲食衛生,遠離吸菸、酗酒的不良嗜好等措施,以減低高血壓、糖尿病、心臟病的發生,即以事前的有效規劃來降低風險。

(3)風險複製與隔離策略

風險隔離策略主要係透過分離或複製風險單位,使得任何單一風險事故的發生不會導致所有財產毀損或喪失。以家庭(個人)之重要文件的安全管理為例,我們通常採用文件備份的方式,將重要的文件或資料,存放在獨立的儲存器,例如:隨身碟、外接硬碟,以免電腦系統遭受電腦病毒感染,導致檔案、

資料、文件丟失之風險，這就是複製策略。我們還要注意，不要將所有存有重要文件的儲存器，如隨身碟、磁碟片、硬碟放在同一處所，而是分別存放在不同處所，甚至可存放於銀行之保管箱，以避免因存放處所失火，造成所有重要文件、檔案與資料同時損毀的可能性，這就是隔離策略。

2.風險理財策略

家庭（個人）遭遇損失風險是難免的，因此，家庭（個人）有必要規劃若損失一旦發生時，應如何彌補。家庭（個人）可以採行的風險理財策略，主要包括保險、非保險移轉及風險自留。

(1)保險策略

保險係將家庭（個人）的經濟損失，移轉給商業保險公司或政府機構的風險管理策略。

(2)非保險移轉策略

非保險移轉係為了減少風險單位的損失頻率和損失幅度，將損失的法律責任，以契約或協議方式，移轉給非保險公司或非政府機構以外的個人或組織的管理策略。例如：用出售、賣後租回契約，將財產等風險標的，移轉給其他單位或人，或以出租、租賃契約，將租賃期間的某些風險（如對第三人法律、傷害責任）移轉給承租人。

(3)風險自留策略

風險自留策略係指自我承擔風險或自保。自留可以是部分自留，也可以全部自留。部分自留是指一部分損失風險由自己承擔，另一部分藉由保險或非保險移轉出去。例如：保險單通常設有自負額或理賠上限，自負額以內的損失和超過理賠上限的損失，都由投保人自己承擔。而對於全部自留來說，家庭（個人）承擔了所有的損失。自留也可以分為自願性自留和非自願性自留兩種。自願性自留是指家庭（個人）已經意識到損失的可能性而決定自己承擔風險，具有主動性，是一種慣用的風險管理策略；非自願性自留是因未能事先認知風險發生的可能性而導致的風險自留，這常常造成家庭（個人）嚴重的財務問題。

(三)選擇風險管理策略

雖然保險策略為一般家庭（個人）最常用之風險管理策略，但是保險策略並非唯一的選擇，事實上，家庭（個人）的風險管理策略，不能過度依賴保險

而忽略其他風險管理策略,而是要依據家庭(個人)面臨的特定風險狀況和管理目標而定,應是有計畫性地選擇合適的風險控制和風險理財策略,形成一個包括保險在內的風險管理策略組合,確保以最低的風險管理成本,獲得最高的安全保障。

1.選擇家庭(個人)風險控制策略

損失頻率與損失幅度的高低,可作為家庭(個人)選擇風險控制策略決策的指導,表10-2損失頻率/損失幅度矩陣,可顯示每一種風險控制策略與損失頻率/損失幅度之關係。

表10-2　損失頻率/損失幅度矩陣

		損　失　幅　度	
		高	低
損失頻率	高	避免 預防和抑制 移轉 自留	預防 自留
	低	預防和抑制 移轉	自留 預防

在高損失頻率/高損失幅度的情況下,風險避免是風險控制策略的首選。例如:因開車會發生車禍,可能引起傷亡,所以就不買車、不開車,以避免可能的風險發生,風險避免即主動阻絕一切可能產生風險的通路。

一般而言,除非採取風險避免策略,任何損失風險都需要嚴肅面對,採取必要的風險控制策略和風險理財策略。

2.選擇家庭(個人)風險理財策略

在選擇家庭(個人)風險理財策略時,通常係採行下列步驟:

⑴考慮家庭(個人)能夠自留或承受的損失幅度(金額)

面對可能發生的損失,家庭(個人)應先確認自己能夠自留或承受的損失幅度(金額)。

⑵比較損失幅度(金額)和風險管理成本

在選擇風險管理策略時,必須將可能的損失幅度與風險控制或風險理財策略的成本進行比較。當可能的損失幅度小於可供選擇的風險控制或風險理財策

略的成本時，採用風險管理策略就不是家庭（個人）的明智選擇；反之，當風險管理成本遠小於損失幅度時，家庭（個人）應該認真考慮採取何種可行風險管理策略。

(3)考慮損失頻率的影響

在家庭（個人）考慮損失幅度後，還須進一步考慮損失發生的頻率，如果一次損失金額不大，但在一定期限（如一年）內，類似損失多次發生，也可能造成難以承受的損失金額。因此，損失頻率往往也會改變風險自留的決策，轉而採行某些合適的風險管理策略，來降低或避免風險。

㈣實施風險管理計畫

一旦認知和分析家庭（個人）損失風險，並選擇合適的風險管理策略之後，就該進入實施「風險管理計畫」的主題。這包括四個方向：

1.風險避免

風險避免即主動地阻絕一切可能產生風險的通路。比方說，因開車會導致車禍，可能引起受傷或死亡，所以就不買車、不開車，以避免可能的風險產生。

2.風險降低

風險降低則是以事先妥善安排計畫，來減低風險發生的機率。例如：肥胖的人要節制飲食，持續運動以減少高血壓、糖尿病的發生，即是以事前的有效規劃降低風險的實例。

3.風險移轉

將可能產生的風險責任，事先委託給一個穩定可靠的團體或組織，讓它解決一切問題。例如：向保險公司購買醫療保險，萬一健康情況出現危機，便可得到充分的保障。

4.風險自留

即預存個人承受風險的經濟實力。倘若因遭遇意外事故，必須長期住院治療，則勢必要具備忍受長期醫療費用的經濟實力。一般來說，個人的經濟實力通常稍嫌單薄，若能加上保險公司雄厚財力的支持，可使個人承受風險的能力更富彈性。

㈤監督與改進風險管理計畫

家庭（個人）風險管理實施步驟的最後一步，仍是監督與改進風險管理計畫，至少每兩到三年，風險管理者需要檢視風險管理計畫，是否足夠保障家庭（個人）所面對的主要風險。風險管理者也要檢視家庭（個人）生活中的重大事件（例如：結婚、生子、購屋、更換工作、離婚、配偶或家庭主要成員的去世），對家庭（個人）的財務影響及採取的因應策略。

我們生活在一個時刻變化、日新月異的世界，因此，即使我們目前已有足夠的保險保障，或是採取其他適當的風險管理策略，但仍有必要定期檢視家庭（個人）風險狀況和承受能力的重大變化，如上述所言之生活中的重大事件，並應隨時注意新的風險控制和風險理財策略等。

上述五個風險管理的實施步驟並非全然分開的，或在時間上有所重疊，而是必須圍繞風險管理的目標和計畫來執行；也不是一勞永逸的，而是一個周而復始、循環不斷的過程。

第 二 節 家庭（個人）人身風險管理與保險規劃

一、家庭（個人）人身風險的來源

921大地震造成臺灣地區兩千多人的死亡，八千多人受傷，財產損失難以估計；美國911恐怖主義攻擊事件震驚世人；沒有人能漠視生命的無常，如英業達集團的前副董事長溫世仁先生，因出血性腦中風而辭世、中央銀行總裁許遠東先生因大園空難而辭世。我們無法預知風險事故的發生，但仍應該預估事故可能帶來的損失，如果有機會，我們就應該為自己及家人預作安排，才能在事故發生時，安心與自在地面對。

所以作好人身風險管理，能為我們解決下列人生之生、老、病、死、傷殘

的風險問題：

㈠生

人從生下來到自己能獨立之前這一段時間，子女必須仰賴父母撫養，一旦父母親的「收入中斷」，無法盡到責任時，以目前小家庭盛行，互助力量單薄的情況下，人身保險可作為長久收入的替代者。為人父母不買保險，會使子女生活於恐懼且不安的日子中。

㈡老

老是人必經的階段，它並不可怕，老了而無充裕的生活費用，才真正可怕。足夠的退休養老金，可使一個老年人生活得優裕而且有尊嚴。

㈢病

好漢最怕病來磨，如果發生事故時，能一了百了還算好，但由於工商發達，意外事故頻繁，單一次傷害可能造成終身癱瘓。一個慢性病（如癌症）可能導致長時間的病床折磨，這對當事人及最親密的家人，都是痛苦難堪的。有了保險，並不能保證不會發生事故，但起碼可以保證出事時，有一筆長期且充足的醫療費用。

㈣死

人一旦走了，留下來的還是錢的問題：
1. 自己所花的最後一筆錢。
2. 配偶及子女的生活費。
3. 如果很幸運的，你是一個財產很多的人，那麼未來遺產稅將使你一生的努力帶給你的子女一些困擾，例如：遺產稅的繳納。而人壽保險的給付所創造出來一筆鉅額的現金，正可以解決這個問題。

㈤傷殘

暫時性的傷殘影響性較小，但永久性的殘廢卻成為個人、家庭甚至社會的沉重負擔。龐大的醫療與養護費用，使得家庭面臨難以承受的窘境，適當的保

險規劃正是未雨綢繆的良方。

二、家庭（個人）人身風險的管理

　　一般來說，人身保險的保障有社會保險、企業員工團體保險（團保）、個人人壽保險等。社會保險所提供的保障內容為傷病的醫療和殘廢、死亡的給付，臺灣地區的公、農、軍、勞保和漁保，以及目前實施的全民健保等都是。團保是企業機構安定員工生活、增進員工福利和為了節稅，所加給員工的另一層保障。不過團保的保障內容，依各企業機構購買項目不同而有差別。

　　由圖10-1的家庭（個人）風險管理圖來看，(註⑤) 家庭（個人）風險有如整個三角形，社會保險和團保保障占了最基層一部分，但不多。剩下的是個人必須承擔的風險，風險仍然很大。若是碰到這種風險怎麼辦？你準備自己承擔？或者趁早投保來轉移風險？

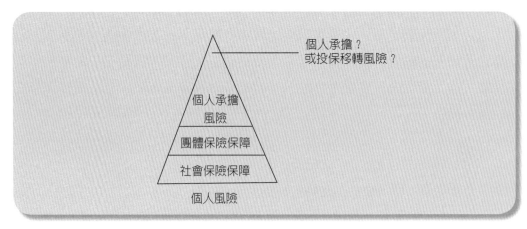

圖10-1　家庭（個人）風險管理圖

　　以目前社會生活水準和日漸昂貴的醫療費用來看，社會保險的保障實在不夠，一般社會保險均以「低保費、低保障」和不同理賠標準（如勞保設定的甲、乙表），導致品質低落。而團保所提供的基本保障，也因各公司購買項目不同，保險可能不完全（例如：無眷保），保額也不高；況且，提供團保的企業並不多。

　　從保險市場面來看，臺灣地區自全民健康保險於1995年3月1日全面實施以

來，幾乎臺灣人口的全數，已納入各類社會保險。2018年我國每人壽險平均保費支出為15.6萬元，投保率為249.5%，與日本的400%相比，我國國民的投保率確屬偏低。從日本的每個人有四張保單可以瞭解，一個人已不再是只擁有一張保單就可滿足，因為人生各階段的風險，都需要保險來平衡，如創業期、結婚期、生兒育女期、購屋期、顛峰期和退休期等各階段。

在國人低投保率和低保額的情形下，個人最好購買人身保險，來移轉過大的個人風險，提升接受醫療的品質。

三、生涯規劃與保險購買

每個人在不同的生涯階段，肩負的責任時有變化，因此購買的保險商品當然也不相同，而且由於保險商品日新月異，兼具理財的保險型商品，已較以往單一的儲蓄型保險更具多樣化，值得苦守一份養老增值型保險的消費者注意。

買保險已逐漸成為流行，問題是在保險保障額度和保費負擔兩方如何求取平衡，而且如何隨著每個人生涯規劃作調整，值得有意買份生涯式保險的人仔細盤算。

近年來，許多保險公司均以「家庭需求論」，來替客戶設計保額。

所謂的家庭需求論，是指若被保險人不幸身故，仰賴其維生的家人，在事故發生之時，需要多少經濟支助，才足以維持被保險人在生前，所能提供的基本生活水準。

那麼，到底保額如何來決定？一般而言，根據估算，年保費以不超過年收入十分之一為宜，但若屬中上收入水準者，這一比例可彈性提高。至於一個人是否屬於中上收入水準，可簡單地用年平均國民所得的水準來評估。

在決定保額時，依不同人生階段有不同的保險需求，一個人若處於壯年期，基本上，這一階段是一個人一生中經濟負擔最沉重的時期，所以保額需要高。但這一時期其收入往往較低，因此應選擇具低保費高保額的保障性商品為宜，如定期壽險或終身壽險。

一個人若處於中年期，則應考慮為退休後的生活作準備。因為其現在處在事業及人生顛峰期，付費能力較不成問題，保險險種選擇也較有彈性，若其儲蓄毅力不夠堅定，則可藉由買生死合險來強迫自己儲蓄。

表10-3　合理的（壽險＋意外險）保額和年齡、年收入的關係

年齡	壽險＋意外險最高保額
16～30	14倍年收入
31～35	13倍年收入
36～40	12倍年收入
41～45	10倍年收入
46～49	9倍年收入
50～52	8倍年收入
53～56	6倍年收入
57～60	4倍年收入

　　上了年紀的人，買保險的重點，應擺在餘年的生活費、身後財產分配及降低遺產稅的考量上，由於這時候已不須擔負家庭責任，原則上，保額及保費負擔都不需要，若想投保，額度也不宜太高。

　　依統計數據顯示，統計出合理的壽險及意外險的保額與年齡及年收入的關係。若一個人現在的年齡為16歲到30歲，則最高保額為其年收入的十四倍；若其現在是57歲到60歲，則最高保額為年收入的四倍。

　　買一份生涯式的保險，最重要的是自己要積極、主動，引導壽險業務員瞭解自己的需求，如此一來，便能享受保險所帶來的益處，而不會被保險所拖累。

四、人身保險商品的種類與基本內容

　　人身保險商品，主要可分為七大類，茲說明如下：（註⑥）

㈠人壽保險

　　人壽保險，以保障年期來分，一般而言可以分為：⑴終身型人壽保險；與⑵定期型人壽保險兩類。

　　1.終身型人壽保險

　　指的是終身繳費、終身保障，或是一定期間內繳費，即享有終身保障的人壽保險。因為要保障一輩子，通常保險費會比定期壽險來得貴很多。

　　2.定期型人壽保險

　　指的是繳交一定期間內的保險費，獲致該期間內的保險。如果被保險人在

繳費期間內身故，就可以依照保險單條款的約定，獲致理賠。一旦保險期間過了，而被保險人仍然生存時，該保險即自動終止。因為，只有在一定期間內享有保障，所以保險費相對於終身型的人壽保險便宜60%到70%。

如果以保障內容來分，除了平準型的商品，各家保險公司也設計有多倍保障、繳費期內增值，或是增值終身，或是身故時除保險金額外，再退還所繳保險費等不同保障額度的商品。

㈡傷害保險

1.身故及殘廢保險

所謂的身故及殘廢保險，主要是指保險期間內，被保險人因遭受意外傷害事故，導致殘廢或死亡，就可以獲得理賠。但是，還是要注意其除外條款的部分，例如：被保險人飲酒後駕（騎）車，其吐氣或血液所含酒精成分，超過道路交通法令規定標準者，屬於不理賠的項目。

行政院衛生福利部所公布的最新統計數字，2013年臺灣地區人口，因意外事故死亡的比率為4.3%。死亡率不高，但意外傷害造成的醫療情況比較多。

2.傷害住院日額給付保險

被保險人因遭受意外傷害事故而住院治療，按住院的天數乘以約定的金額給付，例如：住院10日，每日2,000元，則保險公司需給付共20,000元。通常每次住院最高的給付日數為90日。

3.傷害醫療限額給付保險

被保險人因遭受意外傷害事故而住院或門診治療，每次住院或門診的醫療費用，在約定的限額內給付。

在商業競爭之下，傷害保險單的理賠內容，除了基本的十一級七十五項殘廢程度理賠外，也開始多樣化。例如：含重大燒燙傷保障的、含一級殘至三級殘的殘廢扶助金保障的、含特定意外事件多倍理賠的、有搭乘大眾運輸交通工具時加倍保障的，也有含配偶在同一事故身故時，保障在內的保險單。

㈢健康保險

可以歸類為健康保險的商品有：⑴重大疾病保險；⑵癌症健康保險；⑶醫療保險。

1.重大疾病保險

在文明病日益普遍的時代，一旦發生長期且不易復原的疾病，對每個家庭都是很大的負擔，重大疾病保險商品遂應運而生。

2.癌症健康保險

近年來，因為環境汙染及飲食習慣的改變，癌症的發生機率日益增加，癌症也已經不是老年人的專利。根據臺灣癌症基金會推估到2020年，臺灣地區人口中，癌症人數1年將高達11萬人。尤其癌症的發生，通常需要多年的醫療照顧與家人的關懷。雖然我國的全民健康保險，將癌症醫療納入重大傷病給付的範圍，但是健保只能給付「必要的」醫療行為，至於看護人員及補充性藥品，甚至是義肢、義乳等重建手術的支出，卻會對一般家庭造成不小負擔，所以，商業癌症保險有其必要性。

3.醫療保險

在沒有全民健康保險的時代，醫療保險的確幫助了很多家庭。但是，有了全民健康保險之後，自負額的部分已大幅下滑至多數的家庭都能負擔。而且現今醫療技術不斷進步，以前需要住院的疾病或手術，有很多已經可以在門診時就解決。全民健康保險已成為商業保險公司的前衛保險單位，因此醫療保險的購買需求與保障內容，似乎也應該重新被審視及定義，以符合國人的醫療習慣與需求。

(四)年金保險

所謂年金保險，就是要保人將一筆錢放在保險公司，購買一定額度的保險金額，將來依保險契約的約定，在到達一定的年期（一般多為10年期以上，也有即期可領的年金）或一定的年齡（指被保險人滿70歲或80歲以上）時，再定期支領一筆金額，直到被保險人身故。年金保險與人壽保險都是以人的生命身體作為保險標的，最大的差異在於人壽保險是保障期間內身故，就能獲得理賠，而年金保險則是保險期間期滿之後，還存活的時候領取保險金。

我國的年金保險分為即期年金與遞延年金兩種。

1.即期年金

通常為蠆繳型（一次繳清所有保險費）的保險單。

契約生效後，被保險人可以每個月或每年支領一筆錢。有保證支領期間與

保證支領金額兩種。

契約生效後，進入年金給付期間，要保人不得終止契約或申請保險單借款。但是保證期間或保證金額之年金契約，在被保險人身故後，針對保證部分的年金，受益人可以依保險單所記載的貼現率，申請提前給付。

2.遞延年金

通常為分期繳納型的保險單。契約生效後，到達約定的年期或年齡，被保險人可以每個月或每年支領一筆錢。有保證支領期間與保證支領金額兩種。

契約生效後，於年金給付前，要保人或被保險人得終止契約或申請保險單借款。有保證期間或保證金額之年金契約，在被保險人身故後，針對保證部分的年金，受益人可以依保險單所記載的貼現率，申請提前給付。若於年金給付前，被保險人已身故，得申請返還已繳之保險費或解約金，或是保單價值準備金。

㈤團體保險

團體的定義，指的是具有五人以上，且非以購買保險為目的而組織之下列團體之一：

1.有一定雇主之員工團體。

2.依法成立之士、農、工、商、漁、林、牧業之合作社、協會、職業工會、聯合團體或聯盟所組成之團體。

3.債權、債務人團體。

4.中央及地方政府機關或民意代表組成之團體。

5.凡非屬以上所列，而具有法人資格之團體。

一般公司行號或特定的團體（例如：信用卡會員、漁會會員、軍人等），為了提供其團體內成員保障與福利，集合多數人與保險公司洽談一份保險契約，即是團體保險。因為其條件適用於全體成員，所以我們可以善用團體保險，在大數法則的情況下，以比較低廉的價位，買到屬於自己的基礎保障。

如果團體保險的被保險人成員，可以開放給眷屬及父母，那更是建議你不可放棄權益，因為，團體保險的條款中，有「被保險人離職30日內，在不高於團體保險的保額下，可以免健康告知，轉保該承保公司的個人保險」。

但是團體保險也有另一種風險：一旦我們離開了自己所屬的團體，就無法

再適用該團體的保險內容及保險費率。

㈥投資連結型保險

投資型保險商品，最早出現於1956年的荷蘭，源自消費者希望自己的壽險保單也能夠享有投資的機會。一般傳統的壽險商品，當消費者繳付保險費之後，保險公司以契約方式與消費者約定保險單的利率。保險公司可以自行決定所收取的保險費的投資模式，顧客享有保證利率，由保險公司承擔投資的風險。如果投資得當，保險公司可以獲利豐厚，但是若投資產生虧損，保險公司仍須依約定利率增值保險單的現金價值。

所謂的投資連結型商品，無論是變額壽險或是變額萬能壽險，都是定期壽險加上投資的保險型態。通常，保險公司推薦的投資連結標的，包含：經主管機關核准的證券投資信託基金、海外共同基金、政府債券、銀行定期存單及其他經主管機關核定之投資標的。要保人可以依自己的風險承受度與商品喜愛，挑選不同幣別的海內外投資。可以說，自從投資連結型的商品推出後，已經將國人的金融觀念，真正廣泛地與國際接軌。

目前市場上的投資連結型商品，大致上可分為以下三類：（註⑦）

1.變額壽險

變額壽險是一種固定繳費的產品，與傳統終身壽險的繳費方式與保障年期均相類似，主要特色在於「變額」，也就是保單利率是變動的。過去傳統保單利率都是保險公司保證的固定利率，而變額保險是保戶可以自由選擇投資標的，直接享有投資報酬率並自行承擔投資風險，除此之外，保費多寡以及繳費期間，皆與傳統保單一樣是固定的，可以採用一次繳納或分期繳納。與傳統終身壽險相同之處在於：兩者均為終身保單，簽發時亦載明了保單面額。而兩者最明顯的差別，在於變額壽險的投資報酬率無最低保證，因此現金價值並不固定；另一項最大的差別是：傳統終身壽險的身故保險金固定，而變額壽險身故保險金，會依投資績效的好壞而變動。

2.變額萬能壽險

變額萬能壽險乃結合變額壽險及萬能壽險（只要保單現金價值足以支付死亡成本及其他行政費用，保戶就可以不繳保費。相反地，如果保戶有足夠資金，也可以選擇多繳保費以增加投資），不僅有變額壽險分離帳戶之性質，更

包含萬能壽險保費繳交彈性之特性，因此市場上幾乎以變額萬能壽險為主流，其特點包括：

⑴在某限度內，可自行決定繳費時間及繳費金額。

⑵任意選擇調高或降低保額。

⑶保單持有人自行承擔投資風險。

⑷其現金價值與變額壽險一樣會高低起伏，也可能降低至零，此時若未再繳付保費，該保單會因而停效。

⑸分離帳戶的資金與保險公司的資產是分開的，故當保險公司遇到財務困難時，帳戶的分開，可以對保單持有人提供另外的保障。

3.變額年金

與變額年金相對應之傳統型商品是定額年金，定額年金分為即期年金及遞延年金，而變額年金多以遞延年金形式存在。變額年金的現金價值與年金給付額均隨投資狀況波動，在繳費期間內，其進入分離帳戶的保費，按當時的基金價值，購買一定數量的基金單位，稱為「累積基金單位」，每期年金給付額等於保單所有人的年金單位數量，乘以給付當期的基金價格，因此保單的現金價值及年金給付額度，都隨著年金基金單位的資產價值而波動。一般最常見的有利率變動型年金與指數連結型年金。

投資型保險的費用相當透明，大致上分為：

1.基本保險費用

是保險公司所收取的保單營運成本費用。雖說市場上各家保險公司的業務員，都會比較收取的費用率百分比，但真正的比較基礎，還要看保險公司所收取的營運成本的高低。一般而言，變額壽險因為保額固定，保費也形同終身壽險，而變額萬能壽險的壽險保額，會介於定期壽險與終身壽險之間。

2.額外投資費用

指的是保戶所投資超過基本保險費的部分。可以依自己選定的投資標的作單筆投資或定期定額的投資。但是無論是單筆或是定期定額，保險公司都會收取一定百分比的投資手續費。

3.保險單維護管理費用

係指保單運作所產生的行政管理費用，自保單現金價值中，按月扣取，每月約新臺幣100元左右。

4.保險成本

是保險公司依被保險人的年齡與性別，以「危險保額」乘以「保險成本率」所計算出來的，一般通稱為危險保險費。原則上，不得高於臺灣壽險業第五回經驗生命表死亡率的90%。

5.投資標的的轉換費用

係指要保人決定投資標的轉換時所產生之費用。一般而言，保險公司多允許保戶在固定時間、固定次數內轉換投資標的，不需收取任何費用，若超過則依次數收取轉換費用。

6.贖回的費用

通稱為解約費用。有關解約費用之計算及扣除方式，依各保險公司之契約規定辦理。

相對於傳統的壽險商品，消費者在期望獲利更高之前，要多花一些時間瞭解所選擇的投資標的，才不會讓期望落空。

㈦其他人身保險

1.失能保險

一般上班族或自營作業者，最擔心萬一因為疾病或意外事故，造成謀生能力降低，或甚而失去謀生能力的窘境。保險公司因而各自推出不同定義的失能險保險單，供消費者依各自的財務能力及需求進行選擇。其特性有：

⑴分終身型及定期型兩種，通常以「○○健康保險」的名稱出現。目前市場上只有附約型的保險單。

⑵一般失能保險單的保障範圍，有只針對意外事件的，也有含因疾病失能的保險單。

⑶依被保險人的性別及年齡，保險費差異很大。

⑷對失能的定義，視各家保單的設計而有所不同，有單純失去工作能力時的補償，有特別定義殘廢程度的補償，也有僅定義不能工作期間的給付，各有其特定條件，消費者應詳讀條款審慎評估。

2.長期看護保險

長期看護保險是比較新型的商品，用意在被保險人萬一需要長期的醫療看護時，提供一定額度的理賠。通常有180天以上的觀察期，是消費者需要特別注意的。一般分為有限額與無限額兩種，消費者可自行評估保費與保額間的比例，慎選適合自己的商品。

3.豁免保險費保險

豁免保險費保險的目的在於：萬一要人或是被保險人因為疾病或意外事故，導致身體一至三級殘廢時，可以免繳尚未繳清的保險費，而且其原購買之保險繼續有效。有些保險公司將被保險人的豁免條件，直接加入保險單的保障條款之內，算是給消費者的優待條件，是消費者可以多參考比較的。

豁免保險費的保險，同樣依性別及年齡而有不同的費率。

五、人生不同階段的保險規劃重點與保費支出比例

每個人在人生不同的生涯階段，肩負的責任與面對的風險時有變化，因而所購買的保險商品組合也不盡相同，而且由於風險時刻變異，保險商品日新月異，如何隨著每個人生涯規劃作適當的調整，乃現代家庭（個人）在作保險規劃時應考量的重點。以下針對人生不同階段的保險規劃重點與保費支出比例加以說明：

㈠自子女出生至求學結束就業前的階段（參考年齡：0-20歲）

保險規劃的重點為：

1.醫療費用部分

⑴全民健康保險作為基層的保障。

⑵學生團體保險作為第二層的保障。

⑶針對不足的部分，可選擇住院醫療保險實支實付型或定額給付型與意外傷害醫療保險，作為第三層的保障。

⑷針對較嚴重的疾病，例如：癌症，可加保癌症保險作為第四層的保障。

2.身故與殘廢保險金的給付

⑴子女成長就學階段並非家計的主要收入者，保險法第107條規定，在身故

保險金上設有限制，被保險人的保險年齡未滿14足歲，其人壽保險加上意外保險，保險金額最高為200萬元。

⑵如果保費的預算有限，可不購買壽險，而健康險與傷害險以附加契約的方式，附加於父母保單，以節省保費支出。

⑶子女的保險以附加的方式，附加於父母保單的缺點是：子女結婚後或滿一定的年齡（通常為23歲）即無法獲得父母保單的保護，須重新購買，保費以當時的年齡計算。

3.子女教育費用部分

如果保費的預算較充裕或基於節稅的考量（每位子女每年有24,000元的綜合所得稅之扣除額），可選擇終身型生死合險，以作為子女教育費用的補助。

※保費支出的比例

此階段的保費支出，通常由父母負擔，可依據父母的財務能力作規劃，但負擔不宜過重而影響家計。

㈡求學結束進入就業單身階段（參考年齡：21-30歲）

保險規劃的重點為：

1.壽險部分

【保障型】

⑴此階段的責任通常較小，最重要的是對自己的責任，壽險保障可依保費預算的高低，作不同的選擇。

⑵定期壽險著重保障，保障的年期愈短保費愈便宜。可選擇有提供保證續保或更約的保單。

⑶終身壽險的保費高於定期壽險，繳費年期愈短保費愈高。可以終身壽險附加定期壽險作搭配，以符合保費的預算。

⑷保險金額以年收入的五到十倍為參考金額。

【保障兼儲蓄型】

⑴增值型終身壽險的保險金額，會隨著保險年度的增加而增加，相較於平準型的終身壽險保費較高，也有較高的保單價值準備金。

⑵儲蓄型終身壽險的保險是約定的年限屆至（例如：每2年、3年、5年或繳費期滿），被保險人生存時，保險公司依約定給付生存保險金，而於保險期間

被保險人身故給付身故保險金。因含有生存給付部分，故保費高於其他險種。

⑶投資型保險是保障加上投資部分，提供最低的死亡保障（依約定）。投資的風險由要保人自負。

⑷無論作何種搭配，須先滿足保障的需求，再規劃儲蓄部分。

2.身故與殘廢保險金的給付

年輕人的活動量大，遭受意外事故的頻率較高，可規劃較高的保險金額，以年收入的十倍為參考金額。

3.醫療費用部分

⑴全民健康保險作為基層的保障。

⑵勞工保險或其他社會保險的給付，作為第二層的保障。

⑶針對不足的部分，可選擇住院醫療保險實支實付型或定額給付型與意外傷害醫療保險、傷害住院醫療日額給付保險，作為第三層的保障。

⑷針對較嚴重的疾病，例如：癌症，可加保癌症保險或重大疾病保險，作為第四層的保障。

※保費支出的比例

保障型的保費支付，占個人目前年收入的10%左右。

保障兼儲蓄型的保費支付，占個人目前年收入的30%左右。

㈢就業已婚──生兒育女階段（參考年齡：31-45歲）

保險規劃的重點為：

1.壽險部分

【保障型】

⑴此階段是人生責任的高峰期，完善的保險規劃，可確保家庭責任的完成，無後顧之憂。

⑵以終身壽險搭配定期壽險達到保障的需求。如保費預算不足，可直接投保定期壽險。

⑶保險金額須計算對子女、配偶、父母的扶養責任。以年收入的十倍以上作為參考。

【保障兼儲蓄型】

⑴如保費預算充裕，可規劃退休準備，遞延年金是適當的險種。

(2)無論作何種搭配，需先滿足保障的需求，再規劃儲蓄部分。

2.身故與殘廢保險金的給付

一家之主因遭受意外事故而殘廢，收入中斷或降低，會嚴重影響家庭的財務安全，此時需要高額的意外險保障。

3.醫療費用部分

【同前】

※保費支出的比例

保障型的保費支付，占個人目前年收入的10%左右。

保障兼儲蓄型的保費支付，占個人目前年收入的30%左右。

(四)中年階段（參考年齡：46-60歲）

保險規劃的重點為：

1.壽險部分

【保障型】

(1)此階段的人生責任已逐項完成，壽險的規劃，可漸次降低死亡保障部分，而加重退休養老的準備。

(2)人身保險的死亡給付，依稅法的規定不繳納所得稅，可提早透過保險的規劃，降低稅賦，作資產移轉的準備。

【保障兼儲蓄型】

(1)提早作退休規劃，保障退休生活。

(2)透過保險規劃，以達到節稅功能。

2.身故與殘廢保險金的給付

相對於養兒育女階段，此階段的保障額度可以酌減。

3.醫療費用部分

進入中年階段，身體的各項機能漸漸退化，醫療費用支出的風險增加，需加重醫療費用保險的規劃。

※保費支出的比例

此階段經濟上較穩定和寬裕，考慮退休準備，可加重保費支出的比率。

視個人情況調整，占個人目前年收入的30%左右。

㈤晚年階段（參考年齡：60歲以上）

保險規劃的重點為：

1.壽險部分

⑴子女皆已成年，人生責任也已經完成，通常也儲存一筆相當的養老金額，此時透過保險的規劃，達到老年經濟生活的安全，即期年金保險是適當的選擇。例如：退休生活每月所需5萬元，可購買即期年金保險每月給付5萬元，以保障老年生活。

⑵保險具有節稅的功能，以遺產稅而言，可規劃與預估遺產稅稅額相等的終身壽險，以低的保費支出，換取高的保險金額給付來繳納遺產稅，以達到保全財產的目的。

2.身故與殘廢保險金的給付

意外事故的頻率，相較於其他階段較低，可酌減保險金額。

3.醫療費用部分

此階段健康保險的規劃是重點，壽命的延長更加重各項醫療險的重要性，但相對於其他階段，無論是保費的負擔或是保險公司因被保險人身體不再健康而拒絕承保，都加重購買健康險的困難度。解決之道，就是提早規劃準備。

※保費支出的比例

按照個人的投保目的與財務情況，來評估其保費的預算。

第 三 節 家庭（個人）財產風險管理與保險規劃

一、家庭（個人）財產風險的來源

現代人所擁有的財產種類與數量，可能會有很大的差異，但一般人到某一個年齡都可能擁有自己的房子、日常生活使用的家具、衣物、電器用品、珠寶飾物等，以及車子。因此，一般家庭（個人）面臨的財產風險，不外乎房屋、

家具、衣物及汽車等財產，因火災、颱風、洪水、地震、車禍、竊盜等意外事故所致的損失。這些財產，大多是我們一生辛苦工作的代價，真不忍心見這些歷經長時間慘澹經營的財產，萬一因不幸的意外事故而毀於一旦。因此，我們應審慎地分析自己的財產損失風險，及早作好保險規劃，幫助我們守護家庭（個人）財產。（註⑧）

(一)住宅損失風險

在擁有一棟住宅或家具、衣物的同時，無可避免地必須面臨意外的風險，尤其是因火災、閃電雷擊、爆炸、地震、颱風、洪水、罷工、暴動、民眾騷擾等意外事故所致的損失，因此為了保全住宅財產，投保住宅火災保險是最佳對策。在投保火災保險時，必須正確估算這些財產的實際價值。另外，正確地弄清楚你擁有多少財產也是很重要的一件事，很多人一直到意外災害發生了，還不知道自己到底損失了多少財產，這就產生不少「被遺忘的損害」，保險公司是不會理賠的。為了解決這個問題，最好為家中所有財產製作清單，並定期予以更新。為了估算住宅和財物的價值，應定期（如每年續保時）請人來估算。對於財物的價值，最好把購買時的收據保存好，並影印一份保留。

(二)竊盜損失風險

從古至今，「竊盜」始終是一般家庭隨時必須面對的風險。近年來，由於現代家庭財產累積快速，昂貴物品也愈來愈多，再加上竊賊犯罪手法翻新，竊盜風險愈來愈大，因此，很值得現代家庭予以重視。我們應仔細分析評估家庭（個人）可能面對的竊盜風險，除了事前防範措施，如裝置鐵窗鐵門、保全、自行裝置防盜設施、僱用警衛等，購買竊盜損失保險，為預防防範措施失敗作準備，也是必要的。

(三)汽車損失風險

汽車已成為現代人不可或缺的代步工具，汽車的使用固然帶給人許多便利，但相對的也造成許多人命的傷亡，除了駕駛或乘坐汽車的人之外，路上的行人、其他車輛上的乘客、機車騎士等無辜受傷害時有所聞。因此，我們必須留意，在擁有一部汽車的同時，除了必須面對汽車受損、被竊等風險外，因汽

車的所有、使用或管理不當發生意外事故，所致的賠償責任，更不容忽視。

二、住家應投保哪些財產保險

　　一個住家應該投保哪些財產保險，才能使財產得到充分保障？國內保險公司提供了下列適合住家財產購買的保險，以供社會大眾選擇：

㈠火災保險

　　這是最基本的保障，因火災、雷擊及家庭用煤氣爆炸，導致保險標的物的損失，均可以得到賠償。

㈡住宅火災及地震基本保險

　　住宅火災及地震基本保險，係住宅火災保險單自動涵蓋地震基本保險。意即住宅火災及地震基本保險，包括住宅火災保險與住宅地震基本保險兩部分。

㈢火災保險附加險

　　除了投保火災保險，被保險人可依實際需要，選擇下列幾個附加險：⑴爆炸險；⑵地震險；⑶颱風險；⑷航空器墜落、機動車輛碰撞險；⑸罷工、暴動、民眾騷擾、惡意破壞行為險；⑹自動消防裝置滲漏險；⑺竊盜險；⑻第三人責任險；⑼法律責任險；⑽洪水險；⑾水漬險；⑿煙燻險。

㈣汽車保險

　　因汽車碰撞、傾覆或竊盜所致損失，以及因疏忽或過失致第三人死亡、身體受傷或財物受到損害，依法應負的賠償責任。

㈤汽車保險附加險

　　除了投保汽車保險外，被保險人可依自己的實際需要，加保下列幾個附加險：⑴零件、配件被竊損失險；⑵汽車乘客責任險；⑶醫藥費用；⑷雇主責任險；⑸受酒類影響車禍受害人補償責任險；⑹颱風、地震、海嘯、冰雹、洪水或因雨積水險；⑺罷工、暴動、民眾騷擾險。

㈥竊盜保險

住宅竊盜損失，除了可在火災保險中加保竊盜險外，也可單獨投保竊盜保險，此種單獨的竊盜保險與火險附加竊盜險，均是承保被保險人的住宅及其財物因遭受竊盜所致的損失。另外，住家財產綜合保險也承保住家及財物的竊盜損失。

㈦住家財產綜合保險

這是最周延的保障，主要是保障家庭經濟的安定，免除被保險人分別投保各種單一保險的不便，提供被保險人完整的保障。主要是承保被保險人所有建築物、置存物、特定物品因保險事故所致的損失，以及其因保險事故依法對第三人負有責任，而受賠償請求時的建築物公共意外責任。

投保火災保險或汽車保險的附加險時，一定要先投保火災保險或汽車保險後，才能以批單方式加保，該二險的附加險不能單獨投保。

三、住宅火險保險的規劃

過與不及都不符合保險效益，要讓保險真正發揮功能，就要計算正確的保險金額。所以被保險人準備投保火險時，不妨估計房屋及裝修、家具等的實際價值後，再依下列步驟作投保時的考慮：

1.房屋及裝修是指房屋本身的造價（不包括土地的價值）及裝潢，譬如房屋本身造價為200萬元，裝潢費70萬元，共計270萬元。如果是新屋，則應投保270萬元為足額保險；如已使用一段期間，則需扣除折舊。

2.屋內的家具、電器、衣物、音響等，被保險人可先將大項貴重物品的價格加總後，再加上零星物品的大略合計，扣掉折舊後再予以投保。

3.依據現有火險附加險的承保範圍，選擇適合的險種。譬如：住在地勢較低地區之一樓，不妨加保颱風險、洪水險，以免因颱風、洪水所致的損失。

4.考慮保費是否在能力負擔範圍內。

5.閱讀保險契約條款，不瞭解處可請教產險公司核保部門人員。

6.計畫出售房屋前，考慮將保險契約轉給房屋承接者，或至保險公司辦理解約退費。

所以當被保險人準備投保火險時，可先估計房屋實際價值，如有超過貸款金額的情形，可考慮以（扣除折舊之後）實際價值投保，更不要忘記註明家具、衣物的保額，以免此部分的損失無法得到補償。

因為臺灣地理環境的影響，面臨地震災害的威脅，可能使得許多家庭蒙受重大財產損失，使得生活陷入困境，需要經濟上的援助來重建家園。住宅之所有人，亦應考慮於住宅火災保險，附加地震基本保險。

四、住宅竊盜保險的規劃

目前，我國產物保險公司，除了火災保險可附加購買竊盜保險，以及住家財產綜合保險，包括竊盜險外，也可單獨投保竊盜保險。

「竊盜保險」（Burglary Insurance）是承保被保險人所有財物存放處所內遭受竊盜所致的損失。

我國現行竊盜保險承保：

1. 被保險人或其家屬所有存放於保險單載明處所的下列保險標的物（分為普通物品及特定物品），因竊盜所致的損失：

(1)普通物品

住宅的家具、衣物、家常日用品，以及機關學校、辦公處所的生財器具，但不包括金器、銀器、首飾、珠寶、寶石、項鍊、手鐲、鐘錶及皮貨等貴重物品在內（此等貴重物品，可保下述特定物品項）。每件（一組或一套）的最高賠償金額，按普通物品總保險金額2%計算，但以不超過新臺幣1萬元為限。

(2)特定物品

以明細表定明保險標的物的名稱、廠牌、型式、製造年分及保險金額者（但金器、銀器、首飾、珠寶、寶石、項鍊、手鐲、鐘錶及皮貨等貴重物品，每件的保險金額不得超過新臺幣5萬元，其他物品不在此限）。

2. 置存保險標的物的房屋及其裝修，因遭受竊盜所致的毀損，承保公司也負賠償責任，但以總保險金額10%或新臺幣5萬元為限，並以兩者較少的金額為準，且以該房屋及為被保險人所自有者為限。

保險單所稱的「竊盜」是指除被保險人、家屬、受僱人，或其同住人以外的任何人，企圖獲取不法利益，毀損門窗、牆垣或安全設備，並侵入存放保險

標的物的處所，從事竊取、搶奪或強盜行為。而所謂「處所」是指存置保險標的物的房屋，包括可以全部關閉的車庫及其他附屬建築物，但不包括庭院。

被保險人應仔細分析與評估自己所面對的竊盜損失風險，除了加強各種防護措施外，應衡量自己的需求與財力負擔，購買一張竊盜保險，將損失風險交由保險公司管理。

五、家庭（個人）汽車保險規劃

被保險人在規劃汽車保險時，應盡可能瞭解下列各項汽車保險種類及附加險，斟酌實際需要購買汽車保險，對所購險種的承保範圍及不保項目，有初步認識。

㈠汽車車體損失險

被保險汽車因為碰撞、傾覆、火災、閃電雷擊、爆炸、拋擲物、墜落物或第三者的非善意行為所引起的毀壞或損失，保險公司對被保險人負賠償責任。汽車車體損失險，可依承保範圍的大小，分為甲式、乙式與丙式三種。

㈡汽車竊盜損失險

被保險汽車因為偷竊、搶奪、強盜所引起的毀壞或損失，保險公司對被保險人負賠償責任，但賠償金額先依約定的折舊折算後，再按約定由被保險人負擔20%的自負額。

㈢汽車第三人責任險

1.傷害責任（對人）

被保險人因所有、使用或管理被保險汽車發生意外事故，導致第三人死亡或受傷，依法應負賠償責任而受有賠償請求時，保險公司對被保險人負賠償責任。

2.財物損害責任（對物）

被保險人因所有、使用或管理被保險汽車發生意外事故，致第三人財物受損，依法應負賠償責任而受有賠償請求時，保險公司對被保險人負賠償責任。

(四)各種附加險

被保險人可視實際需要，加保下列各種附加險：

1.汽車綜合損失險的附加險：⑴颱風、地震、海嘯、冰雹、洪水或因雨積水險；⑵罷工、暴動、民眾騷擾險。

2.汽車竊盜損失險的附加險：零件、配件單獨被竊損失險。

3.汽車第三人責任險的附加險：⑴醫藥費用；⑵受酒類影響車禍受害人補償責任險；⑶汽車乘客責任險；⑷雇主責任險。

被保險人在投保汽車險時，除了對上述汽車險種類及各種附加險有所瞭解外，更應在收到保單時，核對承保內容是否正確。繳交保費時，確定已收到保險公司所製發的正式收據，以確保保險權益（投保汽車綜合損失險，如全年無任何理賠紀錄，於次年續保時，可獲減費優待）。

第四節　家庭（個人）責任風險管理與保險規劃

一、家庭（個人）責任風險的來源

家庭（個人）所面對的責任風險，不外乎自己或家人的行為，對他人生命或身體造成傷害或財產損失時，即產生責任的負擔，如駕車撞傷行人、修繕房子損壞鄰宅。「責任」是無形的，卻又可能無時不在、無所不在。「責任」是不定額、無法預估的，但卻又不可忽略的。（註⑨）

過去國人較不重視法治觀念，多半不願意以訴訟方式爭取個人權益，因此損害賠償責任的觀念並未普及。國人常以息事寧人的態度，將意外事故所造成的傷害，歸因於天意而自行承受，這種消極的態度，使得責任風險並未被重視。

近年來，我國在政治、經濟、社會、文化及生活習性各方面，均有相當程度的改變，社會大眾已普遍瞭解爭取個人權益是合理而正當的，因此，損害賠償責任，已是任何肇事者無可避免的義務，身為一個現代人，已經不能沒有責

任風險的觀念了。

家庭、個人、企業及其他組織，都可能成為責任損失風險的來源。責任損失風險，既可以是與有關當事人所擁有或控制的財產有關，也可以是與他所從事的活動有關。以下簡單介紹家庭和個人容易產生責任風險的情形：

㈠法律責任風險

指因故意或過失不法侵害他人權益，依法應負的損害賠償責任。如駕車撞傷路人，或住宅火災延燒鄰屋，依法應負的賠償責任。保險公司所承保的，為被保險人的「過失侵權行為」導致的賠償責任。若是「故意侵權行為」，則是「不可保風險」，不能承保。現行一般責任保險，均承保被保險人的法律責任，被保險人可因自己的需要，藉購買責任保險，將其責任風險移轉給保險公司。

㈡契約責任風險

在一個法治國家中，人與人之間因契約關係，往往形成了責任負擔。一個人或家庭，在社會生活過程中，多少會與他人發生契約行為，如租屋、買賣房屋、買賣東西等而發生的契約行為；即個人或家庭與第三人訂立契約，因契約條件到來而有應履行的責任，或因不履行或履行不完全而負有賠償的責任，此種責任稱為「契約責任」。一般責任保險單僅承保被保險人的法律責任，而將契約責任列為不保事項，不過若干責任保險單，可附加承保契約責任。

㈢住宅責任風險

擁有住宅者必須對發生在住宅內的意外事件負責。例如：某人在他人家中走樓梯過程中摔倒並受傷，住宅擁有者將負責受害人的醫療費用和無法工作的損失。不良的住宅狀況可能增加住宅責任的可能性，例如：人行道和陽臺上堆積雜物，或年久失修的游泳池沒有保護設施、隨意抽菸並亂扔菸蒂、汙水排到鄰居之建築物或土地等。

㈣汽、機車責任風險

在現代社會中，汽、機車成為個人和家庭愈來愈重要的交通、娛樂工具。

一旦擁有或駕駛汽、機車，就會產生一系列的責任損失風險，比如因操作不慎傷害行人或其他車上之駕駛人、損壞他人財產等，所導致責任損失風險。

㈤家庭（個人）活動責任風險

在日常生活中，我們還可以列舉許多可能導致責任損失風險的家庭（個人）活動，比如在運動或旅遊中傷及他人、放任家養寵物（例如：狗）在社區亂跑咬人、照顧鄰居孩子、將某危險用品或工具不當借給他人等。

㈥居家服務責任風險

現在，愈來愈多的家庭和個人僱用女傭或外勞承擔家務雜事及看顧小孩。家庭僱用女傭或外勞，可以移轉許多家務負擔，如看顧房子，照顧老人、小孩或殘障人員，同時也帶來一定的責任損失風險。家庭或個人必須對女傭或外勞在僱傭期間，受到的人身傷害負責，還要對女傭或外勞傷害他人的行為，負連帶責任。

二、家庭（個人）責任保險的種類

我國家庭（個人）責任保險市場發展較遲，過去大部分係以附加險方式辦理，近年來，以獨立險種正式舉辦的家庭（個人）責任保險，計有下列幾種：

1. 個人責任保險　　　　　　　　2. 汽、機車第三人責任保險
3. 強制汽車第三人責任保險　　　4. 汽車雇主責任保險
5. 汽車乘客責任保險　　　　　　6. 雇主責任保險
7. 居家責任保險　　　　　　　　8. 家庭意外責任保險
9. 家庭成員日常生活意外責任保險　10. 多倍保障第三人責任保險
11. 高爾夫球員責任保險　　　　　12. 結婚綜合保險

三、家庭（個人）汽車責任保險規劃

一個人辛苦了半輩子，賺得一筆財富，如果不知道如何善加運用，可能一下子就化為烏有。財富的得來很不容易，但財富的失去，往往是剎那間的事。所謂天有不測風雲，人有旦夕禍福，當一個人開車外出時，誰也無法保證自己

不會出事，一旦出了事，車身的損壞事小，萬一有人傷亡，而又須負賠償責任時，受害的一方自然會要求鉅額賠償，這種責任損失風險承擔得了嗎？

在一個法治國家中，人與人之間因個人行為、契約關係或法律的規範，往往形成責任的負擔。現代人最可能產生的責任問題——因汽車的所有或使用所致的責任風險是不容忽視的。依我國法律規定，汽車駕駛人責任的認定是以過失責任為基礎，亦即駕駛人有過失才有責任。駕駛人固應謹慎、小心駕駛，但肇事機會仍然無法因此完全排除，一旦因而造成他人損傷，除道義上的負擔之外，還必須面對民事上的賠償問題。駕駛人對於這種責任風險的管理方法，最妥善者非責任保險莫屬。

現行汽車保險除了基本險的第三人責任保險外，另外還有八種為被保險人特殊需要可以附加方式購買的責任險，茲說明下列三種與家庭（個人）汽車有關的汽車責任險如下：

㈠受酒類影響車禍受害人補償汽車第三人責任保險

對於受酒類影響之人，未能安全駕駛被保險汽車，致第三人死亡或受有體傷或第三人財物受有損失，依法應由被保險人負賠償責任而受賠償請求時，保險公司應負賠償的責任。

㈡汽車雇主責任保險

對於被保險人僱用的駕駛員及隨車服務人員，因被保險汽車發生意外事故，受有體傷或死亡，依法應由被保險人負賠償責任而受賠償請求時，保險公司應負賠償責任。

㈢汽車乘客責任保險

對於被保險人因所有、使用或管理被保險汽車發生意外事故，駕駛人及乘坐、上下被保險汽車的人死亡或受有體傷時，保險公司應負賠償的責任。

㈣強制汽車第三人責任保險

強制汽車責任保險，係政府為加強保障汽車交通事故受害人，而立法明定之政策性保險，個人應遵守法令投保強制汽車責任保險。強制汽車責任保險之

保障範圍（給付標準）說明如下：

　　1.傷害醫療費用給付總額：每人每一事故以新臺幣20萬元為限，涵蓋：

　　(1)急救費用：救助搜索費、救護車費、隨車醫療人員費用。

　　(2)診療費用：掛號費、全民健保給付及自負額、病房費差額（每日以1,200元為限）、膳食費（每日以130元為限）、義肢裝置費差額等，經醫師認為必要之輔助器材費用。

　　(3)接送費用：轉診、出院、往返門診合理之交通費用。

　　(4)看護費用：住院期間因傷情嚴重所需之特別護理費、看護費（每日以1,000元為限，最高以30日計），居家看護以經主治醫師證明確有必要為限。

　　2.殘廢給付：依程度共分十五等級，給付金額新臺幣5萬元至200萬元。每人每一事故最高給付新臺幣200萬元。

　　3.死亡給付：每一人定額給付新臺幣200萬元。

　　4.每一次交通事故每一人之死亡、殘廢及傷害醫療給付金額，合計最高以新臺幣220萬元為限。

　　5.受害人死亡，無合於本法之請求權人時，代為辦理喪事之人，得請求所付之殯葬費用，最高不得逾新臺幣30萬元。申請時，應檢具有關項目及金額之單據，並依本法規定殯葬費用各項限額給付。

　　6.受害人經全民健保提供醫療給付，健保局得向本保險之保險公司代位請求該項給付。

四、家庭損害賠償責任保險規劃

　　一般人是否有因家中地板太滑、美術吊燈因裝置不良或年久失修掉落，使進入家裡的客人受傷；住在樓上，陽臺的盆栽掉到樓下，打傷樓下人家；家庭因疏忽，失火波及延燒鄰屋；家裡養的動物未加妥善管束，咬傷來訪客人或來收水費、瓦斯費的員工等情況？這些情況都導致一家之主必須對受害人負損害賠償責任。因此，家庭可投保居家責任保險，將這些賠償責任風險移轉由保險公司承擔，是減輕一家之主損害賠償責任的最佳方法。

　　居家責任保險，是承保被保險人之居所，因疏忽或過失，或處所內設施有缺陷發生意外事故，使在居所內或鄰近的第三人，遭受身體傷亡或財物損失，

依法應負的賠償責任。

以家庭或一家之主名義投保的居家責任保險，所保障的是家庭或個人範圍，乃在免除因過失侵權行為所致對第三人的賠償責任。其性質與一般公共意外責任保險相同，可以說是一種狹義的公共意外責任保險，但實際上係一種單獨的家庭公共意外責任保險。過去只有住家財產綜合保險單內，有居家意外責任保險一項，現在一般家庭可針對實際需要，單獨投保責任保險。

以目前我國小家庭制度居多的發展情況而言，這種家庭居家責任保險需求將愈來愈強烈，且依當前社會經濟急速發展，社會型態不斷改變，一般人責任意識提高，此險種將來必為社會大眾所接受。

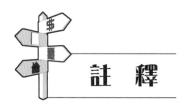

註 釋

① 拙著，高枕無憂──人生風險的規劃與管理，廣場文化出版，1991年12月三版，pp. 3-5。

② 徐仁志，誰敢跟上帝打賭──保險，中國信託雙月刊，101期，1991年1月，p. 8。

③ 參閱周伏平編製，個人風險管理與保險規劃，中信出版社，2004年11月，pp. 45-47。

④ 參閱註③，pp. 47-57。

⑤ 同註②，p. 6。

⑥ 中華服務保險協會編製，人身風險管理實務與保險組合，行政院金融監督委員會，2005年12月，p. 8。

⑦ 同註⑥，p. 14。

⑧ 同註①，pp. 83-85。

⑨ 同註①，pp. 145-147。

第十一章

企業風險管理與保險規劃

本章閱讀後，您應能夠：

1. 瞭解企業經營與風險管理的重要性。

2. 掌握企業的保險規劃要領。

3. 擬定企業財產風險管理與保險計畫。

4. 擬定企業人身風險管理與保險計畫。

5. 擬定企業責任風險管理與保險計畫。

6. 擬定企業淨利風險管理與保險計畫。

風險角落

微軟大當機

2024年7月19日,微軟的Windows系統因CrowdStrike軟體更新引發了全球大當機,對各行各業造成了嚴重衝擊。這一事件不僅凸顯了現代社會對科技的高度依賴,也展示了單一事件可能引發的廣泛連鎖反應。

首先,這次當機事件帶來了巨大的經濟損失。航空業首當其衝,數千航班延誤或取消,導致營運成本增加和旅客賠償。金融業的銀行系統癱瘓,影響了交易和支付,造成短暫的市場動盪。醫療保健系統也遭受了嚴重影響,許多醫院和診所的電子病歷系統無法正常運作,導致醫療服務受阻。此外,政府部門的資訊系統癱瘓,影響了行政效率和公共服務的提供。

間接損失同樣顯著。微軟和CrowdStrike的品牌形象受到嚴重打擊。作為全球最大的軟體公司,微軟的信譽受到質疑,而CrowdStrike作為引發當機的軟體公司,其信譽也大受影響。這次大規模的系統當機引發了社會恐慌,民眾對科技依賴的擔憂加劇,對資訊系統的可靠性產生懷疑。

在法規審查方面,各國政府可能加強對軟體更新和資訊安全的監管,並引發法律訴訟。受害企業和個人可能對相關公司提起訴訟,尋求賠償和法律救濟。

這次事件的深遠影響也引人深思。首先,企業將更加重視數據備份和災難恢復機制,強化備份系統和應急方案。此外,這次當機事件提升了企業和個人的資訊安全意識,加強系統防護成為未來的重點。事件還暴露了科技系統的單點故障風險,單一軟體更新竟能引發全球性的系統癱瘓,凸顯了科技系統的脆弱性。

總結來說,微軟全球大當機事件是一個深刻的教訓,提醒我們現代社會對科技的高度依賴以及資訊系統的脆弱性。這起事件不僅造成了巨大的經濟損失,還對社會和心理產生了深遠的影響。未來,我們需要更加重視資訊安全,加強系統的韌性,以應對潛在的風險。這樣,我們才能在技術不斷進步的同時,確保其帶來的風險可控,從而真正實現科技進步造福人類的初衷。

資料來源:參閱2024年8月6日,ChatGPT。

第 一 節　企業經營與風險管理

一、何謂企業風險管理

　　《天下雜誌》針對國內1,000大企業的CEO問卷顯示，有83.7%的CEO認為，臺灣企業最應加強的是「強化企業的風險管理能力」，所謂「善戰者失為不可勝」的策略。良好的風險管理，應由各企業自發性的推廣，也符合全球經濟發展潮流的趨勢，其追求的目標，更須涵蓋人員安全（Life Safety）、財產防護（Property Protection）及營運持續（Business Continuity），進而提升企業形象，承擔社會責任。（註①）

　　企業進行投資、追求成長及獲利的同時，亦面臨著種種可能蒙受損失的潛在風險，因此，企業除將有限的資源，全力傾注於成長發展外，要如何以最低成本將企業本身之風險降至最低，實是一大挑戰。

　　所謂企業風險管理（Enterprise Risk Management），為企業經由對風險的認知及衡量，以及處理策略的選擇與執行，以最小的成本，達成風險處理之最大效能。

　　完整的企業風險管理，在風險管理人員的規劃下，致力於風險本質減降及善用風險理財工具，設立風險管理績效量化指標，構成健康的良性風險管理循環，不僅提供企業及人員安全無虞的環境，善盡社會責任外，同時亦可獲得增進客戶信賴、建立企業永續經營形象等多方實效。

二、企業風險的種類

　　企業風險的分類，能夠協助企業注意到各種可能的風險，以便進一步估計可能的損失，採取合適的對策。

　　由不同的角度看風險，可以得到不同的分類法。

　　從保險的角度來看，可將風險分為四類：(1)財產損失風險（與產險有關）；(2)淨利損失風險（與營業中斷險有關）；(3)責任損失風險（與責任險有關）；(4)人身損失風險（與壽險有關）。（註②）

(一)財產損失風險

可依財產的性質，再細分為動產與不動產的損失；或依損失的原因，分為自然性的（火災、風災）、社會性的（盜竊、貪汙），和經濟性的損失（經濟衰退，導致應收帳款無法收回）。

財產的損失，也可以分為直接與間接損失。直接的損失，例如：現金失竊，或大水淹沒原料。間接的損失，是某一財產的價值，因為另一財產的直接損失而降低，例如：食品公司冷凍庫機件故障，間接使冷凍庫裡的食品鮮度降低，以致降低了產品的價值；汽車引擎工廠火災，以致整條裝配線必須跟著停頓；大樓一半焚毀，但整棟樓連同完好的另一半，都必須拆毀重建。

(二)淨利損失風險

這是當企業遭遇財產的直接、間接損失時，額外地還會造成營業收入的減少，和經營費用的增加，造成淨利的損失。例如：當旅館發生火災，除了設備、裝潢被毀之外，還損失了重新開業之前的房租收入，以及許多額外的開支，兩者相加的後果，便是淨利的損失。淨利的損失，常來自營業的中斷，因此也稱為營業中斷損失。

(三)責任損失風險

這是指企業對員工或他人的財產或人身的損失，在法律上必須負責的賠償。例如：當消費者因使用企業產品而受到傷害；病人因為醫院誤診而致命；魚塭被工廠的汙水汙染；乘客因搭乘車、船、飛機而傷亡等。

(四)人身損失風險

這是指員工傷殘、疾病、辭職、退休、死亡，為企業帶來的損失。這些風險的發生，不但影響員工個人生計，也會影響企業的人力資源和生產力，並且帶來額外的開支。不但員工自己要對這類風險作好準備，企業也要有管理的對策。

三、損失風險的評估

　　企業每天都面臨無數的危機：風災、水災、火災、職員侵占、客戶倒帳、國際戰爭、能源危機、匯率風險、貿易對手國經濟支付能力停滯，以及現金失血周轉不靈……，可以說「步步驚魂」。但是，冰凍三尺，絕非一日之寒。因此，只要業主早一步提高警覺，瞭解風險，評估風險，及早慎謀對策，沒有不能化解的風險。

　　一般企業評估風險的方法，有下列四種：(註③)

㈠財產損失風險評估

　　1.企業的建築物或設備，遭遇火災、天災（如地震、颱風等），導致實質性、直接性的毀損滅失，造成資產損失、收入減少與費用增加的潛在可能損失。

　　2.企業的智慧財產權或商業機密遭竊導致的損失，以及造成收入減少的潛在可能損失。

　　3.企業的原料或存貨遭遇火災、水災、颱風等風險，導致的毀損滅失。

㈡人身損失風險評估

　　1.企業的員工，因傷殘或疾病，造成企業收入與員工服務的減少，並增加額外的費用（如醫療費用、替代工作人員費用等）的潛在可能損失。

　　2.企業的員工，因死亡造成企業收入與員工服務的減少，並增加額外費用的損失。

　　3.企業的員工因年老退休，同樣會造成企業收入與員工服務的減少，並增加額外費用（如接替工作人員的訓練費用）的潛在可能損失。

㈢責任損失風險評估

　　1.企業的營運因其產品對他人的傷害，造成侵權行為，依法應負賠償的產品責任。

　　2.企業的營運因生產過程的汙染而傷害他人，造成須負賠償的汙染責任。

　　3.企業的財產，在營運的各項活動中，產生的一般賠償責任。

㈣淨利損失風險評估

1.企業因財產的毀損滅失，會導致收入減少與費用增加的潛在可能淨利損失。

2.企業的產品與汙染責任，會造成企業資產的減少與額外賠償費用增加的可能損失。

3.企業的一般責任，會造成企業資產減少與額外費用增加的可能損失。

四、企業防災計畫的擬定

所有的企業在追求永續經營的過程中，不可抗拒的天然災害風險，無疑是造成嚴重損失的原因之一。因此，發展出一套有效的防災計畫，制定完善的指導方針，不但能防患於未然，更能將損失減到最小。

企業的經營應該開源與節流並重，天然災害的風險，無疑是成本損失的大漏洞，所以防災計畫的擬定，是風險管理的第一步。

在擬定防災計畫時，要先找出所有可能的風險，加以分類，然後按損失的程度加以排列。例如：輕微損失有窗戶破裂，而死亡、破產則屬於嚴重損失了。

此外，在緊急事故發生後，何人應該在何時取得應變的資源，也必須排定先後順序。

其次是，使損失減到最少，風險管理人應該分析並列出所有可能的風險，以決定要採取何種預防措施，和提出適當的、有效的復原方法，一旦災害發生後，才能迅速重建。

對員工施予防災訓練，也是必要的工作，包括讓員工瞭解自己的責任，並建立一個清楚的指揮系統，指定一個備用的辦公地點，一旦公司或工廠發生災害，即成為復原指揮中心，告訴員工災害發生後，到該處集合待命。

此外，公司應指定一位發言人，提供各界正確而且最新的資料，以避免誤傳和謠言。

除了上述作法，其他如：重要資料重複製作一份儲存在不同的地方、備用供應商的建立、提供保險公司確實的財產損失數字、和律師討論如何預防災害、向保險公司爭取合理的賠償，以及通知顧客有關公司災害重建的消息，都

是風險管理上的重要工作。

五、企業風險管理的步驟

有關風險管理的步驟，可依循企業財務計畫，來擬定六大步驟：（註④）

步驟一：蒐集企業資料

首先必須蒐集資料，確實界定風險的範疇，分析企業風險。一般而言，可分為財產風險、淨利風險、責任風險及人身風險。

1.財產風險

指現有財產發生損害的風險。例如：火災燒毀了廠房、車禍撞壞了車子、辦公室失竊等。

2.淨利風險

指因財產風險導致收入減少、費用增加的淨利損失風險。例如：遭遇火災的企業，短期內必須暫租其他地方繼續營業，等待重整辦公室或廠房後，才能遷回去，而這段期間內的額外租賃費用，則是這個企業的淨利風險。

3.責任風險

最常見的例子，便是企業的車輛車禍肇事後的責任歸屬問題。

4.人身風險

凡是員工可能面臨的死亡、疾病、退休與職業等問題，都可歸納為企業人身風險的一部分。

步驟二：設定風險管理目標

在蒐集了以上所有風險可能發生的資料之後，緊接著便是設定風險管理目標。這項目標必須與企業財務計畫的整體方針相吻合。簡言之，所謂「風險管理的整體方針」，便是一種避免風險發生而導致財務損失的原則。

步驟三：分析資料

風險管理的第三步驟，是將已得到的資料加以分析，評估這些風險發生後，對企業可能產生的損害情況。分析的結果，有助於更客觀的訂立企業的風險管理計畫。

步驟四：建立風險管理計畫

一旦分析發生風險的可能情況之後，就該進入建立「風險管理計畫」的主題了。這包括四個方向：

1.避免風險

即主動地阻絕一切可能產生風險的來源。比方說，因員工集體搭飛機去開會或旅遊，可能引起重大傷亡，所以就不集體搭乘飛機，以避免全部罹難的風險。

2.降低風險

以事先妥善的安排計畫，來降低風險發生的機率。例如：在廠區內行駛車輛，規定要在一定速率下，以減少廠區內車禍的發生。

3.轉移風險

將可能產生的風險責任，事先委託給一個穩定可靠的團體或組織，為企業解決一切問題。例如：向保險公司購買團體醫療保險，萬一企業的員工健康情況出現危機，便可得到充分的保障。

4.承擔風險

即預存企業承受風險的經濟實力。倘若企業因遭遇意外事故，必須長期復原重建，則勢必要具備忍受長期復原重建的經濟力。一般來說，企業的經濟力有其限度，若能加上保險公司雄厚財力的支持，則可使企業承受風險的能力更具彈性。

步驟五：實施風險管理計畫

除非是像預防車禍一般，須員工日常節制車速的配合，才能減低風險，否則，其他一般企業風險管理計畫，都應納入保險的保障範圍內。

步驟六：審核及修正風險管理計畫

完成以上步驟後，必須審慎地重新檢查，看看是否有需要刪除、增加或是修改的細目。

第 二 節　企業的保險規劃

　　企業經營內容、技術研發、產品特性和市場規模各有不同，個別企業面對的風險就不一樣，中小型與大型企業也有差異。

　　臺灣的中小企業超過146萬家，占全體企業的九成以上，其中包括餐廳、飲料店、文創小物等僱用五人以上員工的小規模企業或店鋪，撐起臺灣小而美的經濟。然而這些螞蟻雄兵也最經不起風雨摧殘。

　　尤其現在環境隨時在變，例如：新冠肺炎猛然爆發，觀光產業、餐廳旅店門可羅雀，甚至因老闆、員工或顧客染疫確診，而關門停業。

　　因為中小企業是靠短期利潤維持營運，資金規模又不大，往往不堪一擊，因此更須注重風險規劃。

　　根據《現代保險》雜誌第十九回的「千大企業產險購買行為及滿意度調查」顯示，大企業的投保動機（複選）以「為相關風險做危險管理」最多，勾選率達87%，因應政府法令規定則有68%，有48%勾選應貸款、承包等合約要求，因為有發生事故的前車之鑑的則有30%。顯示從投保動機看，大企業都有「正確保險觀」，因為大型企業則大多有風險管理人員或部門專責處理風險評估。

　　那麼千大企業實際投保的主要險種是什麼？該調查顯示，因應法令與契約要求投保的險種投保率最高，可見多數企業仍以成本考量為先，而非依實際需求規劃保險，思考角度不同，結果也會有差異。

　　無論中小企業與大型企業，企業保險規劃很重要，不只因為企業經營本身就是風險，更因企業和員工與消費者緊密連動，負有社會責任。

　　企業應從風險管理的思維出發，有正確的保險規劃，才能讓保險保障更強大。減少各種造成的損失。（註⑤）

　　企業或因不瞭解保障內容，或因基於保險支出，更或因欠缺風險管理的認識，以致保險計畫之保障不足或甚至沒有保險保障而不自知。因此，如何加強企業的保險購買計畫，將企業無法承受的風險轉嫁給保險公司，是企業主運用保險落實風險管理重要的課題。

一、企業如何編製保險購買計畫

當一個企業決定購買某種保險時,應採取以下步驟,以便完成最完善的保險計畫:(註⑥)

1.首先計算可能發生的最大損失,此當然須與保險成本相關,而且要考慮到適當的財產評估及昂貴的法院判決費用。

2.挑選適當的保險費率。

3.使用自負額條款。

4.假如曾有過很低的損失經驗,應告知保險公司,以便取得較低廉的保險費。

5.由於風險的發生隨時在改變,所以須隨時檢查保險契約條款。

6.檢查保險項目,以因應公司業務的變遷。

7.當需要訂立新契約時,可以由各保險公司分別議價,以取得最低價格。

因為編製保險計畫非常費時,成本很高,所以常常使保險計畫變得不切實際。因此,對一位精明的企業經理人而言,有時可用其他較經濟的方法,來避免保險決策。例如:考慮到新購設備的保險問題時,不妨考慮一下利用租賃方式的利弊得失。

保險計畫的編製,對企業而言是需要的,而在計畫時,應考慮到可能的風險、可使用的現金、公司的組織型態、需要的防護措施等因素。

同時,最基本的保險計畫,最少應包括營業中斷的損失、財產的損毀、犯罪及過失導致的法律責任等。但在制定計畫前,企業經理人必須對各種保險術語有深刻的瞭解,才不至於在訂立保險契約時,有所失誤。經營企業一定會有風險,任何企業經營不可能都非常順利,而不遭受任何意外損失。所以,企業經理人應抱持理性的態度,事先提出平常避諱的不幸事件,並按輕重緩急加以處理。

然而,不論是投保何種保險,企業經理人在有限的財源方面,必須求得保險費用與所承擔風險間之最適當地位,切勿有超額保險或保險不足的狀況。

二、企業編製保險計畫時,應注意事項

企業經理人要與保險經紀人商洽,必須先瞭解以下有關的事項:(註⑦)

㈠保險公司

要選擇一家優良的保險公司並不是件易事，因為每一家的業務看起來都大同小異，但仔細分析後，卻常有顯著不同，尤其是財務上的差異。

㈡保險術語

保險名詞相當繁雜，常因一字之差，而有天壤之別的意義。所以企業在投保之前，需與專業性的保險人員研討，並學習這些術語的內涵，但必須避免在學習階段購買保險。

㈢保險種類

編製保險計畫時，許多企業經理人常被眾多的保險型態迷惑，而不知所措。所以企業經理人，首先要分析保險是否有其必要性，並將各風險發生的機率估計出來，排定輕重關係，加以分類。一般企業最常遭遇的損失風險，大致不外下面幾種：

　1.財產損失風險（與產險有關）。

　2.淨利損失風險（與營業中斷險有關）。

　3.責任損失風險（與責任險有關）。

　4.人身損失風險（與壽險有關）。

不論上述哪一種損失風險的發生，都可能造成企業很嚴重的損失。所幸保險公司都有經營這些保險項目。

㈣保險範圍

一般而言，適合企業使用的保險契約，至少要有以下三個重要規定：

　1.被保險人及第三者的權利與義務。

　2.保險契約的法律要件。

　3.保險條款的規定。

三、企業選擇保險單時，應注意事項

企業經理人於決定購買某一保險公司所提供的保險單之前，應先注意下列

六個重要事項，以確保所購買的保險單，符合企業實際需要：（註⑧）

㈠保險事故

保險單的保險事故，為保險公司應負賠償責任的風險事故。列舉式保險單的保險事故，均列載於保險單的承保條款——即承保範圍，而綜合保險單則採全險方式，也就是僅載明不保項目，凡未列於不保項目中的其他風險事故，都在承保範圍內。

㈡保險標的

保險單是針對哪些財產損失風險、人身損失風險、淨利損失風險、責任損失風險提供保障？企業需要由保險提供的損失補償保障，是否可確實由保險單獲得？企業經理人對此應審慎加以分析。

㈢保險期間

保險期間是指保險契約提供保障的有效期間。一般財產保險的保險期間為1年，而人壽保險的保險期間可長達10年或30年。由於保險費是依年費率計收，所以企業經理人應依企業的實際需要，分析各種不同保險期間的利弊與保險費的負擔，以選擇最恰當的保險期間。

㈣責任限額

保險單所約定的保險公司責任限額（Limit of Liability），即企業發生保險事故時，可獲得的賠償限額。企業經理人應就企業風險管理的需要，尋求最適當的賠償限額。

㈤賠償方式

一般財產保險單所提供的賠償方式，包括支付現金、予以重置（Replacement）、予以回復原狀（Recovery）等；一般人壽保險單的賠償方式，包括現金支付、住院醫療補償等。企業經理人應事先研究，以確定該保險單的賠償方式是否符合企業需要。

㈥不保項目

　　保險單的不保項目，通常列載保險公司不負賠償責任的風險事故、損失型態、時間、地點等，企業經理人應審慎研究，以避免因誤解保障範圍，而造成保險購買計畫的偏差。

四、購買綜合保險，節省投保手續

　　綜合保險（Comprehensive Insurance）已成為產險市場的主流，其優點可說明如下：

㈠從被保險人立場而言

　　1.購買一張保單，就可獲得多種風險事故保障，不必逐件洽保，可以簡化投保手續，節省時間及人力浪費。

　　2.由於只有一張保單，可以減少營業費用，進而降低保險費率，減輕被保險人經濟負擔。

　　3.被保險人可以不必按照不同需要，分別投保各種保險，既可增強議價能力，又可避免承保範圍前後重疊或無法銜接現象。

　　4.保單簡化至只有一張，被保險人比較容易管理及保存。

㈡從保險公司立場而言

　　1.因綜合性保單對於承保範圍，是採取除了不保事項以外，均予承保在內的方式，界定比較簡單，適用上可能會遭遇的困擾也可以減少，避免無謂紛爭。

　　2.保險公司僅簽發一張保單代替多張，可以減少簽單費用，間接提高公司利潤。

　　3.通常綜合性保單比列名式保單的保險費率稍高，保險公司所收保費也必須增加，因而可以帶動業務成長。

五、善用自負額，減輕保費負擔

　　就風險管理觀點而言，保險單設定自負額，是對損失自行承擔與轉嫁的配

合運作。也就是企業在保險購買計畫中，已經排除對財務情況影響輕微的小額損失，而只對超過自負額以上的損失購買保險。

美國哈里斯食品公司（Harris Foods Corporation）的風險暨保險部經理艾馬克，正著手整理必要的資料，以供續保財產綜合保險之用，由於該公司的綜合財產保險，已由IRI產物保險公司承保了五十多年，且IRI所提供的費率與服務，不但具有競爭性，而且也很令人滿意，因此，艾馬克早已決定與IRI續保。不過，對於保單上的「自負額」（Deductible），艾馬克卻有意予以變更，因為目前保單上所載的「每一事故之自負額為5萬美元」的約定，似乎對該公司不利，為此，艾馬克特在函寄給IRI的續保文件中，要求提高每一事故的自負額為10萬美元，即增加5萬美元。艾馬克深信因此而省下的保費，足以抵過增加的自負額5萬美元，則該公司將以自有「財力」，來應付此一新增的自負額。

自負額是指保險公司與要保人或被保險人在保險契約中約定，當保險事故發生時，其損失金額的某一特定金額，或以保險金額的某一百分比為準，先由被保險人自行負擔，保險公司則只負擔超過該額度或百分比以上部分的損失金額，但以不超過所約定的保額為限。自負額又稱減扣額或減扣賠償額。近年來，汽車保險與火災保險也多採用之。

設定自負額，可以節省保險費的負擔。近年來，由於企業規模日趨龐大，多數有指定專任風險管理人，負責辦理保險有關事務。這些管理人基於風險理財原則，以及依據風險評估結果，算出適當的自負額，以向保險公司爭取最優惠的保險費率。

一般產物保險公司非常歡迎自負額的承保條件，對於自願承擔自負額，或提高原定自負額的要保人，常以優惠費率承保。

因此，保險契約中訂定自負額後，在保險公司方面，可減少小額理賠案的處理，又可減少費用的支出；在被保險人方面，可以提醒要保人或被保險人加強損害防阻措施。所以，保單訂定自負額後，就可以降低被保險人保費的負擔。

不過企業經理人在採行自負額保險計畫時，應審慎評估企業自己承擔損失的能力，據以決定適當的自負額，才能充分符合「以最小成本獲取最大保障」的風險管理原則。

第 三 節　企業財產風險管理與保險規劃

一、企業財產保險計畫的擬定

如何利用保險作為企業風險管理工具，是企業經理人擬定財產保險計畫時，應考慮的重點。

以下是企業在擬定財產保險計畫時，應注意事項：（註⑨）

㈠評估損失風險

評估損失在於探測損失發生的機率、可能損失的幅度，以及對企業財務的影響。企業如評估其損失幅度超過自行承擔範圍，勢必考慮擬定風險管理策略，當然最重要的，就是如何轉移風險，而保險就是轉移風險的管理工具之一。

㈡擬定保險計畫

企業風險管理人利用損失評估所得資料，經分析後，如認為可採用保險作為風險移轉途徑，即可根據此資料，擬定保險計畫，其內容包括：

1.保險種類及承保範圍

財產保險種類已如上節介紹，各種保險雖有其基本承保範圍，但企業可評估其財產性質、面臨的風險、可能的損失事故，定期予以調整，增刪其承保範圍。

2.保險金額

財產保險的保險金額，即保險公司賠償責任的最高限額。保險事故發生後，保險公司在此保險金額範圍內，按被保險人實際損失，予以賠償。

3.保險費

如將保險當成一般商品，費率就是取得保險的價格，由此價格乘以保險金額，即為保險費。企業風險管理人於擬定保險計畫時，對保險費應考慮其成本效益與企業本身的負擔能力。

㈢實施保險計畫

進入保險市場投保的途徑，有經由保險經紀人洽辦，也有直接和保險公司

簽定保險契約。無論經由哪一種途徑，風險管理人必須注意：

1. 慎選信用可靠，服務周到的保險公司。

2. 委託具有豐富專業知識，服務熱忱的保險經紀人。

3. 保險契約內容複雜，常涉及法律、經濟、會計，甚至科技、工程等專業知識，保險管理人員投保後，應詳細審核保險契約內容，如有未符原意，或對要保企業不利者，應立即向保險公司洽商修正。

二、企業財產保險規劃

近年來由於經濟快速發展的結果，不但企業數量增多，而且規模也邁向現代化、大型化，同時由於企業營運的內容與種類繁多，涉及的營運風險也隨著增加。這些營運風險，可透過投保財產保險予以轉移。

一般企業財產中，最主要的莫過於房屋、營業生財、機器設備及貨物四大項，所面臨的主要風險有火災、颱風、洪水、地震、車禍、竊盜、賠償責任等。

一個企業應該投保哪些財產保險，才能使財產得到充分的保障？主要應依企業的營業性質與所面對的損失風險而定。目前國內產險公司，提供了下列幾種主要的財產保險商品，供企業經理人選擇：

㈠火災保險

這是最基本的保障，因火災、閃電雷擊等，導致企業財產損失，均可以得到賠償。

㈡火災保險附加險

除了投保火災保險，企業經理人可依實際需要，選擇加保附加險。

㈢商業火災保險

企業除了投保火災保險或火災保險附加險外，企業經理人亦可投保保障範圍更周延的商業火災保險。

㈣工程保險

企業可因工程或業務需要，投保與工程保險有關的：⑴營造工程綜合保險；⑵安裝工程綜合保險；⑶工程保證保險；⑷營建機具保險；⑸機械保險；⑹鍋爐保險；⑺電子設備保險。

㈤責任保險

企業或員工可投保下列責任保險，以轉移其對第三人或員工的賠償責任：⑴公共意外責任保險；⑵雇主意外責任保險；⑶電梯意外責任保險；⑷高爾夫球員責任保險；⑸船舶貨運承攬運送人責任保險；⑹產品責任保險。

㈥運輸保險

企業可因業務需要，投保與運輸保險有關的：⑴貨物運輸保險；⑵陸上運輸保險；⑶漁船保險；⑷船舶保險；⑸冷凍庫貨物保險；⑹漁獲物保險；⑺商業動產流動保險。

㈦意外保險

企業可因業務需要，投保與意外保險有關的：⑴現金保險；⑵竊盜險；⑶員工誠實保證保險。

㈧汽車保險

企業或員工所有的汽車，因碰撞傾覆或竊盜導致的損失，以及因疏忽或過失造成第三人體傷、死亡或財產損失的法律賠償責任。

㈨強制汽車責任保險

強制汽車責任保險，係政府為加強保障汽車交通事故之受害人，因汽車交通事故致受害人傷害或死亡者，不論加害人有無過失，請求權人可依強制汽車責任保險法，向保險公司請求保險給付，或向財團法人汽車交通事故特別補償基金請求補償。因此，企業應依政府法令規定，投保強制汽車責任保險。

企業經理人在擬定保險計畫時，可參考財產保險項目建議表（表11-1），[註⑩]依其營業性質與損失風險型態，選擇購買最佳的財產保險。

表11-1　財產保險項目建議表

保險種類＼適用對象	個人	住宅	公司行號	商店行號	金融、百貨	旅館、娛樂	營造建築	製造業	運輸倉儲
1.火災保險及附加險		○	○	○	○	○	○	○	○
2.商業火災保險			○	○	○	○	○	○	○
3.營造工程綜合保險							○		
4.安裝工程綜合保險							○		
5.工程保證保險							○		
6.營建機具保險							○		
7.機械保險							○	○	
8.鍋爐保險					○		○		
9.電子設備保險			○	○	○	○		○	○
10.公共意外責任保險		○	○	○	○	○	○	○	○
11.雇主意外責任保險			○	○	○	○	○	○	○
12.電梯意外責任保險			○		○	○			
13.高爾夫球員責任保險	○		○			○			
14.現金保險			○	○	○		○	○	○
15.商業動產流動保險			○	○	○	○	○	○	○
16.竊盜險		○	○	○	○	○	○	○	○
17.員工誠實保證保險			○	○	○	○	○	○	○
18.貨物運輸保險			○	○	○	○	○	○	○
19.陸上運輸保險			○	○	○	○		○	○
20.漁船保險			○						
21.船舶保險			○						○
22.冷凍庫貨物保險			○	○					
23.漁獲物保險			○						○
24.船舶貨物承攬運送人責任保險			○						○
25.汽車保險	○	○	○	○	○	○	○	○	○
26.強制汽車責任保險	○	○	○	○	○	○	○	○	○
27.產品責任保險			○	○				○	

三、企業火災保險規劃

　　老林最近與人合資成立一座工廠，並向銀行貸款3,000萬元，分10年期每月攤還，貸款銀行要求老林辦妥該工廠火災保險後，才能取得所貸的款項，老林不知如何投保火災保險？你的企業是否曾有這種困惑？企業投保火災保險時，應注意下列幾個事項：

㈠火災可能造成的損失

　　1.自身財產損失：因火災導致自己的房屋、裝修、機器、營業生財、貨物等毀損。

　　2.賠償他人損失：因火災導致須對第三人或員工，負法律賠償責任的損失。

　　3.預期收入損失：因火災而無法繼續營業或生產，導致營業收入減少的損失。

㈡投保前考慮程序

　　1.分析潛在風險：分析及確認企業體所面對的行業性質，以及內在、外在環境狀況的潛在風險，以便採取必要的處理措施。

　　2.衡量可能損失：衡量上述潛在風險發生的可能性，以及萬一發生時，可能的損失。

　　3.擬定可行措施：根據資料衡量，擬定各種可行的處理措施。

　　4.成本效益分析：就擬定的各種可行處理措施，進行成本效益分析。

　　5.選定防阻方法：選定損害防阻方法，投保火災保險及其附加險種。

㈢投保時辦理的手續

填妥保險公司的火災保險要保書，其內容包括：

　　1.被保險人姓名、住所及保險標的物所在地或存放地址。

　　2.保險標的物及保險金額。

　　3.建物等級及使用性質，如房屋的構造（如木造、磚造或鋼骨水泥造）、屋頂（如瓦頂或平頂）及層數、使用性質（如辦公室、商店、倉庫或工廠等）。

4.保險期間，可分一年期及長期兩種。

5.繳費方式，可分為立即繳付或約定延緩繳付（延緩繳付時間，不得超過30天）。

6.複保險情形，即同一保險標的物，重複向其他保險公司投保者，須註明保險公司名稱及保險金額。

7.抵押情形，即保險標的物如果向銀行、信用合作社等金融機構抵押，須註明抵押權人名稱。

四、企業運輸保險規劃

1987年5月9日東海貨櫃場發生火災，同年10月25日大臺北地區的琳恩颱風水災。由這兩次火、水災造成進出口貨物的嚴重損失，使得運輸保險更加重要。由於我國是海島國家，國際貿易發達，貨運頻繁，以致運輸上的風險——意外事故引起的損失，在所難免。運輸保險的效用，是在分散貿易行為中貨物運輸上的風險，達到減少貨物損失，保護貿易者資金安全，擴大貿易者營業能量，維護貿易者合法利潤的目的。

本世紀以來，隨著國際貿易的拓展，海上運輸事業發達，不但運輸量增加，運輸船舶現代化，運輸方法與運輸制度亦日新月異。最明顯的變遷是海上運輸過程，已由海上擴展至陸上，乃至與空中運輸相銜接。因此，「Marine」一詞已不侷限於海上運輸，而涵蓋海上運輸、陸上運輸與空中運輸。海上保險（Marine Insurance）承保範圍，也由原先只限於海洋上的運輸，擴展至陸上、空中運輸，隨著時代的變遷和實務上的需要，逐漸轉變為「運輸保險」（Transportation Insurance）。

運輸保險是指各種財產在運輸過程中，凡是發生與運輸有關的風險事故導致的損害，由保險公司負賠償責任的保險。通常包括兩部分：一為海上運輸保險（Ocean Marine Insurance），起源最早，指承保與海上運輸有關的風險事故導致損害的保險。一為陸上運輸保險（Inland Marine Insurance），其發展較遲，為因應近代陸上運輸需要而新興的保險業務，是指承保所有與陸上運輸有關的風險事故而導致損害的保險。

由於近代運輸工具及方法的革新，陸上及航空運輸發展極為迅速，與海上

運輸已成為現代化運輸的三大方式。自從航業運輸貨櫃化問世後，導致運輸方式的革新，即所謂「一貫運輸」，即把海上運輸、陸上運輸及航空運輸三者一體辦理，使得客貨兩便，與早期的分段運輸情形，自然不能相提並論。一般為因應實務上的需要，並且為了區別，已將運輸保險劃分為海上運輸保險、陸上運輸保險及航空運輸保險三部分。

如果企業在產銷上貨運頻繁，那麼運輸保險將是企業經營管理上，不可或缺的避險工具，應善加利用。（註⑪）

五、企業汽車保險規劃

萬一企業的員工因執行公務，開車肇事導致他人傷亡，企業的汽車保險單能夠承擔多少賠償責任？汽車損失風險是每一位企業經理人必須面對的風險，且應精打細算規劃，購買汽車保險。

企業經理人在購買汽車保險時，應盡可能瞭解各項汽車保險的種類及各類附加險，斟酌實際需要購買，對所買險種的承保範圍及不保項目，也要有初步的瞭解。

下面將說明汽車保險的種類及與一般企業有關的附加險種類：

㈠汽車車體損失險

企業所有的汽車因為碰撞、傾覆、火災、閃電雷擊、爆炸、拋擲物、墜落物或第三者非善意行為所引起的毀損或滅失，保險公司應對企業負賠償責任。汽車車體損失險，可依承保範圍的大小，分為甲式、乙式與丙式三種。

㈡汽車竊盜損失險

企業所屬汽車因為偷竊、搶奪、強盜所引起的毀損或滅失，保險公司應對企業負賠償責任，但賠償金額，應先依約定的折舊折算後，再按約定由企業負擔20%的自負額。

㈢汽車第三人責任險

1.傷害責任（對人）

企業因所有、使用或管理被保險汽車發生意外事故，導致第三人死亡或受有體傷，依法應負賠償責任而受有賠償請求時，保險公司應對企業負賠償責任。

2.財物損害責任（對物）

企業因所有、使用或管理被保險汽車發生意外事故，導致第三人財物受損，依法應負賠償責任而受有賠償請求時，保險公司應對企業負賠償責任。

㈣各種附加險

1.汽車綜合損失險的附加險：⑴颱風、地震、海嘯、冰雹、洪水或因雨積水險；⑵罷工、暴動、民眾騷擾險。

2.汽車竊盜損失險的附加險：零件、配件單獨被竊損失險。

3.汽車第三人責任的附加險：⑴醫藥費用；⑵受酒類影響車禍受害人補償；⑶汽車乘客責任險；⑷雇主責任險。

企業經理人在投保汽車險時，除了對上述汽車險的種類及各種附加險有所瞭解外，更應於收到保單時，核對承保內容是否正確，繳交保費時，確定已收到保險公司所製發的正式收據，以確保保險權益。

六、企業強制汽車責任保險規劃

強制汽車責任保險係政府為加強保障汽車交通事故受害人，而立法明定之政策性保險，企業應遵守法令，投保強制汽車責任保險。

強制汽車責任保險之保障範圍（給付標準）說明如下：

1.傷害醫療費用給付總額：每人每一事故以新臺幣20萬元為限，涵蓋：

⑴急救費用：救助搜索費、救護車費、隨車醫療人員費用。

⑵診療費用：掛號費、全民健保給付及自負額、病房費差額（每日以1,200元為限）、膳食費（每日以130元為限）、義肢裝置費差額等，經醫師認為必要之輔助器材費用。

⑶接送費用：轉診、出院、往返門診合理之交通費用。

(4)看護費用：住院期間因傷情嚴重所需之特別護理費、看護費（每日以1,000元為限，最高以30日計），居家看護以經主治醫師證明，確有必要為限。

　　2.殘廢給付：依程度共分十五等級，給付金額新臺幣5萬元至200萬元。每人每一事故，最高給付新臺幣200萬元。

　　3.死亡給付：每一人定額給付新臺幣200萬元。

　　4.每一次交通事故每一人之死亡、殘廢及傷害醫療給付金額，合計最高以新臺幣220萬元為限。

　　5.受害人死亡，無合於本法之請求權人時，代為辦理喪事之人，得請求所付之殯葬費用，最高不得逾新臺幣30萬元。申請時，應檢具有關項目及金額之單據，並依本法規定殯葬費用各項限額給付。

　　6.受害人經全民健保提供醫療給付，健保局得向本保險之保險公司，代位請求該項給付。

七、企業工程保險規劃

　　工程經費達新臺幣2,500億元的大臺北捷運系統與工程經費達新臺幣5,000億元的臺灣高速鐵路，均已完工且在營運，但其在營造期間營造風險之移轉，使得工程才能順利推展以至完工，無疑的，工程保險扮演極重要的角色。任何工程在營造施工或安裝過程中，都可能發生意外事故，對營造商產生賠償責任或造成財力負擔，因此，工程保險是十分重要的。

　　目前我國已開辦的工程保險，有下列六種：

(一)營造綜合保險

　　指保單所載的保險標的，在保單所載施工處所，於保險期間營造工程時，因突發而不可預料的意外事故，導致毀損或滅失，須修護或重置時，或是對第三人依法應負賠償責任，除保險單載明不保事項外，保險公司對被保險人負有賠償的責任。

(二)安裝工程綜合保險

　　指承保的保險標的在保單所載施工處所，於保險期間內安裝工程時，因意

外事故,直接導致的毀損或滅失,或是對第三人依法應負的賠償責任,除保單載明不保事項外,保險公司對被保險人負有賠償的責任。

㈢營建機具綜合保險

指承保保單所載的營建機具,在保單所載處所,於保險期間內,因突發而不可預料的意外事故,導致毀損或滅失,或是對第三人依法應負的賠償責任,除保單載明除外不保事項外,保險公司對被保險人負有賠償的責任。

㈣鍋爐保險

指承保保險標的,因保單承保的鍋爐或壓力容器,於正常操作中發生爆炸或壓潰導致的毀損或滅失,或是對第三人依法應負的賠償責任,保險公司對被保險人負有賠償責任。

㈤機械保險

指承保保險標的物在保單所載處所,於保險期間內,因下列原因發生不可預料的突發事故,導致的損失,須修理重置時,保險公司對被保險人負有賠償責任:(1)設計不當;(2)材料、材質或尺度的缺陷;(3)製造、裝配或安裝的缺陷;(4)操作不良、疏忽或怠工;(5)鍋爐缺水;(6)物理性爆炸、電器短路、電弧或因離心作用造成的撕裂;(7)不屬於本保險契約載明為不保事項的其他原因。

㈥電子設備保險

指承保電子設備本體或外在資料儲存體,在保單所載處所,於保險期間內,因突發而不可預料之意外事故,導致的毀損或滅失或額外費用,除保單載明除外不保事項外,保險公司對被保險人負有賠償的責任。

八、其他企業財產保險的認識

近幾十年來,企業經營規模邁向大型化與現代化,營運風險也趨向複雜化,我國產險業者面對這種環境變遷,即針對各行業的需要,以及不同損失風險型態,不斷研究設計各種財產保險,除了前面已提到的財產保險外,茲介紹

目前國內已開辦的其他財產保險如下：

㈠竊盜保險

指承保企業所有的財物存放在處所內，遭到竊盜時的損失。

㈡現金保險

指承保企業所有或負責管理的現金，於運送途中或放在金庫、櫃檯範圍內，因保險事故導致的毀損或滅失。

㈢電視機保險

指承保被保險電視機，因意外事故導致的損失。

㈣玻璃保險

指承保被保險玻璃因意外事故，或第三人的惡意行為，導致的毀損。

㈤保證保險

指承保企業（如雇主、訂作人等）因員工、承包商、承攬人的不誠實，不履行契約，使企業受損失時，保險公司依保險單的約定，對企業負賠償責任。

我國目前的保證保險，有下列幾種：

⑴員工誠實保證保險；⑵工程保證保險（①工程押標金保證保險；②工程履約保證保險；③工程預付款保證保險；④工程支付款保證保險；⑤工程保留款保證保險；⑥工程保固保證保險）。

㈥信用保險

指承保被保險人（即債權人）因其債務人不履行債務，所遭受的金錢損失，由保險公司對被保險人負賠償責任。

我國目前的信用保險，有下列幾種：

⑴限額保證支票信用保險；⑵消費者貸款信用保險；⑶出口信用保險（屬於輸出保險的範圍）。

九、附加險的投保

颱風常過境臺灣，常造成臺灣地區豪雨成災，也常造成某些工廠被水浸泡，部分廠房、機器及原料受損，該些工廠已辦理保險，乃向保險公司求償，但因該些工廠僅投保火險，未加保附加颱風險，損失與火險承保範圍不合，導致保險公司不願負理賠責任。何謂附加險？應如何投保？

顧名思義，附加險就是必須先投保基本保險後，才可加保其他基本保險保單除外的風險事故，使企業的潛在風險得以轉嫁。

財產保險的保險單，除規定承保範圍外，同時也規定「不保事項」或「不保事故」。

保單所列「不保事項」或「不保事故」，並不是所有風險都不可以承保，有些經過特別約定之後，尚可加保一部分，而獲得承保者，是指在風險程度上，雖非屬於絕對不保事項或不保事故，但也不屬於一般投保者的共同需要，及基於保險成本因素的考慮，必須另以加費方式投保者，而以批單或條款，附加於保單的方式，投保保險事故，稱為附加險。

一般財產保險的各種附加險，其投保目的包括：

1.擴大投保基本保險單規定以外的風險事故。

2.增加投保保險基本條款所不保的間接損失。

目前各種財產保險的附加險種類如下：

1.在火災保險方面：企業可依其需要，以批單方式，投保附加於火災保險的地震、颱風、爆炸等附加險。

2.在海上保險方面：企業可依其需要，以加貼疏忽條款承保裝卸貨物時的損失，或加保船長或船員疏忽導致的損失，也是附加保險事故。

3.在汽車保險方面：企業可依其需要，於汽車綜合損失險附加零件、配件被竊損失險，颱風、地震、海嘯、冰雹、洪水或因雨積水險、酗酒駕車汽車第三人責任險等。

4.在工程保險方面：企業可依其需要，加保原已被除外的地震保險。

綜合上述，企業在投保財產保險之前，應先瞭解保險單的承保範圍，估計企業本身的投保需要，選擇最符合投保需要的保障。如果發現保險單的基本承保範圍不符合投保需要，應立即以上述特約方式（無論以批單或條款），另外加保，以獲得保險的充分保障。

第 四 節　企業人身風險管理與保險規劃

一、企業人身保險的種類

人是企業最寶貴的資源，企業為避免因員工或業主的人身損失風險，危及企業經營的安全，可藉由投保保險，彌補因風險事故發生時，對企業造成的財務損失。

企業用來管理人身風險所需的保險，分為一般員工、重要幹部及業主三方面：（註⑫）

㈠員工保險

在員工保險範圍，除了政府所辦理的社會保險，提供基本所需保障以外，企業為減輕本身因員工執行職務而遭受風險事故時，應負起的賠償責任，或為維持良好的勞資關係，以提高企業的經營績效，而對於員工發生意外事故時，所願意提供經濟上的補助，都可透過保險予以達成。

對於企業為達成上述目的而投保的保險，統稱為員工保險。

員工保險的保障內容並非一成不變的，可由企業依其本身實際的需要，從下列幾種保險，加以彈性組合運用：

1.團體壽險：當企業為員工投保團體壽險後，一旦風險事故發生時，該企業可以將保險金用來支付員工的撫卹金或其他補償金額。

2.團體健康及傷害險：這項保險可補償企業因員工疾病或傷殘所遭致的損失，其中可細分為醫療費用保險及失能所得保險兩大項。

㈡重要幹部保險

企業中重要幹部（Key Man）的經驗與才能，比企業的財產更來得重要。由於重要幹部所具有的專門技術與經驗，往往是公司利潤產生的主要來源，可視為企業的一種無形資產，因此無論是為吸引或挽留該重要幹部繼續為企業服務，或為彌補企業因重要幹部無法工作所造成的損失，企業主除可為重要幹部投保員工保險外，另可為其購買重要幹部保險。

(三)企業主保險

企業主死亡或失去能力，不僅會使業主本身的家庭收入受到影響，也可能因債務問題或領導人欠缺的問題，使企業無法持續經營，因此為減輕業主死亡或失能對企業造成的影響，可透過企業主保險予以解決。

二、企業員工的經濟價值

對於一個企業而言，建築物、機器、設備和原料等，都是「有價值」的資產，甚至連一個小螺絲釘，都要列在資產負債表上。但是為企業賺取數千萬或數億元的員工，從財務報表上卻看不出任何價值來。一般的傳統觀念認為人身是無價的，但若以員工的所得能力及對家庭的責任來評估，企業的員工只要繼續在職且身體健康，將能保有合理且可預期的經濟價值。

每一位企業經理人可採用兩種方法，估算其員工或自己的經濟價值，一是以所得能力為依據的「人類生命價值法」（Human Life Value Approach）；一是以家庭責任為考量的「家庭需求法」（Need Approach）。

(一)人類生命價值法

依員工個人所得，假設以繼續工作期間及利率水準來計算其生命期望值（平均餘命）。例如：黃君今年35歲，已婚，育有一子二女，年收入60萬元，扣除所得稅、房屋貸款及個人生活費用後，尚餘24萬元維持家人生活。黃君計畫65歲退休，也就是將再工作30年，假設年利率為6%，則每年1元，30年後的現金價值為13.76元，因此黃君對家庭的經濟價值為3,302,400元（240,000×13.76）。

(二)家庭需求法

員工死亡時，按下列項目計算該家庭希望維持的生活水準：善後費用（包括喪葬費用、遺產稅、清償貸款）、家人重新調整生活水準期間所需的費用、子女自立前的家庭開支、子女教育基金、配偶餘生所需費用。

西洋有句俗諺：「除了死亡與課稅以外，天下沒有什麼可以確定的事。」因此，每一個人都必須面對一個確定的事實──死亡。

人身風險管理的奧祕，在於當確定的事實──死亡來臨時，如何以保險

來「延續」生命的經濟價值，而不至於只留下尚未清償的債務、尚未完成的責任，或家人哀痛之餘，仍必須負擔的醫藥費、喪葬費及遺產稅等。

三、企業團體保險規劃

近年來由於勞工意識抬頭，員工福利備受重視，企業主為照顧員工權益，吸引優秀人才，除改善工作環境、提高薪給獎金、提供休閒及進修機會外，最近更有透過為員工投保團體保險的方式，來安定員工的生活。

為配合此一需求，人壽保險業者乃設計了團體壽險、團體傷害保險及團體健康保險等保單，供企業主選擇投保，以解決員工退休、死亡、殘廢、疾病醫療等問題。而政府為鼓勵工商企業為員工投保團體保險，特予以一定金額的免稅優待。

所謂團體保險，是指有5人以上員工的企業，經健康檢查或不經健康檢查，而與雇主簽定的保險契約。保險費可由雇主負擔，亦可由雇主與受僱員工共同負擔；承保對象為全體受僱員工，或依僱用條件僅為部分員工提供保障，或不予個別選擇，以受僱人的利益為目的而簽定的保險，但參加投保員工必須占全體員工的75%以上。

團體保險與個人保險最大的不同，是壽險公司承保時，不以團體中的個人作為接受投保的依據，而是以整個團體為基礎來考慮。換句話說，壽險公司核保的風險選擇，是以團體為單位，凡是團體內合格的個人，皆屬於承保對象，不因某一員工的工作地點、性質等風險性高，就將該員工排除。但是壽險公司為使風險能均勻分布，並預防個人對保險的逆選擇，通常對參加團體的人員、企業僱用員工的總人數，以及企業內實際參加保險人數對僱用員工總人數的最低比率，都有限制。

團體保險依商品種類，可分為：

1.團體壽險：依保障範圍來分，有保障企業員工死亡時，撫卹員工遺族的團體定期壽險，以及以員工退休年齡為滿期，作為員工退休養老金的團體養老保險等。

2.團體傷害險：以投保團體員工的意外傷害、殘廢為保障範圍。

3.團體健康險：一般以員工的傷害或疾病醫療為限，亦有擴大範圍至配偶子女等眷屬。

一般企業員工雖多半享有勞保,但這是政府所辦理的社會保險,僅提供員工所需的基本保障,往往不敷實際需要。不論是基於企業主的社會責任,或是勞資關係和諧的考慮,以及企業人身風險管理的需求,企業主應妥善規劃團體保險,所費不多,卻可使員工獲得更多保障,還可以減輕企業主負擔,享有節稅優惠。

所以企業正確購買團體保險,對企業而言可以將風險轉移給保險公司,同時透過保險理賠金來照顧事故勞工,避免勞資糾紛的產生,實為不可不慎之事。

四、企業合夥人權益保險規劃

小林生前與人合夥開店做生意,每人出資500萬元,前天小林突遭意外去世,合夥生意勢必無法繼續下去,其家人不知如何處理這個合夥事業,想把生意賣掉,不見得有人要買,即使有人想買,也會乘機殺價,雙方都會蒙受損失。對於這種情況,如果合夥兩人事先有個「買賣協議」(Buy Sell Agreement)存在,不僅可以保護自己的財產不受到損失,並且不會影響到整個生意。所謂「買賣協議」是指合夥人雙方各以對方為受益人,購買同額(本例為500萬元)人壽保險,若其中一方死亡,他方即以受益人身分,領取保險公司賠償金,給予去世一方的家屬,把一半股權買下來,雙方都沒有損失。

今天,如果你是某一企業機構合夥人,你和你的夥伴合作無間,擁有良好的經營和管理才能,使業務蒸蒸日上,因此為企業帶來豐富的收入,也提供你、你的家人和員工良好的生活品質。但天有不測風雲,人有旦夕禍福,在沒有防備情況下,一人逝世,可能使整個局面完全改觀。到時候,整個企業的經營,將會有什麼下場?其他的股東將面對什麼問題?逝世夥伴的繼承人,在能力與觀點上,會與你截然不同,勢難繼續合作下去。

在合夥企業中,每一合夥人對於合夥企業的行為及債務須負完全的責任,且當合夥人之中有人因故退出,無論其他合夥人意願如何,合夥關係即告終止,此時合夥企業依法必須進行清算或重組。因此,一旦合夥人中有人死亡,企業經營問題隨即產生。

由於合夥企業在法律上具有的特性,使人壽保險及失能所得保險,在人身風險管理上的運用更顯得重要。當合夥企業中,有一合夥人死亡或完全失能

時，為了維持企業繼續經營的價值，可由其他合夥人收購該合夥人在企業內的一切權益。為達此目的，合夥人可以如上述方式預先協議好，共同簽定買賣協議契約，並由合夥事業出資為合夥人分別投保人壽保險，相互為對方的受益人，一旦合夥人死亡或全殘，其他合夥人即以保險金按協議價格向其家屬收購。

總之，合夥企業的風險管理人必須特別留意，因合夥人死亡或失能，可能帶給企業的影響。再者，當合夥人彼此間簽定買賣協議後，企業風險管理人必須對收購死亡或失能合夥人權益所需的資金預作安排，而這種安排，最好方法就是透過保險。

五、企業職業災害風險的管理

近年來我國工廠爆炸等意外災害事件層出不窮，有許多工廠一旦發生爆炸事件，往往造成大規模的延燒，財物損失不計其數，人員傷亡更是不勝枚舉，不僅工廠很可能失去經營的能力，遭受最大傷害的個人及其家庭會帶給社會更大的問題。

企業遭受意外災害所造成的損失，依其型態可分為：

㈠直接損失

1.醫療費用。
2.復健費用。
3.賠償費用。

㈡間接損失

1.因災害導致當事人的損失：⑴當日的停工損失；⑵療養期間的損失。

2.因災害事故導致其他工人停工的損失：⑴因好奇而停工；⑵因同情或恐懼而停工；⑶因協助受傷工人而停工；⑷因其他原因而停工。

3.管理人員因處理災害事故，所需時間的損失：⑴災害事故的調查與報告；⑵有關訴訟或賠償等協調處理時間；⑶協助受傷人員就醫或其他行政工作；⑷人事安排、調配、再訓練等。

4.機器設備、工具及其他材料或財產損失。

5.士氣、產量、效率降低等損失。

6.因產量降低，以致未能如期交貨而解約或違約罰款等損失。

當意外災害發生，從發生當時至完全恢復，至法律、道德責任終了，是一段無法事先估計的時間，在金錢方面更是無法負擔。所以，要使企業永續經營，甚至更加發達，使社會更加安定、富足，職業災害的防治，便成了十分重要的課題。

六、企業員工退休金的規劃

隨醫藥發達及居住、衛生條件改善，國人壽命提高，高齡人口隨之增加。根據內政部統計，我國於1993年老年人口（65歲以上）為149萬人，占總人口比率超過7%，進入國際衛生組織（WHO）定義之高齡化社會（ageing society），之後逐年攀升，2015年9月底達12%。依國發會人口推計估算，我國於2018年邁入老年人口占比達14%以上之高齡社會（aged society），並於2025年成為老年人口占比達20%以上之超高齡社會（super-aged society）。

依美國人口資料局（PRB）估計，2015年年中全球老年人口約占8%，日本、摩納哥、義大利、德國、希臘、芬蘭、瑞典及保加利亞老年人口均達20%以上，為老化程度較高國家，我國雖低於多數已開發國家，惟因生育率持續低迷，至人口老化速度加劇，預估2060年老年人口比率將達40%，恐超越美、日、德、英、韓等先進國家。（註⑬）

表11-2　我國各年齡層歷年人口結構比率表

單位：萬人，%

項目別	1993年		2015年9月		2018年		2025年	
	人數	結構比	人數	結構比	人數	結構比	人數	結構比
總人口	2,100	100	2,347	100	2,354	100	2,352	100
老年人口（65歲以上）	149	7	290	12	345	15	473	20
工作年齡人口（15～64歲）	1,422	68	1,736	74	1,712	73	1,599	68
幼年人口（0～14歲）	528	25	321	14	298	13	281	12
老化指數①	28		90		116		168	
扶老比②	10		17		20		30	

資料來源：內政部統計處、國發會「中華民國人口推計（103至150年）」、美國人口資料局「2015 WORLD POPULATION DATA SHEET」。

附註：①老化指數＝（65歲以上人口）／（0～14歲人口）*100，為衡量一地區人口老化程度之指標。

②扶老比＝（65歲以上人口）／（15～64歲人口）*100。

在傳統上，老年退休後，經濟安全保障是由家庭自行解決。隨著經濟發展、人口老化，老年經濟生活漸漸成為社會安全制度必須面對的問題——即由家庭負擔轉為社會共同負擔。國內在各方面努力下，對於退休後的老年經濟問題，已經有一些制度形成，如勞保的老年退休金給付、勞基法規定企業對員工有給付老年退休金的責任，並建立退休基金制度，以及規定提撥率的免稅條件，以落實退休金制度的財務來源。除了勞保及勞基法所規定的老年退休金給付外，政府及部分企業主，另有自行設立退休金制度。

關於員工退休金制度，任何公司行號，或機關團體都可以自行辦理，一般可分為兩種方式：第一種是在自己公司內辦理，另一種是委託金融機構來辦理。

企業實施員工退休金制度，有下列幾個優點：

1.安撫員工，加速員工新陳代謝，可完全實現人事管理的現代化。

2.在稅法上，企業所繳付的保險費，在一定限額內，可全數以當年度費用列支。

3.員工退休後無生活顧慮，可提高員工工作士氣及生產，促進企業發展。

4.員工在服務滿一定年限後，便可領到一筆鉅額的給付，服務年資愈長，給付也愈多，這麼一來，員工基於現實利益的考慮，工作的安定性自然增加。

5.員工退休後生活安定，可促進社會和諧，減少社會問題，所以對企業而言，員工退休金制度，不啻是另一種善盡社會責任的方式。

由於員工退休金制度是企業員工福利計畫中，主要核心項目之一，所以企業主應清楚地瞭解公司目標與退休金制度的關係，並體認退休金制度是屬於長期的責任義務，這種制度涵蓋了許多政治的、經濟的和社會的層面環境。在面對我國人口結構高齡化的趨勢，企業主應及早規劃員工退休金制度，以彰顯企業永續經營的宗旨。

七、企業雇主責任保險規劃

雇主對員工的責任有「民法上的因侵權行為產生的賠償責任」以及「勞基法上的補償責任」，兩者差別如下：

1.侵權行為所衍生之賠償責任：前提是被保險人（雇主）需有過失，若無

過失也就沒有後續賠償責任問題。如果雇主欲規劃移轉上述風險，可以投保雇主責任保險。

2.補償責任：雇主即使無過失，仍依勞基法規定以補償。如果雇主想要分散勞基法規定的補償責任風險，可以選擇投保雇主補償責任保險。

3.非執行職務員工所發生的意外事故，雇主可以幫員工投保團體傷害保險。

員工是企業最重要的資產，企業主除了應提供衛生安全的工作環境，避免發生意外事故外，應作好雇主責任保險規劃。

第五節 企業責任風險管理與保險規劃

一、企業責任風險的種類

1987年4月2日，中化高雄大社廠，沉析分離槽內的氰酸等有機物瞬間急遽「聚合反應」，產生大量熱能及氣體，由於廢氣燃燒塔有堵塞現象，一時無法有效宣洩，壓力急速升高，導致爆炸起火燃燒。除本身廠房設備受損，8名員工受到灼、刺傷，附近民宅和廠房的門窗玻璃均被震碎，附近農作物也遭到異常氣體的侵襲損害，現場一片哀號聲。警方出動了11輛化學車、13輛水箱消防車，花了2個小時，才將火勢撲滅，據估計損失約新臺幣1億元，但停工的損失，更甚於此。所幸，氰化物沒有外洩，否則後果更不堪設想。

由以上事件可以看出，隨著時代的進步及科技的創新，開拓了企業經營的領域，相對的也帶來新的風險標的（Exposures），其中又以財產及責任風險最為主要。然而財產損失看得見且容易評估，責任風險卻因社會變遷、科技翻新，風險因素愈形複雜，損失額更難確定。

而且企業規模愈大，發生風險的機會愈高，再加上近代侵權責任（Tort Liability）觀念演變，人們對自身權益的保護十分注重，使企業面臨更多潛在的風險，稍一不慎發生事故，不僅企業本身受到損害，與其相關者也會受到傷害，甚至波及無辜他人。

現代企業所應負的賠償責任，通常來自下列兩方面：

㈠企業的契約責任

指企業因契約關係，產生對他人應負的賠償責任。

企業因契約責任而應負損害賠償責任，主要有勞動災害及產品瑕疵責任。例如：雇主因未提供良好工作環境，使受僱人工作時受到傷害；又因企業產品的說明書有瑕疵，使買受人使用時受到傷害，皆為企業典型的契約責任。

㈡企業的侵權責任

指因故意或過失，不法侵害他人的權利或利益，而應負損害賠償責任。

企業風險管理人最重視的責任風險，就是因侵權行為導致的民事賠償責任。例如：員工因執行公務對他人造成的侵權責任；因企業的營運或活動，對他人所造成的侵權責任。

責任風險就像一個沉睡的巨人，不發生風險事故則已，一旦發生，對他人造成的傷害，以及企業本身財務衝擊之巨，往往無法預估，甚至使企業多年建立的基礎毀於一旦。

企業經理人應未雨綢繆，仔細規劃企業責任損失風險的管理。

二、責任保險為何受重視

在過去，國人較不重視法治觀念，較不願意以訴訟方式爭取個人權益，因此損害賠償責任的觀念並未普及。國人經常以息事寧人的態度，將意外事故造成的傷害，歸因於天意而自行承受。這種消極的態度，使得責任保險的發展相當緩慢。

近年來，我國在政治、經濟、社會、文化及生活習性各方面，都有相當程度的改變，而下列各因素，也使得責任保險，日漸成為現代企業經營不可或缺的基本保障：

㈠國家賠償法的實施

國家賠償法使得國人瞭解政府、公務人員在執行公務時，造成人民生命財

產的損失，政府必須負擔損害賠償的責任。當政府必須為其公務員的疏忽或過失行為負責時，同樣地，任何人都必須為其不當的行為負責。國人發生意外事故，不積極尋求損害賠償的情況，也因而逐漸消失。

㈡意外事故的增加

社會愈開放，經濟活動愈複雜，以往未曾出現的活動，也不斷地出現在現代社會。相對地，也增加了各式各樣的意外災害。例如：旅遊已是現代人相當普遍的活動，而旅遊活動中可能產生的意外事故，像遊樂區的意外落石、遊覽車墜落山崖，對於遊樂區的管理單位，或遊覽車公司，都會產生可能為此意外事故負賠償責任的威脅。而演唱會、球賽、MTV、三溫暖等許多以前沒有的活動及營業行為，都出現在現代社會中，其導致的意外事故也愈頻繁。這些意外事故，令社會大眾強烈地感受到責任保險的重要性。

㈢外國企業的引進

由於我國政府國際化與自由化的政策，使得國外許多企業不斷進入本國市場。外國企業在本國活動，自然地將國外高額責任保險的觀念引進國內，使得該行業的責任保險更為普遍。例如：麥當勞、肯德基等美國速食業，在國內迅速發展，這些外國企業均有相當高額的責任保險，此現象也引起國內餐飲業對責任保險的重視，進而加速責任保險的推廣。

㈣索賠意識的增強

近年來，環境保護運動、消費者保護運動等，各種權益保護活動相當盛行。社會大眾已普遍瞭解爭取個人權益是合理而正當的。因此，損害賠償責任已是任何肇事者無可避免的義務。現代企業經營者為了保護企業的安全，已經不能沒有責任保險的安排。

三、何謂責任保險

老林從事營建承包工程，有一天因工程模板不牢，意外掉落，不慎將路人黃先生擊傷，黃先生要求老林賠償損失。老林對這種賠償損失，可以買保險來轉移嗎？要買什麼樣的保險？

本例老林可以買第三人責任保險。所謂「第三人責任保險」，是指被保險人的過失侵權行為，導致第三人身體傷害或財務損失，依法應負賠償責任而受賠償請求時，由保險公司對被保險人負賠償責任。第三人責任保險一般簡稱為「責任保險」，而「第三人」由廣義解釋，是指訂立保險契約的當事人（保險公司、被保險人與要保人）以外任何人，但實務上，一般責任保單均另約定將被保險人的受僱人及家屬除外不保，也就是被保險人的受僱人及家屬，不視為第三人。

由於我國民法採過失責任主義，被保險人依法律規定，須對第三人負賠償責任時，以有故意「過失」為限，但被保險人因故意行為，造成對第三人的損害，在保單裡都不承保。

一般企業或員工，如因各種不同過失侵權行為，導致第三人損害賠償責任的風險，都可以投保其所需要的第三人責任保險。例如：企業主怕廠房萬一發生火災不慎波及鄰居，可投保火災保險附加第三人責任保險；雇主怕司機開車不小心撞傷他人，可投保汽車第三人責任保險等。

我國保險法第90條規定：「責任保險人於被保險人對於第三人依法應負的賠償責任而受賠償請求時負賠償的責任。」依此規定，由保險公司負賠償責任須同時具備下列三項要件：

㈠必須是被保險人對於第三人的賠償責任

責任保險由於是承保企業主對於第三人的賠償責任，所以又稱為「第三人責任保險」（Third Party Liability Insurance）。

㈡必須是被保險人依法應負的賠償責任

所謂「依法」，是指依據法律規定而言，法律沒有特別規定者，應依其他規定。例如：民用航空法、核子損害賠償法等法律有關損害賠償的規定；法律無特別規定者，則應適用普通法——民法有關侵權行為與損害賠償的規定。

㈢須被保險人受賠償請求

企業主在受到第三人（即受害人或其家屬）的賠償請求，並給付賠償金後，才有損失可言，保險公司也才須對企業主負賠償責任。假如第三人雖有損

害，企業主依法也應負賠償責任，而第三人並不向企業主請求賠償，則企業主並無損失，保險公司自然不必對企業主負賠償責任。

四、責任保險的標的

顧客在商店內因商店設施不當，而發生意外傷害，在先進國家，多半能得到滿意賠償。這種制度多年前已引進國內，臺北遠東SOGO百貨公司首向國內某產險公司投保4億5,000萬元的顧客意外責任險，只要顧客在SOGO發生意外傷害，將可獲得合理的賠償，這種作法使國內百貨業在服務上更上一層樓。

社會愈進步，經濟愈發展，責任保險愈趨複雜，在快速變遷的社會，一般大眾及機構，均可能對第三者造成不同程度的傷害。責任保險的標的（Exposures）至少包括下列各項：(註⑭)

1.建築物：如商店、百貨公司、旅館、餐廳、辦公室、車站、碼頭、機場等。

2.遊樂場所、娛樂場所、公園。

3.學校：包括托兒所、幼兒園、補習班。

4.產品：包括產品回收。

5.營運及管理。

6.運輸、交通：包括各修車維護廠。

7.政府執行公務。

8.契約代理及代營業務。

9.雇主責任及工業安全責任。

10.職業責任：(1)醫療專業人員；(2)建築師、工程師；(3)會計師；(4)律師。

11.金融服務責任：(1)銀行；(2)證券經紀人；(3)保險理賠經紀人。

12.房地產責任：(1)建築公司；(2)房地產經紀人。

13.董監事、經理等管理責任。

14.火災責任：承租建築物因火災事故，對屋主所負的責任；火災發生，對波及第三者建築物或體傷所負的責任。

15.環境汙染責任。

五、責任保險的特性

責任風險不但無實質形體，且不易評估，又無所不在，企業經理人在分析損失風險時，常會忽略與遺漏，導致一旦事件發生時，對企業造成極大的營運危機。因此，企業經理人應深入瞭解責任保險的特性，以求確實掌握企業可能面對的賠償責任。

責任保險的特性，比較重要的，如下所列：

1.責任保險是以企業主對於第三人，也就是被害人，依法應負的賠償責任為保險標的，所以除了保險契約當事人外，須有被害人的第三人存在，這是保險事故成立的先決條件。企業主與被害人的關係，是因賠償責任而發生。保險公司與被害人的關係，則是因保險公司參與解決賠償問題，或因企業主請求，直接對被害人給付保險賠款而發生關係。

2.責任保險的理賠案件，從發生到處理完畢，往往需要經過一段較長的時間，短的可能數個月或兩、三年，長的可能達十年以上，這就是所謂的「Long Tail」問題。

3.責任保險是以企業主因負擔賠償責任的債務所受的損失，為補償範圍。企業主的損失是基於被害人的損失而發生。被害人若無損失，則無保險補償可言，所以責任保險在形式上，是為補償企業主的損失為目的的保險，但實質上是以保障被害人權益為目的的保險。

4.責任保險所保企業主依法應負的賠償責任，應以法令對賠償責任的規定為依據，所以保險責任的認定，除了以保險契約為基礎，並應以法令規定為依據。

5.責任保險保險標的的賠償責任並非實體財物，所以無價值或保險價格可言，其保險金額責任限額是由契約當事人依需要約定，所以不會有超額保險、低額保險的情形。

6.責任保險的賠償責任範圍，不以直接損失為限，也包括間接損失或附帶損失或精神上的損失。

7.責任保險風險因素複雜，加上法律問題不易掌握，每一件保單幾乎都是獨特的風險，核保及費率的釐訂較為複雜，難有客觀的準繩。

8.賠償案件除了不易估算損失外，處理時往往受感情、利害、權力及裁判等因素直接或間接影響，而益顯困難。

六、責任保險的種類

企業在生產過程、運輸產品，以及產品在市場販賣銷售過程中，面臨著各種潛在的損失風險，如果管理不善或處理不當，萬一發生事故，可能使企業數十年的經營成果，毀於一旦。

因此，企業經理人以購買保險來轉移風險的需要，日漸殷切，而各種責任保險的發展也應運而生。

責任保險（Liability Insurance），又稱第三人責任保險（Third Party Liability Insurance），即被保險人依法對第三人負有損害賠償責任時，由保險公司負擔補償責任的保險。換言之，也就是被保險人為了避免自己對第三人的損害賠償責任為目的，所訂立的保險契約。

我國責任保險市場發展較遲，目前以獨立險種正式舉辦的責任保險，有下列幾種：（註⑮）

1.公共意外責任保險。
2.營繕承包人公共意外責任保險。
3.電梯意外責任保險。
4.高爾夫球員責任保險。
5.產品責任保險。
6.飛機場責任保險。
7.雇主意外責任保險。
8.意外汙染責任保險。
9.醫師責任保險。
10.律師責任保險。
11.會計師責任保險。
12.董監事責任保險。
13.綜合責任保險。

責任保險在國內尚屬於繼續在開發的新生代險種，最近幾年產險業者已針對不同的企業、不同的風險，不斷研究設計企業需要的各種責任保險。

第 六 節 企業淨利風險管理與保險規劃

一、企業淨利損失

發生在1991年2月6日晚上的臺北重慶北路天龍三溫暖大火，造成18死7傷的慘劇，5月7日士林分院以業務過失，將天龍公司負責人判處有期徒刑10個月。天龍公司對罹難者每人賠償新臺幣120萬元。天龍公司幾位重要幹部也在此大火中喪生，天龍三溫暖所有裝潢設備全毀。

由這個事件我們可以歸納出，有三種情形會導致企業淨利的損失：

㈠財產損壞

企業正常生產活動所使用的財產，不論是動產或不動產、有形或無形財產、自有或非自有財產，一旦發生損壞，將會損害到整個生產活動，甚至使之停頓，從而引起企業的淨利損失。這種因為損壞而引起淨利損失的財產，可分為兩大類：一是企業所能控制的財產；一是非企業所能控制的財產，如大供應商與大客戶的財產、「具有吸引力」的地點場所，以及公共設施或政府的服務設施等。

㈡法律責任

凡面臨實際或潛在法律責任的企業，通常須花費金錢予以處理，如花錢請律師辯護、支付訴訟費用、花錢履行民事判決或罰鍰，以及花錢採取糾正行動，以便減少未來潛在的損害賠償（如收回產品等）可能性。由於這些法律費用的支出，常會耗用企業可投入正常生產活動的資金，自然會使企業的產量與收入減少，淨利也跟著降低；反之，若企業不需要支出這些法律費用，則產量與淨利便會增加。

㈢人身損失

當企業的重要幹部死亡、殘障、退休或辭職時，企業便會因失去這些擁有特殊才能與技術人員的繼續貢獻與服務，使企業遭受人身的損失。而這不只會

使企業遭到收入的損失（如因重要的銷售主管遽亡，導致業績突降），還會使企業承擔額外的費用（如其餘員工的效率減低、花錢找尋勝任的替補人選、花錢訓練替補人選，以及高薪挖角等）。所以，人身損失與淨利損失沒有兩樣，兩者都是透過收入減少與費用增加而來的。所以就意義來說，人身損失可看成是一種特殊的企業淨利損失，因其損失的價值是重要幹部的特殊才能，而不是財產。

二、企業淨利損失的關聯影響

由於現代企業的關聯性錯綜複雜，因此，任何意外事故的發生，若不是很難預測，便是根本不可預測。但企業在發生任何意外事故後，必會有「餘波盪漾」的影響；也就是說，此一損失會逐漸擴及與該企業有關的其他個體所能賺得的淨利，如顧客、供應商、員工，以及政府管轄機構等。所以，企業經理人應仔細分辨「乍看之下」似乎只會傷及他人的意外事故，是否會大大影響其企業的經營而造成淨利損失。

為了探究這種錯綜複雜的關係，以下將探討任何單一意外事故，如何引起企業的淨利損失，進而引起其他個體及整個社會的損失。

(一)企業本身

一般最可能受意外事故影響的個體，就是毀損滅失實體財產的所有人或使用人，以及被提出法律訴訟的個體，或其重要幹部死亡、殘障、退休或辭職的個體。

(二)其他依存的個體

任何一個企業，其相關個體的營運是彼此相互依存的。一般來說，當意外事故降臨在某一個體，接著會擴及到此個體相互依存的其他個體上，進而擾亂甚或中斷這些個體的生產活動。例如：某一汽車製造廠因工廠大火，停工半年，其供應零件的衛星工廠也會間接受影響而停工。

㈢受影響個體的員工

員工均無法免於淨利損失「餘波盪漾」的影響。例如：李氏公司僱有一位重要的推銷員，此位推銷員的業績，占李氏公司整年銷貨額的20%，若此推銷員因故無法繼續為李氏公司效力，則失去這位重要人物的貢獻，將會迫使李氏公司減產甚或裁員。易言之，失去這位重要人物，可能會造成李氏公司的淨利損失，並且影響李氏公司其他員工，而這些員工可能會因為裁員，而損失薪水與福利。

㈣政府及整個社會

當企業活動受到干擾時，負有管轄權的政府，將會遭受到淨利損失，因此時的稅基會惡化，稅收會減少，進一步的中央政府也會遭受淨利損失，整個稅收目標將無法達成。此外，由於普遍的薪資縮減，整個社會的消費活動將會減少，造成整個社會的損失，因其不但損失了受影響個體所能提供的產品與勞務，而且也損失了被裁員員工的購買力。

三、企業淨利損失的型態

發生於1989年8月3日晚上，臺北市今日百貨公司峨嵋店的大火，造成4人死亡，32人輕重傷，整棟大樓幾近全毀，導致慘重的財產與淨利損失，這種企業淨利（Net Income）損失風險，又稱企業財產間接損失風險。

因為淨利是由收入減去費用所組成的，所以淨利損失的型態，可區分為：(1)收入減少（Decreases in Revenues）；和(2)費用增加（Increases in Expenses）。茲說明如下：

㈠收入的減少

指財產損壞導致公司「收入減少」所造成的淨利損失，其主要情況為：

1.租金收入損失：企業自有的財產，因出租於他人導致受損，而不能繼續出租時，使得租金收入減少。

2.營業中斷損失：風險事故導致營業中斷期間的淨收入減少。

3.連帶性營業中斷損失：企業的主要供應商（上游廠商）或客戶（下游廠

商）因發生風險事故，中斷營業，使得上、下游企業，隨之而生的營業中斷損失。

4.製成品淨利損失：製造業者的製成品受損或滅失，所產生的淨利損失。

5.應收帳款收現淨額減少的損失：企業應收帳款有關的帳冊紀錄，因遺失或毀損，導致收現淨額減少的損失。

㈡費用的增加

指財產損壞導致公司「費用增加」所造成的淨利損失，其主要情況包括：

1.租賃利益損失：企業向他人租用的財產受損，因無法繼續租用，導致的權益損失。

2.改良物損失：企業投資於租用財產的改良物，於租約期未滿前，因租用的財產受損，無法繼續租用，導致改良物的使用損失。

3.額外費用損失：財產受損後，必須維持營業的企業（如牛奶、報紙業），為繼續營業導致的額外費用損失。

企業淨利損失風險一般較不易評估，企業經理人必須依據企業幾年的損益表、營業計畫書等資料，並參考會計及財務部門人員的意見，分析企業因財產或其他意外因素導致毀損滅失時，可能面臨的各種淨利損失，作為規劃企業淨利損失保險的參考。

四、企業淨利損失保險規劃

淨利損失保險所保障的是，企業因財產毀損滅失而影響正常營運，所遭到的收入減少與費用增加的損失，而非財產本身的損害。由於淨利損失保險在國外也算是一種新開發的險種，並且一直在發展中，我國因經濟發展比歐美日等國家要遲，淨利損失保險最近幾年才被陸續開發出來。目前，國內產險業已開辦的淨利損失保險，大概只有營業中斷保險、額外費用保險及租賃價值保險等少數幾種。

實務上，淨利損失保險多以批單方式，附加於火災保險單，而不能單獨購買。例如：我國的營業中斷保險，即以批單方式附加於火災保險單，當保險事故發生時，火災保險的賠款可供企業修復、重建或重置所需的財產，而營業中

斷保險則提供企業於修復、重建或重置至恢復營業期間的收入損失、費用增加等補償。前者除了可補償企業所遭受的直接損失，也因此加強企業重建或重置的能力，加速其恢復營業的速度。而後者可減少企業於等待恢復營業期間，因營業中斷所造成的衝擊，使企業因保險的補償，而有餘力以其他方式繼續營業，如另外租用場地等，以減輕其市場占有率與競爭能力的損失。

　　以下介紹歐美企業所使用的淨利損失保險的主要種類，供企業經理人參考，以及產險業未來開發淨利損失保險的方向：（註⑯）

　　1.營業中斷保險。

　　2.連帶營業中斷保險。

　　3.額外費用保險。

　　4.利潤及佣金保險。

　　5.租金及租賃價值保險。

　　6.應收帳款保險。

　　7.重要文件保險。

　　8.溫度變動損毀保險。

　　9.拆除保險。

　　10.氣候保險。

　　企業經理人瞭解淨利損失保險的重要性後，於購買保險計畫中，應考慮購買適當的淨利損失保險，以配合一般財產保險的運用，使企業從保險獲取最大的保障。

五、營業中斷損失保險的重要性

　　位於臺北市寶慶路的遠東百貨公司，於1991年4月13日傍晚發生大火，是臺北市當年最嚴重的一場火災。寶慶路遠東百貨為遠東公司開設的第一家分公司，也是全臺二十家連鎖店中最大的一家，火災前一年營業額即達新臺幣20億元，若未來決定整修，甚至重建再恢復營業，則停業期間的營業中斷損失難以估計。

　　這次遠百大火雖然財物損失逾億元，所幸有投保產物保險，但是在該大樓內亞東企業集團旗下各關係企業的指揮中樞受到嚴重損害，這是難以估計的損失。

　　企業投保營業中斷保險，應先瞭解營業中斷保險的主要內容，再決定如何投保。我國的營業中斷保險承保對象，包括製造業與非製造業，以下為製造業所需的營業中斷保險，主要內容分述如下：

㈠承保對象

　　以會計制度健全的製造業，其在同一廠區內的全部財產，均保有火災保險者為限。

㈡保險標的

　　以被保險人在保險期間的預期利潤及持續費用為保險標的，於火災保險單上加貼「營業中斷保險批單」來承保。

㈢承保範圍

　　被保險人在保險期間發生約定的風險事故，導致保險單載明的財產（製成品存貨除外）遭受毀損或滅失，引起營業全部或部分中斷所遭受的實際損失，由保險公司負賠償責任。

㈣保險金額

　　以被保險人預計保險期間的「營業毛利」扣除「非持續費用」後的餘額為標準。若保險金額低於「營業毛利」80%，則發生部分損失時，被保險人應依約定，分攤一部分損失。被保險人於投保時，應提供最近三年的損益表與資產負債表，以及投保年度的營業預算書，作為保險人核保的依據。

　　隨著時代的進步，工業的發達，營業中斷保險日益受到世界各國的重視。但我國自1978年7月1日正式核准開辦此種保險以來，國內廠商投保情況並不踴躍，因此，工商企業應加強重視營業中斷保險，藉以轉嫁因保險事故導致的淨利損失，以及必須繼續支付的固定費用，以減輕企業在營業中斷期間的財務衝擊。

六、數位科技風險管理與保險規劃

　　隨著數位科技的發展，資安這個看不見的風險，也正加速擴大中。尤其交易型態從線下走到線上，使個資外洩像不定時的炸彈，加上因應新冠疫情的異地辦公，更加劇資安疑慮。

　　資安事件的處理包括通知客戶個資遭外洩，到舉辦記者會，乃至尋求專家鑑識資安破口等，不只曠日費時且所費不貲。營運系統中斷無法交易，不僅造成營業損失，為緊急復工而租賃系統設備和員工加班支援，也是必要開銷。另外，企業除依《個資保護法》須對每人每一事件賠償500元到2萬元之外，消費者也可能採取集體訴訟，或連帶控告管理階層，龐大的律師費、被求償金額和商譽維護費，更可能拖累一個好不容易建立起來的企業。

　　國外某知名企業因為發生資安事件，在漫長的訴訟過程中，公關、IT技術人員和律師等專家都進駐企業內部，迄今每個月因此產生的費用超過10萬美元，且還在持續發展中。資安風險是目前企業最須面對的數位科技風險。(註⑰)

七、生技產業風險管理與保險規劃

　　近年來生技產業在臺灣蓬勃發展，而新冠疫情的引爆，也勢必加速生技成為新興產業的主流。生技產業攸關生命安全，必須接受政府高度監管，例如：新冠病毒的特效藥、疫苗和呼吸器等診療設備；加上臨床實驗和藥品上市檢查都是屬地主義，每個階段都必須受各國法令規範，面對的風險遠高於一般企業，若不幸發生事故，集體訴訟的律師費和求償金額更難以避免。

　　針對生技產業的高風險，包括藥物、醫材設備和人體試驗等，目前國內已有產險公司推出「生命科學綜合責任保險」來保障相關生技產業。

　　該保險主要保障藥品工廠或人體試驗研究中心等場所所發生的風險，在公共意外責任部分，可保障事故發生時，依場所設計不良造成死亡和體傷認定責任；在人體試驗階段，可保障臨床試驗的責任，承擔因過度副作用造成受試者死亡和體傷的賠償責任；至於完工出品的藥品和醫療設備，則可保障產品暨完工責任，以保障生技產業因為產品瑕疵，對環境汙染或人體傷害的賠償責任。

　　另外，則可保障商品瑕疵造成取消訂單的經濟損失、因商品運輸途中造成汙染的整治工程和求償費用，或受試者個資外洩的資安風險。(註⑱)

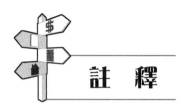

註 釋

①石燦明，產物保險業加強對企業提供「損害防阻」服務，保險大道，44期，產險公會，2005年9月，p. 11。

②拙著，永續經營——企業風險的規劃與管理，廣場文化出版，1993年8月四版，p. 5。

③同②，pp. 11-13。

④同②，pp. 38-41。

⑤參閱現代保險雜誌，2020年7月，pp. 102-104。

⑥同②，pp. 48-49。

⑦同②，pp. 50-52。

⑧同②，pp. 62-64。

⑨同②，pp. 91-93。

⑩拙著，怎樣買產險才保險，書泉出版社，1989年9月，p. 12。

⑪同②，pp. 100-102。

⑫同②，pp. 120-122。

⑬行政院經建會，2010年6月推估報告。

⑭凌氙寶，談責任保險的經營，責任保險研究基金會，1988年7月25日，pp. 3-4。

⑮同②，pp. 158-159。

⑯同②，pp. 187-188。

⑰參閱現代保險雜誌，2020年7月，pp. 104-105。

⑱參閱現代保險雜誌，2020年7月，p. 114。

第十二章

多國籍企業風險管理與保險規劃

本章閱讀後，您應能夠：

1. 指出多國籍企業的獨特風險。
2. 闡明多國籍企業的特質。
3. 敘述多國籍企業風險的認知。
4. 描述多國籍企業風險的衡量。
5. 分辨多國籍企業的風險管理策略。
6. 瞭解多國籍企業風險管理策略的執行、監督與檢討及改進。
7. 區別認可與非認可保險的差異。
8. 解釋條款差異性保險與限額差異性保險。
9. 認識何謂專屬保險。
10. 說明多國籍企業國際保險計畫的擬定。
11. 明白風險管理在多國籍企業的運用。

風險角落

美國911恐怖攻擊事件

2001年9月11日，恐怖分子劫持了四架民航客機，其中兩架撞進了美國紐約世貿中心雙塔，第三架撞到五角大廈，而第四架則栽進了賓州西南部的一處農田裡，至少有2,973人在此次的恐怖攻擊事件中喪生。

911恐怖攻擊已屆滿17周年，但是至今仍有許多後遺症造成影響。根據美國一份最新的報告指出，因911事件吸入大量粉塵等有害物質，因而罹患癌症的人數，在過去19年間，高達1,140人，這些罹癌者，主要為911時，前往救援的救難人員、在世貿中心工作的職員與附近的居民。

另外，根據美國紐約西奈山醫學中心（Mount Sinai Medical Center）的研究也顯示，和911事件相關的人員罹患癌症比率，也比一般人高出約15%。

美國總統歐巴馬在2011年1月簽署「札卓佳911健康與補償法案」（Zadroga 9/11 Health and Compensation Act），提供高達43億美元的醫療補助，提供因為911事件導致健康受損的病患醫療救助，約有50種癌症在補助之列。

雖然主要的霸權戰爭已經超過70年都沒發生了，可是國家之間的爭議卻持續增加中。

現在的戰爭與國安的本質轉變成了跨國級、地域性的恐怖主義、國際介入內戰、公開否認在主導網路資訊戰。假新聞之類的資訊戰是利用造假的資訊內容，煽動輿論做出特定立場的意見表態。在大眾還不知道該怎麼防禦的時候，帶風向機器人、影音、其他形式的資訊戰中將假新聞弄假成真的情況正在不斷增加。政府發動的網路攻擊或以其他政府、企業為對象進行捏造事實的犯罪，預計將會增加。不對稱的網路戰會改變權力分析的傳統平衡。

資料來源：參閱拙撰《風險管理：理論與實務》第九版與2020年4月《2030世界未來報告書》。

第 一 節　多國籍企業的獨特風險

二次大戰後，多國籍企業（Multinational Companies）從各國汲取資金、物資、人力等資源，加以統籌調配，開發新技術、增進生產，對整個世界的經濟發展有極大的貢獻。

近年來，在「地球村」、「世界工廠」觀念的實踐下，許多企業的商業活動，不可避免的，必也朝向多國籍方式經營。多國籍活動的範圍很廣，可簡單到商品的進出口貿易，也可複雜到直接投資，例如：購買企業或在異國建廠等。因此，多國籍企業在每一天的國際活動中，都面臨國際損失風險的可能。

多國籍公司有許多種定義，簡單地說，多國籍公司即為任何一個在兩個以上的國家從事商業活動的公司。（註①）根據研究報告指出，大多數美國所屬的多國籍公司，均在五個或五個以上的國家經營，低於這個標準的多國籍公司，其風險管理的約束力，可能非常脆弱。（註②）多國籍公司的風險管理計畫在結構上，與其國內的風險管理計畫並無差異，其程序包括：風險之辨認（Risk Identification）或認知；風險之衡量（Risk Measurement）；風險管理策略之選擇（Selection of Risk Management Strategies）；和風險管理策略之執行、監督及改進（The Implementation, Monitor and Improvement of Risk Management Strategies）。

雖然，不論公司規模的大小，風險管理的原理與原則，對其都適用，但對大組織而言，其運用的範圍顯然較廣泛且較多變化，因此，儘管兩家公司的財務均甚健全，但規模較大者，將有能力保留較大的風險，而不會損及其目標。

一般說來，大公司通常能以其數目上的優勢 —— 如較多的員工與營運單位 —— 來達到分散某些風險的目的，但若只生產單一性產品，並且全部集中在一個工廠裡生產，則不一定能分散其主要的風險。

一般而言，由於大公司有較多的財力，來僱請精通風險控制與風險理財等方面的專家，所以就比較小的企業，有更豐富的人力資源，來做好風險管理的工作。因此，一旦一家公司躍升為多國籍企業後，較能把風險分散，而且也較易把風險管理做好；簡言之，能把其風險分散到較廣大的地區，並因而可以充分享受規模利益。不過，其也將會面臨一些國內營運所無的獨特風險

（Particular Risk），這些風險為：（註③）

　　1.政治風險（Political Risks）。

　　2.匯兌風險（Currency Risks）。

　　3.外匯管制風險（Exchange Control Risk）。

　　4.組織問題（Organizational Problems）。

　　5.法律問題（Legal Problems）。

　　6.財政問題（Fiscal Problems）。

一、多國籍企業的政治風險

　　任何企業都不能脫離社會而營運，因此，只要是在社會內營運，那麼它就會受政治風險所影響。所謂政治風險，最嚴格的定義是：因行政機關無能、無為或干預所引起的經濟損失總額。

　　政府的作為，不論是立法的過程或使立法生效的態度，都一定會對企業的財產控制權、活動的方式及其營運的態度，有著很重大的影響。

　　此處所指的風險，有一部分係指企業營運環境的一般社會風險，因政府的活動，常傾向於反映社會上大多數人的意見。雖然在某些事件上，政府可能會去引導民意，但立法機關卻常傾向於表達，已為絕大多數人所接受的態度。所以，儘管某些方面的立法，是落在民意之後，但企業在立法通過前，已能感受到一般大眾對其應如何作為，所持有的期望與態度。

　　任何國家的政府對企業的活動，都會做一些必要的要求或規定，諸如工作場所的安全、產品安全，以及表明與其他國家的貿易關係及資訊往來情形等。但對於在社會主義國家營運的企業來說，除了上述這些風險外，還可以再加上一個「國有化」的風險。

　　就多國籍企業而言，其所面臨的政治風險，絕對比單國籍企業來得大，因其所面對的政治風險，絕不只來自於本國的政府，而且還來自於其子公司所在地的各國政府，並且常因各國情況不同，導致其政治風險型態的不同。

　　如果一多國籍企業是由許多營運獨立自主的子公司所構成的，則其所面對的政治風險，就與其國內企業無分二致，因其每一個子公司，都能全權處理自己的政治風險。不過，這種作法，可能也會抵消多國籍企業所產生的大部分利

益。雖然多國籍企業因其本質使然，而必須實行很大程度的分權管理，但整個營運的控制權，卻仍然由母公司來操作，這種情況常導致多國籍企業之母公司，強迫其海外子公司也採行在母公司行之有效，但在當地卻不見得適宜的政治風險管理政策，因而增高了整個多國籍企業的風險。

　　大多數的國家均較支持其本國之企業，而較不歡迎外來的企業，這種差別待遇，常會形諸於各種法令規章上，譬如，多國籍企業之海外子公司的稅賦，就較當地企業的稅賦為重，而且與母公司間的資金調度，也會受到較多的限制。此外，當地的法令也會要求，應由當地人持有子公司大部分的股權，及當地人參與子公司的經營管理。這些情事，往往會影響母公司的控制權，以及阻礙母公司的人手調配，常常使子公司因缺乏必要的專才，而產生無法充分營運的政治風險。

　　在有些國家中，外來的產業常有被沒收或徵用的風險，至於被沒收或徵用的理由，則除了經濟「意識」之外，尚有純為「報復」而被沒收或徵用，但真正的原因，則可由母公司之政府所採取的政治行動來判斷。

　　即使是子公司所在國的政府，有意與母公司所在國的政府示好，但政治風險並不會因此而消失或減小，因當地的反對派系，一定會激烈反對此一「示好」政策。他們除了會進行示威外，還可能會對外國公司採取恐怖的攻擊行動，如直接破壞外國公司的產業、綁架或暗殺其高階主管，以及銷毀或破壞其產品等，而這種恐怖活動，在反對勢力甚高的國家中，並無法受到應有的約束或制止。尤其是近年來，國際恐怖主義者的氣焰甚為高張，任何壞事都會發生，因此，凡在此種國家設有子公司的多國籍企業，都會感受到很大的政治風險。

二、多國籍企業的匯兌風險

　　凡從事對外貿易的企業，都會面臨匯率變動的風險，而多國籍企業尤然。當其把財貨與勞務所得，或子公司所匯回的盈餘，兌換成本國的貨幣時，若匯率發生變動，便會有貨幣損失或利得發生。一般說來，對非多國籍企業而言，若一國之通貨變得不可接受，即其匯率一路下跌，則可停止與該國之貿易商往來，或者堅持以其本國之通貨，或其他較穩定的通貨，來計價所輸出的財貨或勞務，但對於多國籍企業而言，就較無選擇餘地，除非真打算結束其海外子公

司，否則兩者間的交易，仍將會持續下去。

除了上述這種匯兌風險外，多國籍企業也會有來自於敵對國，禁止其子公司把錢匯回母公司的通貨風險。此時，雖然可以一共同的通貨來編製合併報表，但若該敵對國之通貨的匯率很容易變動，則這種作法就不能反映真實的情況，反而會使各子公司間的績效難以比較，同時也會使其資產價值與獲利力，被扭曲得變形走樣。匯率的波動，對投資風險有很大的影響力，這種波動，也會使純損風險的風險管理計畫（或方案），難以擬定並付諸行動。因此，若多國籍企業有選擇餘地的話，會偏愛擬定一套單一、集中，且母公司可以控制的風險管理計畫，以便使整個組織的風險管理標準化。雖然海外子公司營運所具有的潛在風險，可能會促使多國籍企業擬定一些不可能做到或不切實際的計畫，但一般較進步的作法，則是針對幾類特殊的風險，設立統籌的意外基金，或是購買全球性的保險單。

不論是採行哪一種方法，均會涉及由當地子公司分攤的基金，或支付全球性保險單的保險費，這些活動都會牽涉到把子公司所分攤的基金，或支付的保險費，以當時通貨的匯率，兌換成母公司的通貨，而日後子公司若發生保險事故，則母公司必須以子公司所在國的通貨予以賠償。不論是前者或是後者，都涉及匯率變動的風險。在匯率穩定的1970年代，這種風險大概不成問題，但在今日則成為一個嚴重的問題。

一般來說，子公司所獲得的賠償額，在兌換成其本國的貨幣時，可能會發生損失或利得，這完全要看其所在國之通貨的國際價值走向而定。假如所有子公司的理賠，均以理賠當時的匯率來作為換算的標準，而承擔的風險，均用全體子公司所分攤的基金予以保障，並且此基金，已被轉換成一共同通貨的基金，此種基金，在本質上是一種貨幣風險的組合體，則此時的匯兌風險，就全由此基金來吸收。而若整個多國籍企業，是採行購買全球性保險來保障，則類似上述情況的問題也會發生，只是吸收的對象不同而已。

三、多國籍企業的外匯管制風險

多國籍企業與其子公司間，或其子公司彼此間的資金移轉，會受到當地國，或本國的外匯管制所影響。外匯管制常被政府視為有力的經濟武器，而且

實施外匯管制常不事先宣布，因為如果事先宣布，會加速資金的外流。對多國籍企業而言，極端的外匯管制，會使子公司與其斷絕經濟關係，因此將使子公司成為一家道地的當地公司。

一般而言，外匯管制，不但會使子公司的日常營運及管理難以配合母公司的計畫，而且也會使母公司的風險管理措施窒礙難行。例如：子公司「可能」把保費或分攤的基金匯回給母公司，為此，母公司就必須為受外匯管制的子公司，單獨擬定一套風險理財計畫。

當然，對於風險集中管理的多國籍企業而言，此種因外匯管制所引起的問題並不難解決，因其母公司決策單位，會依據整個組織風險的優先順序，擬出一套不遷就於子公司之特殊情況的風險管理計畫，並且能確保計畫的實施，不論在總公司或海外子公司，都能步調一致、彼此配合。

因此，假如風險管理係由母公司來執行與控制，則整個多國籍企業，就可以輕易的做到有效的風險匯合（Risk Combinations），並藉此利用大數法則，化大損失為小損失，進而可以釋出大部分被套住的資源，以備巨大災害之用。

不過，有效的風險管理，除了須做到風險的有效匯合外，尚需在執行時，能反映企業的目標、企業對風險的態度及企業的管理作風（Management Style）。假使缺少這些要件，則不論風險管理計畫在理論上多麼完美，都將不會發生作用。

四、多國籍企業的組織問題

多國籍企業因其營運本質使然，而有分權結構的傾向。因此，若欲強行實施集權管理，則其勢必會遭遇如下的難題：

㈠控制的困難

若多國籍企業實施集權控制，則其高階主管為了確保整體營運的一致，而不得不承擔原本可以，且應該授權給子公司去做的決策，而這會加重這些高階主管的行政負擔，因其本來就負有監督子公司之經營成果的控制責任，而且此一責任，本來就因子公司分散在全球各地，而難以執行，如今又要加上代子公司制定決策之責任，這無異將使其工作更難展開。

(二)控制難以平衡

集權的好處之一，就是使整個多國籍企業，能以一個獨立的個體來營運，但是，過嚴的控制卻可能會導致目標落空，因員工對其公司的認同程度，會因國別的不同而不同；同理，子公司平衡其獨立欲望的程度，也會因所在國的不同而不同。假如母公司的控制沒有彈性，則地方個體（即子公司）有被忽略的感覺，就會影響其平衡感，從而會演變成只注重子公司利益的局面，而這會對整體的利益有所損害。因此，若地方分權不被允許，則「陽奉陰違」的情形，便會出現。

(三)難以認清各地區的差異情形

多國籍企業的母公司主管，常以本位的立場來看待整個世界，在他們的眼光中，世界各地的情形是大同小異的，因此，他們就常把海外子公司，當成是本國的分公司而來加以管理，這種缺乏世界性（或國際性）的眼光，是注定要失敗的，因為各國國民生活的差異、風俗習慣的差異、歷史的不同，以及社會傳統的不同，正是一國之所以有別於他國的重要因素，假如沒有考慮到這些因素，那只會激起怨恨。

(四)難以掌握產品的變化

多國籍企業在其業務範圍及產品範圍，成長到某一程度時，會因其僱用技術專家擔任高階主管，而有「鞭長莫及」的感覺；亦即，這些擔任高階主管的技術專家，對於技術問題，常有不接受來自上級之指示的傾向，而其理由，則為母公司的高階主管，並不瞭解子公司業務所需的技術，而若此時，多國籍企業也正為整個組織的結構問題而頭痛不已，則集權的實現也就遙遙無期。

(五)難以激勵

一般而言，經理人只有在其能參與決定目標，以及達成目標的方法時，才會表現得較好，但集權——特別是多國籍企業的集權——卻常會剝奪子公司經理人的參與感，因此，就不能激勵他們，而導致整個組織蒙受不利，並且這些子公司經理人，所能宣洩其情緒的，就是排斥或阻擾母公司決策者所做的決策。

㈥難以溝通

距離的拉大，常會使控制愈困難。雖然現代的資訊傳播技術，可提高母公司對子公司的遙控力，但這也僅限於資訊的傳送，更何況，資訊傳播的容易只會損及母公司的控制力，因為資訊傳播愈容易，則母公司就會要求愈多的資訊，而子公司為應付母公司的要求，也就常會傳送一大堆無關的資訊。因此，多國籍企業對子公司的日常控制，依然如往昔那樣難以做得很好。而由於親臨視察並不能經常為之，所以，海外子公司愈多的多國籍企業，其分權的壓力也就愈大。

五、多國籍企業的法律問題

設於美國的多國籍企業，與設於其他有聯邦體制之國家的多國籍企業，均很瞭解其國內各邦之間法令的差異，而且也很能順應這些差異。但其對會影響子公司的安全及保險管制範圍，可能就不甚瞭解，同時也會覺得很難以應付或處理這些管制之法令，因其並不像設於法令單一管轄制國家（A Country with a Single Jurisdiction）之多國籍企業那樣，對於海外營運已有「凡事不同於本國」的心理準備。

外國政府的管制，常會使多國籍企業的風險管理窒礙難行，因外國政府的管制，常是設定標準化風險管理的最大障礙，而且常是難以克服的障礙；申言之，子公司所在國的保險管制法令，常會禁止或限制子公司參與未經認可的保險計畫，並且強迫子公司向當地的保險公司投保，或者向當地的再保獨占機構轉再保，這些都會使多國籍企業的全球性保險計畫難以實現。

各國政府對安全管制之規定的不同，也會使得損失控制的程序難以標準化。雖然全球矚目的印度波帕爾市洩毒事件已明白告訴世人：多國籍企業應以最高的安全標準，要求把損失控制予以標準化。但我們卻不難見到在安全標準甚低的地區，子公司的經理人，均不願花費必要的費用，來提高安全標準，而且他們也很可能欠缺為達到此一標準所需的知識及經驗。

六、多國籍企業的財政問題

凡欲擬定全球的風險理財（Risk Financing）計畫，都免不了會牽扯到一些財政問題，例如：儘管有不少國家，如荷蘭等國並不禁止其國人向未經認可的外國保險人投保，但對保費卻要課稅。

再者，若子公司對其母公司之意外統籌基金，或全球性保險計畫，所為的分攤或保費支出，被認為有超額之嫌，則此項分攤或保費支出，就會被視為是違反了當地有關公司內部移轉計價的稅令規定，因此就會受罰。其次，若母公司因整體累計的營運有虧損，而無法賠償或彌補當地子公司所遭受的意外損失，但稍後卻能賠償或彌補其他子公司所遭受的意外損失，則將會被控以補貼其子公司，而因此耗竭其可課稅利潤的罪名。最後，在保險業者為其所承保之多國籍企業的子公司，將其意外損失理賠金額付給母公司，或者子公司想把這筆理賠金額匯給母公司時，都會引發稅賦上的問題。

第二節　多國籍企業的特質

多國籍企業之發展乃一個企業的經營活動不斷擴充，擴及國外經營的結果，經由擴充，使其不僅是一個跨越國界的企業組織，並且在國外經營活動中生產、行銷、人事、財務、研發等功能，因具有多元之發展，促使企業組織發展出一種「多國籍企業經營」的型態。

依據多國籍企業之定義，多國籍企業的經營，主要有下列四項特質：

一、重視國外投資活動

多國籍企業的國外活動，並非只限國外直接投資。由於企業組織若參與國外投資活動，無形中會建立多國籍企業之基礎，並且在國外參與投資活動，方能充分發揮多國籍企業經營之獨特優勢。

由於國外直接投資是一種其產銷作業擴充至地主國的企業活動，因而除了資本之投資以外，還包括生產技術、經營管理技術等各種企業經營資源之投入。

二、整合全球營運機構

多國籍企業之最大特色，乃是具有整合全球營運機構的特性。原則上，企業會在一特定國家設立母公司，而母公司在其他國家進行投資，成立各營運機構（包含有子公司、分公司或經銷商等）。然此等國外機構均須受母公司策略之管制，以達成母公司整合全球各營運機構之目標，因而為一多國性之企業組織。

三、母公司的利益為重

對多國籍企業而言，資源的全球性統籌調配，是其從事競爭之最大利器。多國籍企業可經由標準化的大量生產，取得低成本之優勢，也可以將資訊依「比例利益」法則，重新調配、重新組合，而得到生產上、成本上的優勢。然而在此種以母公司之利益為重的策略下，常常會犧牲掉一些子公司的利益，更甚者，將會導致和地主國之間的衝突。

四、母公司權限的政策分配

多國籍企業往往將財務管理、技術開發等策略性控制政策，由母公司統一規劃，而強制各子公司遵守，然在生產、行銷政策上，則賦予地主國子公司有較大之自主權。

第三節　多國籍企業風險的認知

多國籍企業風險管理之第一步驟，即是認知風險：（註④）

一、認知的內容

1.何種損失可能會發生。
2.可能會發生於何處。

3.這些損失的性質和範圍如何。

二、認知的技術

　　一般多國籍企業，由於下列因素存在，使得風險之認知，較單一國籍企業更趨於複雜：

　　1.在其他國家投資，可能會面臨更大之巨災風險事故（Catastrophic Peril），例如：颱風、洪水、罷工、暴動及徵收等。

　　2.每一國家，可能面臨法律環境之不同，因而影響對外國投資控制之規定。

　　3.每一國家社會安全制度不同，可能低估了不同風險（例如：員工之福利計畫）。

　　4.在世界各地製造、銷售，可能會發生產品責任之損失。

　　5.可能會額外增加政治上之風險，及員工遭受綁架，要脅贖金之風險等。

三、認知的資訊

　　多國籍企業要認知風險，其資訊來源與需求更為廣泛，除了來自保險調查法、保單對照法、風險列舉法以外，尚需蒐集投資對象國當地官方、金融或研究機構之情報資料，方足以提早發現，多國籍企業所面臨特殊的政治及財務上之風險。

第 四 節　多國籍企業風險的衡量

　　多國籍企業風險管理第二個步驟，即是衡量潛在之損失。其範圍包括有三：（註⑤）

一、衡量的內容

㈠損失頻率的衡量（Loss Frequency Measures）

1. 確定經常會發生。
2. 偶爾會發生。
3. 可能會發生，但過去數年來未曾發生。
4. 不可能會發生。

㈡損失幅度的衡量（Loss Severity Measures）

1. 年度預期損失。
2. 可能最大損失（Probable Maximum Loss, PML）或最大可能損失（Maximum Possible Loss, MPL）。
3. 年度最大可能總損失（Maximum Probable Yearly Aggregate Loss）。

要估計每一個風險暴露單位之損失頻率及幅度，必須要使用過去之損失資料及公司之統計資料，透過複雜之數學及電腦，來分析與預測。

二、衡量的技術

一般多國籍企業評估及測定風險之高低，其技術往往因下列幾種原因，而使得此項工作，較單國籍企業更為複雜：

1. 在不同之國家，每一風險因素發生之或然率不同。
2. 各地不同之廠房，所做之公共維護措施有差異。
3. 對匯率變動之風險評估，因各國與本國之間匯率不同，使評估更加困難。
4. 在各國，由於價值之認定及通貨膨脹率不同，使得估算發生困難，影響其成本之大小。
5. 測度風險所致的潛在損失之資料缺乏。
6. 各國各種資產重置成本，及所有權認定之程度的標準可能不一。
7. 各國因企業營業中斷而致之潛在損失不同，包括：
⑴需要重建之時間。

(2)供應之物料。

(3)需運輸之物料。

(4)勞工之供應。

(5)一些勞工法律與勞工僱用契約終止條款。

(6)管理費、專利權、使用費及其他預期費用或所得之損失。

三、衡量的資訊

多國籍企業衡量所面臨之風險，其來源有二：

㈠外部來源

1.透過保險經紀人、代理人或保險公司之人員。

2.透過保險公司聘用之專業工程師或勘查人員，勘查海外子公司之工廠設備。

㈡內部來源

1.透過公司或地區性之風險管理主管提供。

2.從員工提供之總體經營資料。

3.從財務報表分析。

4.蒐集當地（海外子公司）官方、金融或研究機構之資料。

5.從當地經理所做之風險對照表。

6.從營運活動中之流程圖。

7.其他。

依Norman A. Baglini於1974及1980年，分別作問卷調查之回函統計，顯示美國多國籍企業：（註⑥）

1.有50%以上，是使用外部來源來衡量分析風險。

2.用財務報表分析，從40%（1974年）降到26%（1980年），乃因要從海外子公司之財務報表，得到損失風險暴露單位之資料不容易。其原因可能是子公司要討好母公司，常會有隱瞞之現象；另外是由於子公司之地方性經濟處理習慣上之差異所引起，有許多國家的公司，通常有兩、三套為不同目的而編製之

會計帳簿，所以很難從海外分支機構之經理人所提供財務紀錄報告上，得到所需要的資料。

　　3.風險對照法由23%（1974年）降至13%（1980年），乃因當地經理人缺乏風險管理技術之訓練。

　　4.流程圖很少採用，乃因多國籍企業所製造之產品，銷售至各國，其間所儲放之倉庫太多，由採購原料→產品製成→運輸→銷售→顧客之方法來發現損失是有限的。

　　5.風險之衡量，不可單靠一種即足夠，因由外部來源所提供的潛在風險，往往僅限於保單所承保之範圍，卻忽略保單未承保之其他意外損失，針對此缺點，必須要透過當地風險管理部門加以分析方能精確，故在調查之回函有三分之二以上是採用三種以上方式混合分析。至於採用混合方式，應採用幾種方適當，必須要依據每個公司之組織結構、子公司之授權型態、外國保險經紀人服務之特性、風險管理主管本身之經驗及其他因素而定。

第 五 節　多國籍企業的風險管理策略

一、多國籍企業的風險管理策略

　　主要可分為：（註⑦）

㈠風險控制（Risk Control）策略

　　風險控制策略，係指組織為了降低損失頻率和減少損失幅度，以求損失最低而採取的措施或活動之通稱，其目的在預防、抑減損失。

　　1.風險避免（avoidance）

　　風險避免就是消除一個企業的損失風險，即透過不從事或不參與會導致風險發生的活動而避開它。儘管風險避免是一種有效的方法，其適用時機在於無其他風險管理方法或其他風險管理方法成本太高，且自留風險不可行的情況下，才考量使用這種方法。例如：若一種商品的設計，不能達到消費者的安全

標準，則該組織機構就會決定停止生產該產品，不讓它上市。

2.契約移轉（Contractual Transfer）

運用契約移轉一項財產或活動，也是風險控制的一種方法，但與風險避免不同的是，契約移轉的情況下，風險仍然存在，只是透過將損失的法律和財務責任，移轉給另一方而實現風險控制。例如：財產租賃和將風險活動進行分包等作法可稱為契約移轉。根據契約規範，則接受移轉的一方，就要承擔損失發生的後果。

3.損失預防（Loss Prevention）

預防損失的方法是透過事前防範措施或活動，以降低損失事件的發生機會或降低損失頻率。例如：適當的僱員培訓，將會降低發生職業災害的可能性。

4.抑減損失（Loss Reduction）

減少損失的方法是透過事後防範措施或活動降低損失幅度。例如：安裝自動灑水系統是為了降低火災損失的擴大，或制定危機管理（Crisis Management）計畫。

風險分散化（Diversification）也可視為減少損失的方法，尤其是對於國際商務活動更是常見。例如：有些多國籍企業在不同國家分別設廠，從而使得符合大數法則下的獨立原則（Independent Criterion）而分散風險。這將減少企業的風險集中度，因為分布在各國的損失風險，是獨立而不相關的。

(二)風險理財（Risk Financing）策略 ^(註⑧)

風險理財策略，係指組織採用盡可能低的代價，以事先安排或籌措的資金，作為損失發生後，多國籍企業能迅速恢復損失發生前之情況的資本。

1.風險自留（Risk Retention）

所謂風險自留就是由財產、淨收入、責任和人力資源損失風險所引起的損失，在經濟單位（企業）內部自行消納。損失可能完全自留（Full Retention）或部分轉嫁、部分自留（Partial Retention with Part Transferred）。採取自留風險時，必須決定如何對保留的損失，透過風險理財而減輕損失負擔。但是，有時候在尚未擬定風險理財計畫時，就發生了損失，則不得不由自己承擔了。

2.專屬保險（Captive Insurance）

專屬保險是指大型多國籍企業集團，設立自己的保險公司，以承保自己企

業集團所需的各種保險。在法律上，企業本身與其成立之保險公司，均為獨立之法人，繳付保費與理賠和一般保險無異，惟因在作業過程中，母公司繳付之保險費與子公司理賠之保險金，均在企業集團內流動，原則上，風險並無轉嫁他人，故歸屬於自留範疇。不過，假使專屬保險人另有承作其所屬企業集團以外之保險業務，擴大其經營基礎，或安排相當程度之再保險轉嫁其風險，此時即可超脫風險自留之範疇。

3.借款（Borrowing）

借款係指多國籍企業，除了將損失幅度較低的自留損失，作為當期費用在收入中支付或較為嚴重的自留損失納入預算外，以平常累積的信用，向金融機構借入資金，用以彌補損失。

4.保險（Insurance）

保險是最普遍的契約移轉方式之一，它是大多數風險理財計畫的關鍵要素。尤其在可能發生超過企業風險承受能力的損失時，更能彰顯保險的重要性，而透過保險來管理頻率低且幅度高的損失，通常更為有效。

二、多國籍企業風險管理策略運用的限制因素 (註⑨)

1.多國籍企業對於損失控制之策略運用，尚包括下列複雜之特別因素：

(1)各國對於安全法規執行之態度不一致。如戴安全帽、抽菸之限制。

(2)分支機構對於損失控制計畫之合作態度，是否樂意接受。

(3)許多國家缺乏提供有助於損失控制之服務。

(4)損失控制，在各國依其特性品質之不同，實施亦不同。

損失控制，在海外分支機構比國內執行複雜，即因受當地國服務之程度、地方風俗習慣、執行者態度及其他因素之影響。

2.多國籍企業對於損失理財策略之一 ── 保險之運用，常因下列因素之影響，使其對國際保險之管理趨於複雜：

(1)各國保險法規之規定不同（例如：強制性保險之規定）。

(2)有些地主國禁止在非地主國購買保險；換言之，規定須向當地國購買保險（如違反，可能要遭受重大之罰款）。

(3)保單內容之洽訂，選用哪一國語言（例如：用中文之保險契約或用外國

文之保險契約或採綜合方式等）。

⑷來自保險經紀人、顧問或保險業者多方之意見，可能有主張不同之問題發生。

⑸在各國由於通貨膨脹率與價值認定之不同，可能使保險標的需要保障之實際價值，得不到足額保障。

⑹在一些國家可能會發生保費及理賠之支付，無法從所得稅扣減之問題。

⑺子公司經理人對於保險之購買，在觀念與態度上，有時會與母公司之利益相衝突。

⑻各類之保險單，可能會面臨許多不同之語言及法律上之問題，需透過翻譯。

⑼可能會碰到慣例上保險應服務之事項，在他國卻缺乏。

⑽外匯法規，常會因應需要而臨時變動。

保險為風險管理技術中最重要之一環，從風險管理之角度而言，它兼具了風險移轉與結合之性質，它不僅提供了大多數損失金額之補償，而且尚能提供企業風險之查勘、理賠服務及法律上之協助。但是保險運用在多國籍企業之全球性保險計畫中，卻因上面幾個因素之存在，顯得相當地複雜而巧妙。

第六節　多國籍企業風險管理策略的執行、監督與檢討及改進

風險管理之策略決定以後，風險管理經理人必須通知各海外分支機構確實執行。但是若海外子公司是採取分權制，必須要說服海外子公司之經理人，讓其瞭解風險管理計畫是保障子公司之最大利益，請其配合實施。（註⑩）

風險管理經理人所設計之風險管理計畫，還必須要得到高級主管之支持，執行方為有力，並印製風險管理手冊至每一營運單位（如人事、財務、生產、行銷等部門），讓各單位人員知道其應盡之義務，執行之成效方為快速。除此以外，在執行過程中，尤應要富有彈性、隨機應變，並且需建立一套連繫溝通管道，使資訊信息之傳達，更為靈通。

　　風險管理之程序，最後一個步驟，即是監督風險管理計畫之執行，並且還需依新的資訊，不斷地加以調整，這些資訊之變動，皆會影響到子公司或母公司執行之成效。一般而言，資訊之來源，可能由企業外部之提供會更有效，如訪問當地之保險經紀人或保險公司之代表等，可能收到之資訊為風險管理人以前所不知的。由於新的資訊之獲得，風險管理之計畫，應隨時加以適當地修正。

　　多國籍企業面臨著地主國複雜的地方環境動態因素之影響，風險管理經理人在風險控制及風險理財策略混合運用時，應因地制宜，隨時予以適當地調整，才能保障企業最大之利益。

第 七 節　認可與非認可的保險

　　多國籍企業風險管理人，在安排其海外子公司之保險計畫時，應瞭解「認可之保險」（Admitted Insurance）和「非認可之保險」（Non-admitted Insurance）之意義與其優缺點。（註⑪）

一、認可之保險

㈠意義

　　所謂認可之保險，係指與保險標的所在國之保險法令和監理規定，完全符合之保險業務而言。通常此種業務之保險單，係以標的所在國之語言、文字表示，同時其保費與賠款之支付，亦以標的所在國之貨幣為之。

㈡優點（註⑫）

　　1.海外子公司較能獲得當地之保險保障。
　　2.保險費可視為子公司之費用，因而享受當地稅捐之優待。
　　3.當受損物擬於當地重置時，可避免匯率浮動之影響。
　　4.索賠服務可在當地處理，省時又省事。
　　5.保險費可視為子公司之費用而支付，可消除母公司在財務會計上，成本

分攤之處理困難。

6.以當地國之貨幣支付保險費,可幫助該國之經濟。

7.海外子公司較能獲得當地之認同,建立良好之企業形象。

㈢缺點

1.就安排全球性保險計畫之多國籍企業而言,購置「認可之保險」,容易導致控制之困難和因保險條件之不同,而使企業整體出現保險缺口。

2.「認可之保險」之保障範圍,通常比「非認可之保險」較為狹窄。

3.衡量當地保險人的財務安全性非常困難。因為,多國籍企業獲取保險公司的清償能力、控管規定、財務報表和保險業者信評服務等資料,各國規範差異大。

4.多國籍企業風險管理經理人,很難評價和管理用外國語言編寫的保單。

5.在不同國家購買當地保險時,多國籍企業會降低與保險公司的談判力。

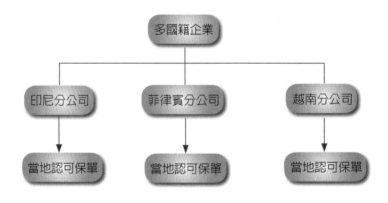

圖12-1 購買當地認可保單

二、非認可之保險

㈠意義

所謂非認可之保險,係指不與保險標的所在國之保險法令和監理規定一致之保險業務而言。此種保險業務之保險單,通常以非標的物所在國之語言、文

字表示，同時其保費與賠款之支付，亦非以標的物所在國之貨幣為之。

(二)優點 (註⑬)

1.母公司保險單之文字簡單且容易瞭解。

2.其保險單之保障範圍與條件較有彈性。

3.其費率較為合理。

4.由於保險費用賠款之支付，均以母公司之通貨支付，對母公司而言，就無匯兌上之風險。

5.在索賠處理上，對母公司而言較為便捷。

6.就多國籍企業之全球性風險管理規劃而言，購買「非認可之保險」，較易達成其目標。

(三)缺點

1.「非認可之保險」在大多數國家中，被視為違法。

2.「非認可之保險」其保險費支付，不能視為子公司的費用，而享受當地稅賦上之優待。

3.無法享受當地之理賠服務。

4.易引起當地業者與社會大眾之不滿，影響企業形象。

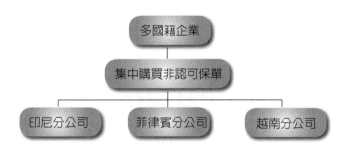

圖12-2　集中購買非認可保單

三、集中安排主保單

為了彌補投保當地保單的不足，風險管理經理人還需集中向母國保險公

司購買非認可保單,提供額外的風險保障。這一保單即稱為主保單(Master Contract)。(註⑭)這種方法的優點很多,其中之一就是主保單的條款,可協商決定,使得各地主要保單的承保範圍,達到全球一致標準。主保單包括條款差異性(Difference-In-Conditions, DIC)和限額差異性(Difference-In-Limits, DIL)保險,儘管這些條件和限額未形成標準條款,卻可在當地主要保單的基礎上,擴大承保範圍和提高賠償限額。條款差異(DIC)條款在少量限制條件下,提供了附加承保風險;限額差異(DIL)條款提供了額外限額。在圖12-3中,說明臺灣多國籍企業在印尼和菲律賓購買了當地的認可保險,但它在越南的風險卻是透過非認可保險的方式;換言之,由臺灣購買的主保單提供保障,並且主保單還可補充在當地購買的認可保單。如前所提,越南允許購買非強制性險種的非認可保險。若當地的保費稅較高的話,這種方式可節省保費支出。

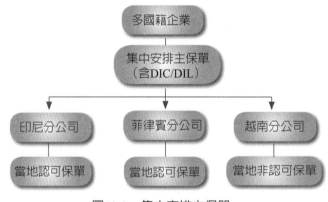

圖12-3　集中安排主保單

第 八 節　條款差異性保險

　　企業在多國性的經營下,將會面臨一些國內營運所無的獨特風險,解決這些獨特風險,又常常牽涉到未經認可之保險、強制性之保險,以及在不同國家保險條款之適用等問題。為解決這些問題,多國籍企業常藉著「條款差異性保險」(Difference-In-Condition Coverage, DIC),來減少這些問題所帶來之影響。因此,多國籍企業風險管理人,在安排其海外子公司之保險計畫時,應充

分瞭解DIC保單的重要性。所謂DIC（條款差異性保險），乃係保險公司應多國籍企業之需要，並針對各國保險條款解釋上之適用差異性，所設計之一種保險。（註⑮）其主要內容，說明如下：

DIC保單係以附屬於現有財產保險單的方式為之，亦作為財產保險之補充保險。DIC通常承保全險（All Risks），但有時也只承保一部分之特定風險。一般而言，DIC保單不承保母公司國內基本保單已有之火災和一般普通的風險，因為這些風險均是法令所規定必須承保的。DIC保單可增加承保許多風險，並提供多國籍企業全球一致性的保障，以避免未投保或重複投保之風險。在責任風險方面，DIC保單通常為一個超額保險單（Excess Policy），承保超過其國內保單，或其自己保險自留限額部分外之風險或金額。

一個多國籍企業之DIC保單，通常會將其全球所有海外子公司，以一張主要保單（Master Policy）與其（如美國）國內適用之標準保單相銜接，並承保一些在標準保單中未承保之風險。故DIC保單又可稱為隙口保單（Gap Policy）。

第 九 節　專屬保險

一、專屬保險是多國籍企業重要的保險規劃方法

在國際化、自由化的情勢下，跨國性及多角化經營的企業，如雨後春筍般因應而生，其業務規模龐大，資產遍及各地。隨著多國籍企業愈來愈體會到其有實力透過匯總（pool）多國籍企業內之風險，並且互抵掉一部分，因此自保的趨勢愈見明曉。自1950年開始，專屬保險公司（Captive Insurance Company）之創立，便逐漸受到多國籍企業的重視。

專屬保險，是指由規模較大的多國籍企業或某些性質相近的企業集團，成立一子公司或相關部門，來承保並管理本身風險的一種方式。大多數的多國籍企業，最初成立專屬保險公司的動機，是因為保險的需求或財務上的理由。由於傳統的保險市場，常常無法提供多國籍企業某些保險需要，加上企業支付給自己的專屬保險公司的保險費，不僅可當費用支出，且其所提存的滿期準備及

其他巨災準備，亦有減少稅賦及延緩稅捐支付的作用，因此當多國籍企業愈來愈大時，便開始計畫設立一屬於自己的專屬保險公司，來降低風險管理的交易成本。僅提供保障功能的傳統保險方式，已漸漸不能符合多國籍企業未來發展之需要，保險保障功能加上風險管理功能的配合，將是未來發展的走向。故對於這種既可自行管理風險又可達到財務效果的專屬保險，多國籍企業都會產生相當大的興趣。

二、成立專屬保險公司的優點

1.降低「風險成本」，包括保費、自保損失、行政管理費用、預防損失費用。

2.透過專屬保險公司，可直接接觸再保險市場，因此再保費用也降低，且專屬保險公司及多國籍企業承受風險的能力也增強。

3.專屬保險公司性質為金融事業，因此負債比率可高達80%，透過專屬保險公司的高財務槓桿，不論是以貸款或投資方式，皆可嘉惠多國籍企業內非金融公司。

三、成立專屬保險公司的缺點

1.由於專屬保險所承保者，為自家企業集團內之業務，有許多可能是商業保險中，保費過高之業務，或是商業保險無意願承保之業務，兩者均代表風險性過高，亦即業務品質較差。

2.企業集團之業務量，基本上有其限制，亦即較難達到大數法則之適用，如不接受其他業務或利用再保險，基本上其經營之客觀風險甚高。

3.由於專屬保險公司，原則上為其所屬企業服務，人力配備不多，因此，組織規模簡陋。

4.專屬保險公司組織規模簡陋，資本額有限，累積之準備金亦有限，故財務基礎脆弱。

四、成立專屬保險公司的條件

(一)保費適足性

多國籍企業所付出的保費,已足夠支持一家保險公司生存,此稱為「保費適足性」。而讓專屬保險公司能永續經營,必須確定其承接保險的損失責任,因此有部分保單責任須移轉給再保險公司,而如果專屬保險公司虧損累累,再保險公司又無利可圖,自然不敢當大傻瓜。如果無法再保,而且專屬保險公司又沒有母公司集團企業以外的保戶收入來墊底,那麼成立專屬保險公司,實無異於自保。故專屬保險公司保費收入,應比資本額與盈餘大幾倍,才能確保賠得起保戶之損失呢?根據美國保險業的經驗法則為2:1至3:1。當然,不同的保險業所適用的比例也不盡相同。

(二)法律可行性

首先是法令是否准許開放保險公司的設立,其次是能說服主管機構,再保公司允許專屬保險公司將其保費收入來源集中在其母公司多國籍企業,因為此行為違反「同一產業保費收入不能逾10%的指導原則」,即「10 Percent Industry Guideline」。

五、成立專屬保險公司的配合措施

當多國籍企業成立屬於自己的保險公司之後,還必須採行下列三項配合措施:

1. 多國籍企業必須採取中央集權的風險管理方式,也就是多國籍企業內各項保險,全部皆由專屬保險公司來承保。

2. 基於讓專屬保險公司方便再保出去,多國籍企業必須讓專屬保險公司有利可圖,甚至在承保的多國籍企業全球主保單下,專屬保險公司最好能有最大的保費收入。當然,此情況下,多國籍企業因保費收入增加,該繳的營所稅額也較高,基於國際租稅規劃的考量,專屬保險公司大多在租稅庇護區註冊。

3. 由於專屬保險公司光從承保自家人便有利可圖,多國籍企業可利用保險公司的舉債能力、盈餘,用於投資在多國籍企業,可說是保費的回流運用。

　　總之，專屬保險公司如能擴大其承保基礎，妥善安排再保險，由封閉型逐步轉向開放型，轉化成真正之商業保險，始具意義。

第 十 節 　多國籍企業國際保險計畫的擬定

　　由於多國籍企業的營運有著「鞭長莫及」的控制難題，因此其母公司風險管理的主要課題，均是透過保險來保障其企業，免於遭受巨災之損失，主要有兩種基本策略可茲選擇：

　　1.購買地區或全球性的保險單。

　　2.向傳統的保險公司購買保險單，或成立專屬保險公司。

　　其中，地區性保險單的購買，又可分為向認可或非認可的保險公司購買兩種。雖然初看之下，向當地安全且認可的保險公司購買保險，似乎較能提供最佳的保障，但這種看法實有待商榷，因各國的保險單並無統一的標準可言，而若只依各子公司的情況，就決定費率，則這將會使整個企業喪失「經濟規模」利益，同時也不能對整個企業內的相互依存（即母公司與子公司的彼此依存）提供任何的保障。此外，也會使母公司難以控制子公司的損失與保險購買。

　　而選擇向非認可的保險公司購買保險，雖具有縮減保險公司數目及減少保障差異的作用，但此種作法並非到處可行，因許多國家均禁止其領土內的企業，向非認可或授權的保險公司購買保險。

　　因此，為解決子公司的保險差異，並讓多國籍企業可以享受保險標準化的利益，多國籍企業應由母公司統籌安排，並購買「條款差異性保險」，來補充子公司所購買保險之不足。申言之，只要子公司的保單一生效，則這種「條款差異性保險」的保單，便能自動補充當地保單所未能承保的部分。1984年6月3日，臺灣北部地區因水災造成嚴重損失，同時連帶的引起一場有關投保颱風洪水險者與保險業者，對本次水災引起之損害，有無賠償責任問題之爭議。該爭議的結果，凡購買颱風洪水險而受有損害的被保險人，均因該次水災非因颱風緣故所致，故均不獲賠償，甚至到法院打官司，最高法院最後的判決還是不變。但是，該次水災受損害的少數外商，例如：美國德州儀器公司，因已由母公司在美國購買了上述「條款差異性保險」的保單，所以很快就獲得賠償。我

國的火險附加颱風洪水險保單，也因六三水災所引起之爭議與困擾，遂於1996年5月1日起，修改為火險附加颱風險保單。

另一種作法是，由母公司與國際性的保險公司，簽發一張全球性的保險單，來保障其整個企業的風險。此時，非認可之保險的問題，可以用事先適當的安排予以解決。不過，若全球性保險單的條款與用語，並不為子公司所在地的保險公司所瞭解，則子公司其國家間保險實務上的差異，往往就會使這種保單的實用性，僅及於有限的保障範圍，特別是有限的責任保障範圍，而這種情況，對母公司而言，可說是一大威脅。

事實上，許多多國籍企業，早已採用成立專屬的保險公司，來承保其全球的風險，但由專屬保險公司來承保，與向非認可之保險公司投保，均有其不利之處，因此，預先的安排實有必要。凡是專屬保險可以適用的地區（即子公司），可承保全球性的風險與保險，對於擬定能確切符合多國籍企業需要的保險計畫極有助益，並且能使多國籍企業，免除要花費相當多的成本與相當長的時間才投保到的風險。

第十節 風險管理在多國籍企業的運用

對子公司分布很散的多國籍企業而言，集權化的風險管理，不太可能發揮作用。而且，要由風險管理人獨力承擔全球性公司的純損風險管理責任，也似乎是一件不可能的事。就算該公司是一高度集權的公司，其風險管理人，也照樣無法把風險管理的責任，全部承擔下來。因風險管理不但需要全身投入，而且也需要多方面的專業知識和技術，凡企圖獨挑大梁的風險管理人，不但會失敗，而且也會使整個公司的風險管理毫無進展。甚至，「執意」某些責任，非由母公司之某人或某部門來負責不可，還會造成母公司與子公司風險管理人之間的不良互動關係，從而雙方就不易認清或瞭解有賴彼此合作，才能執行的風險管理決策。

談到合作就需要組織，而且是必須能反映整個組織之控制實況的組織才行。至於實際組織的形式，則需要視下列的因素而定：（註⑯）

1.海外的聯營企業或關係企業，是否為多國籍企業擁有其全部股權的子公

司；或者其為多國籍企業與當地人合設的新事業，而多國籍企業擁有過半數的股權；或是其為多國籍企業參與當地人的創業性風險投資計畫，但多國籍企業只擁有少數的股權。

2.海外的聯營企業，是否由於多國籍企業因其內部之成長，而分出去的事業，還是因合併而產生的事業。若是後者，則在合併前就已承擔損失控制，及承擔風險管理之責的當地經理人，可能不一定願意繼續承擔此種責任，因為若承擔新的風險管理計畫，無異是在否定他以前所做的貢獻，並且會打擊其繼續貢獻的心意，因此整個風險管理計畫，將會收到反效果。

就極端的情形而言，子公司差不多可以完全獨立自主，而不需母公司的支援，而母公司亦對其沒有什麼控制力可言，像這種情況，風險管理就絕對是子公司經理人之「責無旁貸」的責任，因母公司的風險管理人，根本無權指揮他應做些什麼，以及應如何做。不過，他並不能因此就完全不管子公司的風險管理事務，因其仍負有保護公司之投資價值免於減低之責，以及保護母公司之聲譽，免於受災害影響之責，其中尤以後者最為重要。

不論子公司是否獨立自主，風險管理人為履行其職責，就必須：

1.隨時注意風險管理計畫與程序的狀況與成果。

2.盡力說服子公司的經理人，把明顯的缺失予以改正，以配合整個企業的風險管理目標。

3.提供技術、訓練及其他援助，來幫助子公司推展風險管理方案。

4.購買「條款差異性保險」和「限額差異性保險」，即以DIC和DIL保險單來保護母公司，免於受子公司之風險管理計畫的規劃錯誤，或執行錯誤，或無可避免之錯誤所影響。

當然，風險管理人為求效率，必會使用母公司與子公司間的正式溝通管道。若其能為自己再建立一些非正式的管道，則將能更輕易且迅速的取得重要的資訊。不過，若子公司是遠在母公司之風險管理計畫所涵蓋的範圍之外，則這就需要母公司的風險管理人定期的巡視子公司。若實在想不出有什麼方法，可以把子公司納入整個企業的風險管理規劃中，則至少應判斷出母公司應採取何種風險管理退守措施。

一般來說，只要母公司能對子公司行使某種程度的控制權，那麼風險管理便可以以下列兩種方式來組成：（註⑰）

　　1.整個風險管理機能，完全集中在母公司風險管理人的身上，然後由其負責擬出整個組織的風險管理計畫，並由其與子公司的經理人來共同執行。本方法是否能成功，除了要看雙方的合作程度外，尚須考慮母公司能否克服集權管理的難題而定。

　　2.若是實施分權管理，則風險管理的執行，可能就需授權給子公司的經理人。不過，就確保整體的風險管理利益而言，此種由各個子公司來擬定並執行風險管理政策的作法，實屬不智。因為有些子公司會比其他的公司表現得更積極，同時，每人對風險的偏好並不一致，而且決定的因素，是以個別子公司的利益，而非整體企業的最大利益。

　　基於上述的理由，基本的風險管理，仍應由母公司的風險管理人來控制與執行，當然，在執行中，他應扮演一個協調各方力量的角色，而若其組織已實施完全的分權管理，則其在執行中，將扮演「協調人中之協調人」的角色。事實上，多國籍企業的風險管理，並無共同的組織型態可言，一般均介於上述兩種情況之間。但最重要的是，風險管理組織的安排，應適合各企業的需要，而且絕不能與其他的管理功能組織相衝突。因此，未來的風險管理方式，將會是在母公司設有專屬風險管理政策的風險管理人，並將大家所同意的風險管理政策寫成政策說明書，並傳達給所有子公司，作為風險管理執行的依據。

　　因此，母公司風險管理人所需承擔的責任如下：

　　1.監督政策的執行，以及子公司執行任何已被許可的改變。

　　2.監督損失的現象和成本。

　　3.向子公司的管理人為風險管理進言。

　　當然，風險管理人可能會被賦予在母公司及某些子公司（尤其是當地之政經情勢和法律背景，與母公司相類似的子公司）執行風險管理政策的責任。此外，也可能需要負責安排整個企業的全球性保險計畫。

　　至於所在地之政經情勢和法律背景，與母公司不同的子公司風險管理，則可依下列方式來安排：

　　1.依區域性（如西歐地區、非洲地區及遠東地區等）來安排。

　　2.依逐國性或依逐公司性來安排。

　　總之，風險管理責任的賦予或移轉，將須視分權的程度而定。若在區域性的風險管理單位可以成立，且其規模與一般大公司的風險管理部門相同，則該

單位將可擁有各方面的風險管理專才來獨立作業。若授權給各子公司來做，則其將會因難以網羅各方面的風險管理專才，而難以獨立作業，或者會因風險管理專才的調配不易，甚至因執行的不經濟，而導致未能達到預期的風險管理效果。在此種情況下，母公司就不大可能會授權給子公司，處理風險管理作業，頂多是由母公司的風險管理人，與子公司協商有關保險的安排，並請子公司遵照執行母公司的損害防止計畫。

多國籍企業之巨流，正不斷衝擊著企業界，它不但對地主國，而且對母國、對國際關係及國際機構，發生且必會繼續發生強大的影響。假使它所產生的影響是正面的，那麼多國籍企業將有長遠的光明前途；若是反面的，那麼它必須謹慎的改進，否則其前途會受到「國家主權」之阻擋而告衰退。我國企業界已有許多的大型企業，由多角化經營而朝多國籍走向發展，如臺泥、遠紡、大同、台積電、統一、台塑、南亞、宏碁、長榮等公司，頗有成效。是以我國企業若想在國際經濟舞臺上與人競爭，應發揮全球性統一調配的功效，並統籌安排所面對的風險，來促進我國企業之發達及社會之進步與繁榮。

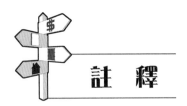

註 釋

①參閱陳定國，企業經營之大道——走向多國化，臺大商學，1984年。

②參閱G. N. Crockford and R. L. Carter, Risk Management in Multinational Companies, from *Handbook of Risk Management* (Supplement 20), May 1985.

③同註②。

④參閱藍玉珠，多國籍企業風險管理之行政規劃，德明學報，第6期，1987年11月11日，pp. 9-13。

⑤同註④。

⑥參閱Norman A. Baglini, *Global Risk Manage Foreign Risks*, 1983.

⑦Harold D. Skipper著，賴麗華譯，風險管理國際觀——並論保險產業定位，智勝文化事業，2004年7月，初版，p. 581。

⑧參閱拙撰，企業風險策略，華僑產物保險雙月刊，40期，1985年7月。

⑨同註②。

⑩參閱拙撰，多國籍企業之風險管理，華僑產物保險雙月刊，52期，1987年6月。

⑪參閱本書附錄一「歐盟風險管理準則」與拙譯附錄三「101條風險管理準則」（華僑產物保險雙月刊，38期，1985年3月）。

⑫參閱Williams & Heins, *Risk Management and Insurance*, 6th Edition,1989, McGraw-Hill Book Company, p. 713.

⑬同註⑫，pp. 713-714。

⑭同註⑦，p. 592。

⑮同註⑪。

⑯同註②。

⑰同註⑩。

第十三章

危機管理

本章閱讀後，您應能夠：

1. 瞭解企業危機與風險管理。
2. 瞭解危機與危機管理的意義。
3. 區分危機之發展階段。
4. 闡明危機發生的因果。
5. 瞭解危機管理的步驟。
6. 明白設定危機管理目標的重要性。
7. 瞭解擬定危機管理計畫的重要性。
8. 掌握危機管理計畫的共同要領。
9. 訂定危機管理策略。
10. 明瞭危機管理是風險管理的一環。
11. 由危機調查實證分析結果，明白危機管理的好處。
12. 由企業危機案例分析結果，進一步認識危機管理的功能。

風險角落

未預見的風險

　　未預見的風險，常常源自公司供應商發生的遙遠事件。以2000年3月的一場小火災為例。那場火災發生在美國新墨西哥州阿布奎基（Albuquerque）的一家飛利浦半導體廠，是由雷擊引發，火勢在幾分鐘內就被當地消防隊撲滅。工廠主管盡責地向工廠的顧客通報這場火災，表示火災只造成微小的損壞，工廠會在一週內復工生產。主要顧客愛立信（Ericsson）的採購主管，檢查了自家由該廠供貨的半導體可用庫存，發現足夠後續兩週生產之用，便沒有把事件的緊急程度升級。

　　遺憾的是，那場火災的煙塵及消防設備噴灑範圍廣大，汙染了無塵室，而無塵室裡製造的是對汙染高度敏感的電子晶圓，於是生產一連停頓了好幾個月才重新啟動。等到愛立信採購經理得知生產延遲的事情，原來由該廠供貨的幾種晶圓，各家替代供應商的產品已被其他公司訂購一空。那些零組件的短缺，造成愛立信下一代手機延遲上市，因而流失四億美元營收，也是它在第二年退出市場的原因之一。

　　諾基亞的採購經理，接到關於那場工廠火災的電話時，就像愛立信採購經理一樣，確認既有庫存處於適當水準，並記錄它是例行事件。但他按照規定，向那位資深副總裁報告這件事是供應鏈異常事件。資深副總裁在進一步調查後得知，那座工廠的零組件供應短缺，可能會破壞該公司超過5%的年產量。

　　那位資深副總裁動員了一個有三十名成員的多職能團隊，以處理這項潛在的威脅。工程師重新設計一些晶片，以便向其他貨源取得供應，而這個團隊迅速向其他供應商採購大部分剩下的晶片。但還有兩種晶片，飛利浦是唯一的供應商。於是，那位副總裁打電話找到人在企業專機上的諾基亞執行長，向他報告這個情況，請執行長的飛機繞道去荷蘭，到飛利浦總部與飛利浦執行長會面。

　　在會議之後，兩家公司同意：「針對那些零組件，飛利浦和諾基亞會像是一家公司來運作。」實際上，諾基亞可以把飛利浦視為那兩種稀少晶片的專屬供應商。這樣的關係，讓諾基亞能維持既有手機的生產、準時推出下一代手機，並且在愛立信退出行動電話市場時受惠。

　　　　　　資料來源：參閱2020年11月《哈佛商業評論》，pp. 62&65。

第 一 節　企業危機與風險管理

　　企業危機事件不勝枚舉，近年來更是層出不窮，有愈演愈烈的趨勢。企業危機所造成的災難範圍也日益擴大，近來發生的工業災難，不僅傷害員工，更破壞自然環境，甚至影響經濟和社會環境。像車諾比核能電廠的災害，更跨越國界，波及全球，甚至可能危及我們的下一代。（註①）

　　企業危機（Corporate Crisis）雖與國際政治危機有所不同，但本質上，危機可能促發一國或一企業之滅亡或倒閉，乃是相同。所以，如何來管理企業危機，乃成為今後企業經營與風險管理的新課題。（註②）

　　風險管理的方法、技術及實務，經過近50年來的發展與改進，已逐漸在企業危機的處理計畫中，扮演了重要角色。（註③）

第 二 節　危機與危機管理的意義

一、危機的意義

　　危機（Crisis）乃是事件的轉折點或關鍵點，在此一時點，重大的事件或行動，對組織的未來具有絕對的主宰力量。因此，凡會引起災害損失的任何風險，都是一種危機，蓋在風險逼近時或發生後，若能迅速且正確的採取因應措施，則損失的嚴重性，將可大大的減小，然若不能迅速且正確的採取因應措施，則此風險就會大大危及整個企業的生存。再者，凡已逼近或已實際發生的災害風險，都需要全體人員做相互配合的反應與因應，才能使整體的損失程度減至最小。總之，凡需要很多人做很多「當機立斷」之因應的風險，就叫作危機或緊急事故。（註④）

　　凡能預測危機做好打算，把危機視為轉機的人，和會未卜先知事業及人生轉機、精打細算的人，一定比那些任意令危機來襲卻措手不及的人，更會利用機會，開創機運。一般人總以為危機是負面，事實上卻不然。危機只是因為結

果未定，令人覺得具有相當程度的風險而已。

從現實的企業觀點來看，危機（轉機）是公司問題潛伏而尚未爆發之狀態，常會有下列徵兆：（註⑤）

　　1.企業遭遇的問題日益嚴重。

　　2.受到政府和新聞界的嚴密監督。

　　3.影響企業本身的正常營運。

　　4.危害公司及公司高階主管的形象。

　　5.最後危害到公司的生存。

如果一個公司發生上述徵兆，業務會急速惡化，正如韋氏字典的解釋：「危機是轉機與惡化的分水嶺。」

二、危機的特性

經由前述危機的意義，可整理出危機的特性，茲分別說明如下：（註⑥）

㈠威脅性

危機的發生在於此種緊急情況威脅到組織的基本價值或目標，而影響到決策者的決定行為，但是何種程度才會造成威脅性的情形，則是依各個決策者的認知而定。

㈡突發性

即危機的發生是令人猝不及防的，雖然會有前兆，但很容易被忽略。例如：恐怖活動或地震發生，總是令人措手不及。

㈢不確定性

由於外在環境的變動迅速，加上人類的理性是有限的，因此無法完全掌握所有的資訊，致無法精確地評量每項事物。由於不確定的情形，因而影響決策行為。不確定性可區分為三類：(1)狀態的不確定；(2)影響的不確定；(3)反應的不確定。

㈣緊迫性

即決策者對於威脅情境的處理，在決策上只有有限的反應時間，因為事件的突然爆發，迫使決策者必須以有限的資訊或資源為基礎作出決策。但因此種情形和平時不同，而無法以平常的標準作業程序來處理，且因時間的壓力及資源的有限，決策者往往會忽略其他部屬或部門的意見，而快速決定，因而影響了決策的品質。

此外，危機尚有其他特性，且會隨危機種類的不同，而有不同的屬性及表徵，諸如：雙面效果性、持續性、複雜性、利益間的相互衝突性及管理者自我情感的涉入等，在在都會對組織的決策及思考方式有所影響。

三、危機管理的意義

危機管理（Crisis Management）與風險管理均為特殊的管理，因兩者均涉及到策劃、組織、指導及控制一組織的資產與活動，來達成一特定的成果。然所不同的是，危機管理所要求的，乃是使任一危機所加諸的損失能減至最小。為此，危機管理乃是在災害損失發生前、發生中，以及發生後立即策劃、組織、指導，以及控制資產與活動，期使復原所需的資源，能不遭受損失或受損極小。（註⑦）

第 三 節　危機的發展階段

危機管理的時間相當的短──通常只有幾小時、幾天，或頂多只有幾週而已。然在這短短的時間裡，卻必須依序採取適當的措施，來保護組織的必要資源，期使其能順利的進行重建工作。例如：建築物失火所引起的危機，通常是在人員或自動防火系統發現的幾秒鐘或幾分鐘內，須予以立刻撲滅，且此項救火行動在火災完全撲滅且財物搶救行動開始時，應予以終止。再如，對颱風的危機管理，通常是始於氣象局宣布熱帶低氣壓已形成之時，而終止於颱風過境且災後搶救展開之時。

由於危機管理的時間是這麼重要，所以，有些專家就把危機管理的時間區分為數個階段，且每個階段的時間長度，完全視風險與其他情況而定，如以火災或風災的危機管理為例，則這些階段，可詳述如下：（註⑧）

一、威脅階段

此乃指重大損失之可能性，正在快速上升，但風險尚未實際發生的階段。如以颱風為例，則當氣象局注意到熱帶低氣壓正在形成時，那麼這便是颱風危機的威脅階段。而如以火災為例，則當易燃物的溫度升高到接近燃點時，便是火災危機的威脅階段。

二、警告階段

此乃指風險的發生已然顯現，且潛在的嚴重損失已然「迫在眼前」的階段。如以火災為例，則當易燃物發出火花的那一剎那，以及火警警鈴響起的這段時間，便是火災危機的警告階段。而如以颱風為例，則當氣象局發出海上或陸上颱風警報，並要求颱風可能侵襲之路徑的居民，趕緊做好防颱準備時，則這便是颱風危機的警告階段。

三、影響階段

此乃指重大傷害或損害正在發生的階段。而所謂重大傷害或損害，係指原先的風險（在本例為火災或颱風）以及（或）因其而引發的新增風險（如地震所引發的火災，或工廠爆炸後所引發的毒氣外洩等），所引起的傷害與損害而言。

四、調查階段

此乃指初步評估傷害或損害，並決定必要的搶救與保護的階段而言。

五、救援與風險控制階段

此乃指大部分的緊急措施已然付諸行動的階段而言，如對受傷者施以初步的急救、清除火災現場四周的可能爆裂物，以及完全控制火勢等。

六、穩定階段

此乃指「清理」的階段而言。亦即，在此一階段火勢已完全被撲滅，而且財物已從廢墟中搶救出來。

第四節　危機發生的原因與結果

一、危機發生的原因

(一)主要原因

一般企業發生危機的主要原因，係指自然、政治、經濟和社會因素之變化所造成。根據危機的起源，可以概略分為四大類：(註⑨)

第一類是和生產科技的瑕疵有關，例如：故障、洩毒、爆炸、汙染、產品瑕疵等。

第二類是大自然所造成，例如：火災、風災、水災、地震等。

第三類是由內、外經營環境所造成，例如：周轉不靈、勞資糾紛、匯率波動、政令改變等。

第四類是人為破壞，例如：劫機、綁架、恐嚇、下毒等。

(二)一般原因

除了上述四個造成企業危機之主要原因外，一般企業危機發生的原因，可歸納如下：(註⑩)

1.主力產品的缺失。

2.主力工廠／設備的缺失。

3.主要工業的意外事件。

4.主力電腦的故障。

5.懷有敵意的企業收購行為。

6.廠內的破壞及產品的干擾行為。

7.廠外的破壞及商品的下毒干擾行為。

8.謠言與惡意中傷。

9.賄賂行為及勒索行為。

10.性騷擾。

11.恐怖主義。

12.綁架主管。

13.錯誤或不良的操作員作業。

14.仿冒者的威脅。

15.不良品收回。

16.模仿製造。

17.失去公司的專利資料。

18.錯誤的消息／錯誤的溝通。

以上的這些因素，都可能造成公司的潛在危機。面對這麼多的因素，個人或公司並沒有那麼充裕的人力、財力、物力來將他們的精力，分攤到每個可能發生的潛在危機上。因此，我們需要合理化、系統化及以可瞭解的模式，來預防公司的潛在危機。

二、危機發生的結果

企業危機發生之後，可能發生下列六個結果： (註⑪)

1.財務的損失。

2.人身的傷害。

3.賠償的責任。

4.權利的喪失。

5.市場的喪失。

6.商譽的破壞。

這六個結果，任何一個都可以使企業失敗或倒閉。因此，危機管理已逐漸形成一門新的科學，來幫助企業面臨危機時，如何安然度過，尋求企業可以繼續成長、發展的策略。

第五節　危機管理的步驟

「危機管理步驟」將最有效的危機管理哲學，充分應用到企業中，是一系列的活動與管理步驟，它們幫助公司防範危機、管理危機、將企業的危機化為轉機，並從中受惠。

危機管理的步驟如下：（註⑫）

一、辨識與評估組織的弱點

幾乎所有的危機發生前，都會出現一些警訊，成功的企業可以掌握早期的警訊並進行必要的調整，以確保公司不會陷入危機。「危機管理流程」的第一步，便是找出組織中的弱點，並評估每一個弱點可能會引發什麼樣的損害。

二、防範弱點爆發成危機

成功的企業針對它的弱點採取補強方案，以避免這些弱點對公司造成負面的影響。公司必須要果斷地採行艱難的決定，並且毫不遲疑地設法解決組織的唯一弱點。

三、事先做好應變計畫

成功的企業瞭解危機隨時可能會發生，而且帶來極嚴重的後果。如果企業投入時間與預算，事先從各個層面擬好危機管理方案，將可遏阻因無法有效處理危機所帶來的後遺症。最成功的公司，往往會先設想最糟的情境，並盡可能的擬定計畫，將準備工作做到最完美的境界。

四、危機發生時立即察覺，並決定應該採取的行動

　　成功的企業可以在危機發生時認清情況，並且瞭解快速採取行動的必要性。畢竟在沒有發現問題之前，沒有辦法進行修復工作。有效處理危機的關鍵是採取快速、果斷的行動，以便在危機變得失去控制之前，就先予以解決。首先要發現問題，接下來應透過有效率的溝通來處理危機。

五、在危機發生時，做最有效率的溝通

　　一旦企業開始處理問題，下一步便是要決定應該與員工、客戶、主管機關、股東、新聞媒體，以及其他重要群眾進行何種程度的溝通。溝通過程必須要開誠布公、誠實可靠。如果公司無法達到不同群眾所預期與期待的溝通程度，將會帶來更嚴重、更長期的企業問題。

六、監控並評估危機，並在過程中進行必要的調整

　　不管是在危機發生期間或危機結束後，決策者總是很難知道自己是否作了最好的決策。成功的企業瞭解，不管在危機發生期間或結束後，密切監控與公司有關的主要群眾之意見與行為，都非常重要，這些企業同時也能夠在過程中，進行必要的調整。其中，溝通的訊息、溝通的群眾，以及溝通的態度，都可能需要進行調整。

七、透過強化組織聲望與信譽，來防堵危機

　　觀察企業是否受危機影響的關鍵，是危機對公司信譽的影響程度。成功的企業總是（並非只有危機時）努力的爭取員工、客戶、供應商、主管機關、政治人物、社區領導人物、新聞媒體以及其他群眾的尊敬、信心及信任。而企業日常所贏取的商譽，可以將它隔離危機的傷害，就像寒冬中舒適的房屋一樣，是非常堅固的保護層。

第 六 節　危機管理的目標

　　危機管理的首要目標，與所有的風險管理目標一樣，均是要使組織在歷經任何可預見的意外損失後，仍然能生存下去。然所不同的是，風險管理係以風險控制（Risk Control）與風險理財（Risk Financing）等措施，來達成此一目標，而危機管理則只用風險控制的措施來達成此一目標，而且只要在實際或在危機發生前、發生中與發生後，適時採取因應的措施，即可達成此一目標。再者，這些因應措施，並不需要到組織完全康復並回復正常時始予停止，然更重要的是，這些因應措施不但可保存康復的「根基」，而且還可確保短期的生存，以待復原計畫的付諸執行。

　　當然，除了確保組織的生存外，周密且有效的危機管理，尚能達成風險管理所欲的損失預防目標（Pre-Loss Objectives）與損失善後目標（Post-Loss Objectives）。（註⑬）因為達成經濟性保證、減少焦慮、履行外在的強制性義務及履行社會責任等損失預防目標，危機管理確實能：

　　1.產生大於擬定與執行危機管理計畫所需之成本的效益。

　　2.能把危機中，可確保組織完全符合法律之規定的步驟，予以整合在一起。

　　3.能把主要的重點，集中在生命安全之上。

　　而為達成生存、繼續營業、穩定利潤、持續成長及履行社會責任等損失善後目標，則危機管理誠能保存繼續營業與穩定利潤所需的資產與作業，並且能使組織把任何不可避免的營運干擾，予以減至最小。（註⑭）

第 七 節　危機管理計畫

一、危機管理計畫的意義

　　危機管理計畫，基本上是企業有效管理危機情勢的流程步驟，並設定每一個流程中特定幕僚的權責。它所強調的是報告與溝通事項，以協助確保公司裡的重要人員瞭解他們的角色與責任。這個計畫也提供資料文件給公司最重要的

群眾，並說明應以何種方式與各個不同的群眾進行接觸、衡量他們的反應，並向他們求教。

二、危機管理計畫的功能

若能在組織中適當地推動危機管理計畫，將極有助於完成以下的事項：
(註⑮)

1.設計一套可以讓組織中不同人員檢討與吸收的演練計畫。

2.重新評估最有可能影響組織的危機情況，並說明應該如何有效管理這些危機。

3.指派特定的角色與權責。

4.在危機發生前，取得幾個項目的事前批准，如此一來，企業便可以在危機真正發生時，快速地採取行動。

5.在危機發生時，提醒組織應以何種方式，與不同的群眾溝通。

6.將重要主管、部門、局處、新聞媒體、警察局及消防隊的電話、傳真及手機號碼製作成一份清單，作為危機處理時的參考資料。

三、危機管理計畫的要素

危機管理計畫的內容、形式與型態都不同，但多數都含括以下兩種要素：
(註⑯)

1.組織的危機管理哲學與計畫重要性的聲明等 —— 也許是以備忘錄或執行長信函，作為計畫的序言或介紹。

2.為組織中可能被視為「危機」的事件、議題或問題下定義，這將促使組織執行危機計畫。

四、企業為何必須擬定危機管理計畫

企業必須擬定危機管理計畫的原因如下：(註⑰)

1.每個企業都可能遭遇危機。

2.許多危機是可以預先防範的，或是透過預防措施，使危機的損害，降至

最低。

　　3.一旦危機發生，一個充分做好防範措施的企業，較可以專注於危機的處理，並且採取果斷有效的應變對策。

　　4.當危機發生時，企業必須做許多決策、採取許多行動並製作許多必要的工具，而這林林總總的事項中，有許多都可以事前就先作好準備。

　　5.當你面臨斷頭臺的刀子在你頭上晃蕩的壓力時，你將很難作出正確的決策。

　　6.事前徵詢其他人，較容易有效取得他們的意見。

　　組織發生危機之後，管理階層最常說的通常是：「我們沒有準備真正的危機管理計畫」，經理人及其幕僚便會浪費時間在思考如何解決問題，以及應付媒體的窮追不捨。要避免此一情況，最好的辦法就是事先準備好一個完整的危機管理計畫，並時常照章演練。

　　然而，許多研究均顯示，大多數組織並未擬妥危機管理計畫，即使有，也根本不當一回事。葛林哈瑞斯公關公司（Golin/Harris）1989年的一項調查顯示，雖然66%的受訪公司在過去5年內曾發生過危機，但只有其中三分之一擬定了處理計畫，以及有專責執行人員足以解決各方面的問題。

五、危機管理計畫的擬定

　　所有的危機管理計畫（Crisis Management Planning）與活動，都有著一些共同的要項，因這些要項的主要目的，均是要保存一組織的(1)結構；(2)人員；(3)生產設施；(4)營運資金；以及(5)市場。

　　然應注意的是，儘管各種不同的危機管理計畫，都有其共同的部分，但各個危機管理計畫的實際內容，卻必須針對各個組織的風險來調整制定。因實際上根本沒有「放之四海而皆準」的危機管理計畫，用以解決甲風險的行動與資源，並不見得可用來應付乙風險，例如：失火與爆炸所需的反應與因應，就截然不同於颱風與洩毒所需的反應與因應。再者，某些風險誠比其他風險更具有預警性，從而可讓人們較有時間採取事前的損失預防措施。例如：洪水的來襲就比地震的侵襲更具有預警性，從而人們就較有時間來採取防洪的措施。

　　因此，我們誠然需要針對個別的風險，來擬出個別的危機管理計畫，俾構

思出損失最小的最適因應行動,並在風險來襲前,有足夠的時間來部署這些行動。有鑑於此,在以下各節,我們探討能在有限的反應時間內,將各種最適的因應行動予以組合成「神乎其技」之打擊力量的危機管理計畫。然應注意的是,由於各組織所面臨的風險情況並不盡相同,因此,這些具有「神乎其技」力量的危機管理計畫的細節,就有待各組織進一步的「因勢制宜」了。(註⑱)

(一)火災與爆炸的緊急應變計畫

火災與爆炸通常是沒有什麼預警就發生的,而且在發生後的數分鐘內,必然會有如下的反應或因應:通知消防隊前來救火、緊急疏散人員、調派自己的消防人手來救火及搶救財物。由於「星星之火」常會釀成巨災,因此,在星火剛燃之際迅速予以撲滅,就成為防災應變的關鍵工作。不過,若以重要性來區別,則撲滅火災就沒有保護生命那樣來得重要。

由於火災與爆炸均具有迅速蔓延及造成重大傷亡的潛在嚴重性,所以,許多減少損失的措施也就均為自動化與機械化,而不需要人去操作。例如:自動防火噴水裝置、防火牆與防爆牆,以及自動火警警報器等,均能在緊急事故發生時自動發揮作用,而不需要人員去操作(當然,為防萬一失靈起見,最好還是附帶有人工操作的功能比較好,這樣在自動機能失靈時,人工就可立即啟動這些設施來救災。不過,人工的操作,必須平常就多加練習才行,這樣才不會使設施需要用到時,卻完全失靈)。又為求安全起見,所有的防災機械設施與人員緊急疏散程序,應連同整棟建築的各種設施與通道路徑,予以揭示在布告看板上(如圖13-1所示),並在各通道路徑上貼上亮光的疏散方向指示牌或號誌,同時應有能傳遍各個角落的大樓廣播系統,以及緊急應變暨疏散的手冊。而若有自備的消防人員與除爆人員,則平時就應多加演習,俾在失火或爆炸發生時,能習慣且本能的採取緊急應變措施。總之,由於火災與爆炸通常都是出其不意的快速發生,而且一旦發生,則幾乎沒有什麼時間可思考應變之道,因此,對火災與爆炸的周密且有效的危機管理,就是盡可能的使各種緊急應變措施——不管是機械的、還是人工的——自動化。

1982年7月1日,我國中船公司所承建的油輪「艾索西班牙號」起火燃燒,造成15人死亡,10餘人輕重傷之慘劇,損失金額達新臺幣7億餘元。該油輪已進行到最後整修階段,由於柴油輸送管連結處有漏油現象,經整修未果,工人貼

上「油管漏油，請勿亂動」之膠布，就下班離去，由於視線不良且目標又小，未引起電焊工之注意，以致電焊火花引燃了機艙內的油料，此事件所造成的損失及傷亡，是何等的冤枉與令人痛心。（註⑲）

緊急疏散指示
機械廠──日班
（請仔細閱讀）

一、凡發生任何緊急事故時，應聽從下列人員的指揮：
　　1.疏散總指揮──李總廠長。
　　2.機械廠疏散隊長──張廠長。
　　3.機械廠疏散總監──王總工程師。
二、若是機械廠失火，則：
　　1.應立即通知總廠長辦公室。
　　2.應盡可能將火撲滅──而若火勢無法立即控制，則應遵行疏散隊長張廠長或疏散總監王
　　　總工程師的指示，並應迅速撤離至工廠南邊盡頭的安全門；而若安全門被火堵死，則應
　　　利用工具室的側門，逃至廠外的階梯上。
三、若是工廠其他地方失火：
　　則全廠警鈴會先響10秒鐘，然後停一下又響10秒鐘；此時應繼續工作，但也應隨時注意連
　　續三響的緊急疏散訊號。
四、而若緊急疏散訊號響起，則：
　　1.應立即關掉機械與風扇的電力。
　　2.應立即關掉熱處理爐的瓦斯。
　　3.應關緊窗戶並清除通道。
　　4.應在通道中央排成兩縱隊，並跟隨疏散總監與疏散隊長快速撤離──但不准擁擠或快
　　　跑，而且也不准邊走邊聊或引起混亂與恐慌。
　　在撤離出工廠建築後，絕不准干預廠內消防人員或縣市消防隊員的工作。此時，應靜候總
　　廠長或廠長的指示。
五、重回工作崗位：
　　重回工作崗位的指示，將由總廠長辦公室，以擴音器或電話，廣播下達。

圖13-1　工廠疏散指示看板
資料來源：*Accident Prevention Manual for Industrial Operation: Administration and Programs*, 8th ed.,
　　　　Chicago, IL: National Safety Council, 1981, p. 455.

(二)水災緊急應變計畫

　　大多數的洪水來襲，都會有很明顯的預警（但水庫崩潰或驟雨所造成的水災則例外）。而此一預警通常可讓人們有數小時或數天的時間，來加高堤防的高度，把重要的財物搬到不會淹水的地方，以及把人員疏散到安全的地方。若

建築的設計早就有考慮到水患的問題，並因而設有完善的下水道、堤防及疏散通道，則這些事前的緊急應變措施，就常能奏效。

1983年6月3日，臺灣北部地區豪雨成災，造成本省北部之廠商嚴重損害，損失金額達新臺幣10億元以上。六三水災之廠商，若能事先採用風險管理中損害防阻的觀念，像少數廠商將貨物與機械設備搬離低窪地區，就能避免水災所致之損害。（註⑳）

㈢颱風緊急應變計畫

一般說來，每次颱風來臨前，都會有不同程度的預警措施，並且常有數天的徵兆可循。因此，颱風的來襲，就常有時間，讓人們來釘牢門窗、搬移貴重物品、疏散至安全地帶，以及備妥充足的民生必需品。然不論颱風是如何來襲，最重要的就是保障人員的生命安全。

臺灣位處太平洋颱風路徑之要衝，每次颱風來襲時，均有強大的暴風雨，往往造成嚴重的風災與水災。每年6月至10月為洪水季，年雨量約有80至85%集中於這一段時間。（註㉑）

目前臺灣一天最大雨量，民國1996年7月31日賀伯颱風帶來驚人的雨量，在阿里山的總雨量竟高達1,994公厘，而連續24小時最大雨量達1,748公厘，接近全球之紀錄。（註㉒）

㈣地震緊急應變計畫

就像颱風常發生在某些地區一樣，地震也偏向在某些地區發生。然由於這些地區的建築，均已考慮到防震的能力，因此，緊急應變的措施，自然也就著重在保障人員的生命安全，而非保護財產的不受損失。

地震之所以可怕，乃在於其能摧倒建築、扯斷瓦斯管、油管與所有的地下管線，並引發大火與斷水，進而使整個地區成為一片廢墟。因此，光是疏散人員並不能達到危機管理的效果；易言之，尚必須對受災地區的人員，提供生存所必須的物品，才能達到危機管理的效果。有鑑於此，組織應促使人員注意地震來襲後之瓦斯管與電線管破裂的危險性，並應平時就調訓地震緊急應變人員來防止這些風險，同時更儲備維生所需的最基本水量，當然，若有可能的話，則不妨多儲存一些水，以供撲滅地震所引發之火災。

根據過去的資料顯示，臺灣地區的地震活動，以花蓮、宜蘭一帶最為活躍；另西部地震帶的地震，大致集中於新竹、臺中一帶及嘉南附近。1900年至1988年，發生災情的地震共有97次，其中27次係發生於西部。（註㉓）氣象局指出，發生在臺灣西部的地震，都是屬於深度小於40公里的淺層陸上地震，而西部地區在高度經濟與工業發展下，人口密度高，工商與民生重大設施集中，相對提高了西部地震災害的潛能。（註㉔）我們應採取各種預防對策，以避免大地震時，房屋震毀，傷及身體。

㈤危險物質外洩緊急應變計畫

放射性物質、有毒的化學劑，以及生化試體，都有可能會溢出容器之外，例如：當載運放射物質的火車或卡車，發生事故時，則有害的放射性物質，便會傾洩出來；再如，人為的疏忽，也會使有毒的氣體或菌體洩漏出來。由於立法機關與司法機關均對這些物質的危險性有很深的認識，因此，彼等均嚴格要求這些物質的潛在傷害力減至最小，其中最主要的有：(1)有毒物質外洩後，各有關單位應立即予以回收或中和，以防止受害地區的擴大與蔓延；(2)應緊急撤離受災地區的人員，並嚴禁其他人進入受害地區。為此，當有毒物質外洩時，則不管是來自組織本身或他人，組織都必須要設法使外洩的程度減至最低，並看顧好所有可能會受害的人員。

由於有毒物質的外洩，通常沒有什麼預警，因此，所有的緊急應變措施，就應高度的自動化且應非常的敏感才行。例如：能自動關閉汙染地區或氣孔的自動化機械設備、高敏感度的疏散警報器、可自動通知消防隊與環保署的自動防災警鈴，以及可立即召喚自己的毒物緊急處理小組的高感度自動警報器等，均是最好的例子。

2015年8月12日23時34分，大陸天津市濱海新區天津港的瑞海國際物流中心貨櫃碼頭，貨櫃內易燃易爆品發生爆炸，其直接原因是貨櫃內硝化棉局部乾燥，在高溫等因素的化學作用下加速放熱，積熱自燃，最後致硝酸銨等危險化學品發生爆炸，造成超過170人喪生，798人受傷，約730億人民幣的經濟損失及天津濱海新區一萬五千餘戶房屋受損，是當年全球最大的單次事故賠償。（註㉕）

㈥工業意外事故緊急應變計畫

工業意外事故不僅會造成人員的傷亡與設施的毀損，而且還有可能會使正常的營運整個停頓，因此，工業意外事故的緊急應變措施，就應著重在人員的拯救，或予以撤離至有醫療設施的地方，而設備與原料，則應加以保護以防進一步受到損壞。當然，如有必要，則應拆除一部分的建築物，俾保護尚未受傷的人員。工業意外事故的緊急應變措施順序通常是：⑴先救助受傷者；⑵然後再保護未受傷者的安全；⑶最後才是保存財物。（註㉖）

為此，挑選緊急救難小組也就格外的重要。不過，為防止傷亡過大，凡參與急救者，都應受過專業的急救訓練才行。職是之故，組織應平時就備有一組受過專業急救訓練的人員，並將之安置在安全地帶，這樣一旦遇有事故發生，才不會因本身也受傷而致無法展開急救的工作。此外，組織也應培訓人員的財物搶救暨保存技巧，俾無預警的工業意外事故發生時，能派上用場。

1990年4月12日，臺中鉉光實業公司於中午12時15分，在坐滿用餐員工的餐廳中，突然發生瓦斯爆炸，同時起火，在場員工無一倖免，69人全部被灼燒，其中40人不幸於兩個月內，陸續傷重不治，實為近年來最嚴重的一次工業意外事故。根據行政院勞工委員會之統計，1989年一共發生了398件重大職業災害，傷亡496人，災害賠償撫恤金額高達新臺幣4億4千多萬元，至於因職業災害的直接及間接影響，造成的全國經濟損失更高達222億元，企業應自我提高警覺，採取有效的防止與應變措施。（註㉗）

㈦暴亂的緊急應變計畫

民眾的示威、抗議、暴動，以及勞資糾紛，都有可能引起組織所在地的暴亂與動盪，而若場面失控，則組織將會首當其衝的遭到圍堵、破壞與掠奪，且趁火打劫者，並非只限於外來者。

因此，凡遇有暴亂時，則組織負責人所應立即採取的緊急應變措施，就是依據生命安全、財產保護、社會形象，以及其他攸關目標等的孰輕孰重，來決定是否要立即全面停止營運，還是繼續營運。若是決定全面停止營運，則應遵照本文稍後所探討的停頓程序來進行，而若是決定繼續營運，則人員與財物的特別防護及道路的暢通無阻，也就成為首要之務。此時應對各有關人員——組織的管理人員、現場維持秩序的軍警人員，以及其他有關的人員——提供充足

的民生必需品，以及為確保繼續營運所需的必要設施與援助。

(八)民防緊急應變措施

當外國軍隊有入侵的威脅時，或國內的動亂有一發不可收拾的態勢時，則民防指揮部常會發布戒嚴法令，這些法令常要求戒嚴區內的組織，必須保護甚或撤離其財物與人員，且若有必要會予以徵用。雖然戒嚴會造成某種程度的不便，但卻也是人員與設施的最佳保護措施。

(九)綁票與擄人的緊急應變措施

綁票或擄走組織的人員，常是組織所必須要面臨的緊急事件，而組織在處理此一緊急事件的優先順序當然是：(1)先求人質的安然釋放，且最好是不必付贖金；(2)接著再逮捕綁匪；(3)最後才是維持這些擁有難以被取代之技能的人質，在遭劫持後這段時間的持續營運。（註㉘）

綁票與擄人的緊急應變措施，截然不同於其他事故的緊急應變措施，因第一，綁票與擄人通常不會危及到組織的財物與其他人員的安全；第二，成功的應變之道，需要與有意的綁匪談判，而不是對抗某些實體的力量。因此，綁票勒贖的緊急應變小組，應侷限於由少數幾個能處理此一情況的主管來組成（應避免整個組織全體介入，採祕密談判，常比公開談判，更能獲得具體的成效）。

鑑於許多組織主管及其他人員，均很有可能成為綁匪下手的目標，因此，這些人員實有必要參加應付綁票與勒贖的防範訓練，且此種訓練應涵蓋如下的項目：(1)防範被綁或被劫的安全保護措施（如隨時配給貼身保鏢、改變上下班或出差的路線）；(2)若萬一被綁或被劫，則應保持冷靜、樂觀並隨機應變；(3)盡可能伺機以暗語或其他方法來通知老闆與家人；(4)若可能的話，則應伺機掙脫逃跑。又凡須與綁匪談判的人，也都應接受如下的訓練：(1)談判技巧的訓練（若是國際性的組織，則負責與綁匪談判的人，更應該接受涵蓋他國之法律、文化與風俗習慣的談判技巧訓練）；(2)與警察及司法人員交涉的程序訓練；以及(3)認清解決人質危機時所涉及的組織目標，與人質人權相互衝突的道德問題及其解決之道的訓練。

此外，有許多綁票與擄人的情況常需要額外的保全訓練，因在這些綁票擄

人的情況中，不僅組織自身的人員遭到挾持，就連無辜的民眾也身陷綁匪的控制中。由於這些受「池魚之殃」的民眾，大多沒有接受過反綁票勒贖的訓練，再加以組織是否有義務或責任為其談判又法無明定，因此，化解人質危機的應變之道也就相當地複雜。不過，多一種訓練就多一種保障，而這也是防範甚或打擊綁匪的最好應變方法。

㈩其他事故的緊急應變計畫

雖然上述的各事故緊急應變計畫，確已涵蓋了大多數組織所必須關注的風險，而且這些計畫，也闡明了應如何將各種資源與預警時間予以匯合，以因應各種可能出現的危機，但這並不表示所有的危機管理就只有這些而已，因有些組織必須面對其異乎尋常但卻重要的危機管理挑戰。例如：靠近不穩定之山坡的建築物，就需要一套防範山坡滑動的危機管理計畫。又如，凡設於煙霧迷漫之區的組織，都需要擬定一套空氣汙染應變的危機管理計畫；再如，冷凍食品業也都需要擬定一套斷電的危機管理計畫。然不論這些計畫的詳細內容為何，都不僅要考慮到風險的本質與可利用的預警時間，而且還需要考慮到組織所賴以度過難關，並進行重建的五大必要資源——即組織結構、人員、生產設施、營運資金及市場。

㈩一停頓（或停止營運）的程序

許多危機管理計畫都列有停頓的程序，此一程序乃是因損失嚴重，而不得不暫時關閉全部或一部分的組織設施時，所必須要採取的步驟（然應注意的是，此處的「停頓」並非是一種緊急事故，而是一種緊急事故的應變措施。又此處的「停頓」係一種有意的作為，而不是風險所造成的「當機」結果，因必要設備的當機，乃是一種需以停頓程序，來予以因應的風險）。

事實上，許多的行業與組織，均有設施例行停頓的程序，如為定期維修而停頓、為放假而停頓、為因應預期的罷工而停頓，以及為更換產品模具而停頓等，均是例行停頓的最好例子。然應注意的是，這些非緊急的停頓程序，其目的均在於保護設施在停頓期間，免於受損，並使之保持可立即恢復作業的狀況，俾在最短的延宕時間內，能立即恢復作業。

這些目的與要求，對緊急停頓的程序也一樣適用，只不過尚需再加上如下

的兩個限制條件：(1)緊急事故會縮短正常停頓所可使用的時間；(2)由風險所引起的損害，會使某些合宜或所欲的停頓程序無法執行。為此，凡不採行就會造成未來營運能力大為受損的停頓程序，就應賦予最優先的執行順序。也正因為如此，凡依賴連續性生產的組織，才會花這麼大的心血，來擬定關機或換機的最適步驟，以及在製原料的停料或換料的最適步驟。至於第二優先執行的停頓程序，就是保護財產免於受火災、竊賊、暴徒，以及其他風險所破壞，因閒置且未被使用的財產，特別容易會為上述這些風險所毀損滅失。而第三優先執行的停頓程序，則應把停頓告知客戶與供應商，好使他們能另覓貨源或暫停供貨。

除此之外，組織尚需執行另一項必要的停頓程序，那就是向員工發布建築物停頓狀況的消息，以及彼等持續僱用之狀況與福利的消息。因若想迅速重新啟動設施，就需要留守一些人員來看顧保養設施，並查證防火防盜鈴是否功能正常。為此，實有必要設立一項程序，來管制人員的進出停頓區——如非經核准的人，一律不准放行，且進出都詳加登記。而若圍堵、暴動或破壞有愈演愈烈的趨勢，則可在建築物的四周布置警衛站。

但有些組織則認為它們的生存，乃至於它們市場占有率的維持與社會形象的維護，幾乎全靠連續的營運，而因此極不願採取暫時的停頓應變措施——因這樣做，將會對它們的長期利益，有著負面的影響。像這種情況，則以臨時的替代設施來接續營運，也就成為必要的危機應變之道。申言之，在這種情況下，危機管理計畫應涵蓋如下兩個要項：(1)高階主管對應否在原地繼續營運，還是應遷地營運所做的初步與持續的評估；(2)若決定遷地營運，則應怎樣啟動遷地計畫（事實上，即使是在擬定危機管理計畫時，能預見在遭受嚴重事故損失後，會有短暫停頓的組織，也應探究有什麼樣的臨時設施可接續營運，以便使可能的淨利損失減至最小，並保住組織的市場地位）。

第 八 節　危機管理計畫的共同要項

以上所探討的各種危機管理計畫，均是著重在各種風險所引發的個別緊急應變之道。而以下所探討的，則是所有危機管理計畫的共同特點。（註⑳）又所謂

共同的特點，係指任何組織在任何緊急事故中，都必須要保護，俾據之度過急難，並回復正常營運的五大資源 —— 組織結構、人員、生產設施、營運資金及市場 —— 應變措施而言。

一、組織結構

對組織與人員而言，危機乃是不安且具有壓迫力的事件，而因應這種壓迫力的最好方法，就是有組織、有秩序及有紀律。申言之，若想在重大事故發生前、發生中及發生後，保持井然有序的紀律，則組織就必須要以言之有物的危機管理程序手冊來培訓其人員，因此種手冊乃是指導人員應怎樣處理危機的基本規範，而有了規範，則紀律與組織架構也就應運而生。如在危機中，誰應負責分派任務、誰應帶領危機處理小組、命令應怎樣發出與傳達，以及應怎樣與內外溝通等，都會跟著規範而確定。

(一)危機管理程序手冊

一套周密且有效的危機管理計畫，應包括有明載危機管理政策與程序的手冊。此種手冊常是活頁式的，然重要的是，經由此一手冊，則整個組織的每一個人員都會得知：組織的危機管理計畫的範圍與目標、每個人對自己部門及整個組織所應擔負的風險控制與風險理財責任、履行這些責任所需的程序，以及風險管理成本的分配方法與邏輯。

雖然要讓第一線人員熟悉危機管理的程序，常需要個別印行與散發有關的危機訊息，但危機管理程序手冊，應是整個風險管理手冊的一部分。因每一個危機管理小組的成員，都有必要熟悉該小組所應採取的最適應變程序，而且所有的人員，也都有必要知道並練習緊急疏散的程序，同時也都有必要熟悉危機管理的程序。

以下就是危機管理手冊所最常列載的一些指示與訊息：

1.本手冊的目的、範圍及內容。

2.危機管理的組織結構 —— 包括指揮路線示意圖，以及緊急事故處理小組的組成及其整體的職責。

3.疏散指示 —— 包括警報訊號的解釋與安全門路線圖，在預警時間很短時，以生命的安全保障為第一優先。

4.損失預防暨損失抑減的程序——依據風險的類別，來組成並分成事前與事後兩種措施。

5.與外界消防隊、警察機構、醫療機構、汙染防治機構，以及其他救援機構的聯絡程序、聯絡住址和聯絡電話。

6.在緊急事故中與緊急事故後，所應遵行的溝通程序，特別是通知員工有關營運恢復之進展時，所應遵行的溝通程序。

想要編製並使用適宜的危機管理程序手冊並不難，只要遵循如下的步驟即可：

第一，先取得高階主管對危機管理計畫的認同與承諾，特別是對防範緊急事故所需的訓練暨定期演習手冊的認同與承諾。

第二，在編寫手冊時，應向各種緊急應變程序專家請益。然鑑於緊急事故發生時，甚少有時間可以詳閱手冊，因此，手冊的編寫應以「首要事項先列」的方式為之。

第三，為使管理人與員工均能熟悉手冊的內容，除了應做到「人手一冊」的地步外，尚應要求每一個人隨時詳細研究手冊的內容（尤其是那些手冊所指定的緊急應變負責人與危機處理小組人員，更應隨時細究手冊的內容）。此外，為求每個人在緊急事故發生時，都能迅速做出本能的反應，尚應嚴格要求每個人依照手冊所指定的程序，定期予以訓練與演習。

上述這些步驟的最終目標，就是要使每位員工所做的應變反應，均是已經過「千錘百鍊」暨「深思熟慮」的本能反應，俾確保整體緊急應變的每一部分與要項，均很可靠且很有效。

㈡危機管理的指揮路線

組織對危機所做的反應，與一團體對軍事攻擊威脅所做的反應大抵一樣：即正常的活動必須暫停，且平時行之有效的法令與程序均停頓，而代之以軍法或戒嚴法令，同時由軍方來接管一切，因唯有軍方才深知要怎樣應付即將到來的攻擊或已發生的攻擊。同樣的，當颱風、火災、暴亂，或其他風險逼臨一組織時，則最有資格處理緊急事故的人，就應被賦予特殊（或緊急）的權利與職責，好讓其帶領整個組織度過危機。

這種危機管理的緊急處分權有其賦予的依據：⑴欲度過危機，則非得由精

通危機應變的人來帶領不可；(2)欲迅速且有效的因應危機，則非得有一個超越正常架構的絕對權力不可；(3)即使某些重要的主管遭遇不測，組織仍舊需要繼續運轉下去。

1983年12月31日，座落於中壢工業區美商增您智工廠發生火警。由於該工廠係封閉式建築，只見處處冒煙，卻找不到火源，又不知以何種方式來應變處理，等了近3小時，已回臺北渡假的該廠總經理柯能為方趕到，才決定以怪手將工廠牆壁弄個洞，使煙外洩，以水源灌入該廠內，才有效撲滅，總損失逾新臺幣15億元並被迫停工。該廠若事先有危機管理的指揮路線規劃，則不必等總經理趕到才決定撲滅火災的方式，可節省近3小時的寶貴時間，而該廠最精密的生產線也不至於全部毀於一旦，並且被迫停工。（註⑳）

總之，若想保存組織的實力，則危機管理程序手冊，就必須明載將於危機中生效的緊急處分權力與責任。申言之，危機管理程序手冊必須：

1.詳載每當危機發生時之各區接管人員間的指揮路線。

2.規定緊急處分權不得與危機有關的命令相牴觸，並擴大發令者的職權，使其可以行使特准的立即危機應變措施。

3.備列臨時的總部，以防原來的總部設施，因危機而無法使用時，可接續組織的營運。

(三)危機處理小組

一般說來，危機處理小組的規模均相當的小，不過，凡被挑選為危機處理小組成員的人，都必須具備如下的資格：（註㉛）

1.在體力上能執行緊急應變職責，期使整個組織與人員，能如預料受到很好的保護，並且不會傷到任何人。

2.在危機發生時，隨時可以待命。

3.受過危機處理小組的數種職責訓練，而因此能替補任一位危機處理小組成員的職位。

4.願意服從命令並受同事所敬重，而因此樂意接受危機處理小組成員的任何緊急指揮。

5.能在壓力下，不慌不忙的發揮作用。

㈣危機指揮

在危機中保存組織實力的另一個先決條件，就是有一個統一指揮的處所，此一處所須設在安全的地點，並須配備有各種通訊設備、地圖，以及有關各建築結構、設備暨各區營運作業的詳細資料。此外，此一處所也必須配備有緊急電力與通訊設備，並儲存供緊急使用的食物、飲水，以及醫療藥品。由於此一處所樣樣齊全，所以它才會成為發號司令的指揮中心，以及在危機中與危機後發布消息的中心。

不過，鑑於沒有一個指揮所能全然免於遭受損壞，因此，實有必要設立一個備用的指揮所 —— 且最好是設立在組織的建築物之外（又此一備用指揮所的地點與設立，最好是只有少數幾個人知道，這樣才能防止遭到蓄意的破壞）。

㈤變通的通訊措施

在危機發生中，組織必須保持內、外通訊的暢通無阻，而要做到這一點，就必須：⑴維持指揮所與外界消防隊、警察局、醫院及其他救援機構之間的雙向通訊；⑵維持指揮所與組織各角落間的雙向通訊。因此，危機指揮所至少應配備有兩種雙向溝通的通訊器材，如電話、無線電話、電腦傳輸通訊機，以及其他能傳播外界機構及組織各角落的合適通訊設備。此外，組織的各角落，也應至少裝置有兩種能接收與傳遞訊息的器材。然更重要的是，危機管理程序手冊應詳列消防隊、警察局、醫院及其他救援機構的電話號碼。

二、人員

欲度過危機並康復，則不僅需要有具適應力的組織，而且更需要有能使組織充滿希望的人員。為此，周密且有效的危機管理計畫，就必須要保護所有人員免於遭受任何危機中的不測，而這通常需要有一套預先策劃好的緊急疏散程序、合適的警報系統，以及可使人員正確執行疏散計畫的訓練程序。

㈠緊急疏散程序

每一個危機管理計畫，都必須將其建築物上之所有人員（不管是自己的人，還是外來的賓客）的生命安全列為第一優先。有鑑於此，危機處理小組的領導人（或負責人），打從危機的預警一出現，就應隨時評估是否應撤離

建築物。事實上，疏散或撤離並非都是必要的，因在某些危機中（如地震或核子外洩等），撤離建築物的避難所，反而會增加人員傷亡的危險，再者對某些人員（如住院的病患、殘障者、監獄囚犯，以及高樓頂層的住戶等）來說，躲入預先設計好且保護周到的大樓避護室，乃是彼等最佳的「撤離」方式。如以消防術語來說，則這種大樓中的特別加強防護地區，就是所謂的「水平出口」（Horizontal Exits），(註㉜) 因它們與被保護的住戶，就在同一層樓上。職是之故，有效的危機管理，不僅要有預定的撤離（或疏散）評估程序，而且還要有預先選好的避護水平安全出口，以供人員需要時，可以派上用場。

不過，光只有這些還不夠，因若欲發揮這些軟硬體的功用，尚必須在危機管理程序手冊上，載明演習的方式與要求，並在工廠的布告欄上，張貼說明——讓員工明白一旦發生事故，則他們應先怎樣保護工作場所的安全，然後再怎樣魚貫撤至安全出口。像圖13-2的火災應變指示說明，就是最好的例子。當然，撤離或疏散的實際效果，絕對是與平時練習的多寡成正比。因此，除了應嚴格要求所有人員依照手冊及布告上的指示來練習疏散外，尚應要求所有的人員，練習引導外賓疏散或撤離，而如可能的話，則當外賓來訪時，不妨來一次正式的全面疏散或撤離演習。

著火或發生其他緊急事故，則：
V 必須保持冷靜——千萬莫慌張與惶恐。
V 必須知道安全門的位置——不管你身在何處，都應確定你知道逃出建築物的最安全路徑。
V 必須知道周遭的滅火器位置——務必要學會各種滅火器的使用方法。
V 必須知道要怎樣發出警訊——立刻按下警鈴或警報器，並通知疏散主管。
V 遵行疏散的指示——在未接獲撤離的指示或訊號前，應守住工作崗位；且務必要完成所分配的緊急職務後，始能依照計畫迅速的撤離。
V 必須走到所指定的安全門出口——千萬要保持秩序與安靜；並認真演習——因為這可能會是「真的」！
千萬要記住——防火乃是你的分內工作

圖13-2 疏散指示的看板布告範例
資料來源：*Accident Prevention Manual for Industrial Operations: Administration and Programs*, 8th ed., Chicago, IL: National Safety Council, 1981, p. 454.

好的疏散程序，必須做到下面這一點：查證每一個人是否都已離開受災區，並安全抵達指定的集合點。準此，發給或張貼給員工看的書面疏散指示，應載有主要與次要的疏散後集合點。而被指定的危機處理小組成員，則應負責

查證其所負責的地區，是否已真的「人去樓空」。

　　一般說來，保護人員的生命安全，並非僅撤離未受傷的人員而已，同時更應把受傷的人員護送到醫療機構。當然，受傷人員所需的救助速度與程度，完全要視其受傷的嚴重性而定。然鑑於任一種危機，都有可能會造成嚴重的傷害，因此，所有的危機管理計畫，就應把各種可能的傷害予以考慮到才行，而且還應提供各大醫院、救護中心、中毒醫療中心，以及其他團體醫療機構的電話號碼與求救指示。又有些組織為求爭取時效起見，常會鼓勵其員工接受急救的訓練。一般而言，只有受過急救訓練的人，才能對傷者施予初步的急救，此乃不爭的事實，而若現場並沒有這種人，那只好向組織內、外，尋求緊急的醫療救助了。

(二)警報

　　在危機發生的過程中，警報可發揮三種保護作用，即：⑴警告大家趕快疏散；⑵引起危機處理小組成員的注意力與警戒；⑶召喚員工於危機過後，回到工作崗位上。就第一與第三種作用而言，書面的疏散指示，應詳述警報訊號或警鈴訊號的特點，並將疏散訊號與回復工作的訊號，予以劃分清楚。又這些警報聲音也應截然不同於員工日常上、下班所習慣聽到的聲音，同時在內涵上絕對不能與後者混在一起（然應注意的是，若因矯枉過正而對各種危機設置各種不同的疏散訊號，則這將會給自己帶來很大的麻煩，因一旦真有危機出現，則員工常會弄不清楚，這到底是哪一種疏散訊號與疏散方式，從而會反應慢半拍或跑錯地方或乾脆不動）。又警報訊號的設計，應是可看且可聽的才行，這樣聽力不好或視力不好的人，也一樣能接收到警報訊號。不過，如有必要，則也應針對各種器官殘障者，來設計特殊的疏散程序或保全程序。

　　中油公司正規劃一套利用有線電視傳達訊息的安全預警及指揮系統，該系統的最大特色，是藉由電腦控制的有線電視系統與附近居民家中的電視連線，一旦廠內有緊急突發事故，除發出警報外，電腦系統將自動開啟居民家中電視，將意外事件的有關訊息，立即告知民眾，並採取必要因應措施，將可能的傷害降到最低。（註㉝）

　　至於上述的警報第二種作用，則其最好的設計，應是只會驚動危機處理小組的成員，而並不會引起其他人的驚慌。易言之，專門招呼危機處理小組的警

報訊號,其設計上絕不能引起小組以外人員的注意,為此,此種警報訊號常以預先設定的密碼來傳遞。當然,若想仔細一點,則此種警報訊號可設計複雜一些,這樣危機處理小組接到後,就能知道緊急事故的嚴重程度。不過,這還得要危機處理小組接受對特殊訊號的接收訓練才行。

三、生產設施

由於任何組織的價值,全來自於其持續生產有價值之產品或勞務的能力,因此,危機管理的基本目標,就是要保存組織的生產能力。當然,此一能力係由組織結構、人員,以及實體的生產設施所構成的。我們應瞭解,欲達成保存生產能力這個目標,不僅應考慮到組織的各個製程,而且還應考慮到彼等「繼續經營」的相互關係。

危機管理對生產設施的保護,應依據設施正常營運的流程圖為之。申言之,危機管理計畫,應以如下的兩種方式,來保護流程的持續:(1)先預測危機會對各項營運造成何種不利影響;(2)然後再擬出修復或接替可以利用的設備、人員與其他資源來完成,而若未能依計畫完成,則可依靠其他地方的臨時替代設施來完成。

例如:大學的主要生產設施為教室、宿舍,以及圖書館 —— 因沒有這些設施,則大學將會停頓,並必須退還學生所繳的學費。因此,其每一項危機管理計畫,都應列有保護這些設施,免於遭受損壞的程序,以及提供設施受損時的功能持續變通措施。當然,在某些情況中,大學可能有能力把受損地區的教學活動,移至校區的其他地方,而若此路行不通,那只好借用鄰近的教育機構,甚或企業組織,來接續受損地區的教學活動。

四、營運資金

若欲保護繼續經營的價值,則組織就必須要維持其持續收款與付款的能力,特別是支付因危機而發生的意外費用之能力,更是應予以維持。因此,危機管理計畫,不僅應提供應付立即之危機所需的資金,而且還應保護好組織維持正常收支的能力。

(一)提供緊急的資金

大多數的風險理財技術（如保險、風險理財的契約性移轉，以及基金化的準備），常被用來融通重大事故後的復建。不過，對危機管理來說，除了這種融通外，常還需要緊急的資金來應付因解決危機而引發的「意外」費用（雖然保險業者與契約移轉人，最後都會補償部分或全部的費用，但這筆錢在需要時，卻並不一定能及時來到）。

因此，若欲有效的管理危機，則現場人員應可隨時隨地的取用組織的資金。例如：在泛美客機被劫持到貝魯特後，經釋放而需加油飛回時，能被當地機場所接受的油款，竟然是機上一位空姐的美國加油信用卡（雖然事後其老闆在全國電視觀眾的面前，將1萬美元的油款還給這位空姐，但此事已讓泛美航空出醜──因堂堂美國的大航空公司居然連小小的油款都要員工代為變通墊付）。(註㉞)不過，在較無新聞價值的危機中，緊急資金誠可用來購買「力撐到底」的補給、僱用臨時的人手來充當安全警衛或在堤岸堆沙包、採購食物，供意外捲入危機中的民眾食用，以及應付其他意外的開銷。又危機管理計畫也應考慮到，組織的正常現金來源，也有可能會「緩不濟急」，例如：危機可能會發生在週末的夜晚，而於斯時，銀行早已打烊了，從而就無法以存款來應付危機所引發的開銷。同樣的，銀行也有可能會陷入危機中，從而組織就無法以存款來支應自身危機所引發的開銷。職是之故，最保險的作法，還是應保有一筆緊急資金以備不時之需。

雖然先設想有哪些情況會有「錢到用時方恨少」的窘境，誠屬不錯的作法，但周密且有效的危機管理，應有一套程序來授權危機處理小組成員，去動用組織的各種資金（如現金、存款、自動提款卡及信用卡等）。此外，危機管理程序手冊，也應載明組織應迅速償還任何危機處理小組成員為公司化解危機所代墊的錢。

(二)維持正常現金收支的能力

儘管巨災的侵襲，很可能會使組織的正常資金流量──即來自銷貨的收入與正常營運費用的支出──暫時的停頓，但只要在危機過後，能保持恢復這些正常現金流量的能力，則泰半可度過這個停頓。

因此，每一項危機管理計畫，都應保護到會計紀錄與有關文件才行。所謂的會計紀錄與有關文件，係包括供應商與客戶的資料、彼等之收款與付款的到期資料，以及組織在各銀行與其他金融機構（如投資信託公司與郵局）的存款往來文件（如支票簿及存款單據等）。而有了這些資料與文件，則不管什麼樣的危機，組織都能繼續或恢復其收入的收款與支出的付款，從而可維持其償債能力、信用地位，以及可靠的信譽。

然應注意的是，風險管理對此方面的要求是複製會計紀錄，因此，若風險管理人被保證有效的風險管理控制措施，已被用來保護這些重要的會計紀錄，則個別的風險控制，也就沒有必要再採行。

不過，若逼臨的危機有很充足的預警時間，則風險管理人基於自身的危機管理要求，可能會採取風險控制措施，來保護這些重要的會計紀錄，如請會計人員隨身攜帶或將之存放在極安全的地方，俾作為疏散程序的一部分。

五、市場

若欲保持組織在產品市場、原料市場、僱用市場及資金市場中的地位，則組織就必須要將其奮力對抗危機詳情，向各市場的往來對象溝通清楚。這些往來對象計有員工、顧客、供應商、媒體、股東、債權人，以及政府官員。雖然這些人的相對重要性，不但會隨其所屬組織的不同而異，同時也會隨危機的種類與危機受人矚目的程度而異，但彼等對組織的重要性，卻是不容置疑的。有鑑於此，危機管理計畫，應列明應由何人以什麼樣的程序，來向這些人提供如下的消息：(1)危機所引發的損失程度；(2)組織的長短期復原計畫；(3)危機會對彼等與組織間的交易，造成什麼樣的影響；(4)彼等應採取什麼樣的配合行動。

這些消息溝通的目的，乃是要打擊不實的謠言，並確保彼此間往來關係的持續。不過，為求圓滿達到這些目的，所溝通的消息，不但應針對這些人的個別利益來調整，而且還應力求重點一致 —— 以免因差異過大而徒增困擾。當然，最好的辦法，就是各部門先協調好消息的內容，然後再行發布，這樣既可避免發言人的言論不一致，而且還可保護組織免於捲入不必要的法律責任。

第九節　危機管理策略

1979年美國聯邦危機管理局（Federal Emergency Management Agency，簡稱 FEMA）成立後，將危機管理過程分為：⑴舒緩；⑵準備；⑶回應；⑷復原等四個階段。而學者康佛（Louise K. Comfort）提出決策者在規劃危機政策時，應考慮的三項策略：⑴變遷策略；⑵整合策略；⑶持續策略，茲分別說明如下： (註⑤)

一、變遷策略

危機管理的總目標雖易為一般人所瞭解，但可能流於抽象空泛。因此，決策者須依各單位的特性及其所屬的外在環境加以考量，並據以訂出較具體的次級目標，作為各單位設計行動的準則。尚須注意各單位協調、配合的情形，使各單位能依客觀環境的變遷，彼此作適當的調配，並且可以依：⑴危險評估；⑵控制分析；⑶資訊回饋與行動調整等三個途徑來提升各單位的學習能力，促進各單位間的互動。

二、整合策略

整合危機管理系統內的不同單位，使其達成一致的目標，是一項很大的挑戰。對許多單位而言，危機管理工作只是眾多責任中的一部分而已，工作人員僅著重於日常任務的完成，而忽略了環境變動的情形或工作缺失的改進。在這種情形下，就必須發揮整合策略的功能，一方面解釋政策目的，使各單位能瞭解各項措施的緣由；另一方面則重新蒐集資訊、調整步伐，以訂出新目標，藉以使各單位能擁有共同的價值，而促進彼此的合作。也就是說，整合策略的目的在透過有效的溝通模式，連結危機系統內的個人、組織和資源等。

三、持續策略

危機管理系統內必須有各種不同類型的組織或團體，此時決策者面對的難題，便是如何在不確定的複雜情境下妥善安排，並利用現有的資源和能力，使組織在面臨突發危機時，仍能持續發揮其基本功能。其解決之道在於建立具有

彈性的結構和運作程序,使組織內各單位均能適時調整策略,以應付任何變遷的需求,確保並維持組織的穩定和安全。

危機管理工作千頭萬緒,茲以:(1)變遷;(2)整合;(3)持續等三個策略對危機管理四個階段的活動加以設計,發展出危機管理矩陣(如表13-1),以提供決策者作決策之參考。

表13-1　危機管理矩陣

策略＼階段		1.舒緩階段	2.準備階段	3.回應階段	4.復原階段
變遷策略	風險評估	風險認知	風險預估	二次災難評估	風險認知
	控制分析	依人民容忍度決定舒緩策略	擬定計畫模擬訓練	履行計畫,善用裁量權	適當分配成本和資源
	資訊回饋行動調整	探尋人民反應和執行效果	掌握訓練成果	把握臨場狀況	災後社會情境變遷決定策略
整合策略	政府與人民溝通	教育	計畫內容傳播	熱線電話、發言人的設立	教育
	大眾傳播	宣導	警告發布	正確資訊傳達	吸引重視捐助
	政府部門間溝通	定期報告、視察監督	共同檢討演習缺失	設立資訊中心	確定重建順序
持續策略	民間團體	監督政府施政	組織自願者施予訓練	協助救災、傳遞訊息	整合需求、推動立法、救濟
	正式組織結構	常設委員會	常設委員會	成立緊急處理小組	常設委員會
	資訊管理	利用決策支援系統	利用決策支援系統	利用決策支援系統	利用決策支援系統

資料來源:參閱吳定等編著,《行政學》(二),2005年4月,p. 260。

第 十 節　危機管理是風險管理的一環

風險管理(Risk Management)的流程是從風險評估開始,然後是風險控制,最後是善後工作與風險理財。而危機管理的廣義流程,是從危機預防開始,然後是制止危機,最後是善後處理。因此廣義的危機管理方案,必須納入

在風險管理體制內，猶如保險管理（Insurance Management）與損害防阻（Loss Control）或安全管理（Safety Management），都必須納入風險管理體系之內。

由於風險管理的範疇相當廣，各個區塊都可以分割開來做功能性發揮。實務上，如果組織領導人很有風險管理的整體概念與素養，在大型企業組織的風險管理是適合將保險管理、損害防阻與危機管理等三項功能分開在不同單位運作；但是，如果組織領導人欠缺風險管理素養，就需要將整個風險管理體系整合在單一部門，由專業的風險經理人承擔整合三項功能的任務，否則勉強分劃，將會有互相掣肘或互相推諉等缺憾。

蓋保險管理人除了安排保險，也是很重視風險評估與損害防阻；損害防阻經理人除了執行防阻損失，還是會積極的介入危機處理，甚至保險績效與損失理賠；而危機管理人很自然地也會另外介入危機發生前的損害防阻工作，甚至是風險評估的事務。

一個有風險管理體系的組織，危機管理的發揮，必須著重在狹義的危機管理，意即針對危機發生時的因應處理，以及危機發生後的善後處理。至於危機發生前的預防工作，則應該交由風險管理體系的損害防阻單位去執行。當然，對一個沒有風險管理體系的組織而言，它的危機管理自然必須貫通危機發生之前的預防，以及發生時之因應與發生後之善後工作。

第 十一 節　危機調查實證分析

菲克（Steven Fink）曾調查美國《財星雜誌》列名的前500大公司的董事長和總經理。發現接受調查的人中，有89%左右同意「今天企業界的危機，就好像死亡一般，已成為不可避免的事實」。但是其中有整整一半的人承認，他們沒有完備的危機處理計畫。令人震驚的是，過去曾經發生危機、受到損害的公司，並不一定具有危機處理計畫。調查發現，在過去曾經發生危機的公司中，假如再度發生危機，42%的公司仍舊沒有任何危機應變計畫。對今天的企業領袖而言，最有意義的一個重要發現就是，具備應變計畫的公司受到危機侵襲的時間，要比沒有應變計畫的公司要短。平均說來，沒有危機應變計畫的公司發生危機後，受危機影響的時間，要比具備應變計畫的公司長兩倍半。（註㊱）

在回答問卷的公司中，四分之三（74%）說它們曾經遭受過嚴重的危機（實際的數目可能要大於此數，因為有些公司不願意承認該公司曾發生危機）。

接受調查的主管一致同意，他們所屬的公司易發生下述危機：

1. 工業意外災害。
2. 環境問題。
3. 工會問題及罷工。
4. 產品回收。
5. 投資人的關係。
6. 具有敵意的合併。
7. 每年召開董事會時，各大股東為爭奪經營權及收購小股的委託書之爭。
8. 謠言及向新聞媒體洩露機密。
9. 政府的管制。
10. 恐怖活動。
11. 貪汙。

在接受訪問的人中，57%的人說，過去一年內潛伏的危機具有爆發的危險；38%的人說，這些潛伏的危機後來爆發了。

這些主管指出的危機：

1. 72%日益嚴重。
2. 72%受到新聞媒體的密切注意。
3. 32%受到政府的密切注意。
4. 55%影響正常的企業營運。
5. 52%損害公司盈餘。
6. 35%損害公司的形象。
7. 發生危機時，70%接受調查的主管已就任現職，其中的14%認為，危機損害了他們的名譽。

危機爆發平均歷時八週半，在危機爆發時，具備應變計畫的公司，危機歷時較短。危機的後遺症期平均歷時八個月。危機爆發時，公司是否具備應變計畫，可以決定後遺症的長短。曾發生過危機、具備應變計畫的公司都說，他們的應變計畫，大體上足夠應變，且成效非凡。

危機爆發後，掌握瞬息萬變局勢的關鍵，在於下達審慎決策的能力。在心

理學上，只要對自己有信心，對公司的主管有信心（類似危機應變計畫注入的信心），當危機到達高潮，處於萬分緊張的時刻，這種信心有助於下達正確的決定。有些接受調查的人說，危機爆發後借助應變計畫處理危機，是瞭解應變計畫的大好時機，俾在事後修改應變計畫。約有四分之三（70%）的人說，他們曾經借助外援或借重外力處理危機。這些外力包括專門處理危機的公司、律師事務所、投資貸款業、公共關係公司及媒體顧問公司。

　　一個沒有應變計畫的公司，比起具備應變計畫的公司，其後遺症期長兩倍半。因為一半以上（52%）的公司認為（包括具備和不具備應變計畫的公司），危機會直接損害公司的利潤，所以我們可以說，後遺症拖得愈久，造成的損害愈大。

第十二節　企業危機案例分析

一、我國桂冠公司案例

　　1998年1月25日，桂冠公司的「桂冠雲吞」產品，有消費者發現雲吞（餛飩）餡內夾有玻璃碎片，眼看又是一場危機即將爆發。但由於桂冠公司在獲得消基會的反應後，經緊急會議而毅然宣布──緊急責令營業單位及經銷商，立刻將市面上該批（1997年12月28日）生產的桂冠雲吞，全數收回銷毀。──今後所有生產線中，曾觸及玻璃的容器，全部改為塑膠及不碎的材質。

　　除了上述的緊急補救措施外，桂冠公司總經理並於事件發生的當日，透過消基會向消費大眾致歉。同時，派員向該名發現「雲吞玻璃」的消費者致歉，並說明處理方法和結果，待回收告一段落後，公司再派員去拜訪。[註37]

　　雖然，桂冠公司在整個事件中損失了60萬元以上，但因危機處理得當，公司反而做了一次免費的形象廣告。

　　消費者文教基金會表示，雖然不知道是否有消費者受到傷害，桂冠公司接到消基會的通知時，並未迴避，反而立刻積極合作，且作出明快處理，使消費者獲得最大的保障。

除此之外，雲吞玻璃事件處理得當，也產生下列正面效果：

1.員工士氣將因公司的誠懇態度而提升。

2.建立良好企業形象。

3.桂冠公司的作法，給其他業者做了一次良好的危機處理示範。

不過，無庸置疑的，「事不二過」，將來其他公司也發生類似事件時，很可能會被套上不知改進的罪名。因此，重視品管，預防勝於治療，才是企業經營的基本精神。

二、美國嬌生公司案例

泰利諾（Tylenol）是美國嬌生公司（Johnson & Johnson）醫藥產品部門所製造的一種非比林系止痛解藥劑——「乙醯氨基苯」（Acetaminophen）。

嬌生公司所生產的「泰利諾」採用膠囊包裝，在美國17億美元的止痛藥市場（包括了Aspyrin、Ibupropher和Acetaminophen）上，約有33%的銷售額。

泰利諾是嬌生公司的超級強打產品。1985年，在該公司64億美元的營業額當中，它占8.6%；而在6億1,400萬美元的盈餘當中，則占了15%的比率。

由此可見，嬌生公司對泰利諾之依賴。

不幸的是，在1982年，嬌生公司的泰利諾就曾經發生過一次「芝加哥施毒事件」。（註38）

在那次事件當中，有7位消費者被害死亡，對整個藥市造成很大的震撼，對泰利諾傷害更大。

泰利諾膠囊的銷售曾急速減降至不到原來的20%，而且復原緩慢，連帶地也打擊到所有的膠囊藥劑。

嬌生公司在那次危機事件上，處理得不成熟。在案發當時，曾試圖大事化小，並無明確負責的善後措施公諸於世。而且後來重返市場，也只在瓶蓋上作安全防護措施而已。

1982年的芝加哥事件，對嬌生公司而言，是個失敗的經驗。這個處理經驗，讓嬌生的主管能在1986年2月所發生的危機當中，提出一套非常高明、緊湊且成功的措施。

在1986年2月8日，泰利諾膠囊又出事了。有人在泰利諾膠囊動手腳，摻進

氰化物，造成紐約州亞克市（Yonkers, N.Y.）的一名婦女 —— 黛安·艾斯洛死亡。

事件再起時，嬌生公司即進行全面清查泰利諾膠囊，於2月17日發現了第一瓶被摻毒的泰利諾，立即對外明白表示，將從市面上收回全部的泰利諾膠囊。

而全國所有的超級市場、雜貨店、藥店的貨架上，於宣告後的第三天，就再也看不到泰利諾膠囊了。

自事件發生後，嬌生公司董事長詹姆斯·波克，立即和其他高階主管集會，擬定對策。

他們吸取了1982年「芝加哥施毒事件」的失敗教訓，採取了下列的應變措施：

1.迅速收回市面上全部的泰利諾膠囊。這點是基於「對事件負完全責任」的信念，對消費者明示的態度。雖然花費相當龐大，但是對未來重建消費者信心最具功效。否則，以後想要再重返市場，恢復銷售率將不可能。

2.迅速開發出另一種包裝型態的泰利諾，即「包衣實心藥片」（Caplets），以代替泰利諾膠囊（Capsules）。

這種新上市的包衣實心藥片的泰利諾和泰利諾膠囊完全不同，它具有膠囊的保護藥效功能，而且可以排除被摻毒的可能性。

3.為了挽回消費者對泰利諾包衣實心藥片的信心，以及挽救泰利諾銷售量急降到事件前的30%，嬌生公司採行了三項行銷搶灘行動。

⑴嬌生公司的廣告代理商沙其和沙其公司（SACH & SACH）推出了一系列廣告節目，設法使消費者也不再服用別家公司所製造的止痛藥，尤其是同類的膠囊藥，如Anacin-3和Excedrin。

⑵透過電視廣告展開金額龐大的「代金券促銷計畫」。即設計價值2.75美元的折價券，隨報贈送給消費者，並透過電視大量廣告泰利諾包衣實心藥片的折價券促銷。

此舉，不僅拉攏了原有服用泰利諾膠囊消費者的心，同時也替零售商爭取了許多利潤。

⑶嬌生公司舉辦以泰利諾膠囊，免費換取包衣實心藥片的活動。此舉不僅在推薦包衣實心藥片，同時也有肅清膠囊藥片之功效。

以上三項措施，據嬌生公司表示，總計花了1億到1億5,000萬美元。

其實際效果,則讓泰利諾包衣實心藥片,在事件發生後的五個多月內,即1986年8月,再度占有了事件前的銷售市場。

根據嬌生的主管人員及外界觀察分析人士表示,嬌生公司處理1986年2月泰利諾事件,得以成功的原因,可歸納成:

　　1.嬌生公司表現了極坦誠的態度,迅速將泰利諾膠囊撤出市場。

　　2.其他製藥公司也發生了被摻毒之事件。

1986年3月間,史密斯‧克朗‧貝克曼公司製造的康得膠囊(Contac)、減肥膠囊(Dietac)和止痛膠囊(Teldyne),被人摻入老鼠藥。

必美公司(Bristol-Myers)製造的超強Excedrin止痛膠囊,也被人摻入氰化物,使得西雅圖郊區的兩位消費者死亡。

這些後來相繼發生的摻毒事件,使消費者明白泰利諾膠囊本身並不是問題。而嬌生也即時撤回所有膠囊,並改以包衣實心藥片問世,正顯示嬌生超強的開發新產品能力。

　　3.嬌生公司本身的行銷計畫配合得極為妥適,終能平息此一危機,而使得泰利諾能夠在市場上重展雄姿。

三、美國西北銀行案例

當危機發生時,如果企業事先備有一份完善的應變計畫,將可協助企業化險為夷。本案例作者係美國西北銀行的執行副總裁,他以親身的經歷,著文發表於《哈佛商業評論》1983年5～6號,說明該銀行如何在一場大火的巨大災難中,迅速恢復舊觀。其在事前之規劃與事後之應變過程,值得吾人深思與效法,茲說明如下:(註㉚)

1982年感恩節當天下午5點2分,大多數人都在家歡度感恩節,享受火雞大餐,美國Minneapolis市中心一片沉寂。有位路人看到一家荒廢的百貨公司起火,立刻打電話通知消防隊。

到了下午5點35分,大火已經迅速蔓延,並波及緊鄰的市立最大銀行 —— 西北銀行。幾小時後,當大火受到控制時,它幾乎已經吞噬了整整有一條街長的十七層銀行大樓。這是Minneapolis市有史以來最嚴重的火災,也是美國有史以來損失最慘重的辦公大樓火災。

很顯然，這是一場巨大的災難與危機，但除了一段很短的時間外，西北銀行並未陷入癱瘓狀態。所有的重要紀錄都完整保存，基本業務在第二天照常進行，並且所有的主要業務和功能，都在第二週逐漸恢復正常──雖然是一種暫時性的措施。

(一)一份詳盡的救災應變計畫

這場火災原本會造成無窮的禍害。西北銀行是Minneapolis市的主要銀行（資產總值50億美元），並且這棟大樓也是控股的母公司（西北公司總資產超過170億美元，旗下共有85家銀行）的總部。這兩個機構都眼見自己的神經中樞化為灰燼，但卻能很快地恢復正常運作，只是稍感不便而已。

西北銀行是靠一份詳盡的救災應變計畫，而免於毀於一旦。它是從上一次的危機學到了這個教訓。1981年的一場大風雪，使Minneapolis市大都陷入癱瘓狀態。它的高階主管發現，公司的應變計畫太過粗略並缺乏協調。在不到一個月內，該銀行就指派一個專案小組，負責在半年內，訪問所有的部門主管，瞭解他們的要求，另行研擬出一份應變計畫。

由於人性使然，部門主管可能拖延或大而化之。他們都是大忙人，很可能把意見徵詢表塞入抽屜，忘得一乾二淨。

為了顯示公司對此事的重視，高階主管要求每位部門主管提出進度報告，並把1982年6月30日，訂為應變計畫的最後完成日期。這使得所有部門主管瞭解此事絕非兒戲，他們必須考慮萬一發生災難時如何應變，並把他們的想法寫下來。然後，在截止的當天，經過檢討和小幅度修正後，終於有了一份完善的應變計畫──就在火災災難發生前五個月。

(二)應變計畫，發生效用

以下是西北銀行大火後，恢復過程的概略經過：

當消防隊員還在撲滅發生於感恩節晚上的大火時，該銀行的高階主管已聚集到對街一間臨時辦公室，討論如何展開善後工作。這裡變成該銀行的指揮中心，利用早已擬妥的應變計畫，分派任務和監督進度。

這個應變小組很清楚要採取什麼措施。從各單位所調來的人手，也都知道自己該做哪些事。除此之外，公關和廣告人員，還負責使員工和社會大眾知道

情況的發展。

　　到星期五，約有500位主要人員已著手恢復基本的功能。總務主管很快在城內八座辦公大樓租到大約30萬平方英尺的辦公空間，以容納1,500多位員工。

　　電話公司替重要的單位裝設臨時分機，並在社會大眾與公司之間裝設了熱線。影印服務單位還影印備份應變計畫書、公司的臨時電話簿、對社會大眾的宣告，以及銀行使用的各種表單。

　　在這同時，高階主管還透過媒體告訴社會大眾，重要的資料並未受損，並且每一位存戶的存款都安全無虞。這項訊息是在週四晚上和週五早上宣布，緊接著又在週末的報紙刊載廣告，這則廣告列出客戶可以接洽業務的新辦公地點。

　　在整個週末，該銀行分別要求迷你電腦、通訊設備、文字處理機，以及其他主要設備的供應商，以空運送來補充品。其他廠商也同意緊急運來辦公家具和地毯等。在這同時，結構工程師經過查驗後，認為嚴重損毀的原有銀行大樓可以進入，因此選派一批員工，前往搬運倖存的東西 —— 先搬資料，再搬設備，最後才搬家具。

(三)經歷大火後，銀行運作迅速復原

　　該銀行對新聞媒體主動提供進度報告，並經常發布最新的消息。到了星期一，該銀行已多少恢復正常的業務。穿著紅色毛衣上印有公司標誌的員工，不斷穿梭在各辦公大樓之間，指引客戶前往新的辦公地點。

　　在那一週內，銀行功能逐漸恢復正常。在星期一，大部分員工都擠在一起辦公，在往後幾天，員工都搬到自己的辦公室（當然是臨時性的）。到了星期二，也就是當月的最後一天，薪資和紅利支票如期發出。到了星期五，這就是大火發生後七天，員工恢復了他們以往的電話號碼，並且放在銀行地下室的金庫已經可以打開。正如所預料的，裡面存放的東西絲毫未損。因此在第七天，西北銀行已經非常接近正常的標準作業。

　　主持大局的高階主管，在指揮中心協調和處理各種重大事項。復原小組每天下午三點開會，交換資訊並決定下一步的行動。由於辦公地點分散，連繫不便，這個會議也就替代了許多備忘錄和電話。

㈣檔案資料安然無恙

　　幸運的是，由於火災是發生在感恩節假期，沒有人員傷亡。但另外也有一些緊急事項。一家製造商會關心機器是否損毀，銀行則關心各種紀錄（尤其是客戶的紀錄）是否安然無恙，以及如何使客戶相信存款不會蒙受損失，可以安心繼續往來。

　　銀行管制機構和稽核機構，都要求銀行對重要的紀錄預留存底，這點該銀行當然做到了。該銀行每天都把交易資料從總行傳輸到這條街之外的作業中心，並將資料儲存在磁片中。

　　因此，就在最後火焰還未撲滅時，讓銀行管理當局就信心十足地告訴社會大眾，不僅存款絲毫未損，而且所有的帳戶都井然有序。

　　由本案例，吾人可得到一個啟示，即「危機管理」應該是著眼於防患未然的觀念上，因此「危機管理」是指企業對於突發事件的應變能力，而並非指企業陷於危機中，如何來經營管理、挽救頹勢。

㈤結論

　　既然任何個人或企業均無法避免發生危機的可能性，則企業應能及時有足夠的警覺、周全的資訊，以及完整的危機處理計畫。要達此要求，任何企業組織在平時，即應建立危機處理系統（Crisis Management System），並成立危機處理小組（CMT），在危機尚未發生前，即依各種環境因素先做好應變計畫，防患於未然，一旦發現徵兆，立即處理，以免事態擴大，一發不可收拾。

　　每次危機事件，如當年的臺中鋐光公司爆炸事件與日月潭翻船慘案事件，我們總有一套應付模式，並總是給人一種「但是又何奈」的無力感。坦白說，任何人均不願看到危機事件的發生，若企業能事先就規劃並準備好應付可能的危機事件，並且已將其所做的或準備的用文字寫成計畫，那麼其在「危機」後的「圖存」機會將會很大，但若企業只會像駝鳥般把頭埋在沙裡，而對所有的危機言論不予理會，一旦「危機」來臨，則恐無「圖存」的機會！

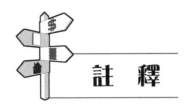

註 釋

①Otto Lerbinger著，于鳳娟譯，危機管理，五南圖書公司，2001年3月，p. 4。

②拙著，風險管理——理論與實務，翰林出版社，2006年4月，再版，p. 420。

③拙撰，企業風險管理之新課題——危機管理，銘傳管理學院企業風險管理學術研討會，1990年12月27日。

④George L. Head, *Essentials of Risk Control*, Volume II, Insurance Institute of America, 1997, 3rd ed., p. 153.

⑤唐富藏，企業政策與策略，大行出版社，1988年7月，p. 588。

⑥參閱吳定等著，行政學（二），2005年4月，pp. 250-252。

⑦同註④，p. 153。

⑧參閱Solomon Garb and Evelyn Eng, *Disaster Handbook*, 2nd ed. (New York, NY: Springer Publishing Company, Inc., 1969), pp. 87-94。

⑨張加恩，風險管理簡論，保險事業發展中心，1989年3月，pp. 97-98。

⑩防範勝於亡羊補牢，管理雜誌，169期，1988年7月，p. 60。

⑪泛談企業危機管理，現代管理月刊，117期，1986年。

⑫傑佛瑞·卡波尼葛洛著，陳儀、邱天欣譯，危機管理：擬定應變計畫，化危機為轉機的企業致勝之道，美商麥格羅·希爾，2002年11月，初版，pp. 25-27。

⑬同註②，pp. 48-51。

⑭同註④，p. 155。

⑮同註⑫，p. 117。

⑯同註⑫，pp. 117-118。

⑰同註⑫，p. 108。

⑱參閱Frank E. McElroy, (ed.) , *Accident Prevention Manual for Industrial Operations: Administration and Programs*, 8th ed., Chicago, IL: National Safety Council, 1981, pp. 441-449; and *PREPARE: Pre-Emergency Plan and Recovery,* Hartford, CT: Hartford Steam Boiler Inspection and Insurance Company, 1977。

⑲拙撰，企業災變風險規劃之研究，產險季刊，55期，1985年6月，p. 105。

⑳同註②，pp. 36-37。

㉑參閱「天然巨災系列研討會——洪水危險」，中央再保險公司印行，1990年4月。

㉒參閱Google網路新聞，2011年6月25日，閱讀日，2022年4月1日。

㉓參閱「天然巨災系列研討會——地震危險」，中央再保險公司印行，1990年4月。

㉔參閱美聯社報導，2015年12月24日。

㉕參閱中國時報，1987年4月27日。

㉖同註④，pp. 159-160。

㉗參閱中央日報，1990年10月16日。

㉘參閱Julian Radcliff, "Risk Management for Personal Security," *Risk Management*, December 1979 pp. 38-45; and Fred Rayne, "Programming for Executive Protection," *Risk Management*, May 1975, pp. 20-23。

㉙同註④，pp. 164-175。

㉚保險資訊，1985年1月，p. 76。

㉛同註④，pp. 167-168。

㉜同註④，p. 169。

㉝參閱民生報，1989年5月5日。

㉞同註④，p. 173。

㉟同註⑥，pp. 258-260。

㊱同註⑤，pp. 596-597。

㊲危機轉機一念間，現代管理月刊，117期，1986年10月，p. 62。

㊳「嬌生」不驕——危機管理成功實例，現代管理月刊，117期，1986年10月，pp. 43-44。

㊴拙撰，企業危機管理，現代人不可不知，現代保險，29期，1991年5月，pp. 90-94。

第十四章

新興風險管理
——整合性風險管理

本章閱讀後，您應能夠：

1. 區別傳統風險管理與新興風險管理的差異。
2. 瞭解整合性風險管理概念的興起原因。
3. 明白整合性風險管理的基本概念。
4. 清楚整合性風險管理的功用。
5. 認清整合性風險管理的要素。
6. 掌握整合性風險管理的實施步驟。
7. 指出有效整合性風險管理的關鍵要素。
8. 說明整合性風險管理有效的必要條件。

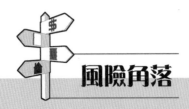

風險角落

德國Wirecard數位詐欺

德國電子支付業者Wirecard在2020年6月18日，爆出21億美元（641億新臺幣）現金失蹤作假帳的會計醜聞後申請破產，股票市值三天就蒸發了120億美元。依據Wirecard審核會計的安永會計師事務所的聲明：這是一次精心策劃及複雜的詐欺行為，涉及全球不同機構的多個當事方，目的是蓄意欺騙。

Wirecard是一家在1999年在德國慕尼黑郊區成立的生產支付處理器的發卡商德國數位支付巨頭，擁有5,000名員工，另大約有250,000名交易商處理付款程序，並發行信用卡、預付卡等非接觸式智慧型手機付款技術，其客戶包括德國折扣商店以及近100家航空公司，業務也擴展至亞洲地區，並將其總公司設立在新加坡。

數位支付是一種新興的金融支付工具，它原本的用意，是為了比銀行業容易瞭解，且風險低，以及能進入蓬勃發展的電商和行動交易市場，不過，Wirecard的例子顯示這類公司有陷入監理危機的危險性，雖然數位支付業表面看來單純，但投資人和監管機關對於這一行的真正業務內容及具有的風險，似乎一無所知。

Wirecard登記為一家「科技公司」，但該公司在德國又擁有全套的「銀行執照」，風險較低不代表沒有風險。據科技投資公司Magister Advisors創辦人巴斯塔表示：「金融科技業提供類似公用事案的金融管道，但卻很少遵守法規；各界期盼他們成長的壓力，容易使業者在檢查可疑的金錢流向及其他管制上，選擇睜一隻眼，閉一隻眼。」

德國Wirecard數位詐欺事件，也令外界比喻起昔日美國能源巨頭安隆的假帳醜聞，該公司在2001年宣布破產。

資料來源：參閱2020年7月6日，《經濟日報》。

第 一 節　傳統風險管理VS.新興風險管理

　　傳統上，大多數企業組織認為，風險管理是一個具體而獨立的活動，例如：保險或外匯風險的管理。新興的風險管理方法，要求企業的各階層管理人員和員工，時刻都要關注風險管理並保持敏銳。表14-1列出了風險管理向整個企業範圍內轉換過程中，需要注意的三個關鍵因素：（註①）

表14-1　傳統與新興風險管理模式的主要特點

傳　統　模　式	新　興　模　式
·分散的 以部門／職務為單位對風險進行管理，主要由會計、財務主管及審計等部門負責。	·整體的 在高階主管的參與下，各部門或各職務進行風險管理的協調；組織中，每個人都要把風險管理當作自己的職責。
·非連續的 只有當主管認為必要時，才進行風險管理。	·連續的 風險管理應該是一連續不斷，每時每刻都要進行的工作。
·小範圍的、局部性的 主要是可保風險和財務風險。	·大視野、全方位的 把所有的企業風險都包括在內。

資料來源：Economist Intelligence Unit, *Managing Business Risks,* 10. A similar analysis is presented in DeLoach, *Enterprise-Wide Risk Management*, pp.15-16, 1995.

　　如表14-1所示，一些企業組織的風險管理觀念，正在從分散的、非連續的、小視野的方向朝整體化的、連續的、大視野的方向轉換。關鍵因素是高階主管是否支持這一轉換，還是直到風險失控發生嚴重後果時，才意識到轉換的必要性，這是一個值得企業高階主管深思的課題。

　　雖然企業組織為因應愈來愈複雜的經營環境，而發展新興風險管理模式，但傳統風險管理的精髓，還是在新興風險管理模式（例如：ERM）占了極大分量。因此，對於傳統風險管理人或學習者而言，千萬不要誤以為傳統風險管理已經被新興風險管理所取代或被拋棄了。正確的說法應該是：新興風險管理補強了傳統風險管理。在新興風險管理的實務運作上，其骨幹仍然是沿用傳統風險管理的概念。

　　傳統風險管理人的管理範疇，幾乎只是財產與責任風險，而且僅限於純損

風險（Pure Loss Exposure）。至於其他風險，則分別在財務、人事、業務、總務與企劃等部門單位管理。傳統風險管理人所管理的純損風險，只揭露發生損失的可能性，因為純損風險並不包括「有損失又有獲得可能」的風險，例如：財務風險、策略風險、市場風險等投機風險。

傳統風險管理，僅針對純損風險做管理，似乎已無法滿足企業或組織的需要，有些風險管理人已經早在1990年代，被鼓勵積極介入其他領域的風險。而有些企業組織，把風險管理部門設在財務單位，另外從事避險（Hedge）、交換（Swap）等風險分散與轉嫁策略。（註②）

傳統風險管理是讓企業或組織的風險，最後變成財務面的「既穩定又可預測」，例如：面對財產損失風險，傳統風險管理除了發揮損害防阻功能，使意外事故發生的可能性降低外，也透過風險移轉，將萬一發生意外事故時的損失，可以用保險來彌補，讓企業組織的財務狀況，處於既穩定又可預測。

傳統的風險管理方式已經被驗證很有效，因此，傳統風險管理除了維持企業組織的財務健全穩定外，其終極目標是在維護股東價值（Shareholders' Value）。

企業組織所面臨的風險已愈趨多樣複雜，加上風險的關聯性與累積性，往往影響組織承受風險的能力與資金效率，因此風險管理的整合很重要。現代企業組織會倒閉或發生問題，有些原因並不是由傳統風險所造成，一方面是因為傳統風險管理有了成效，另一方面則顯現其他風險的嚴重程度，如信用風險、市場風險與策略風險等。

此外，大環境對風險管理人的要求與期待，似乎不僅僅只在照顧股東價值，而是必須擴大照顧所有利益關係人的價值。利益關係人包括股東、員工、消費者或客戶、社會大眾等。國家法律與社會規範，已愈來愈注重保護利益關係人的權益，其加諸企業組織（董事會與經理階層）的責任與處罰，已經變得既嚴苛又沉重，由公司治理（Corporate Governance）所衍生的風險治理（Risk Governance）理念，目的都是在設計一套特殊架構，制定規則、相關連結、系統與流程，以確保風險管理落實。

這是過去所沒有的經營環境要求，也正是企業風險管理（ERM）的形成背景。整體而言，傳統風險管理比較趨向於防禦性功能（Defensive Function）；ERM則不僅具有防禦性，也同時具備了攻擊性功能（Offensive Function），因

為ERM的目標設定，不只是要做到讓企業的風險變成「既穩定又可預測」，還進一步創造「企業價值」與「利益關係人的價值」。

第 二 節　整合性風險管理概念的興起

過去數十年來，全世界經歷了科技進步、經濟不景氣，以及許多次的巨災，風險管理的概念逐漸被企業接受。面對巨災所造成的重大損失，傳統風險管理的方式是使用保險，而保險公司也利用國際再保險將風險移轉，但由於純損風險的不確定性及不可預測性，巨災所造成的重大損失，造成財產巨災再保險的承保能量，處於供給短缺的現象，使國際再保險市場費率不斷上升，迫使企業需交付較高的保費支出，或是被迫增加自負額，保險公司和企業均面臨成本上升的問題。

此外，1980至1990年代是財務創新快速成長的時期，期貨、選擇權等各項新金融商品不斷發展，提供多樣化的資金運用工具。但也由於金融商品的不當使用，使企業面臨新的風險，例如：1995年霸菱銀行倒閉事件，（註③）即為行員不當操作衍生性金融商品與作假帳，所導致之結果，顯示了財務風險管理及作業風險管理之重要性。

現今科技、網際網路的發達，使資訊傳遞快速，跨國多角化經營的企業比比皆是，隨著經營據點的增加及營收的成長，企業所面臨之風險種類也愈來愈多。另外，全球化使得國與國之間的距離相對地變小，再加上產業間的相互合併及大型集團的併購行動，使得保險公司與商業銀行、共同基金、資本市場間之區隔已變得模糊。最後，因為衍生性金融商品市場快速地成長、財務工程的開發與運用，以及保險市場也開始重新設計保單內容，此可將可保風險與財務風險連結。

對公司而言，若純粹以各種不同的單一避險方式管理風險，將會造成重疊部分風險過度的保護。因此，企業的風險長（Chief Risk Officer, CRO）不能再侷限於傳統的風險管理，而需注意公司內其他的潛在性風險，將焦點放在風險整合上，以一種整合性的風險管理方式，來處理這些風險所可能帶來的損失、規避重疊部分之風險、減少成本浪費及管理效率降低之發生。

　　整合性風險管理（Integrated Risk Management, IRM）的概念因此而生，且逐漸萌芽成長，在國外已逐漸被大型企業所採用，其主要功能是幫助企業辨識各種存在於企業內的潛在性風險，並暸解各個風險的特徵，利用資金結構的安排及管理，來達成企業風險管理的目的，結合保險與財務的技術，來管理公司所面臨的風險，包括可保性風險（Insurable Risk）、財務性風險（Financial Risk）、作業風險（Operational Risk）等。

　　整合性風險管理，或稱企業風險管理（Enterprise Risk Management, ERM），係指企業面對當前快速變化的環境，公司整體管理風險的一套方法。雖然風險管理技術在許多企業行諸多年，但ERM在21世紀以來，才獲得企業界與學術界廣泛的注意，現在逐漸變成一種新的紀律（Discipline）或稱教養。

　　ERM已經是一個流行的主題，但實際上這些項目適用的程度有多大呢？根據調查研究顯示，約81%的北美企業，正採行一種在全公司內適用的整合性風險管理方法，只有10%的企業，實際使用了ERM項目，而另外的20%則處於開始實施ERM項目的階段。其他的調查研究發現，大約超過一半的歐洲企業採行ERM，34%的北美企業採行ERM。大家公認ERM被採行的原因如下：

　　　1.對組織內部的風險更瞭解。

　　　2.對風險的理解，形成競爭優勢。

　　　3.對低損失頻率、高損失幅度的風險事故，及早作出反應。

　　　4.對財務資源的管理，達到成本節約的目標。

　　總之，ERM已被企業作為提高股東權益和節約資本的重要途徑，並且在許多企業都採行ERM的同時，他們也同時採行多種ERM的方法。

第 三 節　整合性風險管理的基本概念

　　整合性風險管理亦稱為企業風險管理（Enterprise Risk Management, ERM），是近年來風險管理領域中，所發展出的新型態管理方式；其係指「整合所有會影響公司價值的風險並予以評價，再藉由各種的風險管理方法，改善公司風險，極大化公司價值」。

　　COSO委員會（註④）將整合性風險管理定義為：「企業管理過程中的一部分，

而此部分專門是指與風險打交道的部分，包括企業認知潛在風險、衡量風險、決定管理風險的方式（接受、規避、分散或降低），予以執行、評估及回饋，讓企業的風險不要超過風險胃納（Risk Appetite）〔註⑤〕」。此行動的主體是企業（法人），非自然人；且所管理之風險為企業所面臨之全部風險，非部分的。

此定義反映某些基本概念，亦即，整合性風險管理（企業風險管理）係指：〔註⑥〕

1.一項過程，該過程持續不斷於企業內運轉。

2.受企業各階層人士所影響。

3.於制定策略時採用。

4.應用於企業各層面，涵蓋所有層級及單位，所考量之風險，包括企業整體層級之組合風險。

5.用以認知那些會影響企業的潛在事項，以及管理風險，使其風險不要超出企業之風險胃納。

6.能為企業管理階層及董事會，提供合理擔保。

7.配合目標之達成，該等目標可能歸屬於一個類別或一個以上之類別，當歸入一個以上的類別時，其有部分相互重疊。它是達成目標之手段，本身並非目標。

上述定義廣泛，其理由，它擷取企業及其他組織如何管理風險之基本關鍵觀念，並作為各類型的組織、產業及部門，如何採用風險管理的基礎。它直接聚焦於特定企業如何達成其訂定之目標，並提供如何定義企業風險管理是否有效之基礎。

第 四 節　整合性風險管理的功用

每個企業都必須想辦法降低可能會產生不確定性的因素，而企業風險管理（Enterprise Risk Management）是一個全面性的、有系統的方法，可協助所有的組織（不論是何種規模或性質）辨認可能影響其策略及目標的事項，並對於會影響到策略或目標達成的風險，加以衡量、評估及做出回應，以及協助企業在追求股東價值的時候，可以去決定他們能夠或願意接受的風險程度。

不確定性有兩種可能，可能產生風險使價值受損，也可能產生機會使價值增加。而ERM提供一個架構，可以有效的管理不確定性、對風險做出回應，並且在機會產生的時候，充分加以利用。

成功的管理風險，可以使企業達成其績效及利潤目標、防止資源的損失，並確保財務報導及法令遵循的有效性。短期而言，ERM可以協助企業在追求目標達成的同時，避免隱藏的危險及意外事件的發生。

以下謹將ERM架構產生的功用，說明如下：（註⑦）

一、將風險承受度及策略加以連結

風險承受度是一個企業（或組織）在追求其目標達成時，所願意接受的風險程度，風險承受度是在衡量策略選擇時的一個重要因素。ERM協助管理者在依循企業整體策略設定欲達成的目標時，可以同時考慮風險承受度，並且管理可能阻礙目標達成的相關風險。

二、將企業成長、風險及報酬加以連結

ERM強化了風險辨識及評估的能力，並且將追求公司成長及利潤報酬的目標，建構在可接受的風險程度內。

三、加強對風險回應的判斷

ERM提供一些方法，以協助企業辨認及選擇應採取何種風險回應方式：避免（Avoidance）、降低（Reduction）、分攤（Sharing）及接受（Acceptance）。

四、降低營運上的意外事件及相關損失

ERM協助企業辨認潛在的不利事項、評估風險，並建立風險回應方式，因此降低了營運上的意外事件及相關成本或損失。

五、管理整個企業所有相互關聯的風險

每個企業都會面臨各種不同的風險，而這些風險會影響到不同的功能及作

業，ERM強調應考慮各風險之間的相互影響，並提出整合性的解決方案，來管理這些風險。

六、掌握機會

經由全面性考量對目標或策略有影響的潛在事項，而非只考慮風險，ERM使得管理者可以辨認出正面的影響事項，並快速掌握機會。

七、合理降低資本需求及做到最佳資源分配

ERM建立更健全的風險資訊，讓管理者更有效的分配資源，因此可以降低整體的資本需求，並提高資源的利用價值。

第五節　整合性風險管理的要素

ERM並非限定於特定的事件或情況，它是一個持續不斷進行的過程，而且會牽涉到整個企業各方面的資源及營運作業。ERM關係到每個層級的人員，並且應用全面性的觀點來檢視風險。為了使風險管理的方式融入於每天的營運活動中，企業必須能夠辨認影響其目標的事項，並且依據風險承受度，來進行風險管理。

以程序而言，整合性風險管理有八個相互關聯的要素，這八個要素形成了一個全面性的行動架構：(註⑧)

一、內部環境（Internal Environment）

企業的內部環境是風險管理架構的基礎，內部環境會影響到策略及目標的設定、活動的建置暨風險的辨認、評估及回應。內部環境由很多部分所組成，即道德觀、人員、管理者的經營理念及風險管理的態度及文化。

風險承受度是內部環境重要的一部分，而且會影響到策略的訂定。訂定策略是為了協助企業達到其想要的成長及利潤報酬目標，每個策略都會伴隨不同

的風險，ERM可以協助管理者選擇符合其風險承受度的策略。

二、目標設定（Objective Setting）

ERM提供管理者設定目標的程序，並確認目標、策略及風險承受度之間的一致性。企業目標可以從下列四個觀點來看：

1. 策略：有關企業整體的目標及使命。
2. 營運：有關效率、績效及獲利能力。
3. 報導：有關內部及對外部的報導。
4. 遵循：有關法令及規章的遵循。

三、事件辨認（Event Identification）

經營環境充滿不確定性，沒有企業可以百分之百確定特定事件是否或何時會發生，或是其結果將會如何。透過事件辨認的程序，管理者將思考所有會影響其策略及目標達成的內部及外部因素。

在某些情況下，將潛在事件加以分類可能是有用的。將潛在事件以水平橫跨整個企業的方式及垂直穿越各個作業單位的方式加以歸類，管理者可以對這些事件之間的相關性有整體的瞭解，並且獲得較充足的資訊，作為風險評估的基礎。

四、風險評估（Risk Assessment）

風險評估的程序，著重於潛在事件發生的可能性及其影響程度，以及潛在事件對目標的作用。雖然一個單一事件的影響可能很小，但是一連串的事件，卻可能使其影響程度擴大。

風險評估同時使用定性及定量的方法，以評估潛在事項的不確定性程度，不管這些事件是由內部或外部所產生。

五、風險回應（Risk Response）

當風險被辨認及評估之後，管理者必須思考可能採取的風險回應方式及其

影響，評估時應同時考量風險承受度及成本效益。而為了達到有效的風險管理，所選擇的風險回應方式，不能超出企業所能承受的風險範圍。

風險回應方式通常分為四種：避免（Avoidance）、降低（Reduction）、分攤（Sharing）及接受（Acceptance），管理者決定了回應方式之後，必須將其轉化為行動，建立執行計畫，並且評估計畫執行後的剩餘風險（Residual Risk）。

六、控制活動（Control Activities）

內部控制的政策及程序，是為了確保風險回應方式的有效執行。每個企業的目標及達成目標的方法不同，所以控制活動也不相同，且企業經營的環境及產業，暨其內部組織、內部控制及文化，也會反映在內部控制上。一般控制通常包括了對IT管理架構、軟體之購置及維修，以及資料存取之安全等控制，而應用控制的目的，則在確保資訊處理之完整、正確及有效。

七、資訊及溝通（Information and Communication）

組織的每個層級在辨認、評估及回應風險時，都需要適當的資訊，包括內部及外部資訊。當資訊取得時，必須能夠及時而詳盡的提供給管理者，協助他們快速而有效的執行任務。有效的溝通也包括了對客戶、供應商、政府單位及股東等外部團體的資訊溝通。

有效的企業風險管理，必須仰賴歷史資訊及現時資訊。從歷史資訊中，我們可以追蹤實際經營結果與目標的差異，並找出趨勢，同時也能提早察覺到與風險相關的潛在事件。而現時資訊則能夠提供管理者，有關已存在於作業程序或作業單位風險的即時資訊，使企業能夠依據風險承受度，改變其所進行的營運活動。

八、監督（Monitoring）

監督的作用，在於確保ERM的各個構成要素，在組織的每個層級係一致執行。監督進行的方式包括持續監督及個別監督，持續監督是建立在營運活動當

中，並且隨時不斷在進行的；而個別監督是在事實發生後才進行的。所以相較之下，持續監督的機制，更能夠迅速的發現問題。

所有可能影響企業目標達成的風險 —— 不管這些風險所顯現出的是潛在的問題或機會，都應該讓相關的決策者知道。所以建立一個適當的資訊傳遞機制，讓負責執行決策的人員，都能更有效的制定決策，是相當重要的。

ERM是一個相互關聯的程序，以上所述及的八個組成要素，都必須存在而且順利的運作，才能使其發揮作用。當然，任何一種風險管理程序，不管設計及執行得多好，都不能夠對結果加以保證。然而，運用ERM架構，能夠加強高階管理階層對於目標達成的信心，絕對是無庸置疑的。

第六節 整合性風險管理的實施步驟

整合性風險管理（Integrated Risk Management），或稱企業風險管理（Enterprise Risk Management, ERM），係指企業面對當前快速變化的環境，公司整體管理風險的一套方法。雖然風險管理技術在許多企業行諸多年，但ERM在21世紀以來，才獲得企業界與學術界廣泛的注意，現在逐漸變成一種新的紀律（Discipline）或稱教養。ERM既然是新興的紀律或教養，對不同的人，因其專業訓練、工作背景，或面對不同型態的風險，可能有不同的涵義與解讀。企業實施ERM，除了依據前一節八個要素所形成之全面性的行動架構來執行外，有七個主要實施步驟：(註⑨)

1.成立和培訓跨功能的風險管理小組（或委員會），其成員必須由企業主要部門的重要主管所組成。

2.辨認風險和機會。

3.訂出風險容忍度。

4.辨認風險和機會間的關聯性。

5.訂定風險和機會優先次序。

6.確定為緩和風險或利用機會，所必要的適當行動。

7.建立ERM系統，持續地對事件與趨勢，作適當的監控與反應。

一、成立和培訓跨功能的風險管理小組

不論企業是大是小或組織是否複雜，ERM的管理功能，總是要有單位或個人來執行各項任務。因此，第一步就是先把風險管理小組的任務與責任訂清楚，ERM的風險管理小組，包括董事會、高階管理、風險所有人（Risk Owners）與內部稽核。

董事會要擔任ERM管理小組發動者的角色。董事會設定公司的風險胃納與風險容忍度，也定義專案與業務活動的範圍。高階管理則要建立組織性與功能性的風險治理架構（Risk Governance Structure）。因為要讓風險管理成為日常作業決策的一部分，風險所有人必須監督各部門的決策行為。公司要指定一名風險推動者（Risk Champion），這名推動者要領導公司ERM風險管理的推動，使風險程序成為公司作業流程的一環。風險管理推動者通常稱為「風險長」（Chief Risk Officer, CRO），也有的是財務長（CFO）、ERM主管或企劃副總等。保險業的風險長要非常熟悉核保、定價、理賠、準備提存與投資等程序及其間的互動，也要瞭解市場競爭的態勢與法令及監理的規定。

風險長要扮演提倡者與內部顧問的角色，這樣才能創造業務部門與風險管理部門間正面的夥伴關係，而不只是負向的監督。風險長要協助清楚地傳達公司的風險胃納與風險策略給所有的關係人，幫忙決定蒐集哪些風險的資訊、辨識風險所有人及協調將風險程序，整合到資訊系統與作業流程中。

風險長要確保ERM程序做到下列各點：（註⑩）

1.明確的ERM架構，包括風險策略、風險目標、風險胃納與風險容忍度。

2.完成辨識、評估、分析與衡量企業主要風險的方法。

3.針對不同的風險策略，開發一套風險價值模式。

4.建構組織風險能力的公開論壇，大家可就風險的策略、人力、程序、技術與知識交換意見。

所有主要的業務經理，均需參與ERM風險管理的建構，並擔任業務風險所有人的角色。當所有業務主管都成為風險管理小組的成員，這樣才能說ERM已經建構在企業的作業流程中。

二、辨認風險和機會

　　首先要從公司的營運計畫開始，所以說，ERM小組的成員要由企業內主要功能部門的重要主管所組成。仔細地考慮營運計畫中的每一個策略，並且要辨認內部和外部有哪些事件和趨向，會對所要採行的策略行動，產生哪些正面或負面的影響。

三、確認風險容忍度

　　可能會有些棘手，因為不同類型風險的比較是件困難的事。比較不同類型的風險，有一簡單的方法，就是透過風險評估圖，把不同類型的風險，按照其風險發生的可能性和可能產生的損失大小，擺放在圖內相對適當的位置，就可以比較了。

四、辨認風險和機會的關聯性

　　當評估風險時，要注意不同風險間的潛在關聯性。許多風險與其他風險間有著正相關的關聯；亦即，當某一種風險增加，另一種風險也會伴隨著增加。這意味著，如果無法辨識這些相關聯的風險，這些伴隨而來的風險所帶來衝擊，往往會出乎意料而措手不及。同樣地，它也意味著，當我們採取行動去緩和一種風險，也同時對這些相關聯的風險，有著正面影響。

　　不同類型風險間，也有負相關的關聯。這意味著，某一類型風險的可能性或衝擊增加，對另一種有負相關的風險反而會減少，反之亦然。例如：投資於可轉換定期存單和債券，這兩種投資商品受利率的影響是負相關的。當利率上漲，債券的價格會下降，但可轉換定期存單的收益會增加；而當利率下跌，債券的價格則會上漲，而可轉換定期存單收益會減少。(註⑪)

五、訂定風險和機會優先次序

　　企業必須去辨認風險和訂出優先次序，金融市場對那些不去辨認風險的公司給予相當低的評價。此外，董事會及金融市場也不能接受經營階層說：「我們已清楚地辨認所有的風險，並訂出風險的優先次序，但我們沒有或尚未採取

任何行動。」許多風險發生的可能性，經由某些作業可大幅減少，例如：在一犯罪率趨高的地區，增加照明設備和安全設施，就能減少與犯罪相關風險的發生率。至於其他風險，你或許不能要颶風遠離你的營運地點，但一旦它發生，你至少一定能採取行動，使損傷減到最小。

六、確定為緩和風險或利用機會所必要的適當行動

實施ERM，一個很好的開始，就是去計畫如何辨認和排列風險的優先次序，並確定行動以緩和風險。

七、建立ERM系統，持續地對事件與趨勢，作適當的監控與反應

一個單一的ERM計畫，並不是一個有效的企業風險管理。要能長期發揮ERM的助益，企業必須導入ERM的管理過程，持續監測和回應風險。同時為達到成本效益，還需要選擇最適當的資訊技術，以支援ERM。

第七節　有效整合性風險管理的關鍵要素

目前各企業組織在風險管理上，逐漸整合各部門風險管理監督權責，以涵蓋橫跨所有業務與職務區域的風險，形成所謂整合性風險管理架構。此種架構，將風險認定、衡量、限額設定、監督與控制合併在全公司經營目標內。此種風險管理有兩個層次，其一是在特定業務或產品之風險評估中，考量所有風險因素，其二是所謂的由上而下法（Top-Down Approach），此法將風險管理工具、方法與揭露之研發，予以集中化與標準化，使得董事會與資深管理階層，擁有足夠且廣泛的資訊，進行任何風險與報酬取捨的決策。

有效的整合性風險管理架構，有以下幾個關鍵性要素：（註⑫）

1. 要有明確風險管理的共識，即風險文化（Risk Culture）。

2. 要有共同的風險定義，使得每個人都表達相同的風險語言（Risk Language）。

3.標準化的評估方法，使得管理者得以「逐一比較」（Compare Apples to Apples）。

4.促進跨部門風險討論的組織架構。

5.風險管理整合至主要業務程序。

6.與策略訂定、績效衡量、激勵獎金，以及資本管理架構，存在穩健的連繫關係。

有效地執行整合性風險管理方法上，吾人應該遵循下列條件：

1.精確與一致的資料來源。

2.橫向連結各個管理資訊系統，取得並揭露所需資訊。

3.風險管理是業務部門本身責任之認知。

4.適當的分析工具與方法論。

5.完善設計的教育課程與對部門主管及職員大力支持。

6.即時地由上而下傳達風險容忍度，並且由下而上地揭露風險暴露。

綜言之，整合性風險管理架構，凸顯過去風險管理的弱點，從而激發溝通、工具、方法論，以及分析的改良，提供現代經營者更為周延、客觀的決策資訊，提高機構競爭能力。

第八節 建構風險智能企業的九大原則 （註⑬）

金融海嘯讓許多公司措手不及，必須學習風險管理能力，應付未來可能出現的傷害。一般而言，具備企業風險管理（Enterprise Risk Management, ERM）能力，才能避開各種風暴。做好ERM的企業可稱之為「風險智能企業」（Risk Intelligent Enterprises），其中有九大原則，企業的經理人不可不知。

具備ERM能力雖然無法完全規避所有風險，但缺乏ERM，卻會讓企業隨時暴露在風險中而不自知。每個風險智能型企業，都有共同的體認，運用複雜的機率模型及精密分析，對特定風險進行管理，特別是現有資產及未來成長兩大項目，同時還要全方位且系統性地預測潛在風險，思考整合性對策來進行管理。

要成為風險智能企業，則必須具備九大原則：

原則一：建立可以在整體組織一致採用，且有共通認知的風險定義，以維持及創造企業價值。

一般人看待風險，多將其視為威脅，但很少人將之視為機會，其實「風險」的討論角度可以多面向，甚至應該改變思考角度，將風險可創造出來的價值進行正面討論。故企業應該採用更宏觀定義來看待風險，並在進行風險管理時，找出對企業成長的潛在報酬。

原則二：參照適當準則，訂定企業共通風險管理架構，藉以管理整個組織風險。

各國際組織機構出版了許多風險管理架構的資料，例如：COSO ERM、Trunbull、ISO 31000等，都是在協助企業決定如何適當地追求獲利機會與規避風險。

而一個好的風險管理架構，必須足以支撐公司風險管理目標，並適應公司獨特經營策略、行動與組織架構，甚至應就所屬產業特性及相關法令要求做修正。

原則三：清楚定義組織內和風險管理有關的角色、職責與授權規定。

風險管理是一種協調的成果，許多企業管理者並不自覺應扮演風險管理的角色，改變這些人的心態是企業推動風險智能的第一步。企業主或專業經理人，必須明確傳達風險智能觀念給這些人，讓他們瞭解風險智能對組織整體或對每人日常工作的重要性。

原則四：建立共通的風險管理基礎架構，以提供內部單位執行各單位的風險管理職責。

過去風險管理都以小型獨立團體形式存在，但一般來說，有效的風險管理不可能排除「客製化」，但共通作業平臺、作業規範、作業流程及專業用語，卻優於個別獨立的作業方式。因此，組織內的各獨立單位必須要整合，包括跨部門同步作業、協調作業與合理化作業。

原則五：包括董事會、審計委員會等企業治理組織，對組織內風險管理實務要有適當透明度與能見度，以履行監督責任。

原則六：管理階層應被賦予設計工作，並維持有效的風險管理程序任務。

另外，還要引領員工思考承擔風險所帶來的報酬、設定公司未來期望、確認工作當責性、與董事會討論、引導公司任何改變、建立風險智能文化。

　　企業可成立風險智能小組，由高階管理階層組成，把風險管理見解傳達給管理人員，並協助規劃風險智能執行計畫。

　　原則七：各營運單位應對營運績效負責，並對管理階層所建立的風險管理架構中，所承擔的風險進行管理。

　　原則八：某些對營運尚有廣泛影響，並提供支援給各營運單位的部門，例如：財務、法務及人事等，都應該包含在組織風險管理程序之中。

　　原則九：組織內特定部門（如內部稽核、風險管理或法令遵循部門），對治理組織及管理階層組織，提供風險管理體系運作時，有效性的客觀保證，並監督與報告其有效性。

　　近年來，金融及能源業者被普遍認為是高度風險管理的模範生，但次貸危機與美國卡崔娜颶風事件，卻讓金融業與能源業損失慘重，可見企業的風險管理必須不斷修正。「報酬尾隨著風險」是資本主義的老話，卻不應該被不斷鼓吹，而追求成功的企業經營，必須更加有技巧地成為風險智能企業。

第九節　整合性風險管理有效的必要條件

　　整合性風險管理（ERM）這個名詞是描述一個完整且整合的架構，於組織內所有階層上用以管理風險。如果要使ERM正確地運作，需要下述四個組織特性：

一、在所有階層定義目標

　　風險須依據目標而定義，缺乏明確的目標定義是不可能辨識或管理風險的。在一個組織中，目標存在於不同階層，形成了一個層級結構。ERM需要這些目標是明確的（每個人都知道且認同）、一致的（所有個別目標都有助於整體目標）、以及調和的（不論由上而下或由下而上，都是互相搭配成一個群體）。

二、組織配合目標

有效的組織，其結構能經由明確的層級間對照，反映出目標的層級。高層管理負責達成策略性目標，而第一線幕僚則必須完成作業及交付的目標，介於其間的，則由中階管理來負責，通常在這個階層，目標會失去其明確性、一致性以及調和性。

三、明確的範疇

有效的ERM，不論是目標或是組織的階層間，需要有明確的界面。對於某一個特定的目標是屬於哪一個特定的階層，必須確定，組織層級也必須是一樣的明確，其權責、溝通及決策權限，必須明確劃分。

四、風險意識的文化

在組織的各個階層上，都需要具有完全成熟的風險意識文化，並願意承諾管理無論在何處發生的風險，且這必須得到適當的資源與支援。若組織中的任何階層否認風險的存在，或拒絕在其權責範圍內管理風險，則ERM無法有效運作。

如果以上四者中的一個或幾個，不存在於你的組織中會如何？或許是沒有明確的整體目標，又或是你的組織不結構化或範疇不一致，還是風險文化不成熟？在這樣的環境下，有可能實施ERM嗎？

一個組織缺乏一個或多個上述特性時，應採取行動發展之。將目標設置於事業內的不同層級上，很快即可達成，但要實施組織結構改變，將範疇與疆界明確化，則需要花一些時間。至於發展出風險意識文化，那就得花更多時間了。

然而，開始實施應該是可能的，何不在你的組織中，用你所在的位置，作為先導者或展示者？首先確定你的目標是明確且被瞭解的，並開始在你的團隊中發展風險意識，然後開始在你所屬的「迷你企業」中，採用縮小版的ERM。當這個行動開始造成了一些差異時，傳播並慶祝你的成就，告訴同事你的發現，成功的故事將鼓勵其他人跟隨你的步伐，並將導致對ERM原則與實務的廣泛採用。如果你有勇氣與決心，作為ERM的先驅，其他人會追隨，而最終整個組織將會改變。（註⑭）

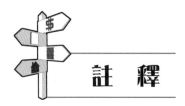

註 釋

①Thomas L. Barton et al., *Making Enterprise Risk Management Pay Off: How Leading Company Implement Risk Management*, Pearson Education Company, 2002, p. 5.

②邱展發，非金融業風險管理，核保學報，中華民國產物保險核保人學會，No.15，2007年3月，pp. 91-92。

③1995年霸菱銀行（Baring Brothers and Company）突然倒閉，肇因於其設在新加坡分行身兼霸菱新加坡期貨公司營業及後援部門的負責人尼克‧李森（Nicholas Leeson），他利用兩個不同的帳户，進行未經授權的證券價格套利交易，並利用職權，更改了內部稽核系統，虛構出投資獲利的假象，造成虧空高達14億美元的損失，落得霸菱銀行倒閉，以1英鎊賣給了ING荷蘭國際集團。

④COSO委員會的全名是詐欺性財務報導全國委員會贊助機構之委員會（the Committee of the Sponsoring Organizations of the National Commission on Fraudulent Financial Reporting），成立之初，其目的在研究內部控制之定義及判斷內部控制良窳的標準，其研究項目到現在已擴展至風險管理、公司治理及倫理道德等。

⑤依據COSO 委員會於2004年所出版《企業風險管理——整合架構》針對「風險胃納」定義如下：所謂風險胃納（Risk Appetite），係一家企業在追求其價值時，所願意接受風險的數量（Amount of Risk）。它是一個廣義的水準，反映企業風險管理的哲學，這項哲學又影響這家企業的文化及經營的風格。

企業在訂定策略時，須考量風險胃納。此時，該策略所產生的報酬，須與企業的風險胃納相容，並與其一致。不同的策略，使企業暴露於不同的風險水準（Levels of Risks）之中，管理階層在訂定策略時，若採用企業風險管理，可助其選擇與企業風險胃納相容，並與其一致的策略。

企業在考量風險胃納時，得不予量化而將其分成高、中或低等類，惟亦得量化。此舉在反映企業追求成長與報酬之目標，並試圖與風險取得平衡。

⑥參閱馬秀如等譯，企業風險管理——整合架構，中華民國會計研究發展基金會，2005，p. 15。

⑦參閱吳素環、李雅慧譯，COSO的新發展——企業風險管理（Enterprise Risk Management），
會計研究月刊，No. 217，2003年12月1日，中華民國會計研究發展基金會，p. 115。

⑧同註⑦，pp. 117-119。

⑨游淑君、葉東諺譯，ERM實務，風險與保險（*Risk and Insurance*）雜誌，中央再保險公司，
第8期，2006年1月15日，pp. 11-13。

⑩林永和譯，ERM的理論架構，風險與保險（*Risk and Insurance*）雜誌，中央再保險公司，第
11期，2006年10月15日，p. 19。

⑪參閱Jack Shaw, Managing All Your Enterprise's Risk, *Risk Management Magazine*, Risk and
Insurance Management Society, 2005, p. 9。

⑫風險管理策略之演進（*Evolution in Risk*），http://www.jcic.org.tw/publish/010401.pdf。

⑬參閱2009年11月11日，經濟日報，A20版，2009年8月1日：會計月刊，8月號，建立風險智能
企業的九大原則，pp. 74-85。

⑭David Hillson，「風險管理最佳實務與未來實務」，專案經理雜誌特刊，2013年6月。

附錄一　風險管理和保險全球資訊網資源

名　　稱	說　　明	URL網址
ARIA Web	ＡＲＩＡ　Ｗｅｂ是美國風險與保險協會（ARIA），是由風險管理與保險方面的學者和教授組成的重要專業協會的網站。ARIA是《風險與保險》及《風險管理與保險評論》兩本雜誌的出版單位。	http://www.aria.org
RIMS	風險與保險管理學會（RIMS）是美國風險管理經理人和企業保險購買人的重要專業學會。RIMS提供了一個風險管理事務的論壇，為損失控制活動提供支持，並為保險人瞭解該組織成員的保險需求搭設橋梁。RIMS在很多大城市，都設有分支機構。	http://www.rims.org
RISK Web RISK Mail	一個研究學術和專業資訊或風險管理和保險領域的專業資訊網站，該網站提供一個名為「無邊界約束」的對風險和保險事務討論的園地。RISK Mail檔案中，保留了有關風險和保險主題的評論。	http://www.riskweb.com http://www.riskmail.org/account.htm
SRA	風險分析學會（SRA）為所有對風險分析感到興趣的人們，提供了一個開放的論壇，論壇的內容包括風險評估、風險管理，以及與風險相關的政策。	http://www.sra.org
RISK LIST	為風險管理人員提供資源。	http://pages.prodigy.com/KY/rlowther/risklist.html
Captive.com	企業自己保險的資訊交換網站，專屬保險公司或保險─自留風險集團、保險公司、保險購買團體、協會、公共基金，以及保險互惠組織提供資訊交換。	http://www.captive.com
Insurance Net	提供個人和商業保險的買方資訊，包括商品和市場資訊。	http://www.insurancenet.com
有關搜索風險和保險全球網主頁的工具	協助網頁瀏覽者，透過關鍵詞，搜索文獻摘要、風險管理和保險的論文檔案，以及保險詐欺調查研究記載。	http://www.finweb.com/rmisearch.html
品質保險主頁	與保險相關的品質和學習資訊的資源。	http://www.-nashville.net/qic95

名　　稱	說　　明	URL網址
風險理論學會	風險理論學會是美國風險與保險協會中，一個致力於推動風險理論和風險管理研究的組織。學會會員將事先交流論文，並在年會中，對其進行詳細的討論。	http://www.aria.org/rts
國際金融風險研究所	國際金融風險研究所提供了關於金融風險管理的全面的、綜合的介紹。它的網站為讀者提供該學科領域內，最有價值的官方文獻。在風險管理清單中，該網站提供了管理規章文獻庫、風險管理案例研究，以及風險管理的術語表。	http://riskinstitute.ch
公共風險管理協會	公共風險管理協會是代表美國州政府和地方政府單位風險管理經理人的組織。該組織透過公共部門，提供風險管理的實踐和培訓機會，並出版雜誌，也提供聯邦立法和規則的更新意見。	http://www.primacentral.org
非營利性風險管理中心	非營利性風險管理中心的主要任務是發展非營利性組織的風險管理與保險事務的研究和教育。該組織出版時事通訊、通俗讀物，以及風險管理和保險相關的常見問題的資訊摘要。	http://www.nonprofitrisk.org
美國自保研究所	美國自保研究所是一個旨在將自保推廣為處理財務損失的可選擇方法的全國性機構。該組織負責登載有關自保的技術知識的文章；主持教育討論會；同時在聯邦和各州推廣自保的立法和法規。	http://www.siia.org
保險資訊協會	保險資訊協會（III）向客戶提供災難損失方面的資訊，並提供恐怖攻擊，以及颶風、洪水、地震和其他自然災害方面的索賠資訊。保險資訊協會（III）是一個能很好地獲取有關財產與責任保險資訊的優秀網站。它及時提供關於汽車、屋主和商業企業保險、提交索賠要求、災後重建，以及節省費用的途徑等方面的資訊。該網站還包含了為電視、報紙、電臺等新聞媒體提供的背景資料和資訊。	http://www.iii.org
保險、風險管理及財務規劃的資訊資源	與大量的風險管理和保險問題相連結。	http://www.bus.orst.edu/faculty/nielson/ins_web.html
Insurance Newspage	蒐集各保險領域中新聞報導。	http://www.newspage.com/NEWSPAGE/cgi-bin/walk.cgi/NEWSPAGE/info/d16

名　　稱	說　　明	URL網址
美國保險協會	美國保險協會（AIA）是一個由370多家產險公司組成的協會，其網站列出了相關的出版物、對產物保險中重要事件的評論、新聞稿、保險的相關連結。	http://www.aiadc.org
反保險詐欺聯盟	反保險詐欺聯盟是一個由消費者、法律執行部門和保險業團體組成的聯盟。該聯盟透過教育宣導來減少保險詐欺的發生，同時還列出許多詐欺性的理賠案例。	http://www.insurancefraud.org
Insure.com	Insure.com及時提供有關汽車、房屋、人壽和健康保險的最新進展的資訊。	http://www.insure.com
Ins Web	InsWeb是一個提供線上交易的保險網站。它使消費者能夠獲得許多保險商品的報價，包括汽車、火災保險，定期人壽保險及個人健康保險，這是一個非常好的提供消費者資訊的網站。	http://www.insweb.com
Quicken.com	Quicken.com是最好的保險資訊和保險購買網站之一。該網站提供人壽、健康、汽車、火災、殘廢及長期看護保險，以及年金保險等方面的資訊。	http://www.quicken.com/insurance
美國cpcu	美國cpcu提供有關「ARM」證照考試方案的資訊。	http://aicpcu.org
美國國家保險和研究聯盟	美國國家保險和研究聯盟提供有關「CRM」證照考試方案的資訊。	http://scic.com
日內瓦協會	日內瓦協會（Geneva Association）正式名稱為「國際保險經濟學研究會」，1973年2月於法國成立，該組織為一個非營利性之世界組織，其會員包括歐洲、北美、南非、亞洲、非洲及澳洲等地區各大保險公司總裁或首席執行長80餘人。因該組織祕書處設在瑞士日內瓦，故改稱為日內瓦協會。該組織主要的目標是研究保險活動在經濟成長中的重要性。該組織出版了一份在歐洲地區非常重要的雜誌——《日內瓦風險與保險評論》（*The Geneva Risk and Insurance Review*）。	http://www.geneva association.org
歐洲風險與保險經濟家協會	歐洲風險與保險經濟家協會（EGRIE）是一個非營性利組織，其主要宗旨為推動風險與保險之研究，提供研究資料、出版品，並舉辦研討會與其會員。	http://www.egrie.org

名　　稱	說　　明	URL網址
英國風險管理學會	英國風險管理學會（IRM）是一個非營利性的專業風險管理教育機構。該學會除了提供各種風險管理教育訓練課程外，並提供MIRM與FIRM之證照考試。	http://www.theirm.org
保險及風險管理人協會	保險及風險管理人協會（AIRMIC）是一個在英國及歐洲地區積極發展企業風險管理的組織。大約1,000名會員，其會員包括FTSE100中之75%。該協會出版了一份重要的刊物即《風險管理標準》（*Risk Management Standard*），該刊物為歐洲地區及國際上非常重要的風險管理標準認定依據。	http://www.airmic.com
中華民國風險管理學會	中華民國風險管理學會（RMST）是一個由產、官、學界代表所組成非營利性教育團體，多年來對風險管理學術積極推廣與應用。每年舉辦「個人風險管理師」與「企業風險管理師」證照考試。出版實務性之《風險管理雜誌》與學術性之《風險管理學報》兩本刊物，供會員與學術單位研究參考。	http://www.rmst.org.tw
風險管理知識網	行政院研究發展考核委員會為推動國家風險管理所設立之風險管理知識網，包括國內外風險管理新知、案例分析、技術新知等。	http://www.rdec.gov.tw
保險事業發展中心	保險事業發展中心（tii）是一個從事保險專業研究、保險事業人才培育、保險業精算及統計、保險申訴調處，以及國際保險資料研析的機構；並協助監理機關推動保險政策、宣導風險管理與保險知識。是一個提供保險與風險管理資訊平臺的機構，該機構也出版許多實用性的保險與風險管理訓練教材，每年定期出版《保險經營與制度》雜誌。	http://www.tii.org.tw
行政院研究發展考核委員會（已於2014年1月22日配合國家組織再造，與行政院經濟建設委員會和行政院公共工程委員會部分單位整合為國家發展委員會）	原行政院研究發展考核委員會（現為國家發展委員會）於施政計畫下，有一個專門處理政府部門的風險管理研究單位，定期將其研究之風險管理新知，公布於其網站，供各界參考。	http://www.ndc.gov.tw

附錄二　歐盟風險管理準則

前　言

　　本風險管理準則是由英國主要風險管理機構的精英組成的團隊所研擬出來的成果，這些機構包括風險管理學會（IRM）、保險及風險管理人協會（AIRMIC）及屬政府部門的風險管理國家研討會（ALARM）等。

　　此外，在長期的諮詢過程中，該團隊也向其他關注風險管理的專業團體，極廣泛地徵詢其觀點及意見。

　　風險管理是一門正在快速發展的學科，對於風險管理的範圍、實施方法，以及目的等問題，有很多不同的看法及描述，需要以準則來確保下列事項可達一致性：

　　．相關的專門術語。
　　．實施風險管理的步驟。
　　．風險管理的組織架構。
　　．風險管理的目的。

重要的是，本準則認定風險有好有壞。

　　風險管理不只是企業或政府機構的事，它也關係到任何短期及長期的活動，我們不能僅從活動的本身來考慮事情，還要兼顧許多可能被活動影響的各種損益關聯者（stakeholders）。

　　達成風險管理的目的，有許多種方法，我們無法嘗試在單獨一份文件中盡述，因此我們並不打算以「搬字過紙」的方式來訂定一套僵硬的準則，或建立一套被鑑認的程序。只要能達成本準則的各構成部分的要求，即使方法有別，機構仍可宣稱其符合準則。本準則提供了最佳的實務，機構可以據此作自我評估。

　　本準則已儘量使用國際標準化組織（ISO）近期文件ISO/IEC風險管理指南73－字彙－準則使用指導方針中的風險專門術語。

　　由於本領域發展快速，作者歡迎使用此準則的機構，能把意見回饋（地址在本準則的封底），本準則將例行作修訂，以反映最佳實務。

一、風險

　　風險可定義為事件發生的可能性及其結果的組合（ISO/IEC指南73）。

　　我們進行任何事情、事件及其結果，都潛藏獲利（正面）或威脅成功（負面）的機

會。

　　風險管理逐漸開始重視風險的正面及負面影響；因此，本準則也從這兩方面來考量。

　　在安全的領域，通常認為只有負面的結果，因此，安全風險之管理，專注於損害的預防及降低。

二、風險管理

　　風險管理是機構策略管理的核心部分，它是機構以條理化的方式，來處理活動中的風險步驟，其目的是從每一項活動及全部活動的組合中，獲得持續的利益。

　　好的風險管理專注於風險的界定及處置，目的是為機構的活動帶來最大的持續價值，它整理出所有可能帶給機構正面及負面影響的因素，從而提升達成機構整體目標的可能性，並降低失敗的可能性和不確定性。

　　風險管理應該是一項持續發展的步驟，持續運作於機構策略的制定及實施中，它應該條理化地處理機構活動在過去、現在和尤其是未來，所面臨的風險。

　　風險管理應該透過最高管理階層，把有效的政策及計畫，整合於企業文化中，把策略轉換成策略性及營運性目標，將責任分配到各經理及員工，並視其為職務說明的一部分。風險管理支持問責、績效評估及獎懲，並藉此促進所有階層的營運績效。

外部及內部因素

　　機構及其營運所面臨的風險，可能是由該機構外部或內部因素所造成，附圖-1、附圖-2總結了這些領域主要風險的例子，同時也顯示出某些特定的風險，可能同時受到外部及內部因素的驅動，而重疊在這兩個領域。它們可再細分為幾種風險型態，例如：策略方面、財務方面、營運方面及突發事件方面等。

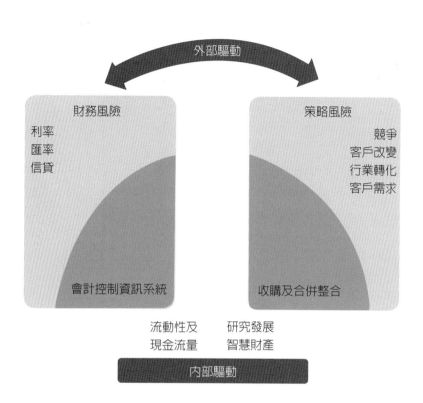

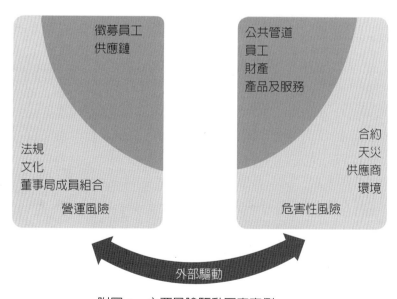

附圖-1　主要風險驅動因素案例

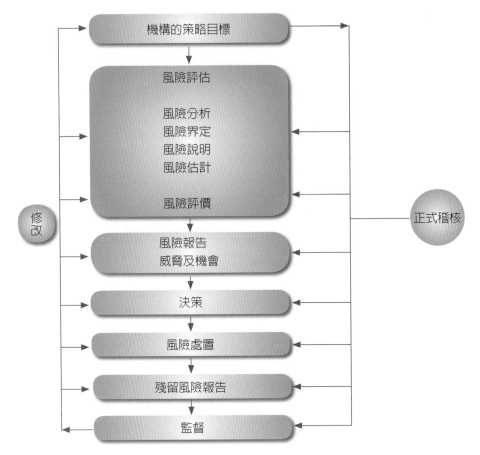

附圖-2　風險管理步驟

　　風險管理透過支持機構策略目標，而為機構及其損益關聯者，提供保障和增加價值，方法如下：

　　・為機構提供一個架構，讓未來活動以一貫且可掌控的方式來進行。

　　・透過全面性和系統性瞭解業務活動及項目機會／威脅，來改善決策、計畫及優先順序的訂立。

　　・更有效地在機構內使用／配置資金及資源。

　　・減少企業內非必要領域的開發。

　　・保障並強化資產及公司形象。

　　・開發並支援人員及機構的知識基礎。

　　・提升營運效率。

三、風險評估

ISO/IEC指南73，將風險評價定義為風險分析及風險評估的整體步驟。

四、風險分析

㈠風險界定

風險界定是界定機構對不確定性情況的暴露程度，必須對機構、其所經營的市場、其所處環境的法律、社會、政治及文化有深入的認識；同時必須徹底瞭解其策略性及營運性目標，包括成功的關鍵因素，以及影響達成這些目標的相關威脅及機會。

界定風險應以有條理的方法來進行，以確保機構內的主要活動及相關風險，都經過審視和認定，所有伴隨這些活動的變數，都應被界定及分類。

我們可用不同的方法來區分企業的活動及決策，例如：

- 策略性的：這些關係到機構的長期策略目標，可能會受到資本可用性、統治權及政治風險、法規變更、名譽及實際環境轉變的影響。
- 營運性的：這些關係到機構為實踐其策略目標所面對的日常事務。
- 財務性的：這些關係到機構財務的有效管理及控制，以及外部因素的影響，例如：信貸額、外幣兌換率及利率變動，以及其他市場風險。
- 知識管理：這些關係到知識資源的生產、保護及溝通的有效管理及控制，外部因素可能包括未經授權使用或濫用智慧財產、區域性停電，以及競爭技術等；內部因素可能是系統故障或重要職員離職等。
- 守法：這些關係到健康與安全、環保、交易描述、消費者保護、資料保護、聘僱方式及法規等。

雖然我們可以聘請顧問來界定風險，但透過內部管道，利用良好的溝通、一貫且協調的步驟及工具，可能會更有效率。由內部「認同」的風險管理流程是必要的。

㈡風險描述

風險描述的目的是將已界定的風險，以結構性的形式呈現出來，例如：用表列式。下一頁的風險描述表，可用來描述及評估風險。我們必須使用設計良好的架構，來全盤進行風險界定、描述及評價。表中所列各項風險的結果及可能性，經過考慮後，我們就可以把需要更詳細分析的主要風險之優先順序排列出來。

伴隨企業活動及決策的風險，可以分類為策略性、項目性／戰略性及營運性。

特定的項目在規劃階段，以及整個生命週期，都應該納入風險管理之內。

風險管理 理論與實務

附表-1 風險描述

1.風險名稱	
2.風險範圍	對事件之規模、型態、數量及關聯性,作本質上的描述
3.風險本質	例如:策略性、營運性、財務性、知識或守法性
4.損益關聯者	關聯人及他們的期望
5.風險的量化	重要性及可能性
6.風險容忍度/胃納	風險的潛在損失及財務影響 受風險牽連的價值 潛在損失/獲利的可能性及規模 風險控制的目的及期望的績效水準
7.風險處置及控制機制	目前管理風險的主要方法 目前控制機制的信心水準 監督及檢討模式的界定
8.改善的可能行動	降低風險的建議
9.策略及政策的開發	界定負責開發策略及政策的職能

㈢風險估計

風險估計是對風險發生的可能性及可能的結果,作出量化、半量化或質化的估計。

例如:結果的威脅性(壞的風險)或機會(好的風險)可能高、中等或低(請參閱附表-2),機率可能高、中等或低,但需對威脅及機會作出不同的定義(請參閱附表-3及附表-4)。下頁表中有一些例子,不同的機構會找到不同的對結果及可能性的評估方法,來滿足他們的需求。

例如:許多機構發現將結果及可能性評估為高、中等或低,和用3×3的矩陣來表達,已足夠;但其他機構則可能覺得以5×5的矩陣,來評估結果及可能性較為適合。

附表-2 結果──威脅及機會

高	對機構的財務影響,可能超過£x 對機構的策略或營運活動有嚴重影響 損益關聯者嚴重關切
中等	對機構的財務影響,可能在£x及£y之間 對機構的策略或營運活動有中等程度的影響 損益關聯者的關切程度中等
低	對機構的財務影響,可能不超過£y 對機構的策略或營運活動影響程度很低 損益關聯者的關切程度低

附表-3　發生的可能性 —— 威脅

估計	描述	指標
高 （很有可能）	每年都很有可能發生或發生的機會大於25%	在一定期間內（例如10年）可能發生多次。 最近發生過。
中等 （有可能）	在10年期間內，有可能發生或發生的機會小於25%	在一定期間內（例如10年）可能發生一次以上。 由於某些外部影響而難以控制。 曾發生過嗎？
低 （微乎其微）	在10年期間內，不太可能發生或發生的機會小於25%	沒發生過。 不太可能發生。

附表-4　發生的可能性 —— 機會

估計	描述	指標
高 （很有可能）	1年內很有可能達成所希望的好結果，或發生的機會大於75%	機會明確，有賴於合理的必然性，根據目前的管理流程，在短期內會實現。
中等 （有可能）	可合理期待1年內有好的結果或發生的機會在25%至75%之間	有實現的可能性，但需要審慎管理。 有超越計畫的機會。
低 （微乎其微）	未來中期有一些機會得到期望的好結果或發生的機會小於25%	管理階層尚未仔細研究其可能性。 以目前所使用的管理資源，要成功的可能性低。

㈣風險分析方法及技術

分析風險所可使用的技術有很多，有些是針對好的風險，有些是針對壞的風險，而有些則可適用於兩者。

㈤風險素描

風險分析步驟所得的結果，是產生一個風險素描，為每一項風險的嚴重性評比，並提供依序處理風險的工具。

評比各項風險，可以讓我們看清它們相對的重要性。

這個步驟可以將風險標示於企業受影響的業務、描述已實施的主要控制程序，並指出哪些地方的風險控制投資水準，應該增加、減少或重新分配。

問責可以幫助確認風險的「擁有權」及適當分配管理資源。

五、風險評價

完成風險分析步驟後，我們應該將所評估的風險與該機構已建立的風險標準互相對照，風險標準可能包括相關的成本及利益、法律規定、社會經濟及環境因素、損益關聯者在意的問題等。因此，風險評價是用來判斷風險對機構的重要性，以作出決策及決定是否應接受各項特定風險或作出處置。

六、風險報告及溝通

(一)內部報告

機構內不同的層級，需要從風險管理程序中，得到不同的資訊。

董事會應該：

・知道機構所面臨的最嚴重的風險。

・知道對股票價值與預期績效範圍差異的影響。

・讓整個機構保持適當程度的警覺。

・知道機構管理危機的方法。

・知道損益關聯者，對機構保持信心的重要性。

・知道如何在適當時機與投資大眾溝通。

・使風險管理步驟能有效運作。

・發布明確的風險管理政策，包括風險管理理念及責任。

各營運單位應該：

・瞭解自己責任領域所面臨的風險、這些風險對其他單位的影響，以及其他單位因承受結果而對自己單位帶來的影響。

・設立績效指標以便監督核心業務及財務活動、達成目標的進度，以及界定介入的狀況（例如預測及預算）。

・有關預算及預測的差異，定期提供適當溝通系統及程序，以便採取行動。

・系統性地且即時向上級管理階層報告，任何新察覺到的風險或現行控制方法失敗之處。

個人應該：

・瞭解對個別風險所負的責任。

・瞭解如何持續改善風險管理因應機制。

・瞭解風險管理及風險警覺是機構文化的重要部分。

・系統性地且即時向上級管理階層報告，任何新察覺到的風險或現行控制方法失敗之

處。

㈡外部報告

公司必須定期向損益關聯者報告，風險管理政策及其對達成目標的有效性。

損益關聯者愈來愈要求機構，提供有關非財務績效方面有效管理方面的證據，例如：社區、事務、人權、聘僱方法、健康及安全，以及環境。

良好的公司管治，要求公司採用條理化的風險管理方法：

‧保障損益關聯者的利益。

‧確保董事會可執行其職權來主導策略、建立價值，並監督機構之績效。

‧確保管理控制程序的建立和適當地實施。

機構應明確陳述對風險管理正式報告的安排，並讓損益關聯者瞭解。

正式報告應針對：

‧控制方法——尤其是風險管理的管理職責。

‧界定風險所採用的步驟，以及風險管理系統執行方式。

‧管理重大風險所採用的主要控制系統。

‧所採用的監督及檢討系統。

系統範圍或系統本身如有重大缺失，應與處理步驟一併報告。

七、風險處置

風險處置是選擇並實施改變風險措施的步驟，風險處置的主要原理是風險控制／減輕，但可進一步衍生為風險迴避、風險轉移、風險融資等。

附註：在本準則中，風險融資係指為風險結果籌措資金的機制（例如：購買保險計畫），風險融資通常不是為實施風險處置之成本提供資金（如ISO/IEC指南73所定義者）。

任何風險處置系統，至少應提供：

‧對機構有良好效率及效果佳的營運。

‧有效的內部控制。

‧遵守法規。

風險分析步驟，界定管理階層需關注的風險，從而幫助機構有效營運，但必須根據對機構的潛在利益，排定風險控制行動的優先順序。

內部控制的效果，要根據預定的控制方法，視風險排除或降低的程度而定。

內部控制的成本效益，則取決於實施控制的成本與風險降低的預期利益之比對。

我們要衡量建議的控制方法，必須比較假設不採取行動的潛在經濟影響與採取建議行動的成本，這往往需要比現有的更詳細的資訊及假設。

首先我們必須知道實施的成本，這需要精確計算，因為它立刻就會成為衡量成本效益

的基礎；我們也要估算不採取行動的預期損失，透過兩者比較的結果，管理階層便可決定是否須實施風險控制方法。

遵守法規是沒有選擇性的，機構必須瞭解相關法令並據以實施控制系統，只有當降低風險的成本與風險本身，不按比例的情況下，才能有一些彈性。

為風險的衝擊，取得財務保障的方法之一，是透過風險融資，包括購買保險，但是必須瞭解有些損失或損失元素是無法投保的，例如：與工作相關的健康、安全或環境意外的成本並不在保障範圍，這些可能還包括員工士氣及機構聲譽的損失。

八、風險管理步驟的監督及檢討

有效的風險管理，需要有報告及檢討架構，以有效界定與評價風險，以及確保控制及回應機制得以建立實施，且應定期稽核政策及標準的遵守情形、檢討標準績效，以便掌握改善的機會。應記住機構是動態的，且在一個動態的環境中營運，我們需掌握機構及環境的變更，並對系統作出適當的修正。

監督步驟應能確定對機構的活動，實施了適當的控制，同時瞭解所有的程序，並據以遵守。我們也需要掌握機構及環境的變更，並對系統作出適當的修正。

任何監督及檢討步驟應能判斷：

・所採用的方法能否得到希望的結果。
・為執行評價所採用的程序及所蒐集的資訊是否適當。
・所增加的知識是否有助於作出更好的決策，是否能為未來風險的評價及管理界定應學習的課題。

九、風險管理的架構及行政

(一)風險管理政策

機構的風險管理政策，應揭示公司對風險的態度及所能接受程度及其對風險的管理方法，同時應揭示機構內各部門及人員，在風險管理方面的職責。

此外，政策說明應參考法令規定，例如：健康及安全方面。

在風險管理步驟中，應附有整體性的工具及技術，以便進行業務時，在不同階段中使用。為能有效運作，風險管理步驟需要：

・獲得機構中，首席執行長與執行管理階層的承諾。
・在機構中，分派職責。
・配置適當的資源，為所有損益關聯者提供培訓，強化風險警覺意識。

㈡董事會的角色

　　董事會應負責決定機構的策略方向，並營造風險管理有效運作的環境及架構。

　　這可透過一個執行團隊、非執行委員會、稽核委員會或其他職能部門，只要是適合機構的營運方法且能夠擔任風險管理的推動者即可。

　　董事會在評估內部控制系統時，至少應考慮：

・公司在其特定業務中，所能接受壞的風險的本質及程度。
・該風險成為事實的可能性。
・應如何管理不能接受的風險。
・公司降低風險可能性及其對業務影響的能力。
・對風險所採取的控制活動的成本及效益。
・風險管理步驟的效果。
・對董事會所作決議的風險涵義。

㈢營運單位的職責

包括：

・營運單位對風險管理日常事務負主要責任。
・營運單位管理階層，應負責在其營運範圍內推廣風險意識，將風險管理目標納入其業務。
・風險管理應是管理會議的例行項目，以便討論風險暴露狀況，並根據風險分析重新排定工作優先順序。
・營運單位管理階層，應確保項目從規劃階段到整個實施過程，均考慮到風險管理。

㈣風險管理職能單位的職責

　　依機構的規模，風險管理單位可能是單獨一個人、一個兼職的風險經理，到一個完整的風險管理部門。

　　風險管理單位的職責應包括：

・制定風險管理政策及策略。
・在策略及營運層次擔任風險管理的主要負責人。
・在機構內建立風險認知的文化，包括提供適當的培訓。
・為各業務單位建立內部風險政策及架構。
・設計並檢討風險管理步驟。
・協調有關職能活動對風險管理事務的諮詢工作。
・設計風險因應程序，包括突發事故及持續營運計畫。

．向董事會及損益關聯者，撰寫風險報告。

(五)內部稽核的職責

每個機構內部稽核的職責都不相同，實務上，內部稽核的職責，包括下列部分或所有的責任：

．專注於由管理階層所界定的重大風險的內部稽核工作，同時稽核整個機構的風險管理步驟。
．對風險管理程序提供保證。
．積極支持並參與風險管理步驟。
．在風險管理及內部控制方面，幫助界定風險／評價及教育員工。
．協調對董事會及稽核委員等單位的風險報告。

在為特定機構設定最適當的職責時，內部稽核應確保不違反獨立性及客觀性的專業要求。

(六)資源及履行

履行機構政策，應明確建立各管理階層及各事業單位所需要的資源。

除了原有的營運職責之外，所有單位應明確界定其參與風險管理之協調政策／策略方面的職責。而參與內部稽核及協助風險管理的單位，也應同樣闡明其職責。

風險管理應透過策略及預算程序，深植於機構內，於引進新員工時，在其他培訓和發展計畫和在營運程序（例如：產品／服務發展項目）中被強調。

十、附件

(一)風險界定技術——舉例

．腦力激盪。
．問卷。
．營運研究，探討每個營運步驟，並描述每個可能影響這些步驟的內部程序，及外部因素。
．產業標竿。
．情境分析。
．風險評估研討會。
．事故調查。
．稽核及檢查。

‧HAZOP（危害性事件及運作能力研究）。

㈡風險分析方法及技術──舉例

1.好的風險

‧市場調查。

‧探勘。

‧行銷測試。

‧研究及開發。

‧業務衝擊分析。

2.兩者

‧依賴性模擬。

‧SWOT分析（強項、弱項、機會、威脅）。

‧事件樹狀分析。

‧持續營運計畫。

‧BPEST（業務、政治、經濟、社會、科技）分析。

‧真實選擇模擬。

‧在有風險及不確定情況下作決策。

‧統計推論。

‧中央集中及分散之評估。

‧PESTLE（政治、經濟、社會、技術、法律、環境）。

3.壞的風險

‧威脅分析。

‧過失樹狀分析。

‧FMEA（缺失型態及效果分析）。

（本準則取材自「風險管理知識網」）

http://risk.rdec.gov.tw/MainPg.asp?Mdl=A08&Pg=WchContent&WchId=3

（本準則英文原文，請參閱「保險及風險管理人協會」網站（http://www.airmic.com）
之「Risk Management Standard」。）

附錄三　101條風險管理準則

前　言

從美國國內到國外，將近100位的風險管理經理人和來自各種不同背景的保險教育學者共聚一堂，於1983年5月9日在美國洛杉磯舉行的Risk & Insurance Management Society's Annual Conference中，共同揭櫫「101條風險管理準則」，隨後並發表於1983年5月23日出版的*Business Insurance*雜誌上。美國是當前風險管理實務與理論最先進的國家，其風險管理發展的潮流，勢必影響我國企業界與保險業的經營。此「101條風險管理準則」的提出，使吾人可體會出，風險管理的理論與實務，已經從摸索與分歧中，走出一條可令人一致認同並接受的趨勢。以下將逐一說明其意義並附其原文。

一般準則

一、一個組織的風險管理計畫，必須配合組織的整體目標，並應隨著目標之改變而修正。

原文：「An organization's risk management program must be tailored to its overall objectives and should change when those objectives change.」

二、倘若擁有一個「安穩」的企業（即不受不景氣、倒閉、產品市場變化之影響），則風險管理計畫應能夠更具冒險性（Risky）並減低其成本。

原文：「If you are in a "safe" business (relatively immune from depression, bankruptcy or shifts in products markets), your risk management program can be more "risky" and less costly.」。

三、不要冒超過所能負擔（損失）的風險。

原文：「Don't risk more than you can afford to lose.」

四、不要冒過小的風險（或然率低，但可能造成巨大災害）。

原文：「Don't risk a lot for a little.」

五、應考慮一個災害事件（Occurrence）發生的可能性。

原文：「Consider the odds of an occurrence.」

六、應有明確的目標，並與公司的目標一致。

原文：「Have clearly defined objectives which are consistent with corporate objectives.」

七、風險管理部門應視為組織的服務機能部門，應以其執行能力之大小，作為績效認定之基礎。

原文：「The risk management department, as a user of services, should award business on the basis of ability to perform.」

八、對任何重大的損失風險，不只是損失控制（Loss Control）或損失財務彌補（Loss Financing）單獨來處理就足夠，而應該使控制策略與財務彌補策略，以一定正確的比例搭配來處理才行。

原文：「For any significant loss exposure, neither loss control nor loss financing alone is enough; control and financing must be combined in the right proportion.」

風險的認知與衡量準則

九、財務報表的檢查，可以幫助風險的認知與衡量。

原文：「Review financial statements to help identify and measure risks.」

十、採用流程圖表，可以認知出單一的資源供給者，或其他連帶性的營業中斷風險。

原文：「Use flow charts to identify sole source suppliers or other contingent business interruption exposures.」

十一、為了能更完整認知和評估風險，必須深入訪問工廠並與實際操作人員交談。

原文：「To more fully identify and assess risks, you must visit the plants and relate to operations people.」

十二、可靠的資料是估計機率（Probability）和幅度（Severity）的重要基礎。

原文：「A reliable data base is essential to estimate probability and severity.」

十三、精確並及時的風險資訊，將可減少其風險或由其所引起的其他風險。

原文：「Accurate and timely risk information reduces risk, in and of itself.」

十四、風險經理人應該深入瞭解公司任何新的營運計畫，包括採購、設計等，以確保不會產生新的風險。

原文：「The risk manager should be involved in the purchase or design of any new operation to assure that there are no built-in risk management problems.」

十五、無論以合併、購得或合夥方式參與一新公司，必須事先仔細地評估其環境上的風險（Environmental Risks）。

原文：「Be certain environmental risks are evaluated in mergers, acquisitions and joint ventures.」

十六、在選擇有害廢棄物（Hazardous Waste）之處理承包商時，應以他們的風險控制方法與他們的財務穩定性，及其所購買保險的保障程度作為標準。

原文：「Select hazardous waste contractors on their risk control measures and their financial stability or insurance protection.」

十七、應積極探尋隨時會被捲入的偶發重大風險事件（例如：飛機、核能產品及工程等設計的錯誤或不當的醫療事件等）。

原文：「Look for incidental involvement in critical risk areas (i.e., aircraft and nuclear products, medical malpractice, engineering design, etc.)」

風險控制準則

十八、風險控制（Risk Control）是一種成本效益的工作，它主要是幫助組織控制各單位的營運成本。

原文：「Risk control works. It is cost effective and helps control local operating costs.」

十九、風險控制最首要的理由，就是對人命的保護。

原文：「The first (and incontrovertible) reason for risk control is the preservation of life」

二十、一個財產保全計畫，應以保護公司資產的需要來設計，而非依照保險業者之需要。

原文：「A property conservation program should be designed to protect corporate assets—not the underwriter.」

二十一、最重要的工廠或唯一的資源供給者，超過或違反正常高度防護風險制度，即HPR（Highly Protected Risks）的規定時，應謹慎小心地予以注意。

原文：「Be mindful that key plants and sole source suppliers may need protection above and beyond normal HPR (highly protected risks) requirements.」

二十二、應善加利用經紀人或保險公司所提供之風險控制服務，並可藉此機會擴大公司的風險管理計畫，而不要坐失良機。

原文：「Use the risk control services of your broker and insurer as an extension of your corporate program. Don't let them go off on a tangent.」

二十三、一個完整的產品責任計畫，品質控制是唯一的辦法，因為只有品質控制才能確保產品依照設計的規格去製造。

原文：「Quality control should not be a substitute for a full product liability program. Quality control only assures the product is made according to specifications, whether good or bad.」

二十四、應嚴格遵守政府部門各種有關安全標準之最低規定。

原文：「Most of the safety-related "standards" of governmental agencies should be considered as minimum requirements.」

二十五、重要之資料與文件,應複製與分開儲存於不同地方,並且應先覓妥或安排備用之資料處理設備(例如:電腦)。

原文:「Duplicate and separately store valuable papers and back up data processing media.」

二十六、應避免大部分的主管人員,搭乘同一架飛機出差或旅行。

原文:「Avoid travel by multiple executives in a single aircraft.」

風險理財準則

二十七、風險管理應集中全力在每一單一災害事件發生時,能夠使公司生存的最大金錢損失之風險標準以內:

·低於這個標準時,應將購買保險與自保方案,作成本效益之比較,而採行最佳之策略。

·高於這個標準時,應將最可能發生的損失風險移轉出去(通常是購買保險)。此時,不能再以成本效益作標準,因為生存最重要。

原文:「Risk Management should focus on two separate zones of risk relative to the maximum dollar loss the company can survive form a single occurrence.

·Below this level – optimize the use of insurance relative to current cost.

·Above this level – transfer risk (usually insurance) to maximum extent possible – cost effectiveness is not a criterion in the zone, survival is.」

二十八、凡不受預算限制的單位,都可以採行預期利益現值大於預期成本現值的所有風險管理方案或策略,並可藉此而獲得最大的效益。

原文:「An entity with an unlimited budget can benefit form adoping all risk management measures which have benefits to the entity with an expected present value greater than the expected present value of costs of those measures to that entity.」

二十九、當一單位因為預算或實務上的理由,而被迫必須在眾多的風險管理備選方案或策略中作抉擇時,則它應選擇預期利益現值與預期成本現值之差為最大的一方。

原文:「When, for budgetary or practical reason, an entity must choose between mutually exclucive risk management measures, the entity should choose the measure that offers it the greatest excess of benefits over costs, when both benefits and costs are expressed as expected present values.」

三十、競標將導致市場崩潰,應該避免。

原文:「Competitive bidding which causes market disruption should be avoided.」

三十一、不要單單依賴某一保險業者提供所有的其他保險。

原文：「Never depend solely on someone else's insurance.」。

三十二、追溯費率計畫（Retrospective Rating Plans）若超過一年以上，反而會產生妨礙與不適應性。

原文：「Retrospective rating plans of more than one year hamper flexibility.」

三十三、節稅方面的優點，應加以考慮——但這不是風險理財決策的主要理由。

原文：「A tax advantage should be considered a "plus" －not a principal reason for a risk financing decision.」

三十四、風險承擔（Risk Taking）意味著一個企業經濟上獲利的機會。

原文：「Risk taking presents an opportunity for economic gain.」

索賠管理準則

三十五、風險管理人在有任何重大的損失或潛在的損失發生時，應立即被通知（在24小時之內）。

原文：「The risk manager should be notified immediately (within 24 hours) of any major loss or potential loss.」

三十六、對於重大的責任索賠案件，應該仔細檢查保險業者調查過程的適當性與其賠款準備金的精確性。

原文：「Major liability claims should be reviewed for adequacy of investigation and accuracy of reserve.」

三十七、應謹慎地處理涉及地方性工廠財產和責任的索賠案件。

原文：「Be careful of local plant involvement in property and liability claims. Local personel may be too defensive to properly review a major claim.」

三十八、應要求保險業者預先墊付重大的財產和營業中斷的損失。

原文：「Request early advance payments on large property and business interruption losses.」

三十九、對車輛實體損失的自保方案，應作確實的評估與估計。

原文：「Secure several estimates or an appraisal of self-insured vehicle physical damage losses.」

四十、總合索賠中，代位求償（無論是被保險人或自保人）均可減低成本。

原文：「Aggressive claims subrogation (insured and self-insured) reduces costs.」

四十一、一個良好的索賠和傷殘管理計畫可節省金錢，並儘快導引傷殘的員工回到其工作崗位上。即使該員工還未能完全恢復，但可處理各階段的工作。

原文：「A claim and disability management program, directed toward getting the employee back to work as soon as possible can save money even though the employee

cannot do all phases of the job.」。

四十二、定期稽核保險業者的賠款準備金和自保方案所提存的準備金。

原文：「Periodically audit claims reserves of insurers and self-insurance administrators.」

四十三、最好的索賠，就是結束理賠。

原文：「The best claim is a closed claim.」

員工福利準則

四十四、應清楚說明員工福利計畫的規定和成本，並經常與員工溝通。

原文：「The provisions and costs of employee benefit porgrams should be clearly and frequently communicated to employees.」

四十五、當將建立一個新的福利計畫時，應先考慮將來減少福利，將遠比改善福利來得困難。

原文：「When installing a new benefit plan, it is harder to reduce benefit than to improve them later on.」

四十六、一個不良的員工福利計畫，遠比沒有任何計畫，更易招致勞資關係問題的產生。

原文：「A poor employee benefit program can generate more employee relations problem than no plan at all.」

四十七、員工的貢獻金額縱然很少，卻能幫助公司瞭解員工福利計畫受歡迎的程度。

原文：「Employee contributions, even small ones, can help you assess the real popularity of a benefit plan.」

四十八、應多瞭解公司的福利計畫和會與自己企業競爭之公司的員工福利方案。

原文：「Know the benefit plans of the companies with whom you compete for labor.」

四十九、員工福利顧問和經紀人，並不能完全取代公司內部幕僚所具有的功能。

原文：「Benefit consultants and brokers are not efficiency replacements for in-house staff functions.」

五十、員工福利磋商經驗的累積，將會形成公司福利計畫的專業知識。

原文：「Collective bargaining of employee benefits should involve corporate benefit professionals.」

五十一、員工福利的立法和監理將日益增強，在政府立法制定各種員工福利法案前，應將企業的意見反映給政府。

原文：「Legislation and regulation are intensifying in the employee benefit field. Make your company's opinions known to the government before legislation is enacted.」

退休年金準則

五十二、任何退休年金計畫最後的成本，等於福利支出加上行政上的成本，減去基金投資的任何盈餘。

原文：「The ultimate cost of any pension plan is equal to the benefit paid, plus the cost of administration, less any investment earnings of the fund.」

五十三、退休年金雖然由於精算方法或假設情況的差異而導致附屬成本的改變，但就大多數而言，幾乎不會改變其最後的成本水準。

原文：「For the most part different actuarial methods and / or assumptions may alter the incidence of cost, but seldom alter the ultimate level of cost.」

五十四、應清楚地辨認公司的目標與退休計畫。

原文：「Clearly identify your corporate objectives with respect to your retirement program.」

五十五、應認知公司的退休計畫是一種長期的義務，並且將涉及許多政治、經濟和社會上的環境。

原文：「Recognize that retirement plans are longterm obligations which will span many political, economic and social environments.」

五十六、應瞭解以前所承諾過的任何退休年金責任和範圍。

原文：「Identify the nature and extent of pension liability prior to any acquisition or divestiture.」

五十七、應建立有關公司退休年金基金的正式投資目標，這樣才可以界定出風險、多元化和績效的變數。

原文：「Establish formal investment objectives with respect to your pension funds which define risk, diversification and absolute performance parameters.」

五十八、應以投資書面目標評估退休基金之投資績效。

原文：「Monitor the performance of your pension fund in the context of your investment objectives.」

五十九、當參加任何行業的多重性雇主退休年金計畫後，應迅速辨明並監視公司的潛在性暴露風險。

原文：「Identify and monitor your corporate exposure as a result of participation in any industrywide multiemployer pension plans. 」

多國籍風險管理準則

六十、多國籍（Multinational）的企業組織，應建立其國際性風險管理職責。

原文：「Multinational organizations should step up to their international risk management responsibilities.」。

六十一、應建立一個世界性的風險和保險管理計畫，但不要完全倚賴條款差異性（Difference-In-Conditions, DIC）保險，要因地制宜做好風險管理計畫。

原文：「Establish a worldwide risk and insurance management program; don't rely totally on a difference-in-conditions approach.」

六十二、經認可（Admitted）和未經認可（Non-Admitted）保險的結合，通常能提供最完整的國際性風險管理計畫。

原文：「A combination of admitted and non-admitted insurance usually provides the best overall international program.」

六十三、避免使用海外之長期保單。

原文：「Avoid the use of long-term policies overseas.」

六十四、當在執行世界性的風險管理計畫時，必須時刻保持敏銳的洞察力，並且不要低估當地企業國營化主義。

原文：「Be sensitive to and don't underestimate nationalism when implementing a world wide risk management program.」

六十五、不要忽視海外當地對全球性計畫方案之反對。

原文：「Don't ignore local objections to worldwide programs.」

風險管理行政準則

六十六、藉著風險管理政策說明書，制定一套完整的授權標準。

原文：「Establish a level of authority via a management policy statement.」

六十七、應編製並普遍地分發給各單位一套完整的公司風險管理手冊。

原文：「Prepare and universally distribute a corporate risk management manual.」

六十八、每年應與經紀人、保險業者和經銷商，訂定一個年度目標，並衡量他們的績效和成果。

原文：「Set up realistic annual objectives with your brokers, underwriters and vendors and measure their accomplishments and results.」

六十九、應查證所蒐集到的資料的正確性。

原文：「Verify the accuracy of all relevant information you receive.」

七十、應仔細地閱讀每一張保險單上的條款和規定。

原文：「Read every insurance policy carefully.」

七十一、公司的風險管理計畫設計，應儘量趨向簡單。

原文：「Keep program design simple.」

七十二、應儘量作合併簡化的工作——只要是對公司有意義的。

原文：「Consolidate – where it make sense to do so.」

七十三、應發展並建立一套紀錄，使公司保留各種程序和方法。

原文：「Develop record retention procedures.」

七十四、應保持公司內部各單位間保險費合理的分配。

原文：「Keep intercompany premium allocations confidential.」

七十五、應建立一套公司風險管理行政的書面文件。

原文：「Establish administrative procedures in writing.」

風險管理技術準則

七十六、保險單上的條款應該統一，就如同被保險人名稱、通知和解約條款、投保區域之規定等。

原文：「Insurance policy provision should be uniform as to named insured, notice and cancellation clauses, territory, etc.」

七十七、所有保險單上的「通知」條款，應該予以修改，以適合通知特殊的個人。

原文：「The "notice" provision in all insurance policies should be modified to mean notice to a specific individual.」

七十八、有年總保險金額之基本保險單，其保險期間應與超額保險單的保險期間一致。

原文：「Primary policies with annual aggregates should have policy periods which coincide with excess policies.」

七十九、應從火災、鍋爐和機械之專業保險業者間，取得共同損失分擔協議。

原文：「Joint loss agreements should be obtained from fire and boiler and machinery insurers.」

八十、應增加「駕駛他人汽車」條款，以保障公司的汽車保險利益。

原文：「Add "drive other car" protection to your corporate automobile insurance.」

八十一、應取消「共同分擔條款」，可增加對公司的保障。

原文：「Eliminate coinsurance clause.」

八十二、應清楚瞭解責任保險契約中「請求賠償基礎」和「事故發生基礎」之間的理賠差異和其處理過程。

原文：「Know the implications of and differences between "claims made" and "pay on behalf of" liability contracts.」

八十三、公司因契約責任所必須承受的風險，可藉購買契約責任保險單而轉嫁給保險業者承擔。

原文：「Risks accepted under contracts are not necessarily covered under contractural liability coverage.」

八十四、在使新加入的員工成為責任保險契約中的被保險人時，應儘量採用廣義的說明，以避免懷有敵意的人提出抗辯。

原文：「Add employees as insureds to liability contracts. Use discretionary language to avoid defending hostile persons.」

風險管理溝通準則

八十五、所有的溝通，都應以明確且客觀的言詞來表達，而絕不能讓人有片面解釋或斷章取義的餘地。

原文：「All communication providing or requesting information should be expressed in clear, objective language, leaving no room for individual interpretation.」

八十六、在處理所有的溝通或溝通關係時，應對決策階層的訊息，予以適當的考慮。

原文：「All communications and relationships should be conducted with due consideration to proprietary information.」

八十七、溝通應有效的做到「上聞下達」的地步，並應避免使管理人（或經營人）於「聞訊」後，感到吃驚或意外。

原文：「Communicate effectively up and down and avoid management surprises.」

八十八、不必告訴高階主管什麼事情，只要問他們、建議他們，以及通知他們（什麼事情）即可。

原文：「Don't tell senior management anything-ask them, counsel them, inform them.」

八十九、應以一般商業用語來溝通，並應避免使用保險術語來溝通。

原文：「Communicate in business language, avoid insurance jargon.」

九十、對於實際保險契約外或服務契約外的協議或所附加的協議，應確切瞭解協議中文字的「弦外之意」（或字裡行間的法令與解釋），而絕對不能依賴「口頭上」的協議來行事。

原文：「Obtain letters of intent or interpretations regarding agreements (coverage or administration) which are outside of and /or in addition to actual insurance or service contracts. Never rely on verbal agreements.」

九十一、直接負責風險管理的主管，應受過風險管理的專業訓練教育。

原文：「The immediate supervisor to the risk management function should be educated in the principles of risk management.」

九十二、應該把每一個保險免責條款和不屬於保險範圍的執行事項，與管理人（或經

營人）溝通。

原文：「Communicate every insurance exclusion and non-insurance implication to your management.」

九十三、在競標中，應向每一位投標人表明「每人的第一次標價，就是其真正的標價」，並且應堅持這個原則。

原文：「In competitive bidding situations, advise each competitor that the first bid is the only bid and stick to it.」

九十四、風險管理人應經常主動拜訪保險業者，以便取得市場消息，而不應完全依賴其他的人，來取得市場消息。

原文：「Risk managers should meet with underwriters rather than relying totally on others for market communications.」

風險管理哲學準則

九十五、風險管理人（或其公司）應避免建立「始作俑者」或「市場帶頭者（投機者）」的「名聲」，這種名聲將會損及公司的最佳利益及風險管理人的信譽。

原文：「The risk manager (and his corporation) should avoid developing the reputation of a "shopper" or "market burner". This reputation can be detrimental to the or corporation's best interests and the risk manager's credibility.」

九十六、確定自己規避風險（Risk Aversion）的程度，並據此來調整直覺判斷。

原文：「Determine your personal level of risk aversion and temper intuitive judgements up or down accordingly.」

九十七、風險管理方案或策略的設計，須視管理人規避風險的實際情況，而隨時予以調整。

原文：「Program design will always be a function of current practicalities tempered by management's level of risk aversion.」

九十八、企業中的每一個人，均要有為公司「贏得顧客滿意，賺取合理利潤」的心志。

原文：「Every one is in business to make a fair profit.」

九十九、長期且誠信的關係，是絕不會「過時」的。

原文：「Long term, good faith relationships are not obsolete.」

一〇〇、誠篤正直的心態，絕不會「落伍」。

原文：「Integrity is not out of style.」

一○一、風險管理的最重要要素，就是一般常識。

原文：「Common sense is the most important ingredient in risk management.」

國家圖書館出版品預行編目(CIP)資料

風險管理：理論與實務／鄭燦堂著. －－十二
版.－－臺北市：五南圖書出版股份有限公
司, 2024.12
面；　公分
ISBN 978-626-393-958-5 (平裝)

1.CST: 風險管理

494.6　　　　　　　　　　113017882

1J43

風險管理：理論與實務

作　　　者 — 鄭燦堂

編輯主編 — 侯家嵐

責任編輯 — 吳瑀芳

文字校對 — 鐘秀雲

封面設計 — 姚孝慈

出　版　者 — 五南圖書出版股份有限公司

發　行　人 — 楊榮川

總　經　理 — 楊士清

總　編　輯 — 楊秀麗

地　　　址：106臺北市大安區和平東路二段339號4樓

電　　　話：(02)2705-5066　傳　　真：(02)2706-6100

網　　　址：https://www.wunan.com.tw

電子郵件：wunan@wunan.com.tw

劃撥帳號：01068953

戶　　　名：五南圖書出版股份有限公司

法律顧問：林勝安律師

出版日期：2006年 8 月初版十刷（共十刷）
　　　　　2007年10月二版一刷（共四刷）
　　　　　2010年10月三版一刷（共二刷）
　　　　　2012年 3 月四版一刷
　　　　　2013年 6 月五版一刷
　　　　　2014年10月六版一刷
　　　　　2015年10月七版一刷
　　　　　2016年10月八版一刷（共二刷）
　　　　　2019年 3 月九版一刷
　　　　　2020年10月十版一刷
　　　　　2022年 6 月十一版一刷
　　　　　2024年12月十二版一刷

定　　　價：新臺幣650元

經典永恆・名著常在

五十週年的獻禮——經典名著文庫

五南，五十年了，半個世紀，人生旅程的一大半，走過來了。

思索著，邁向百年的未來歷程，能為知識界、文化學術界作些什麼？

在速食文化的生態下，有什麼值得讓人雋永品味的？

歷代經典・當今名著，經過時間的洗禮，千錘百鍊，流傳至今，光芒耀人；

不僅使我們能領悟前人的智慧，同時也增深加廣我們思考的深度與視野。

我們決心投入巨資，有計畫的系統梳選，成立「經典名著文庫」，

希望收入古今中外思想性的、充滿睿智與獨見的經典、名著。

這是一項理想性的、永續性的巨大出版工程。

不在意讀者的眾寡，只考慮它的學術價值，力求完整展現先哲思想的軌跡；

為知識界開啟一片智慧之窗，營造一座百花綻放的世界文明公園，

任君遨遊、取菁吸蜜、嘉惠學子！